电网调度自动化维护员工作指导手册

国网宁夏电力有限公司 编

·北京·

内 容 提 要

本书主要介绍当前电网调度自动化主站相关系统中使用的智能电网调度控制系统、调度数据网和安全防护设备的知识点，主要分为 4 章：第 1 章主要介绍智能电网调度控制系统的基础平台运行与维护、厂站接入维护、PAS 运维、AVC 运维、自动发电控制等；第 2 章主要介绍网络安全工作作业流程，主要包括厂站资产接入、横向单向安全隔离装置、纵向加密认证装置、防火墙、网络安全监测装置、数字证书系统、安全配置加固等；第 3 章主要介绍调度数据网中的交换机配置和路由器配置，以及厂站接入的相关操作；第 4 章主要介绍运行值班维护工作，对运行维护的人员日常巡视管理、检修、缺陷和告警管理提出了规范和要求。

本书注重实际，可靠性强，通过流程化的讲解、案例和图示，指导相关工作人员开展业务实操，可作为电网调度自动化及网络安全值班与运行维护人员的培训教材。

图书在版编目（CIP）数据

电网调度自动化维护员工作指导手册 / 国网宁夏电力有限公司编. -- 北京 : 中国水利水电出版社, 2024. 10. -- ISBN 978-7-5226-2815-8

Ⅰ. TM734-62

中国国家版本馆CIP数据核字第2024YC4649号

书　名	**电网调度自动化维护员工作指导手册** DIANWANG DIAODU ZIDONGHUA WEIHUYUAN GONGZUO ZHIDAO SHOUCE
作　者	国网宁夏电力有限公司　编
出版发行	中国水利水电出版社 （北京市海淀区玉渊潭南路 1 号 D 座　100038） 网址：www. waterpub. com. cn E - mail：sales@mwr. gov. cn 电话：（010）68545888（营销中心）
经　售	北京科水图书销售有限公司 电话：（010）68545874、63202643 全国各地新华书店和相关出版物销售网点
排　版	中国水利水电出版社微机排版中心
印　刷	北京印匠彩色印刷有限公司
规　格	184mm×260mm　16 开本　19.25 印张　468 千字
版　次	2024 年 10 月第 1 版　2024 年 10 月第 1 次印刷
定　价	**78.00** 元

凡购买我社图书，如有缺页、倒页、脱页的，本社营销中心负责调换

版权所有・侵权必究

编 委 会

主　　任：米　宁　黄宗宏

副 主 任：郭文东　孙小湘　王　剑　吴占贵

成　　员：马　军　施佳锋　张宏杰　彭嘉宁　王　伟

金　萍　李　武　刘军福　贺思宇　穆宏帅

许　涛　杨　霄　高　奇　殷学农　赵冠楠

白　雪

编 写 组

主　　编：孙　涛

副 主 编：陈小龙　杨　健　孙文琍

参　　编：寇　琰　苏　坚　张　娟　王　荣　张　敏

贺蕊欣　梁思凡　贺璞烨　王　磊　程冀川

郑铁军　杨家麒　丁　皓　雷大鹏　吴文娟

周　卓　王　鹏　范书斌　李家辉　周　倩

姚　健　莫文斌　侯　娟　李海明　闫凯文

刘学飞　武万才　马潇旸　伊　波　闫　蕾

审稿人员：马冬冬　徐鹤勇　张　倩　房　娟　程彩艳

贺建伟　王平欢

前　言

电力生产在国民经济和社会生活中占据重要的地位，电网调度自动化系统是支撑电网安全、稳定运行的重要技术手段。随着新型电力系统的建设，调度自动化及电力监控系统新设备、新技术逐渐应用，导致了电网调度自动化系统新老设备共存，不同原理、不同配置的设备出现在不同场站、不同场景中，造成电网中自动化设备应用场景趋于复杂，运维难度不断增加，大大增加了调度自动化运维人员的日常工作难度。为了有效应对技术更迭、自动化运维工作复杂度较大等情况，可以通过流程化的讲解、案例和图示，指导电网调度自动化维护员迅速理解和掌握工作知识和技能，进一步提升从业人员的实操水平，出色完成本职工作。

本书主要介绍当前电网调度自动化主站相关系统中使用的智能电网调度控制系统、调度数据网和安全防护设备的知识点，分为4章：第1章主要介绍智能电网调度控制系统的基础平台运行与维护，常见工作配置，PAS、AVC等常见运维工作流程；第2章主要介绍网络安全工作作业流程，主要包括厂站资产接入、横向单向安全隔离装置、纵向加密认证装置、防火墙、网络安全监测装置等的操作；第3章主要介绍调度数据网中的交换机配置和路由器配置，以及厂站接入的相关操作；第4章主要介绍运行维护工作，对运行维护的人员日常巡视、检修、缺陷和告警管理提出了要求。

本书注重实际，涉及业务全面，可靠性强，每章均以目前变电站使用量较多的典型品牌型号为例，通过过程配置、案例展示，以图文结合的方式手把手指导读者完成配置实现接入，可作为电网调度自动化及网络安全值班与运行维护人员的培训教材。

由于电力行业技术不断发展，调度自动化工作内容繁杂，书中所写的内容可能存在缺陷与纰漏，欢迎广大读者批评指正。

作者

2024年7月

目　录

第1章　智能电网调度控制系统

1.1　基础平台运行与维护

智能电网调度技术支持系统四类应用均建立在统一的基础平台之上，平台为各类应用提供统一的模型、数据、人机界面、系统管理等服务。应用之间的数据交换通过平台提供的数据服务进行。平台调用还可以提供分析计算服务。

1.1.1　系统总控台

D5000 系统总控台是用户进入系统进行监视操作的总控制台，用户的主要操作均可以通过该总控台进入。总控台是一个便捷友好的人机界面，如图 1-1 所示。

图 1-1　总控台

启动总控台有两种方式：

（1）系统自动启动。启动 D5000 系统时自动启动总控台界面。该方式一般适用于调度员工作站。

（2）前台启动。启动 D5000 系统后，根据需要手工启动总控台。该方式一般适用于服务器或维护工作站。在终端窗口输入 sys_console 即可。

1.1.2　系统管理

系统管理的主要目标是配置和管理系统的运行状态，主要包括系统内各节点的启动和停止、进程运行状态监视、系统内某一服务的多台服务器间主备冗余机制管理。除此之外，还包括各个节点资源与运行状态监视、系统运行参数管理。系统管理图形界面尽可能地将这些功能以直观的、图形化的方式展现出来，以便于使用者对整个系统进行有效的管理。

1.1.2.1　启动和退出

1. 启动系统管理图形界面

方法一：点击总控台上“系统管理”按钮。

方法二：在终端命令行输入 sys_adm。

弹出系统管理图形界面，如图 1-2 所示。

2. 用户登录

在工具栏中，按下用户登录按钮🔒，弹出用户登录对话框，如图 1-3 所示。

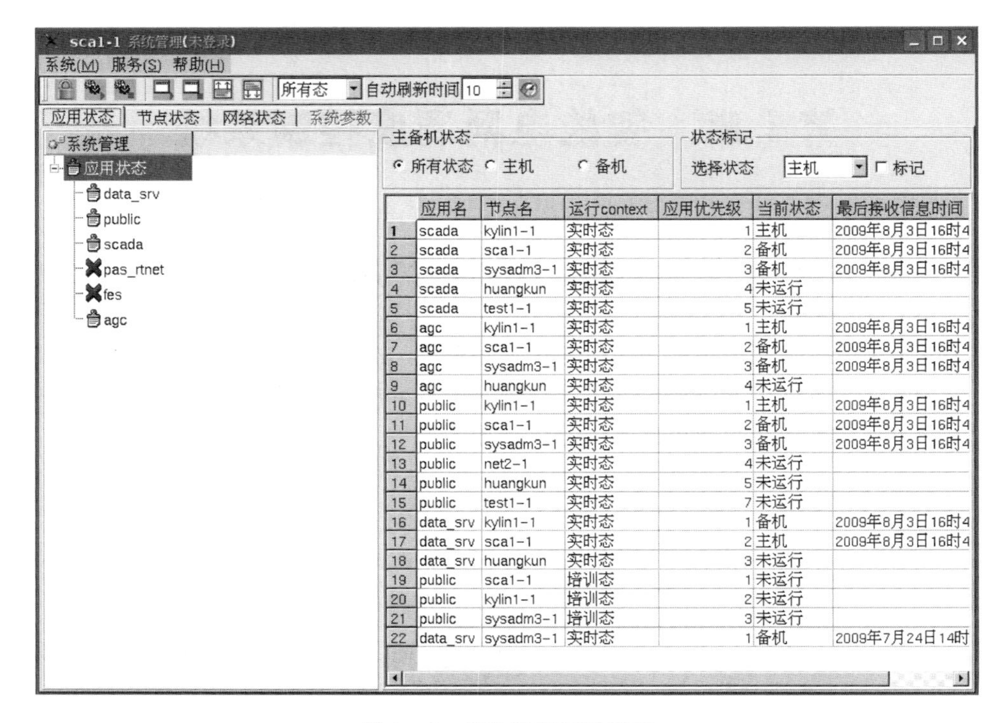

图 1-2　系统管理图形界面

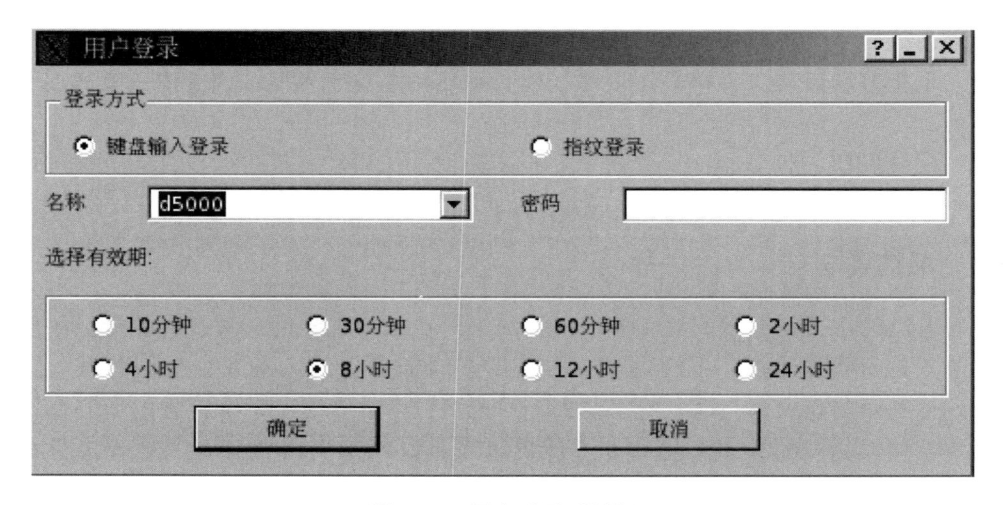

图 1-3　用户登录对话框

输入用户名和口令，并选择登录有效期后，点击“确定”按钮登录。此时，登录按钮状态变为 。

需注意，只有授权用户才能执行应用启停、主备切换和参数管理等操作。

3. 退出系统管理图形界面

方法一：选择标题栏隐藏菜单中的“关闭”按钮。

方法二：在菜单/工具栏点击“关闭”按钮。

方法三：选择菜单中的“系统”选项，在下拉菜单中选择“退出”。

1.1.2.2 界面总览

系统管理图形界面（标注区域）如图 1-4 所示。下面一一介绍各个区域。

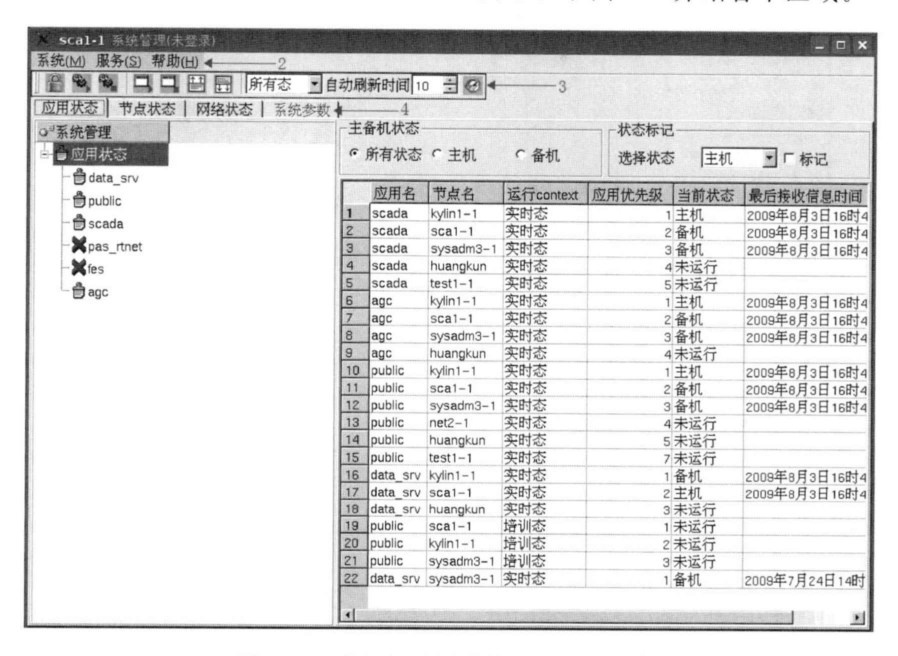

图 1-4 系统管理图形界面（标注区域）

1. 标题区

标题区位于图 1-4 中 1。标题区显示节点名、程序名、用户名以及登录状态。

2. 菜单栏

菜单栏位于图 1-4 中 2。菜单栏的菜单项有“系统”和“服务”等。

“系统”菜单中有三个功能，分别是启动本机整个系统、停止本机整个系统和退出系统管理图形程序。在系统运行的情况下点击“启动”，会弹出提示对话框，显示系统已经运行。在系统已经停止的情况下点击“启动”，会弹出“确认”对话框，点击“确定”，会弹出如图 1-5 所示的启动系统对话框（初始），点击“确定”按钮将启动系统，并在对话框中显示相关信息（图 1-6）。系统的启动和停止均耗时较长，需要耐心等待。

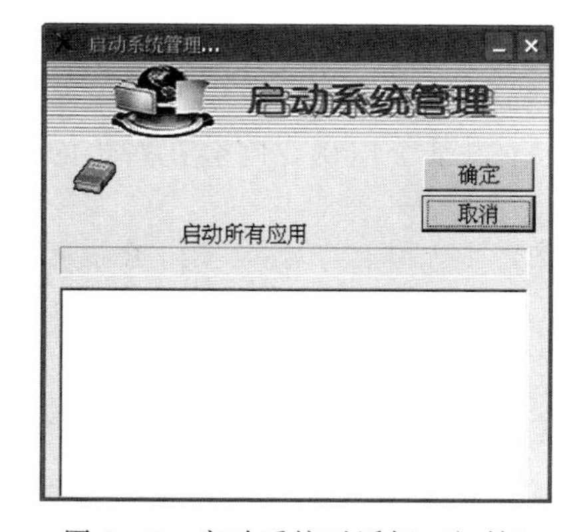

图 1-5 启动系统对话框（初始）

“服务”菜单可以完成单启应用和单停应用的功能，选择“服务”菜单下的“单启应用”，会弹出如图 1-7 所示的单启应用对话框，选择一个应用进入右边的文本框中，点击“确定”可以启动该应用。如果该应用已经运行，会弹出提示对话框。单停应用功能与此类似。

3. 工具栏

工具栏位于图 1-4 中 3。工具栏的可视化图标按钮使得用户可以简单快捷地进行一些常用操作。下面对其功能进行介绍。

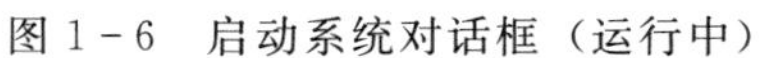
图 1-6　启动系统对话框（运行中）

图 1-7　单启应用对话框

：用户登录。

：启动本机系统。

：停止本机系统。

：启动本机单个应用。

：停止本机单个应用。

：曲线扩大和恢复。

：应用态切换，通过选择可以使系统管理图形界面既能只显示某一态信息，又能显示所有态信息。

自动刷新时间 10 ：自动刷新时间，自动刷新的间隔时间以秒为单位，最小为 5s。

：自动刷新，如果该按钮被按下，则会对系统关系图形界面的所有数据进行定时刷新；如果没有被按下，则所有数据只会在有操作时才刷新。

4. 选页栏

选页栏位于图 1-4 中 4。通过对各个标签的选择，可以进行应用状态监视、节点状态监视、网络状态监视以及系统参数管理。

5. 应用状态

应用状态如图 1-8 所示。左边的树形结构显示了系统中存在的所有应用，应用名前有叉形图表示该应用没有在任何节点上运行。如果用鼠标单击某个应用，则会在右边的列表中显示所有与该应用相关的信息。

通过右边的列表能够监控所有的应用状态，包括应用名、节点名、运行态和当前状态等信息。对任意一条记录点击鼠标右键都能弹出如图 1-9 所示的用于主备切换的右键菜单，在这里可以方便完成任意应用在各个运行节点上的主备切换。

使用右边左上方的“主备机状态”栏，可以方便地监控主机和备机的应用状态。单击“主机”，则列表中只会显示当前状态为主机的应用状态；单击“备机”，则列表中只会显示当前状态为备机的应用状态。

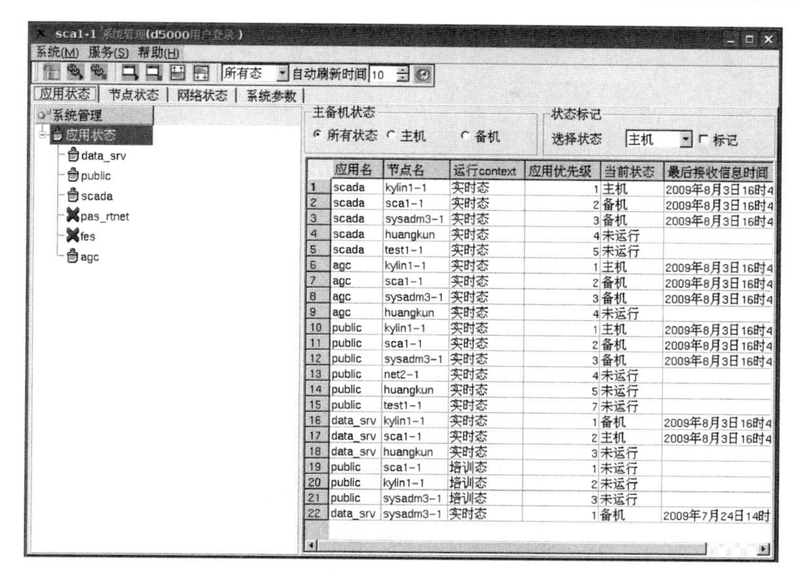

	应用名	节点名	运行context	应用优先级	当前状态	最后接收信息时间
1	scada	kylin1-1	实时态	1	主机	2009年8月3日16时4
2	scada	sca1-1	实时态	2	备机	2009年8月3日16时4
3	scada	sysadm3-1	实时态	3	备机	2009年8月3日16时4
4	scada	huangkun	实时态	4	未运行	
5	scada	test1-1	实时态	5	未运行	
6	agc	kylin1-1	实时态	1	主机	2009年8月3日16时4
7	agc	sca1-1	实时态	2	备机	2009年8月3日16时4
8	agc	sysadm3-1	实时态	3	备机	2009年8月3日16时4
9	agc	huangkun	实时态	4	未运行	
10	public	kylin1-1	实时态	1	主机	2009年8月3日16时4
11	public	sca1-1	实时态	2	备机	2009年8月3日16时4
12	public	sysadm3-1	实时态	3	备机	2009年8月3日16时4
13	public	net2-1	实时态	4	未运行	
14	public	huangkun	实时态	5	未运行	
15	public	test1-1	实时态	7	未运行	
16	data_srv	kylin1-1	实时态	1	备机	2009年8月3日16时4
17	data_srv	sca1-1	实时态	2	主机	2009年8月3日16时4
18	data_srv	huangkun	实时态	3	未运行	
19	public	sca1-1	培训态	1	未运行	
20	public	kylin1-1	培训态	2	未运行	
21	public	sysadm3-1	培训态	3	未运行	
22	data_srv	sysadm3-1	实时态	1	备机	2009年7月24日14时

图 1-8　应用状态

使用右边右上方的“状态标记”栏，可以清楚地标记出某种状态下的所有应用，状态标记不仅可以标记主机和备机，还可以标记出处于故障、退出或未运行状态下的应用。图 1-10 标记了所有处于未运行状态的应用。

图 1-9　主备切换

6. 节点状态

节点状态如图 1-11 所示，左边的树形结构显示了系统中存在的所有节点，节点名前有叉形图表示该节点上系统没有启动。如果鼠标单击某个节点，则会在右边上方显示该节点的内存和 CPU 使用情况，下方显示该节点的 CPU 负荷曲线图。

主备机状态
所有状态　主机　备机
状态标记
选择状态　未运行　标记

	应用名	节点名	运行context	应用优先级	当前状态	最后接收信息时间
1	scada	kylin1-1	实时态	1	主机	2009年7月27日10时
2	scada	sca1-1	实时态	2	退出	2009年7月25日15时
3	scada	sysadm3-1	实时态	3	备机	2009年7月27日10时
4	scada	huangkun	实时态	4	未运行	
5	scada	test1-1	实时态	5	未运行	
6	agc	kylin1-1	实时态	1	主机	2009年7月27日10时
7	agc	sca1-1	实时态	2	退出	2009年7月25日15时
8	agc	sysadm3-1	实时态	3	备机	2009年7月27日10时
9	agc	huangkun	实时态	4	未运行	
10	public	kylin1-1	实时态	1	主机	2009年7月27日10时
11	public	sca1-1	实时态	2	退出	2009年7月25日15时
12	public	sysadm3-1	实时态	3	备机	2009年7月27日10时
13	public	net2-1	实时态	4	未运行	
14	public	huangkun	实时态	5	未运行	
15	public	test1-1	实时态	7	未运行	
16	data_srv	kylin1-1	实时态	1	主机	2009年7月27日10时
17	data_srv	sca1-1	实时态	2	退出	2009年7月25日15时
18	data_sr	huangkun	实时态	3	未运行	
19	data_srv	sysadm3-1	实时态	1	备机	2009年7月24日14时

图 1-10　状态标记

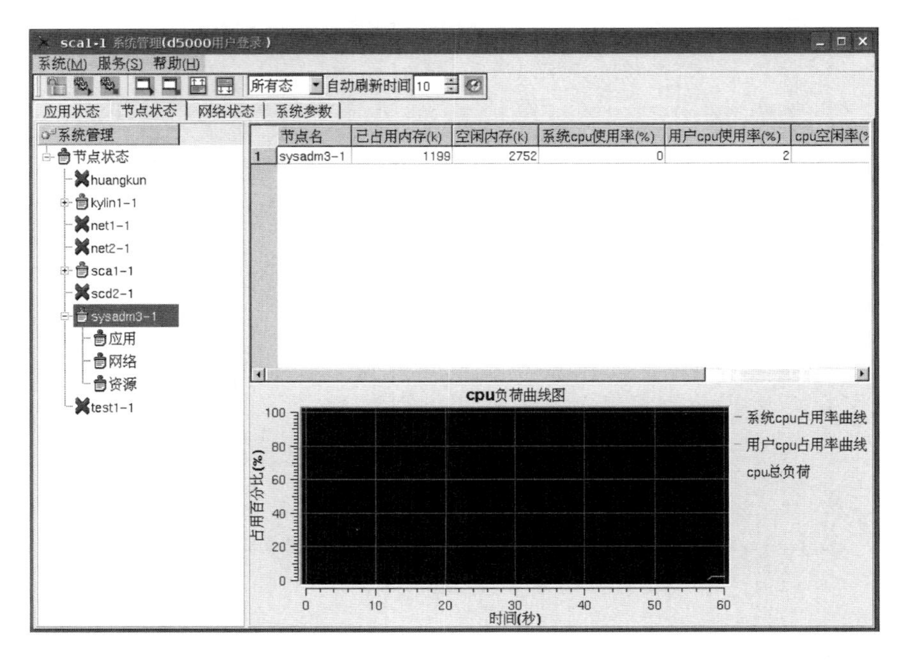

图 1-11　节点状态

如果鼠标单击左边某节点下的“应用”图标，则右上方的列表会显示所有该节点上启动的应用及其状态，如图 1-12 所示。鼠标右键单击某条记录，可以弹出图中的右键菜单，单击相应的菜单项可以完成对节点上某个应用的启动或停止操作。

	应用名	节点名	运行context	应用优先级	当前状态	最后接收信息时间
1	scada	sysadm3-1	实时态	3	备机	2009年7月27日11时00分37秒
2	agc	sysadm3-1	实时态	3	备机	2009年7月27日11时00分37秒
3	public	sysadm3-1	实时态	3	备机	2009年7月27日11时00分37秒
4	data_srv	sysadm3-1	实时态			09年7月24日14时10分14秒

启停应用
启动public
停止public

图 1-12　节点应用及其状态

如果鼠标单击左边某节点下的“网络”图标，则右上方的列表会显示所有该节点上的网络状态，包括网卡名、IP 地址、网卡状态等信息，如图 1-13 所示。而在右下方显示的是可以反映网络流量的网络状态曲线图。

如果鼠标单击左边某节点下的“资源”图标，则右上方的列表会显示所有该节点上使用的资源状态，包括分区名、挂接目录名、总容量等信息，如图 1-14 所示。

7. 网络状态

网络状态如图 1-15 所示，在“网络状态”中可以监视系统中所有节点上的所有网卡状态，包括网卡名、IP 地址、网卡状态、输入包个数、输入包出错个数、输出包个数、

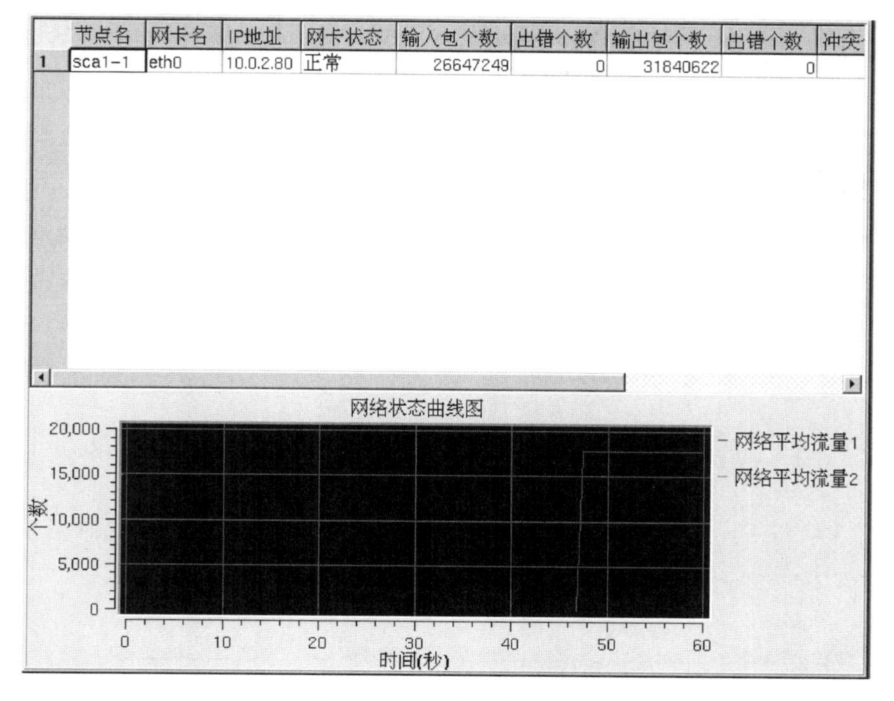

	节点名	网卡名	IP地址	网卡状态	输入包个数	出错个数	输出包个数	出错个数	冲突
1	sca1-1	eth0	10.0.2.80	正常	26647249	0	31840622	0	

图 1-13　节点状态-网络

	节点名	分区名	挂接目录名	总容量(K)	已用空间(K)	未用空间(K)	使用率	告警极限
1	sca1-1	/dev/sda2	/	57685564	26789864	27965444	49	
2	sca1-1	tmpfs	/dev/shm	8217740	0	8217740	0	
3	sca1-1	/dev/sdb1	/home/d5000	28842748	27178792	198832	100	
4	sca1-1	/dev/sdb2	/home/d5000/var	76904380	257036	72740740	1	
5	sca1-1	/dev/sdb3	/home/oracle	19236340	6660392	11598796	37	
6	sca1-1	/dev/sdc1	/data1	140339312	32828	133177644	1	
7	sca1-1	/dev/sdd1	/data2	140339312	51350948	81859524	39	
8	sca1-1	swap	/swap	23446828	0	23446828	0	

图 1-14　节点状态-资源

输出包出错个数、冲突个数等信息。

1.1.3　系统公式服务

系统公式在公式定义界面上定义，以数据库中的域作为操作数，进行算术运算或逻辑运算，并支持赋值语句、循环语句、条件语句等，公式定义界面同时显示计算结果。用户根据自己的需求灵活定义系统公式并浏览显示。

1. *启动和退出*

有两种方法启动公式定义：

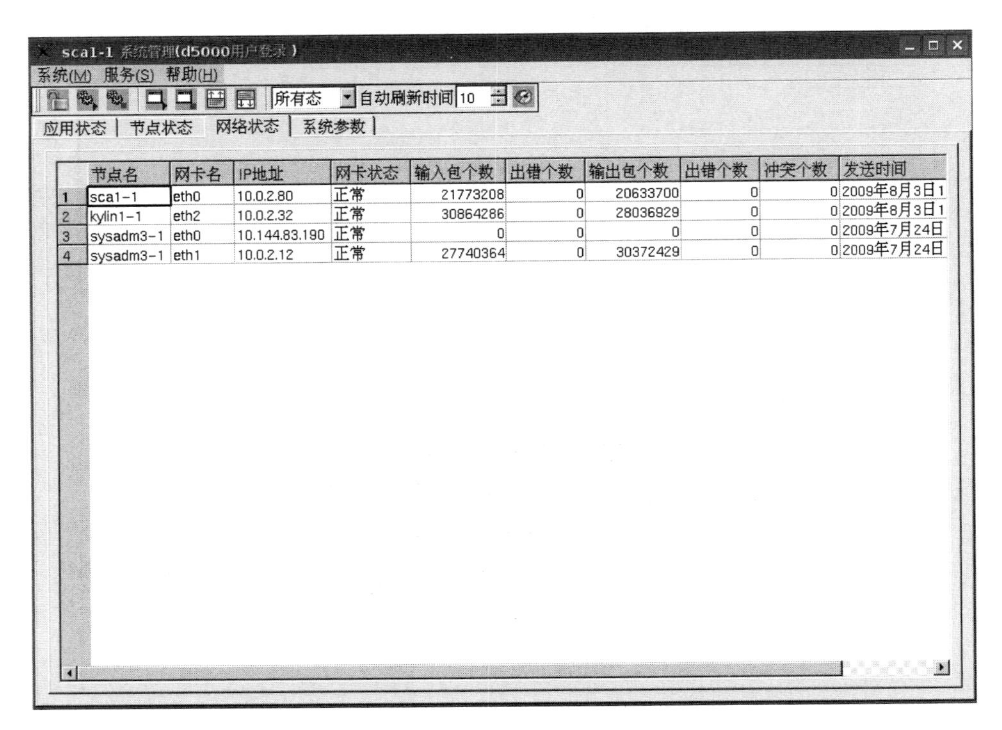

图 1－15　网络状态

方法一：在系统总控台上点击“公式定义”图标。

方法二：在终端窗口命令行下运行 sca_formula_define 命令。

公式定义界面如图 1－16 所示。

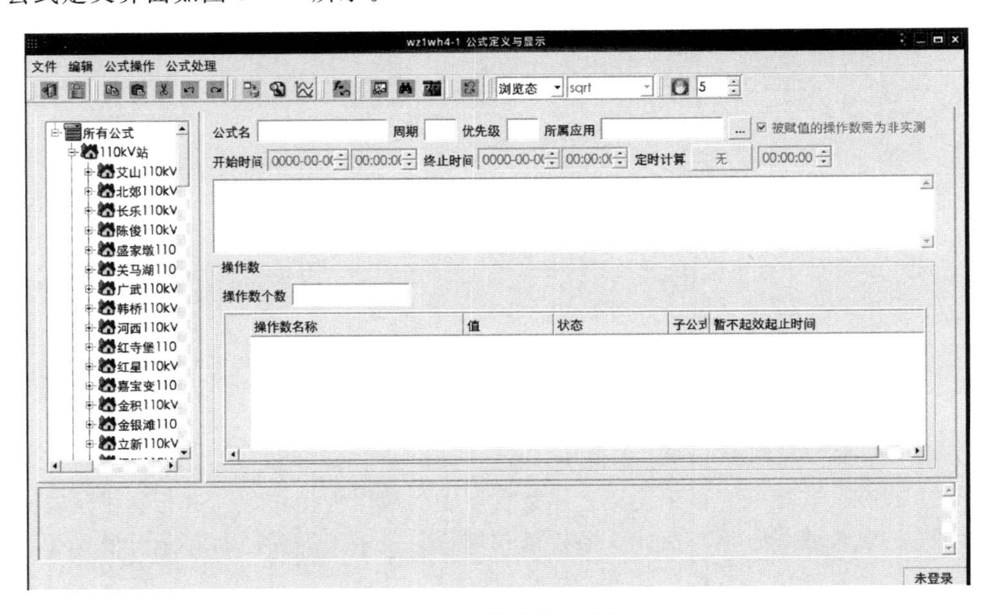

图 1－16　公式定义界面

有两种方法退出系统公式界面：

方法一：选择标题栏隐藏菜单中的“关闭”选项。

方法二：点击菜单/工具栏“退出”按钮。

2. 公式定义举例

例：运用公式××变有功负荷=××变1号变高有功+××变2号变高有功，计算××变有功负荷。

（1）定义公式。打开公式定义界面，此时属于未登录状态，点击左上角的锁，弹出用户登录对话框。当具有修改、编辑公式权限的用户登录时，切换成“编辑态”，在已有的公式分类上右键点击，选择“添加新的公式分类”，在弹出的对话框里输入公式分类名“总加公式”，如图1-17所示。

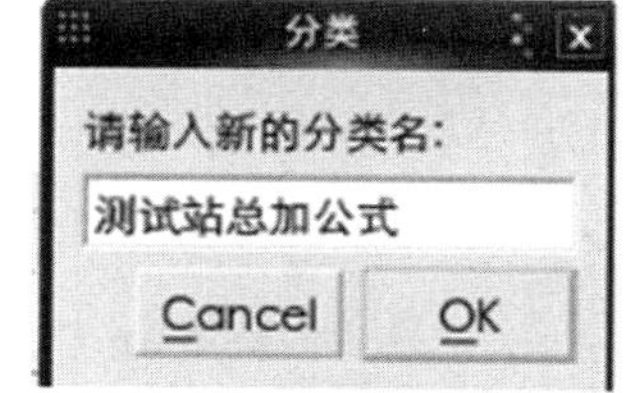

图1-17 添加新的公式分类

点击“OK”后，在左边公式分类列表里便多了一行“总加公式”，右键点击“总加公式”，选择“添加公式”，在公式名称里输入“测试站总加公式”（注意：所有公式的“公式名称”不能重复，不论同一分类还是不同分类下的公式名称一概不能相同），否则提示不能成功保存，输入公式名称如图1-18所示。

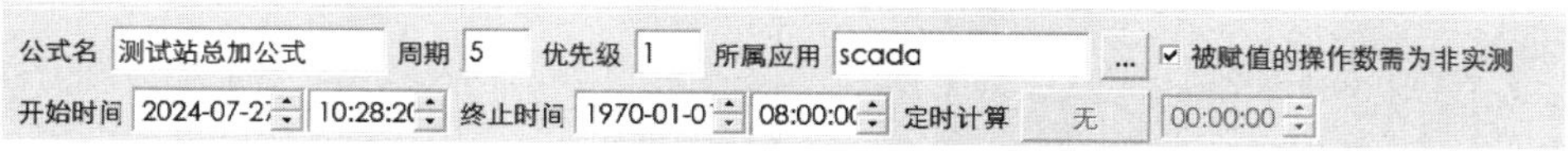

公式名 测试站总加公式 周期 5 优先级 1 所属应用 scada ... ☑ 被赋值的操作数需为非实测
开始时间 2024-07-2 10:28:2 终止时间 1970-01-0 08:00:0 定时计算 无 00:00:00

图1-18 公式定义界面-输入公式名称

“开始时间”默认是公式定义编辑器启动的时间，也可以重新设置，公式从“开始时间”开始计算，计算周期默认填5，即5s取一次操作数，算一次结果，计算优先级填1，最优先。操作数个数填3，点击回车。下面便出现三行空白，即操作数1、操作数2、操作数3，增加操作数如图1-19所示。

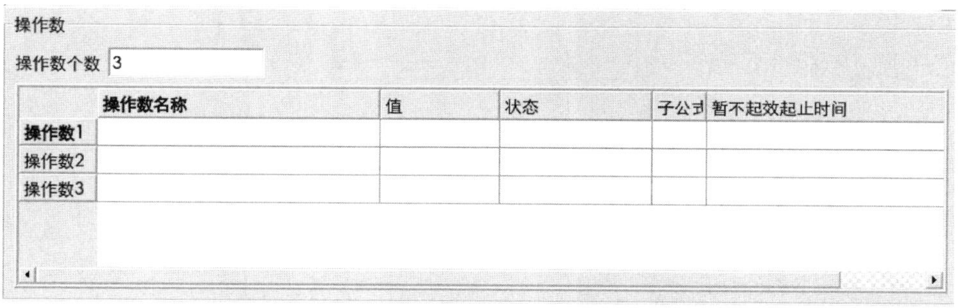

操作数

操作数个数 3

	操作数名称	值	状态	子公式	暂不起效起止时间
操作数1					
操作数2					
操作数3					

图1-19 公式定义界面-增加操作数

点击操作数1的操作数名称域，弹出检索器。在检索器里，找到SCADA/系统类/厂站表/××变/有功负荷，选中“有功负荷”，点击“确定”。则操作数1的操作数名称处出现“SCADA厂站表××变电站有功负荷”，操作数1定义成功，如图1-20、图1-21所示。

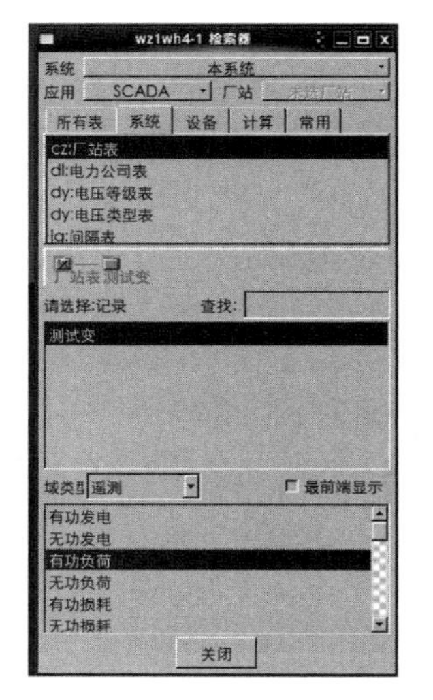

图 1-20　公式定义界面-检索器

用同样的方法定义操作数 2 为 SCADA/设备类/变压器绕组表/××变电站/1 号主变-高/有功值，操作数 3 为 SCADA/设备类/变压器绕组表/××变电站/2 号主变-高/有功值，然后在中间的公式编辑窗口输入“@1=@2+@3;”。

需注意“;”一定不能少（一定在英文状态下输入，否则保存失败）。公式编辑如图 1-22 所示。

@1 表示操作数 1，即 SCADA 厂站表××变电站有功负荷；@2 表示操作数 2，即 1 号主变-高/有功值；@3 表示操作数 3，即 2 号主变-高/有功值。这个公式就实现了将××变 1 号变高有功和××变 2 号变高有功求和，并赋值给××变有功负荷。点击“保存公式”，最下方的窗口将提示“语法检查通过！记录插入成功!”。结果如图 1-23 所示。

切换到“浏览态”，点击“数据刷新”，可以看到操作数和计算结果实时刷新。

如果公式“市区总加”里，市区总加=××变有功负荷+AA 变有功负荷+…，则公式定义界面-市区总加公式如图 1-24 所示。

操作数

操作数个数 3

	操作数名称	值	状态	子公式	暂不起效起止时间
操作数1	scada 厂站表 测试变 有功负荷	0.000	非实测14/计算15/		
操作数2					
操作数3					

图 1-21　公式定义界面-操作数定义

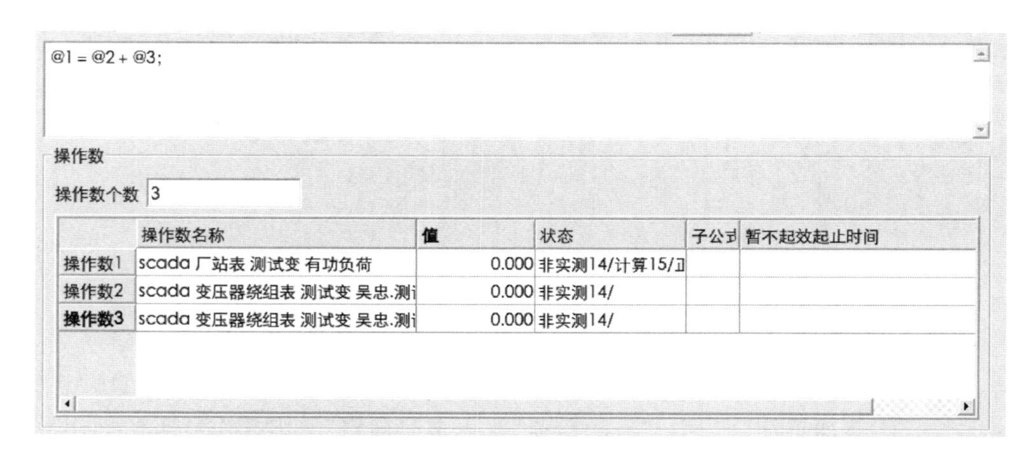

图 1-22　公式定义界面-公式编辑

AGC
AVC计算
PAS
变电站母线电
总加公式
测试站总加
储能电站数据
错避峰产业数
错峰生产、限
电磁环网新能
电解铝公式
电量计算
电容电抗
电铁负荷
断面裕度计算
@1=@2+@3;
操作数
操作数个数 3
操作数名称
值
状态
子公式
暂不起效起止时间
操作数1 scada 厂站表 测试变 有功负荷 0.000 非实测14/计算15/
操作数2 scada 变压器绕组表 测试变 吴忠.测 0.000 非实测14/
操作数3 scada 变压器绕组表 测试变 吴忠.测 0.000 非实测14/
语法检查通过!
记录插入成功!

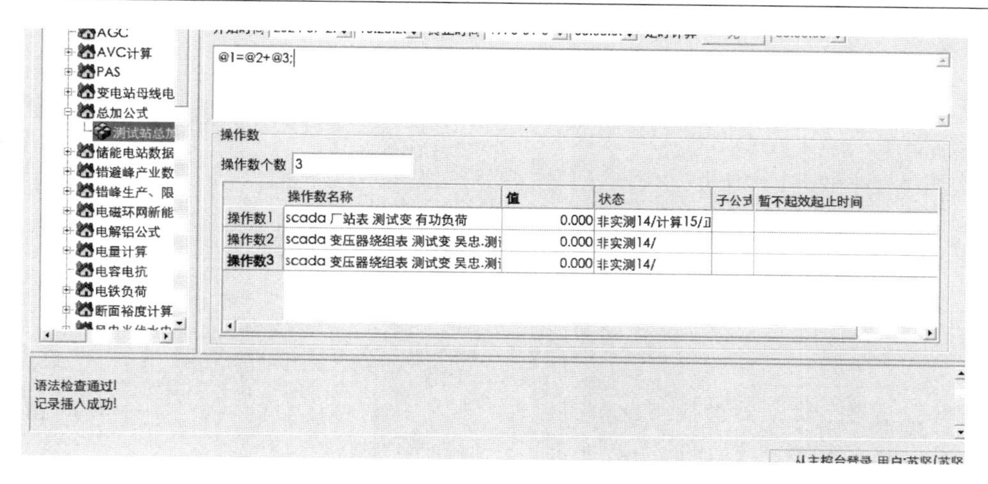

图 1-23 公式定义界面-结果

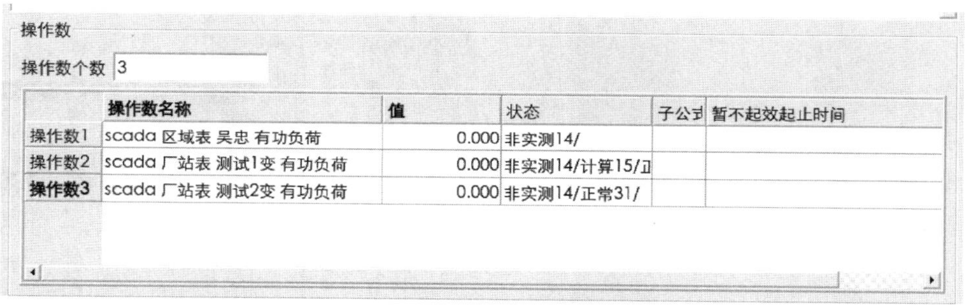

操作数
操作数个数 3
操作数名称
值
状态
子公式
暂不起效起止时间
操作数1 scada 区域表 吴忠 有功负荷 0.000 非实测14/
操作数2 scada 厂站表 测试1变 有功负荷 0.000 非实测14/计算15/
操作数3 scada 厂站表 测试2变 有功负荷 0.000 非实测14/正常31/

图 1-24 公式定义界面-市区总加公式

“××变有功负荷”同时也是“市区总加”的操作数，则公式“市区总加”的计算优先级要填大于“××变有功负荷”（优先级为 1）的数值，优先级数值越小优先级越高，即“市区总加”的公式优先级比“××变有功负荷”低，当“××变有功负荷”的计算周期和“市区总加”的计算周期一致，或者是倍数关系时，会碰到某个时刻这两个公式要同时计算的情况，此时，会根据优先级先算“××变有功负荷”（优先级数值 1），然后再将“××变有功负荷”的结果作为操作数参与“市区总加”的计算（优先级数值 2）。优先级如图 1-25 所示。

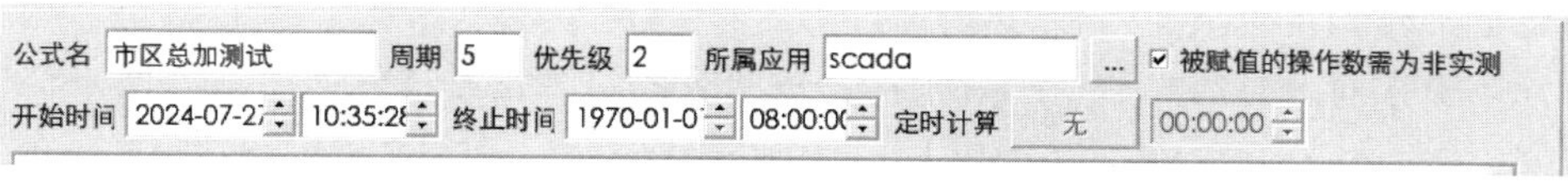

公式名 市区总加测试
周期 5
优先级 2
所属应用 scada
被赋值的操作数需为非实测
开始时间 2024-07-27 10:35:28
终止时间 1970-01-01 08:00:00
定时计算 无 00:00:00

图 1-25 公式定义界面-优先级

在“市区总加”的公式里，操作数“××变电站有功负荷”的子公式域有个红色的箭头，表示此操作数是某个公式的结果，点击该红色箭头，可以切到子公式“××变有功负荷”，如图 1-26 所示。

（2）操作结果选择。可使用检索器检索已有的相关域，例如厂站表里的有功、无功和区域表里的有功、无功，将计算结果赋值给上述域。

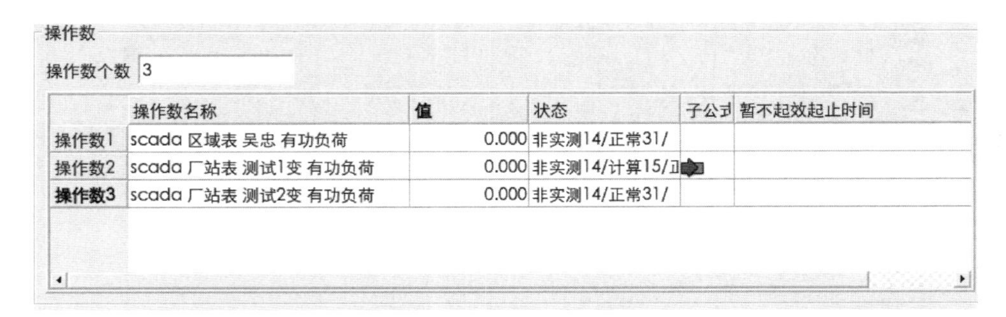

图 1－26　公式定义界面-子公式

当操作结果在检索器里找不到对应域时，先要在数据库/SCADA/计算类/计算点表/添加一条记录，添加记录如图 1－27 所示。

序号	标识	厂站ID	...	中文名称	记录所属应用	值
1	1218786666941038...	测试1变		第一轮低频有功	scada/pas/dts...	0.00

图 1－27　添加记录

填入"厂站 ID""中文名称"，假如这个计算值不属于某个厂，建议在厂站信息表里建一个"计算厂"专门放一些不属于这个具体厂的计算量，保存数据库后，在公式定义里找到 SCADA/计算类/计算点表/××变第一轮低频有功/值，点击"值"，点击"确定"，则该公式的计算结果放在计算值表的第一轮低频有功计算结果域内。计算值表/检索器如图 1－28 所示。

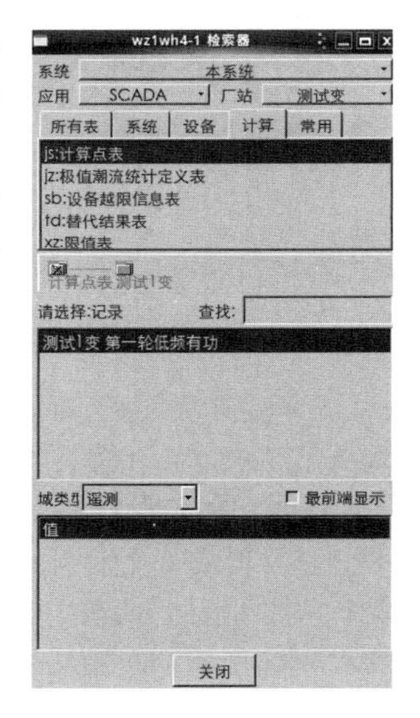

图 1－28　计算值表/检索器

1.1.4　采样定义

采样定义工具用于系统量测的历史采样设置，被定义采样的量测将按照其采样模式被保存入关系库中，用于历史曲线、报表等数据的查询调用。

1.1.4.1　基本术语

1. 遥测采样

其指遥测量的采样，其采样源为所有遥测数据。遥测采样分为历史采样和实时采样两种。

（1）历史采样。对历史数据进行采样，按照采样的触发方式分为主动周期采样和被动周期采样。

主动周期采样：由采样服务主动周期性地从实时库中读取被定义采样的数据，并将这些数据保存到关系库的采样表中。

被动周期采样：由各类应用程序周期性地触发采样服务，将被定义采样的数据保存到关系库的采样表中，采样服务不主动读取实时数据。这种采样方式目前暂未使用。

（2）实时采样。实时采样主要是小时曲线，用来观察高密度采样历史数据，它的采样周期固定为 5s，默认情况下采样数据只保持 25h（该参数可调），即只能看到前 25h 的实时采样数据。

2. 遥信采样

其作为采样类型之一，用于遥测量的采样，其采样源为所有遥信数据。常规历史遥信采样对遥信数据进行周期采样，采样周期固定为1h，遥信采样的周期不可以选择。

3. 触发式采样

电度量触发式域级采样，采样类型为5，分别对正电度、负电度定义域级采样。

1.1.4.2　操作过程

1. 启动和退出

采样定义的启动方式有两种：

方法一：在总控台选择“采样定义”图标按钮。

方法二：在终端执行 sample_define 命令。

2. 工具界面介绍

采样定义界面如图1-29所示。

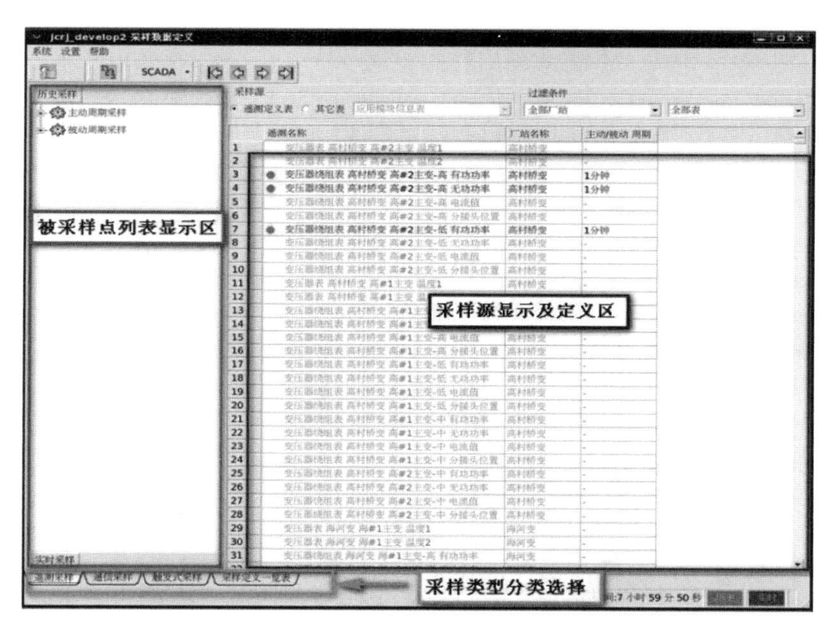

图1-29　采样定义界面

整体界面中有被采样点列表显示区、采样类型分类选择、采样源显示及定义区3个重要区域。

被采样点列表显示区：通过树形列表的形式，对已被定义的采样点进行列表显示。

采样类型分类选择：对不用的Tab页，选择不同的采样类型，则默认进入对应的采样源。

采样源显示及定义区：显示当前采样源中所有数据，并在该区域中进行定义操作。已被定义采样的数据行前端有对应颜色的原点标识，未被采样的数据行均显灰色。

3. 主动周期采样定义

(1) 在采样类型分类选择区，选择遥测采样Tab页。

（2）出现右上方的采样源显示框即默认进入遥测定义表，如图 1－30 所示。

图 1－30　采样定义-采样源显示框

（3）在过滤条件框中选择所要进行采样定义的厂站及相关设备表，如图 1－31 所示。

图 1－31　采样定义-过滤条件框

（4）确定要采样源范围后，开始定义采样。

1）通过点选行序号、多选行序号、鼠标左键拖拽等多种方式选择需要定义采样的遥测数据，使其背景反显示出来。

2）鼠标右键点击其中任一位置，弹出遥测采样下拉菜单，选择“主动周期采样”，在下级下拉菜单中选择采样周期即可。

3）系统弹出如图 1－32 所示的对话框，判定确认采样周期。

4）确认后采样成功，弹出如图 1－33 所示的提示框。

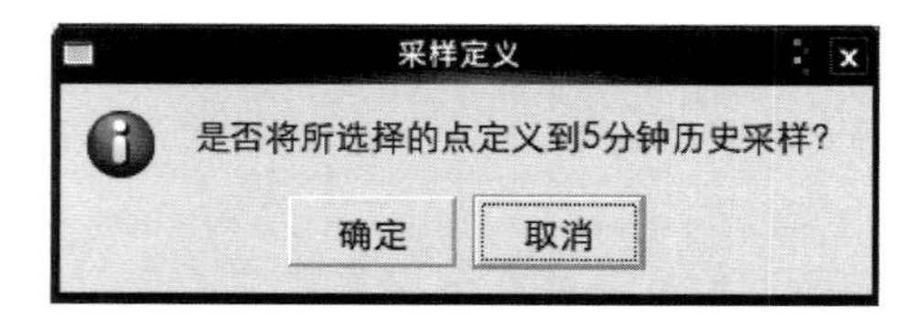

图 1－32　采样定义-确认采样周期

图 1－33　采样定义-定义成功

5）被成功定义采样的数据行前段被打上标记，如图 1－34 所示。

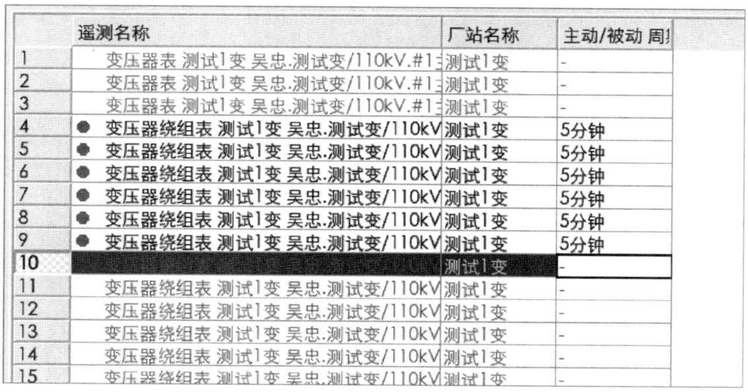

	遥测名称	厂站名称	主动/被动 周
1	变压器表 测试1变 吴忠.测试变/110kV.#1	测试1变	-
2	变压器表 测试1变 吴忠.测试变/110kV.#1	测试1变	-
3	变压器表 测试1变 吴忠.测试变/110kV.#1	测试1变	-
4	● 变压器绕组表 测试1变 吴忠.测试变/110kV	测试1变	5分钟
5	● 变压器绕组表 测试1变 吴忠.测试变/110kV	测试1变	5分钟
6	● 变压器绕组表 测试1变 吴忠.测试变/110kV	测试1变	5分钟
7	● 变压器绕组表 测试1变 吴忠.测试变/110kV	测试1变	5分钟
8	● 变压器绕组表 测试1变 吴忠.测试变/110kV	测试1变	5分钟
9	● 变压器绕组表 测试1变 吴忠.测试变/110kV	测试1变	5分钟
10	[illegible]	测试1变	-
11	变压器绕组表 测试1变 吴忠.测试变/110kV	测试1变	-
12	变压器绕组表 测试1变 吴忠.测试变/110kV	测试1变	-
13	变压器绕组表 测试1变 吴忠.测试变/110kV	测试1变	-
14	变压器绕组表 测试1变 吴忠.测试变/110kV	测试1变	-
15	变压器绕组表 测试1变 吴忠.测试变/110kV	测试1变	-

图 1-34　采样定义-打上标记显示

4. 触发式采样

定义电度量域级采样：

（1）在采样类型分类选择区，选择触发式采样 Tab 页。

（2）右键点击“增加定义采样类型”，如图 1-35 所示。

（3）在弹出的“新增触发式采样定义”窗口，定义采样类型为 5，采样名称为“电度采样”，如图 1-36 所示。

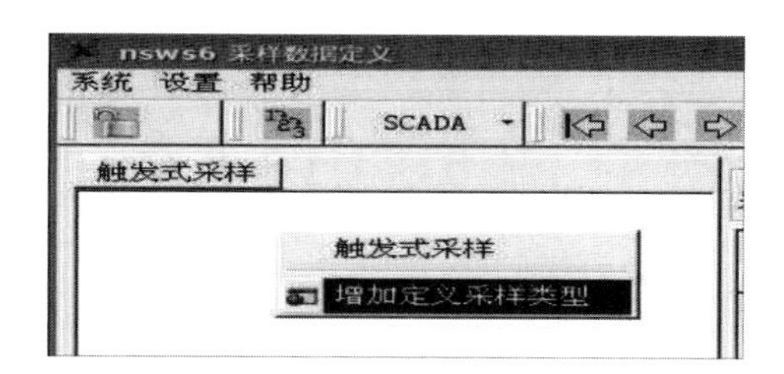

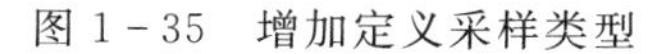
图 1-35　增加定义采样类型

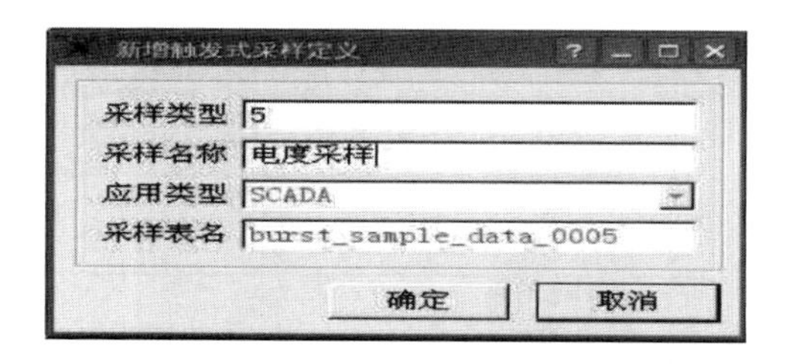

图 1-36　新增触发式采样定义

（4）在右侧触发式采样源下拉列表中，选择电度表，分别点击表头“正电度”“负电度”，右键点击“定义到‘电度采样’”。正、负电镀域级采样如图 1-37 所示。

1.1.5　告警服务

告警模块中与工程化相关的包括告警服务定义和告警查询工具。

告警定义是定义告警动作、告警行为、告警方式以及告警类型的一个界面工具。一般情况下告警动作、告警行为、告警类型是定义好的，用户不需要修改，但是用户可以定义告警方式以及节点告警关系。

1.1.5.1　告警定义

1. 启动与退出

告警定义的启动方法有两种。

方法一：从智能调度技术支持系统的主控台上选择，用鼠标左键单击“告警定义”图标。

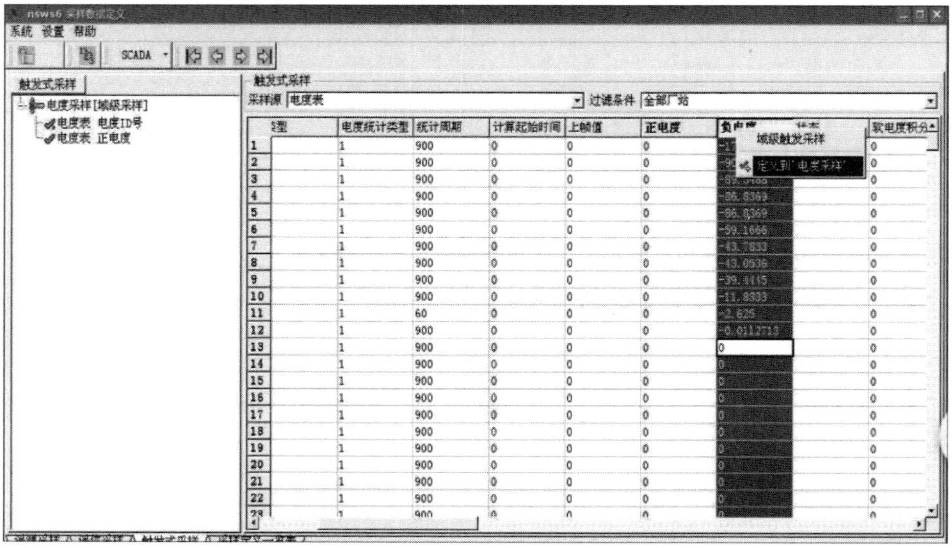

图 1－37　正、负电镀域级采样

方法二：在终端直接运行 alarm_define。

告警定义界面如图 1－38 所示。

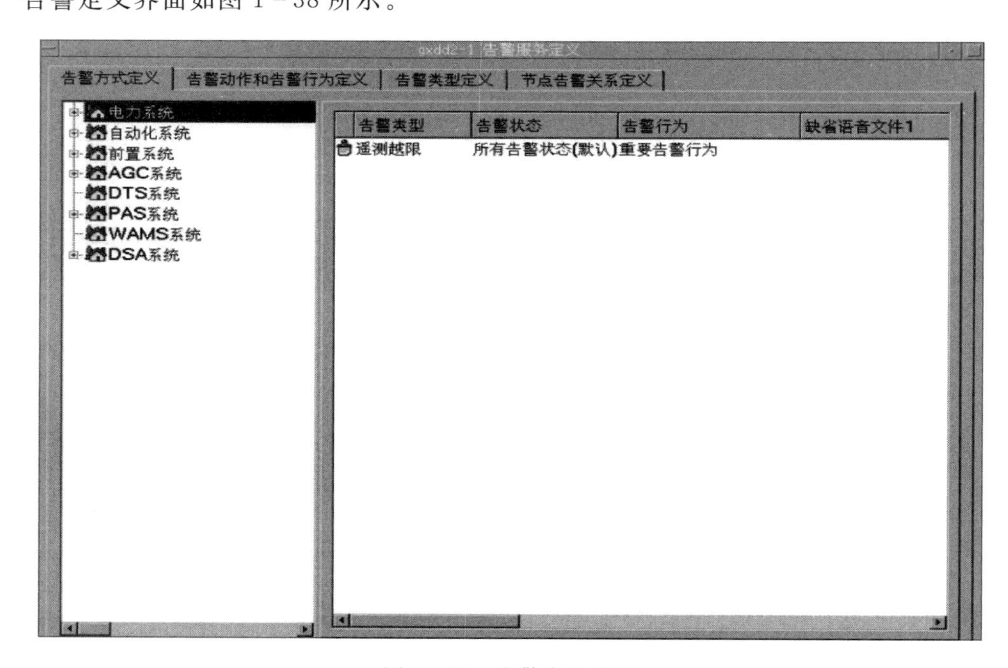

图 1－38　告警定义界面

告警定义界面的退出方法：点击图形左边的“—”，选择其中的关闭选项。

2．告警方式定义

告警方式是告警类型与告警行为之间的对应关系。一个告警类型中的一个或者多个告警状态对应一个具体的告警行为，称为告警方式。

系统中有默认告警方式定义表和自定义告警方式定义表，分别定义了所有的默认告警方式和自定义告警方式。

默认告警方式定义表对常用的告警类型进行预定义，定义了这些告警类型的默认告警行为及其行为的一些参数。

如果对某一个具体的告警要求它的告警行为和已经定义好的默认告警方式中的告警行为不一致，这时候需要定义一个自定义告警方式。

在告警定义界面上选择“告警方式定义”页面，如图1-39所示。

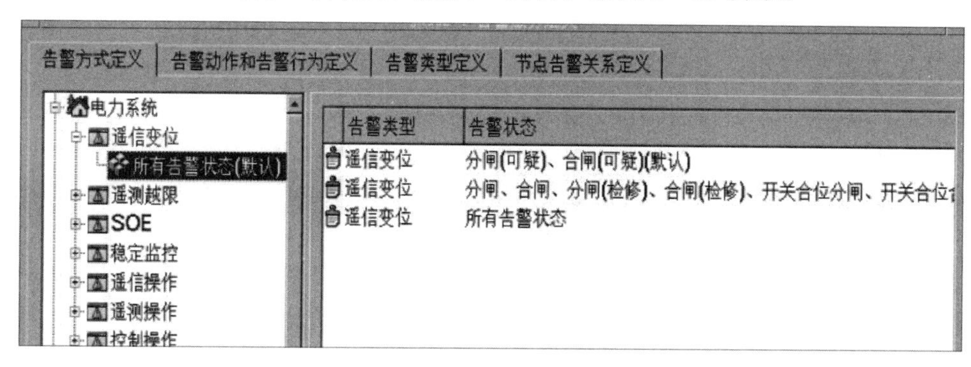

图1-39　告警方式定义-1

左侧列表中列出了系统中的告警类型，如“遥信变位”“遥信操作”等。

(1) 新默认告警方式定义。如果对这些告警类型中某些告警状态的告警行为有一些特殊要求，可以通过自定义默认告警方式定义其告警行为及其行为的一些参数。

例如，右键点击“遥信变位”，选择新默认告警方式，在所有可选告警状态里选中“分闸”，再点击右箭头，则将“分闸”选进右边告警状态里，同样方式把“合闸”选到右边，如图1-40所示。

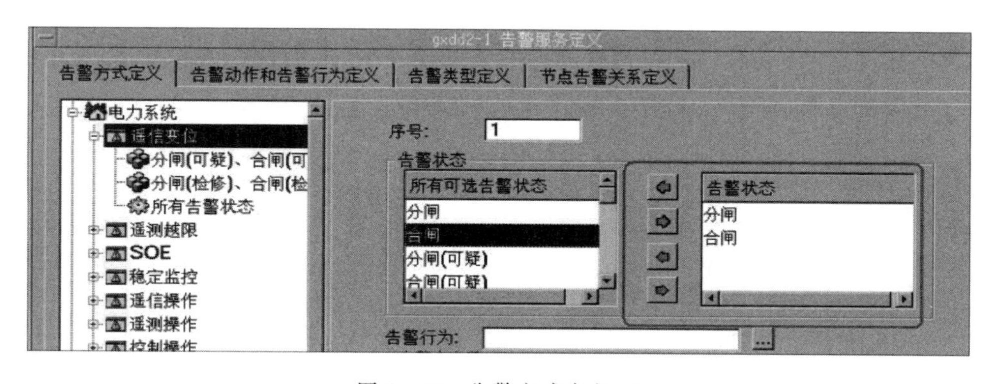

图1-40　告警方式定义-2

弹出之前定义好的告警行为，选择上重要告警窗，点击“确认”，保存该告警方式；右键点击“遥信变位”，选择新默认告警方式，在所有可选告警状态里将剩下的告警状态加到右边，点击告警行为右边的按钮，如图1-41所示。

弹出之前定义好的告警行为，选择上普通告警窗，点击“确认”，保存该告警方式，这样就定义好了遥信变位各种不同状态的默认告警。当告警内容为遥信变位分闸、遥信变

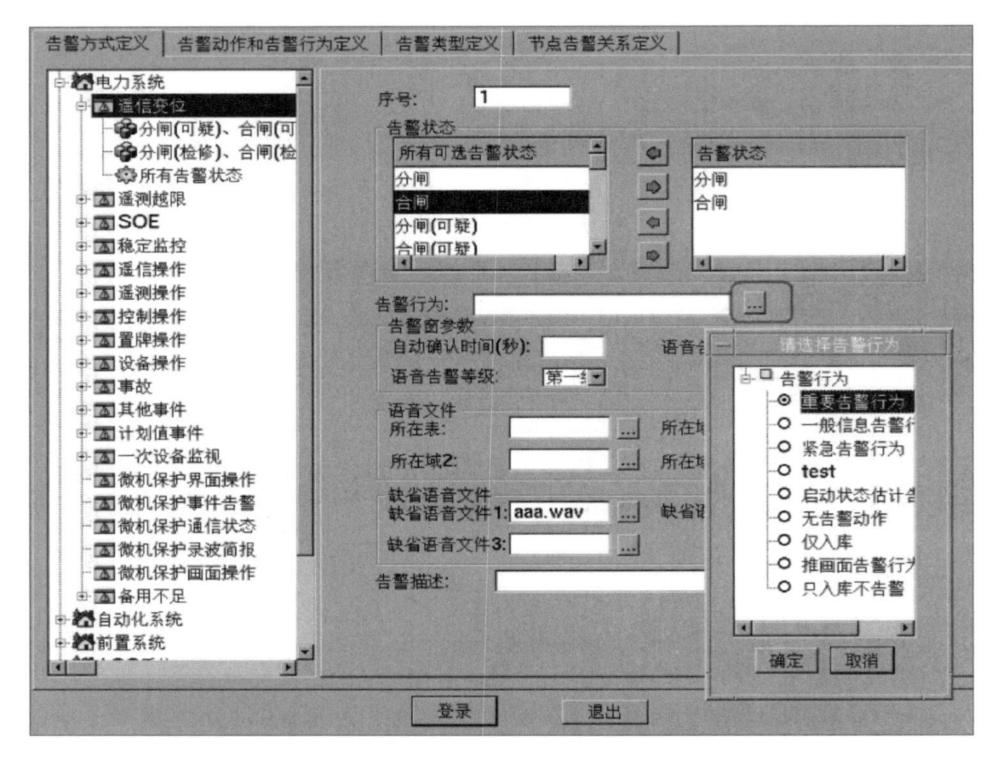

图1-41　告警方式定义-3

位合闸时，这些告警内容上重要告警窗，需要人工确认，其他的遥信变位则上普通告警窗。

告警窗参数说明：

1）自动确认时间。只有包含了需人工确认的告警行为才会用到这个域，如果自动确认时间为0，则上重要告警窗的信息会一直以未确认开头并且不断闪烁，直到人工点一下该告警才会停止。如果填写了自动确认时间，例如自动确认时间是5，则告警窗上的告警闪烁5s后将会自动确认。

2）语音告警。当告警行为里包含语音告警动作时，语音文件和缺省语音文件才有效，语音告警如图1-42所示。

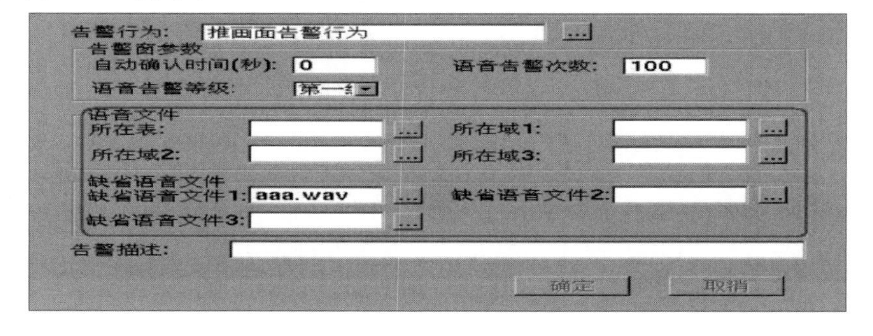

图1-42　语音告警

当点击语音文件所在表旁边的按钮，会弹出一些表的信息选择，而这些表的定义在数据库 PUBLIC/“告警语音文件所在表”定义表里加入。例如“告警语音文件所在表”定义表里有两条记录，分别是遥信表、遥测表，则在告警定义里语音文件所在表有这两个表可以选择。

例如：“上重要告警窗（语音）”的告警行为里包括“语音”“需人工确认”“上告警窗”“登录告警库”，遥信变位的告警方式选择“上重要告警窗（语音）”，并且语音文件所在表选择“遥信表”，所在域 1 选择“语音文件一”，所在域 2 选择“语音文件二”，所在域 3 选择“语音文件三”，所在域 4 选择“语音文件四”，遥信表“断路器表××变电站 2800 遥信值”记录语音文件一域填“1. wav”，语音文件二域填“2. wav”，语音文件三域填“3. wav”，语音文件四域填“4. wav”，则当××变 2800 断路器发生变位时顺序播放语音 1. wav、2. wav、3. wav、4. wav。这样就可以实现对每一个设备的变位用不同的语音来告警。

如果不想区分到设备，只想所有的遥信变位用同一种语音，则在告警定义时填缺省语音文件几个域，语音告警时也是顺序读缺省语音文件一、缺省语音文件二、缺省语音文件三。

（2）自定义告警方式。当同一种告警类型相同的告警状态，需要不同的告警行为时，就要用到自定义告警方式了。

例如，如果普通的保护告警只需上普通告警窗，接地信号保护动作想要推画面时，在 PUBLIC/自定义告警方式类别表里添加一条记录，方式名称为“自定义推画面告警方式”，并保存，如图 1-43 所示。

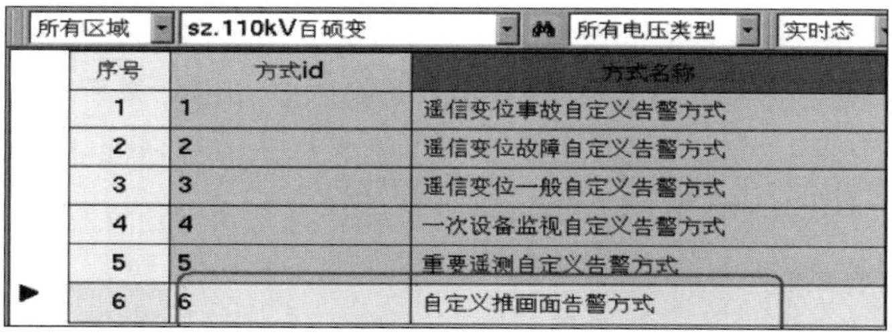

所有区域　sz.110kV百硕变　所有电压类型　实时态

序号	方式id	方式名称
1	1	遥信变位事故自定义告警方式
2	2	遥信变位故障自定义告警方式
3	3	遥信变位一般自定义告警方式
4	4	一次设备监视自定义告警方式
5	5	重要遥测自定义告警方式
6	6	自定义推画面告警方式

图 1-43　自定义推画面告警方式-1

在告警定义界面，右键点击“遥信变位”，选择“新自定义告警方式”，点击右上方的“自定义方式 ID”按钮，弹出刚才自定义告警方式类别表里预先定义好的自定义告警方式，选择“自定义推画面告警方式”，接着选择所需的告警状态，告警行为选择预先定义好的“推画面告警行为”，如图 1-44 所示。

然后在 SCADA/遥信表/××接地信号记录的告警方式 ID 里选择“自定义推画面告警方式”，并保存，如图 1-45 所示。

则当××接地信号动作时，发生推画面告警行为，其他保护信号按照告警定义表里的默认告警方式告警。

如果遥信表/遥测表的告警方式 ID 域为空，则按照默认的告警方式告警；如果填了自定义告警方式类别表里的某种自定义告警方式，则按照自定义的告警方式告警。每种告警

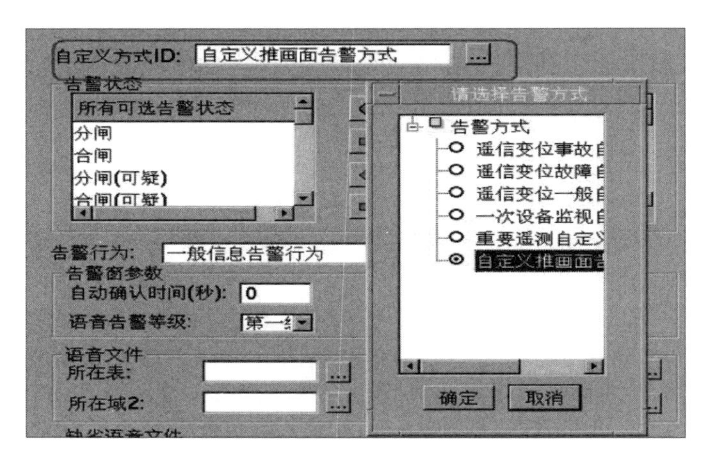

图 1-44　自定义推画面告警方式-2

类型可以有多种自定义的告警方式。例如，某些遥信变位上重要告警窗，某些遥信变位上普通告警窗，某些遥信变位发短消息等，可以定义遥信变位自定义告警方式 1（上普通告警窗）、遥信变位自定义告警方式 2（短消息告警），以此类推。告警的定义非常灵活，能满足不同用户的各种需求。

另外还可以在告警行为里定义一种无告警动作的告警行为，把用户不关心不需要的告警方式定义成无告警行为，这样既不上告警窗也不登录告警库，节省了资源。

3. 节点告警关系定义

利用“节点告警关系定义”工具可以对系统中所有的节点（包括服务器和客户机）进行告警服务以及特殊定义（主要是告警动作限制）。如果对一个节点做了“节点告警关系定义”，则该节点告警客户端接收告警动作的方式将以节点告警关系定义为准。

(1) 增加一个节点。鼠标右键单击节点树形列表区域的空白处，弹出一个节点告警关系处理的对话框，如图 1-46 所示，选择增加节点。

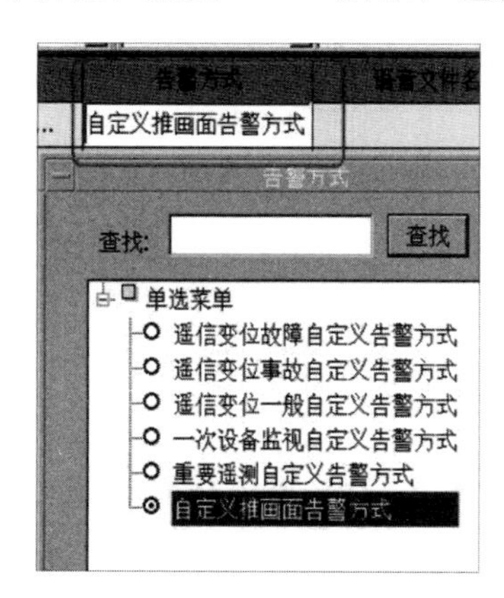

图 1-45　自定义推画面告警方式-3

图 1-46　节点告警关系处理对话框

(2) 节点告警关系定义。选中所需定义的已增加节点，鼠标右键单击节点左下方节点，弹出一个节点告警关系处理的菜单。节点告警关系处理菜单如图 1-47 所示。

1）节点所有告警类型告警定义。这个功能是对某个节点的所有告警类型进行特殊定义，如果已经存在节点告警关系定义，就会弹出一个警告窗口“本节点已经存在节点告警关系定义，必须删除已存在的节点告警关系定义”。

2）新增节点告警关系。这个功能是增加一个新的告警关系，即增加一个新的告警类型的动作限制。

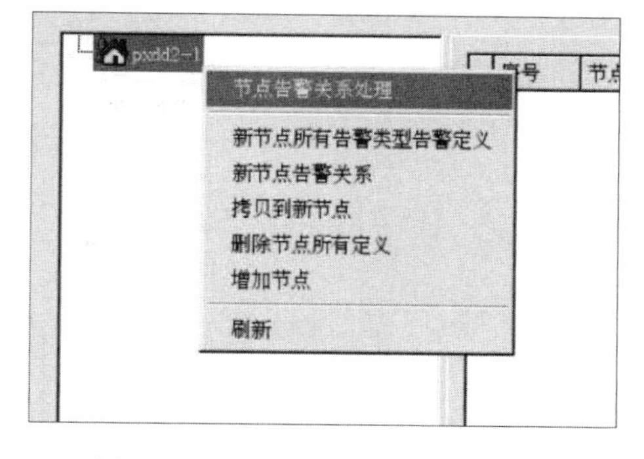

图 1-47　节点告警关系处理菜单

3）拷贝到新节点。将此节点的节点告警关系定义拷贝到系统中的另外一个节点中。

4）删除节点所有定义。删除本节点已经定义的所有节点告警关系。

5）增加节点。增加一个节点告警关系定义的节点，按下“增加节点”按钮，就会弹出系统中的节点列表，用户可以选择。

4. 示例

如想使调度员工作站 dd1-1 屏蔽网络工况的告警，让网络工况的告警在 dd1-1 上不语音、不上告警窗、不推画面，其操作方法是：

(1) 在告警服务定义/节点告警关系定义的左边空白处，右键选择增加节点。

(2) 右键点击告警类型按钮，选择想要屏蔽的告警“网络工况”。

(3) 在所有可选择的告警状态中选择想要屏蔽的告警状态，添加到右边的告警状态中。

(4) 在告警处理标识里选择告警动作限制“不语音”“不上告警窗”“不推画面”，添加到右边告警动作限制里。

(5) 确定后，就定义好了一个节点告警定义关系。

当网络工况有告警时在工作站 dd1-1 不上告警窗、不推画面、不语音，其他节点正常告警，原先登录告警库（将告警存历史库）的告警也正常登录历史库。

1.1.5.2　告警模板定义

告警查询是查询历史数据库中告警信息的一个界面工具。在告警查询工具中，用户可以自行设定查询条件和查询时间，定义为告警模板。

1. 告警模板的用途

可以把常用的告警查询条件定义成一个模板，这样可以省掉每次查询时都重新定义查询条件的过程，只要在告警查询里双击预先定义好的模板查询告警即可。另外，可以做一个图形标志用来直接调用模板，还可以在告警窗按照定义好的模板过滤告警，下面将介绍告警模板的制作和使用。

2. 告警模板的制作

告警查询包括单表查询和综合查询，相应的告警模板也分为单表模板和综合模板。

(1) 单表查询模板的制作。如果想要查询××厂每天发生的保护信号，由于保护的告警在遥信变位告警里，因此可以做一个今日保护的模板。打开告警查询界面，选择单表查询，如图 1－48 所示。

在单表查询里点中临时模板，临时模板变成红色；在告警类型选择里找到电力系统/遥信变位告警，点击旁边的圆点，圆点和遥信变位变成红色，如图 1－49 所示。

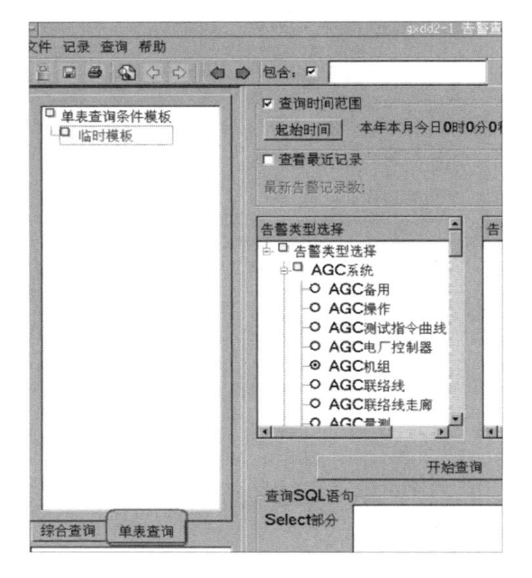

图 1－48　单表查询

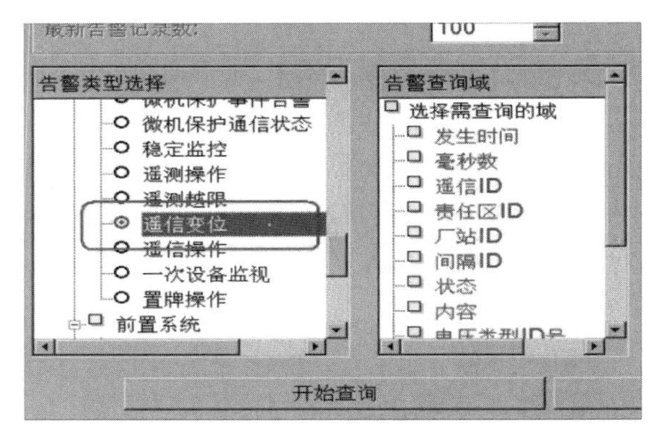

图 1－49　选择遥信变位

点击保存模板，弹出提示框“增加模板到数据库，请确认!”，点击“yes”后，弹出模板对话框，如图 1－50 所示。

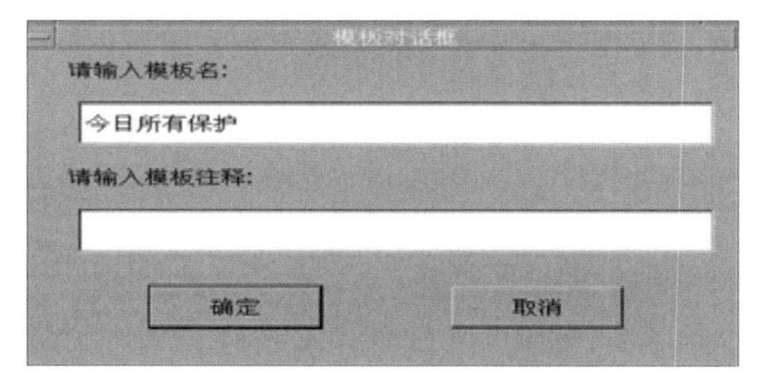

图 1－50　模板对话框－1

输入模板名“今日所有保护”，点击“确定”后，模板保存成功。如果只想检索单个厂的今日保护，在告警查询域点击“厂站 ID”，再点击右边的箭头，弹出厂站 ID 列表，选择厂站××后，保存模板，命名为“今日××厂保护”，检索的起始和结束日期也可以选择，如图 1－51 所示。

（2）综合查询模板的制作。如果运维人员想要查询每天的通道投退和厂站投退情况，由于通道投退和厂站投退是不同的告警，对应不同的告警登录表，因此要做一个综合远动投退模板。打开告警综合查询界面，如图 1－52 所示。

在界面中，点选临时模板，临时模板变成红色，告警类型选择中点击前置系统前的“＋”，展开前置系统的所有告警登录表，点击“通道工况”和“通信厂站工况”前面的方框，方框里便打上“√”，如图 1－52 所示。

查询时间默认起始时间是本月今日 0 时 0 分，结束时间是本月今日 23 时 59 分，点“保存模板”，弹出提示框“增加模板到数据库，请确认!”，点“yes”后，弹出模板对话框，如图 1－53 所示。

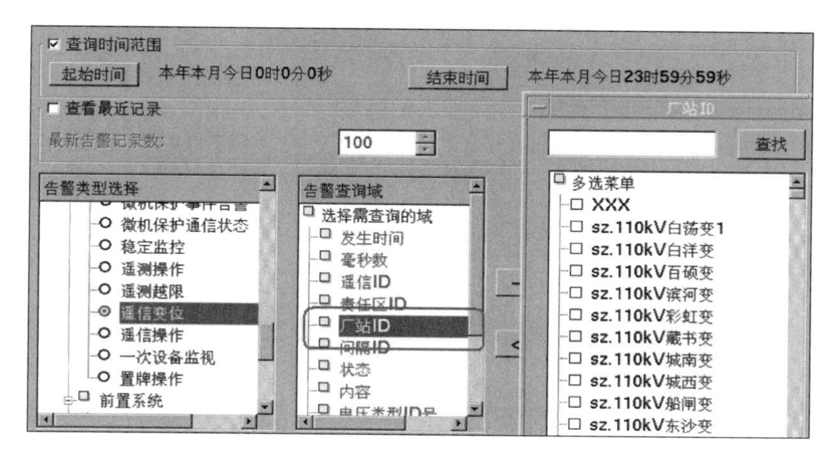

图 1-51　保存模板“今日××厂保护”

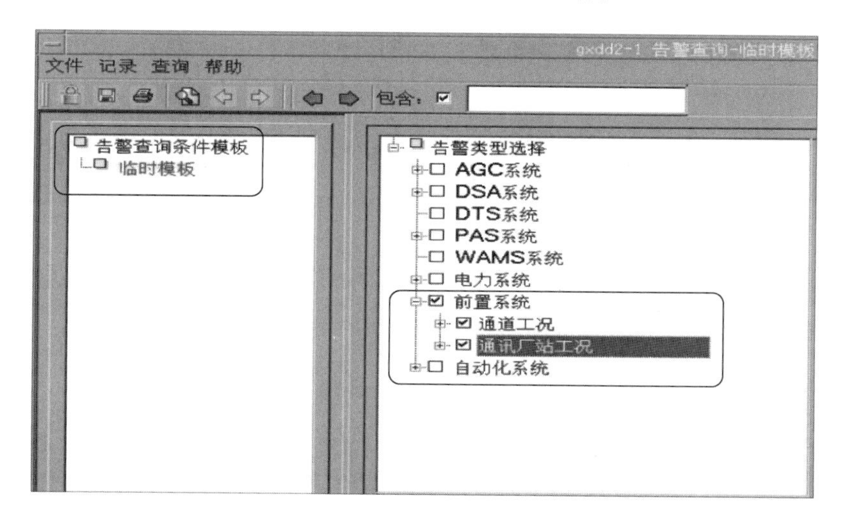

图 1-52　告警综合查询界面

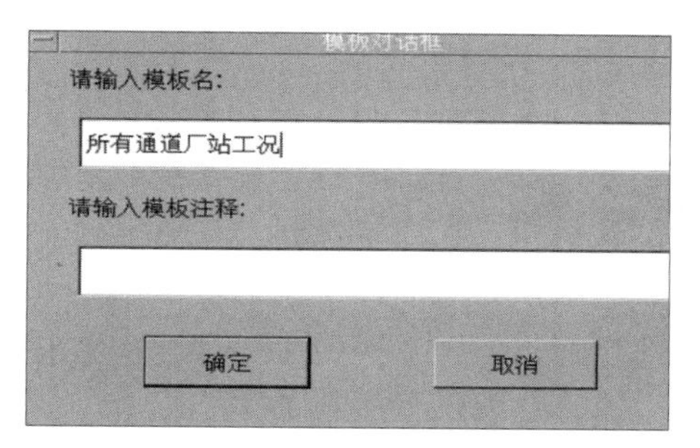

图 1-53　模板对话框-2

输入模板名“所有通道厂站工况”，点击“确定”后，模板保存成功。如果只想检索单个厂的每日厂站工况和通道工况，则只需在检索条件里点击厂站 ID 前的方框，方框里便打上“√”，然后点击“厂站 ID”同一行检索条件的空白处，弹出菜单，选择厂站，保存模板“今日××厂通道厂站工况”，如图 1-54 所示。

3. 告警模板的使用

(1) 打开告警查询界面，在综合查询里，双击模板“今日××厂通道厂站工况”，就查到今日××厂通道和厂站工况。

切到单表查询，双击“今日××厂保护”，就查到今日该厂的保护告警。

(2) 可以把模板作为标志调用，右键点击“标志调用”，选择属性，弹出标志调用对

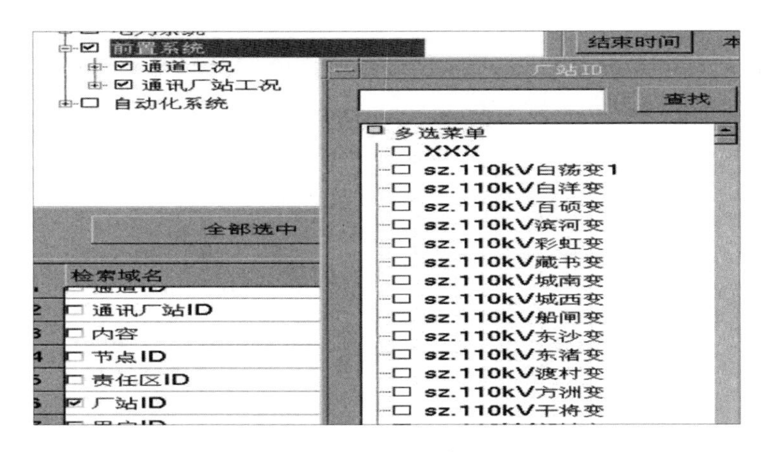

图 1-54　保存模板“今日××厂通道厂站工况”

话框，选择调用进程，进程名写“alarm_query-templet 告警查询模板名”。在图形显示里点击标志调用，就能弹出以告警查询模板为查询条件的查询结果。

例如，在画面上制作一个标志调用，标志调用上放文字“今日××厂保护”，标志调用的进程名写“alarm_query-templet 今日××厂保护”。在图形显示里点击这个标志调用，就能查询出该厂的今日保护变位。

1.1.6　权限定义

智能电网调度技术支持系统的权限管理为各类应用的使用和维护提供了丰富的权限控制手段，是各类应用实现数据安全访问的重要工具。权限管理具有灵活的控制手段，既可以提供基于对象（模型表、图形、报表、流程等）的权限控制，也可以提供基于物理节点（工作站、服务器等）的权限控制，以满足各种权限的控制需求。权限管理通过功能、角色、用户、组等多种层次的权限主体，可以实现多层次、多粒度的权限控制。通过系统管理员、安全管理员、应用管理员等不同类型的角色划分，实现权限的三权分立、相互制约功能。权限管理提供界面友好的权限管理工具，方便对用户的权限进行设置和管理。

1. *启动和退出*

(1) 权限定义与维护管理界面的启动方法有两种。

方法一：在总控台选择“权限管理”图标按钮。

方法二：在终端下执行 priv_manager 命令。

无论执行上面两种方法的哪一种，都要先登录。由于不同级别的用户权限不同，因此启动用户权限定义与维护管理界面过程也是不同的。

在登录对话框中输入用户名称、密码，以超级用户身份启动“用户权限定义与管理界面”，可以看到定义的所有组和用户；以普通用户（属于“自动化”组）身份启动“用户权限定义与管理界面”，只能看到自己所属的组。

(2) 用户权限定义与维护管理系统的退出方法有两种。

方法一：点击界面左边的“-”，选择其中的关闭选项。

方法二：点击右下角“退出”按钮。

2. 权限定义步骤

假设目前系统中要创建一个用户 whz，对这个用户的具体要求如下：

属于远动组，为组长；拥有“公式修改”“模型定义写”“商用户备份”功能，针对表信息表中的“表英文名”表域具有查询权限，针对图形“JS_test123. sys. pic. g”具有可编辑权限，具备责任区 ceshi1 和 ceshi2 权限（责任区已利用责任区管理工具定义完成）。

下面分五个步骤创建 whz 用户。

第一步：利用超级用户登录权限管理工具。

第二步：添加角色“系统维护”“调度运行”“数据库管理”，其中“系统维护”包括“公式修改”“模型定义写”功能，“系统运行”包括“画面挂牌”功能，“数据库管理”包括“商用库备份”功能，如图 1－55 所示。

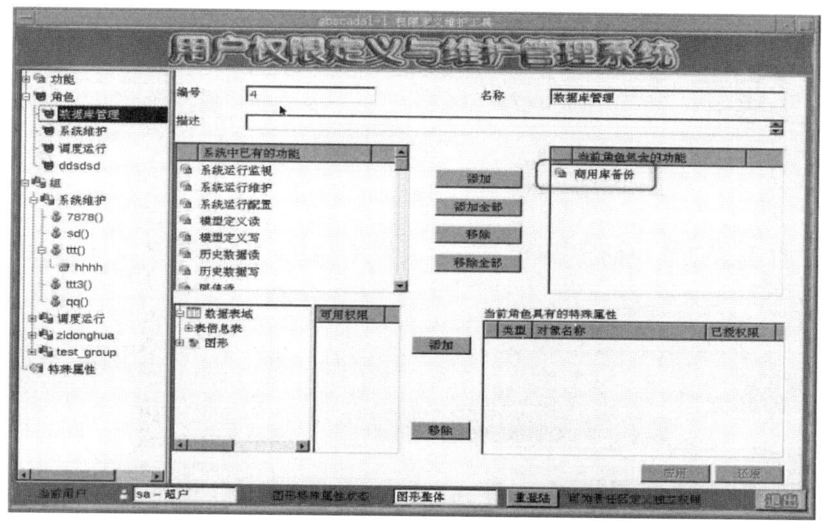

（a）步骤一

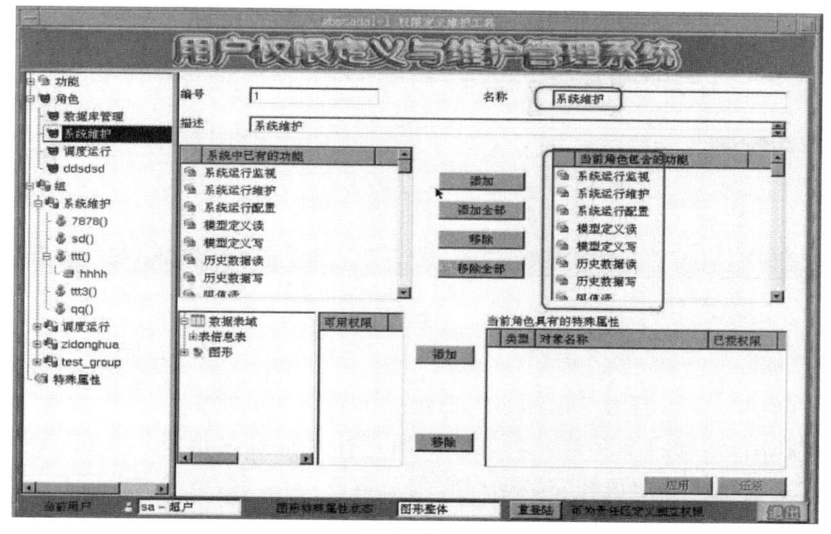

（b）步骤二

图 1－55（一）　配置角色所属功能

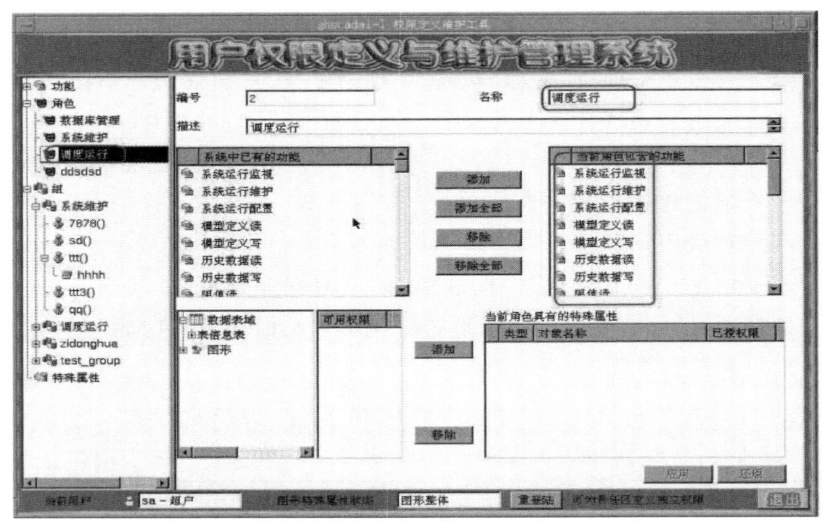

（c）步骤三

图 1－55（二）　配置角色所属功能

第三步：将表信息表中的“表英文名”表域添加到“已经定义特殊属性表域”列表，如图 1－56 所示。

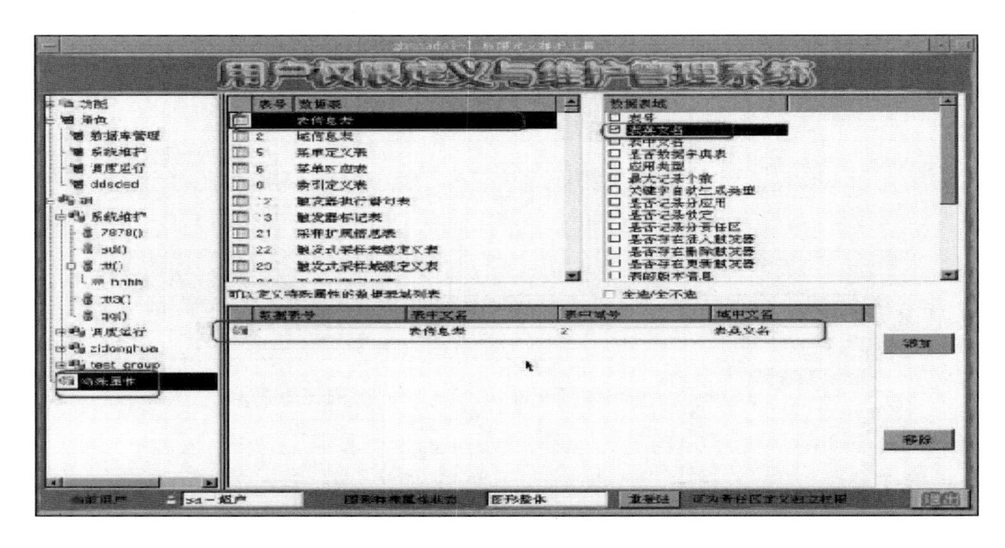

图 1－56　配置特殊属性表域

第四步：新建一个组名为“远动组”的组，如图 1－57 所示。

第五步：在组/远动组下新建一个用户 whz，并且指定为组长，并在“配置角色”选项卡下添加“系统维护”角色和“数据库管理”角色，在“配置特殊属性”选项卡下添加表信息表中“表英文名”表域的查询权限和图形可编辑的权限，在配置可切换责任区中选择“ceshi1”“ceshi2”，如图 1－58 所示。

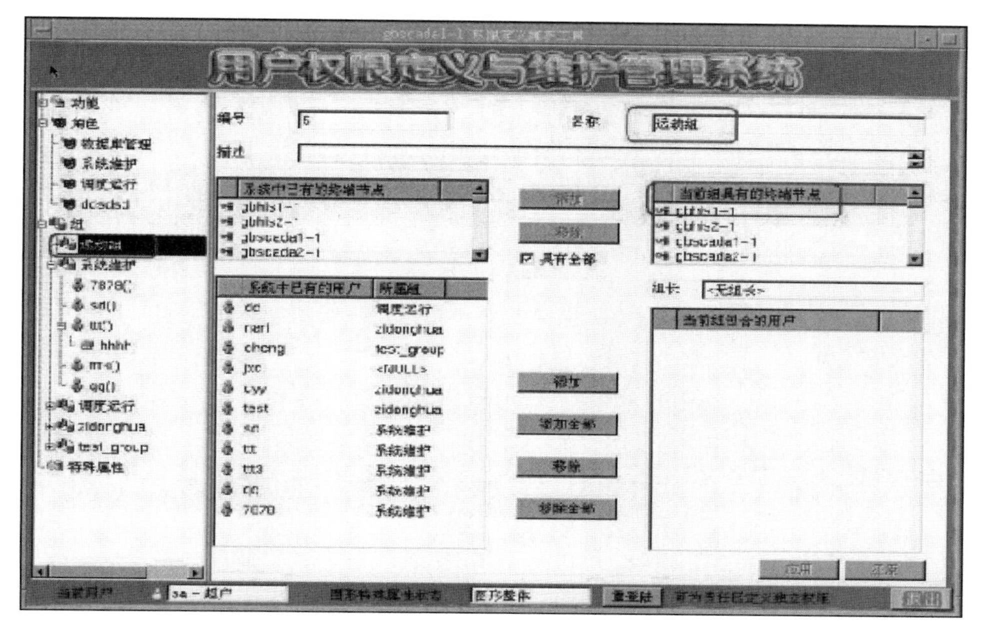

图 1-57 新建组界面

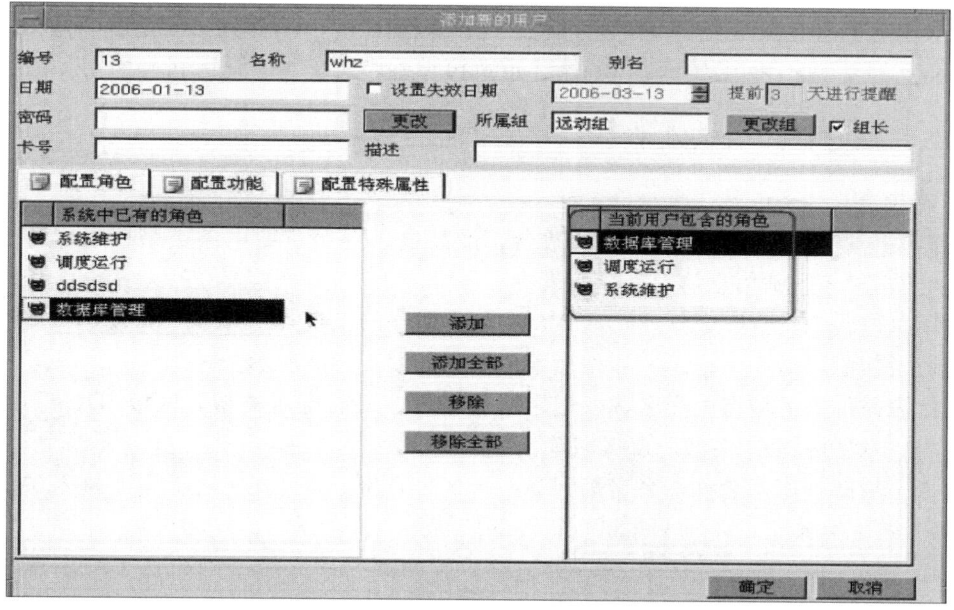

(a) 步骤一

图 1-58(一) 配置用户包含角色

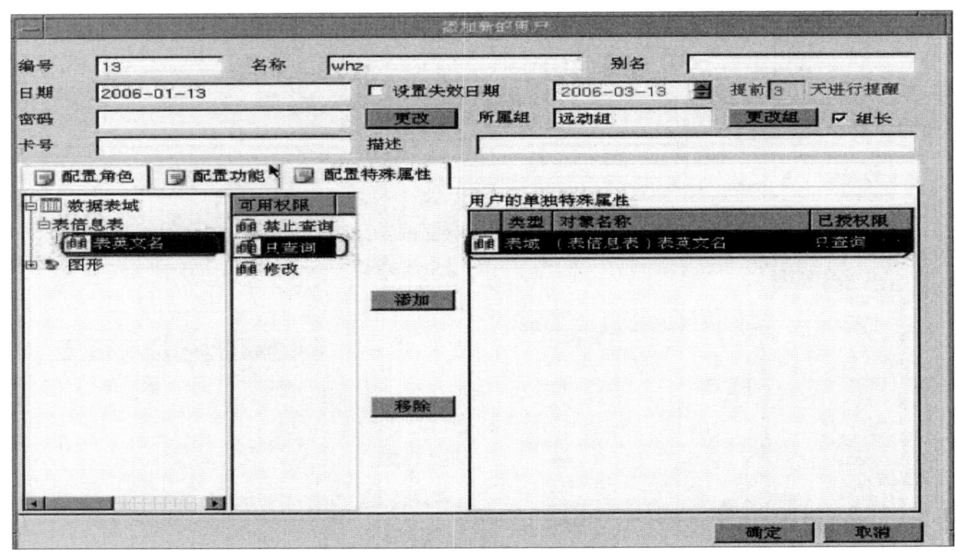

(b) 步骤二

图 1-58（二）　配置用户包含角色

1.2　厂站接入维护

在厂站生成过程中，并没有严格的操作步骤和流程，系统可以根据用户的使用习惯自由地生成厂站，用户可以先入库再画图，也可以先画图再入库，或者边画图边入库。

1.2.1　厂站数据库信息维护

1. 厂站表

新建一个厂站前，首先需确定厂站名、最高电压等级、变电站类型（风电厂、火电厂、变电站等），场站信息体现在厂站表中。

利用总控台工具打开数据库，在 SCADA 应用下的系统类厂站表中，使用表维护工具的新增记录功能新增一条记录。厂站表维护界面如图 1-59 所示。

厂站表需维护的域有中文名称、记录所属应用、最高电压类型、区域 ID、厂站类型、厂站编号、责任区 ID、模型所属区域等。

中文名称即是厂站名称，命名规则为：×××省份.×××（电压等级为 220kV 及以上厂站）；×××地市.×××（220kV 以下厂站）。

所属应用一般根据场站是否被应用记录，例如需要建立模型则勾选 PAS；需要参与 AVC/AGC 调节则勾选 AGC/AVC；需要通信实时业务则勾选 FES。一般情况下，新建场站需要勾选的应用有 scada/pas/dts/fes/agc/avc/scadule。

厂站编号按照顺序填写，不可重复。

责任区定义与场站的系统管理权限和监视权限有关。责任区 ID 定义方式：打开总控台，在公式定义选项中找到责任区定义，在对应的责任区内找到所要定义的厂站，并勾选

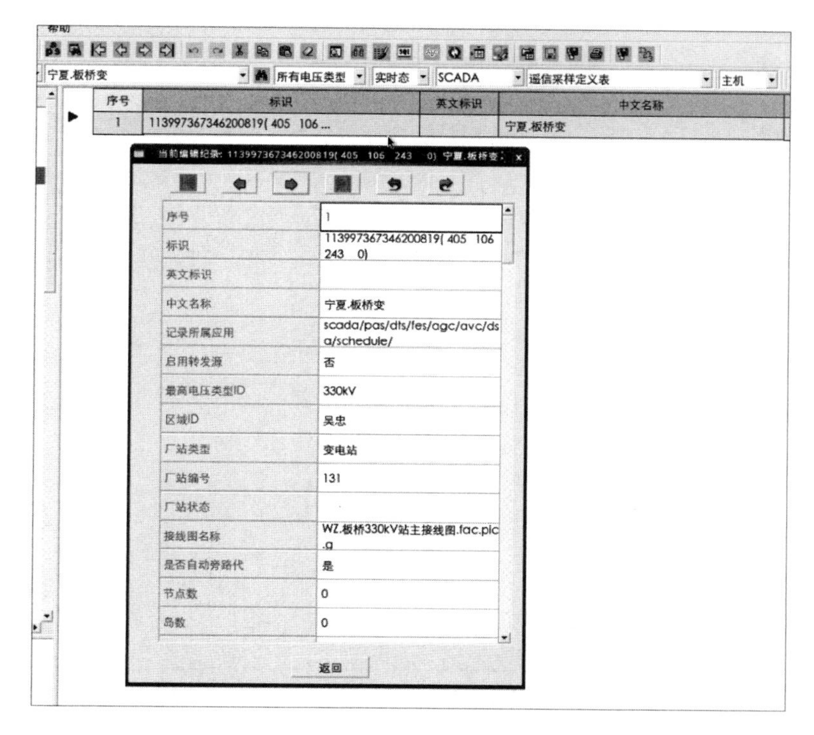

图 1-59 厂站表维护界面

厂站。应用配置后，加载数据库厂站表即可看到厂站已被定义的责任区。若在相应责任区未找到所要定义的厂站，则在右下角找到“只显示已定义厂站”，将前面的对钩去掉再次查询即可。

模型所属区域统一选择“××”，模型所属区域涉及一三区图模转换，必须勾选。

2. 间隔表

当新建一个厂站时会有大量的遥信和遥测信息需要添加维护，而在数据库维护完之后需要把这些信息表现在画面上时，就需要分类或者分间隔来展示。这时间隔表就起到了约束作用或者说是作为将所有信息分类时的一个逻辑条件。

维护过程：数据库中，在 SCADA 应用下的系统类间隔表中，使用表维护工具的新增记录功能新增一条记录。间隔表维护界面如图 1-60 所示。

间隔表中重点维护的域有厂站 ID、中文名称、电压类型 ID、记录所属应用、电压等级 ID、责任区 ID、模型所属区域、自定义间隔模板类型等。

记录所属应用一般选择 scada/pas/dts/fes/agc/avc/schedule。

间隔表的中文名称无特殊要求，主要是为了在维护其他表时能分清所属间隔，但不可重复或填错，一般间隔表内的中文名称根据开关名命名。

电压类型和电压等级 ID 根据此间隔所在电压等级选择，特殊的如公用间隔、直流间隔，需填本站最高电压等级。

自定义间隔模板是重新生成间隔图时重要的环节之一，若模板名称填错，所生成的间隔触发的遥测就会出现错误。

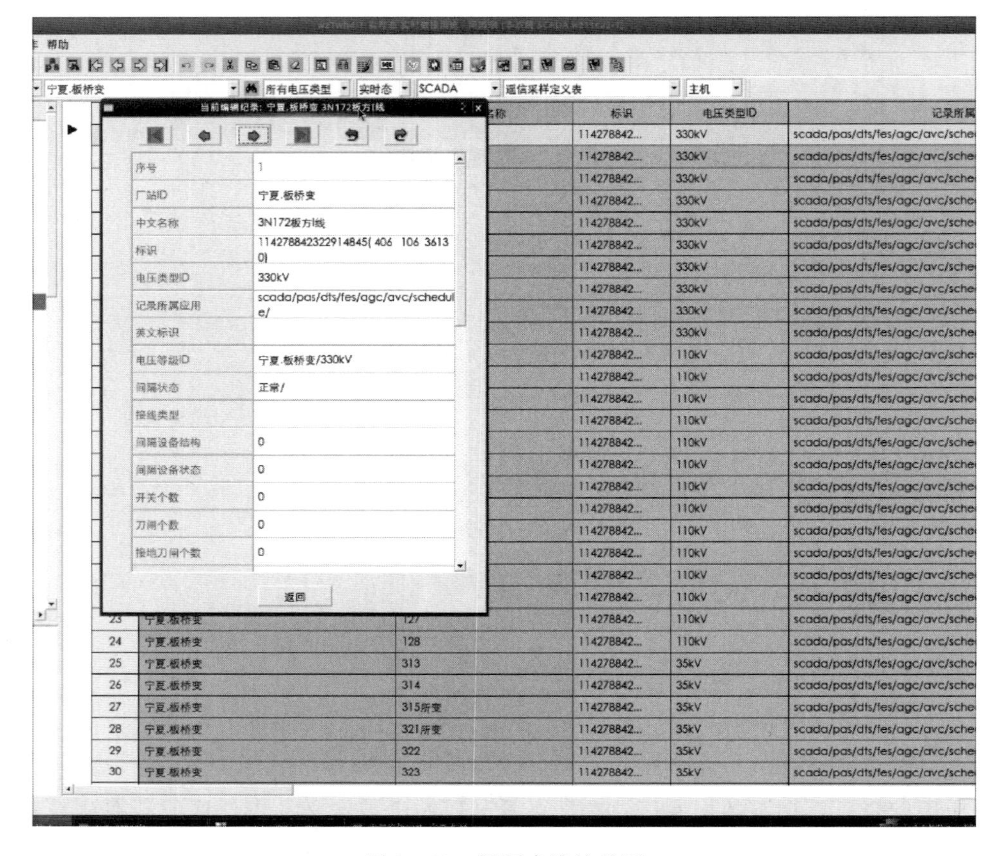

图1-60 间隔表维护界面

其他域同厂站表中记录，注意模型所属区域和厂站模型所属区域相同。

3. 断路器表

断路器即开关，根据其具体功能分为普通开关、小车开关和母联开关等。

维护过程：数据库中，在SCADA应用下的设备类断路器表中，使用表维护工具的新增记录功能新增一条记录。断路器表维护界面如图1-61所示。

断路器表中重点维护的域有厂站ID、中文名称、电压类型ID、记录所属应用、描述、间隔ID、电压等级ID、断路器类型、责任区ID、模型所属区域。

记录所属应用一般选择scada/pas/dts/fes/agc/avc/schedule。

在断路器表“描述”域中，将断路器编号填入，这样在画完图后进行关联时，会将断路器编号显示在图元旁。

断路器中文名称的命名规则为：厂站名/电压类型．开关编号。如××变的26115开关表示为：××.××变/110kV.26115开关。

间隔ID选择间隔表中根据开关名创建的信息。

断路器类型根据图纸选择，分为普通开关、小车开关、母联开关等。

其他域同所属间隔选择，注意模型所属区域和厂站模型所属区域相同。

4. 刀闸表

刀闸一般分为普通刀闸和小车刀闸。

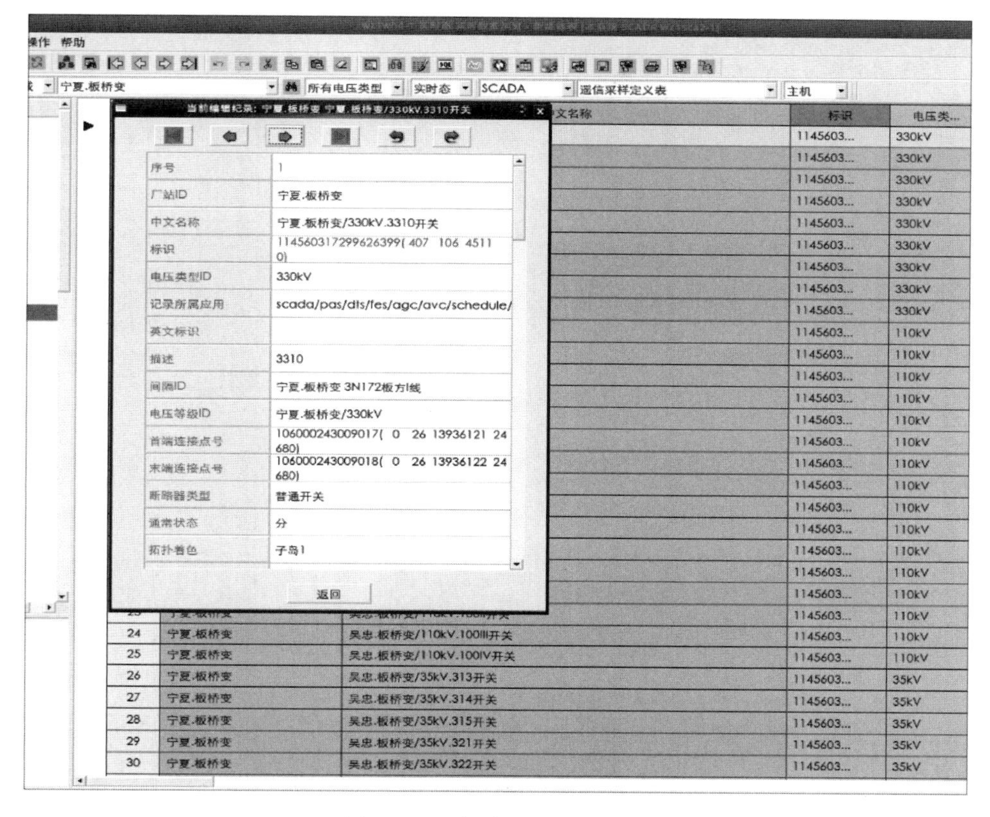

图 1-61　断路器表维护界面

维护过程：双击数据库中 SCADA 下的设备类，找到并双击进入刀闸表，单击新增信息增加一条记录。刀闸表维护界面如图 1-62 所示。

刀闸表中重点维护的域有厂站 ID、中文名称、电压类型 ID、记录所属应用、描述、间隔 ID、电压等级 ID、责任区 ID、模型所属区域。

在刀闸表“描述”域中，将刀闸编号填在描述域中，这样在画完图后进行关联时，会将刀闸编号显示在图元旁。

记录所属应用一般选择 scada/pas/dts/fes/agc/avc/schedule。

刀闸表的中文名称的命名规则为：厂站名/电压类型．刀闸编号，如××变的 261151 刀闸表示为：××.××变/110kV.261151 刀闸。

间隔 ID 选择间隔表中该间隔创建的信息。

刀闸类型根据图纸选择。

其他域同所属间隔选择，注意模型所属区域和厂站的模型所属区域相同。

5. 接地刀闸表

维护过程：双击数据库中 SCADA 下的设备类，找到并双击进入接地刀闸表单击新增信息，增加一条记录。接地刀闸表维护界面如图 1-63 所示。

接地刀闸表中重点维护的域有厂站 ID、中文名称、电压类型 ID、记录所属应用、描述、间隔 ID、电压等级 ID、责任区 ID、模型所属区域。

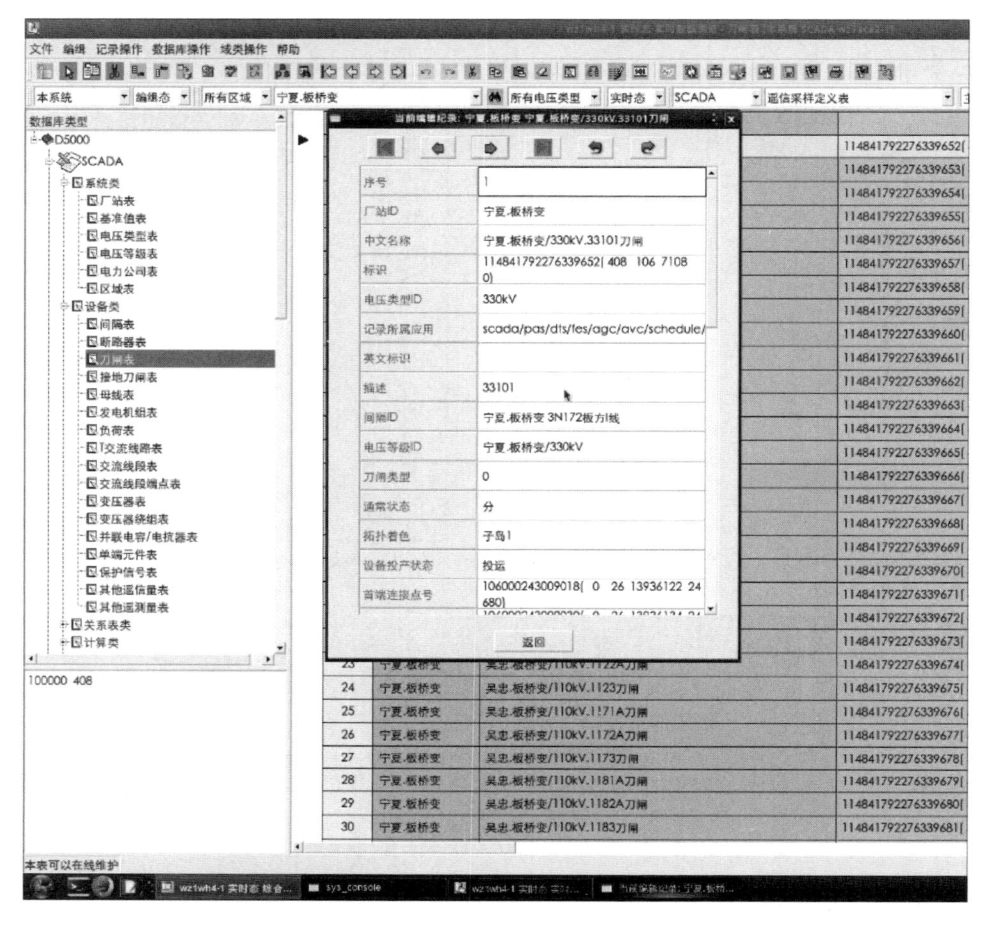

图 1-62　刀闸表维护界面

在接地刀闸表“描述”域中，将接地刀闸编号填在描述域中，这样在画完图后进行关联时，会将接地刀闸编号显示在图元旁。

接地刀闸表的中文名称的命名规则为：厂站名/电压类型．接地刀闸编号，如××变的2611501接地刀闸表示为：××.××变/110kV.2611501接地刀闸。

间隔ID选择间隔表中该间隔创建的信息。

其他域同所属间隔选择，注意模型所属区域和厂站的模型所属区域相同。

6. 负荷表

维护过程：双击数据库中SCADA下的设备类，找到并双击进入负荷表，点击新增信息增加一条记录。负荷表维护界面如图1-64所示。

负荷表中重点维护的域有厂站ID、中文名称、电压类型ID、记录所属应用、描述、间隔ID、电压等级ID、责任区ID、模型所属区域。

记录所属应用一般选择scada/pas/dts/fes/agc/avc/schedule。

负荷表的中文名称的命名规则为：厂站名/电压类型．负荷编号，如××变的连通线负荷表示为：××.××变/110kV.连通线负荷。

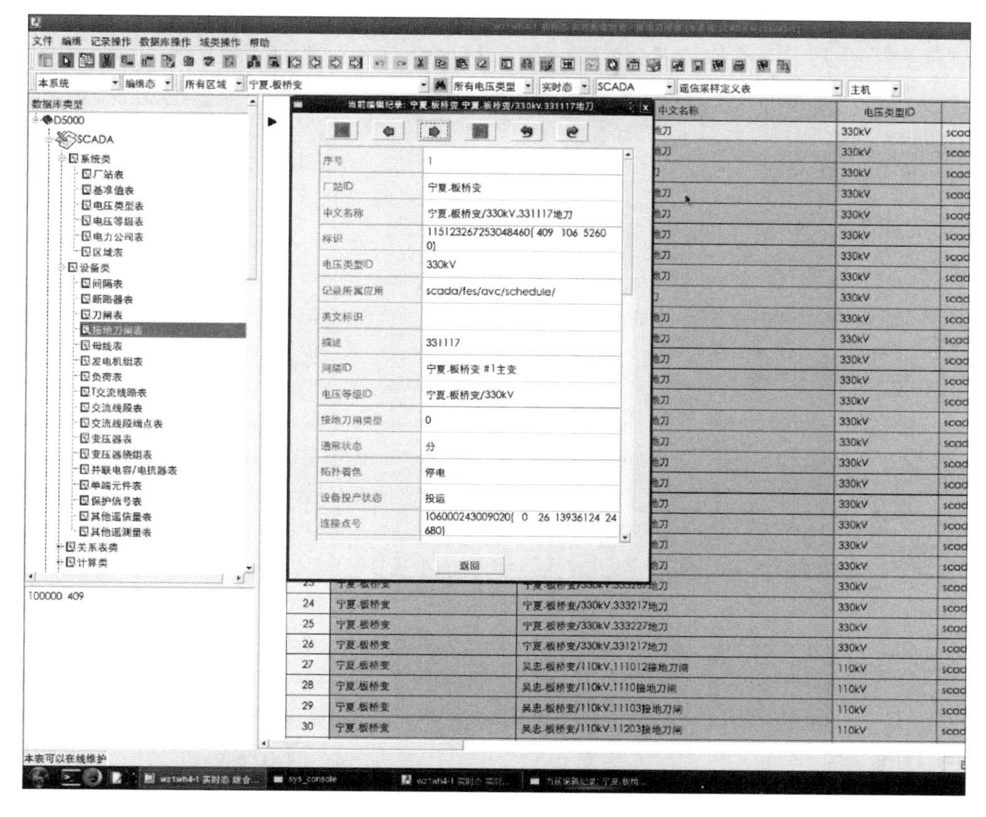

图 1-63 接地刀闸表维护界面

间隔 ID 选择间隔表中该间隔创建的信息。

负荷类型根据图纸选择。

其他域同所属间隔选择，注意模型所属区域和厂站的模型所属区域相同。

7. 母线表

双击数据库中 SCADA 下的设备类，找到并双击进入母线表，点击新增信息增加一条记录。母线表维护界面如图 1-65 所示。

母线表中重点维护的域有厂站 ID、中文名称、电压类型 ID、记录所属应用、间隔 ID、电压等级 ID、责任区 ID、模型所属区域。

母线表的中文名称的命名规则为：厂站名/电压类型．母线编号，如××变的 35kV Ⅰ母线表示为：××.××变/35kV. 35kV Ⅰ母。

间隔 ID 选择间隔表中该间隔创建的信息。

其他域同所属间隔选择，注意模型所属区域和厂站的模型所属区域相同。

8. 交流线路表

（1）T 接线：在厂站表中添加一条记录，中文名称可起名为“T 接站”（多个 T 接站可用不同序号区分），在厂站类型中选择“线端连接站”。

在 T 交流线路表中增加一条记录，名称可起为“ABC”（应和 T 接线路相关，便于识别），在“包含交流线段数”中填入“3”，表示该 T 接线有三条线段。

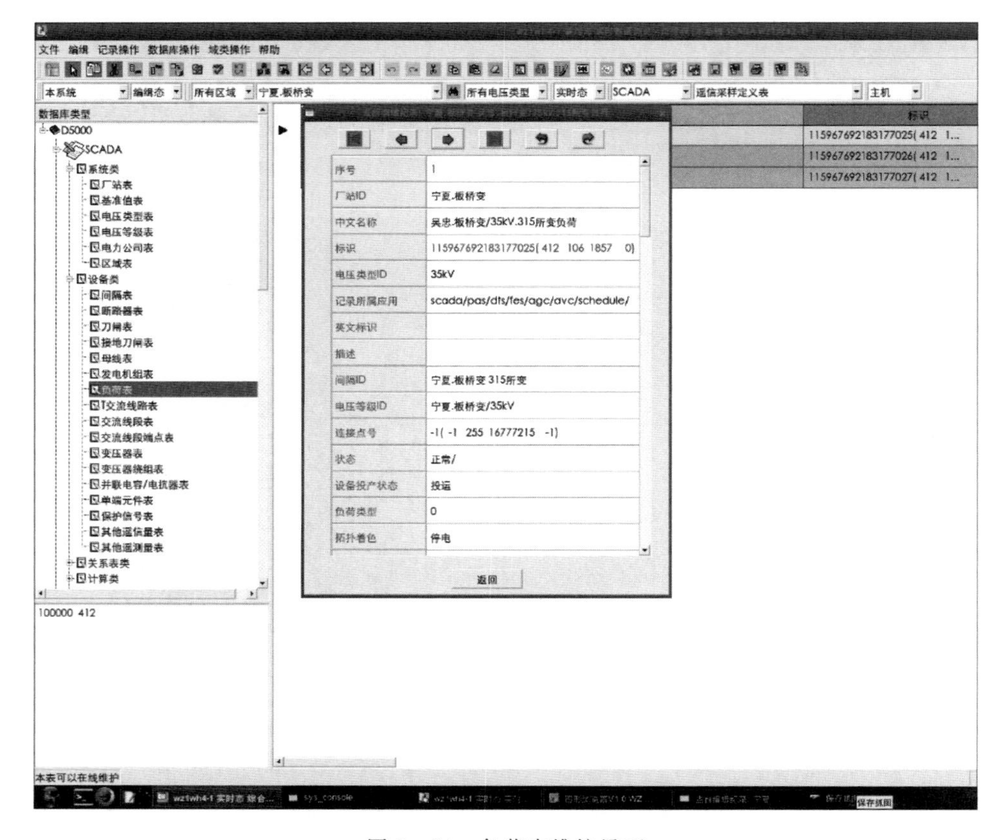

图 1-64　负荷表维护界面

在交流线端表中分别定义出三条线段，分别为 A（一端厂站）到 T（二端厂站），B 到 T，C 到 T，并在“线路 ID”中选择“ABC”（线路 ID 中菜单内容为“T 交流线路表”中记录）。T 接线示意图如图 1-66 所示。

（2）π 接线：π 接线示意图 1 如图 1-67 所示。如果 T_1 到 T_2 的距离小于 1km，则可简化为图 1-68 所示图形，其作法和 T 接线类似，在“T 交流线路表”中“包含交流线段数”为“4”，在交流线端表中分别定义四条线段，分别为 A 到 T，B 到 T，C 到 T，D 到 T。

在厂站表中添加两条记录，中文名称可为“T1 接站”和“T2 接站”（多个 T 接站可用不同序号区分），在厂站类型中均选择“线端连接站”。

在 T 交流线路表中增加一条记录，名称可为“ABCD”（名称随意取，只要自己能认识），在“包含交流线段数”中填入“5”，表示该 T 接线有五条线段。

在交流线端表中分别定义出五条线段，分别为 A（一端厂站）到 T1（二端厂站），B 到 T2，C 到 T1，D 到 T2，T1 到 T2，并在“线路 ID”中选择“ABCD”，（线路 ID 中菜单内容为“T 交流线路表”中记录）。

9. 交流线段表

双击数据库中 SCADA 下的设备类，找到并双击进入交流线段表，点击新增信息，增加一条记录。

图 1-65 母线表维护界面

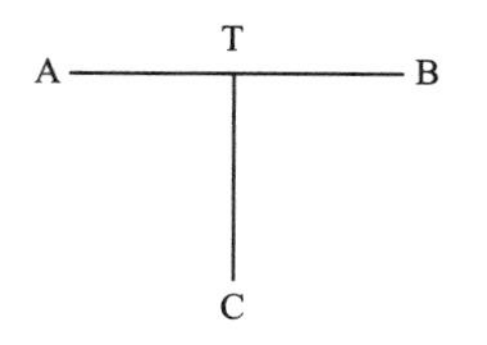

图 1-66 T 接线示意图

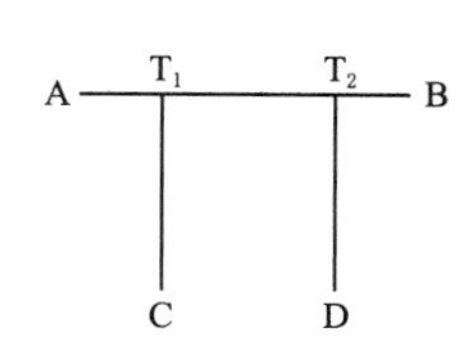

图 1-67 π 接线示意图 1

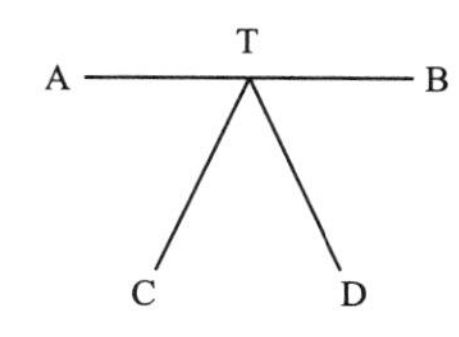

图 1-68 π 接线示意图 2

交流线段表中重点维护的域有一端厂站 ID、二端厂站 ID、中文名称、电压类型 ID、记录所属应用、电压等级 ID、责任区 ID、模型所属区域。

一端厂站 ID 选择潮流起始端。

二端厂站 ID 选择潮流结束端。

交流线段表的中文名称的命名规则为：线路所属区域．交流线段名称，如××变到艾山的小艾线表示为：吴忠．小艾线．连通线交流线段。

其他域同所属间隔选择，注意模型所属区域和厂站的模型所属区域相同。

10. *交流线段端点表*

交流线段端点是由交流线段触发而来，不能单独新增记录。交流线段端点表维护界面如图 1-69 所示。

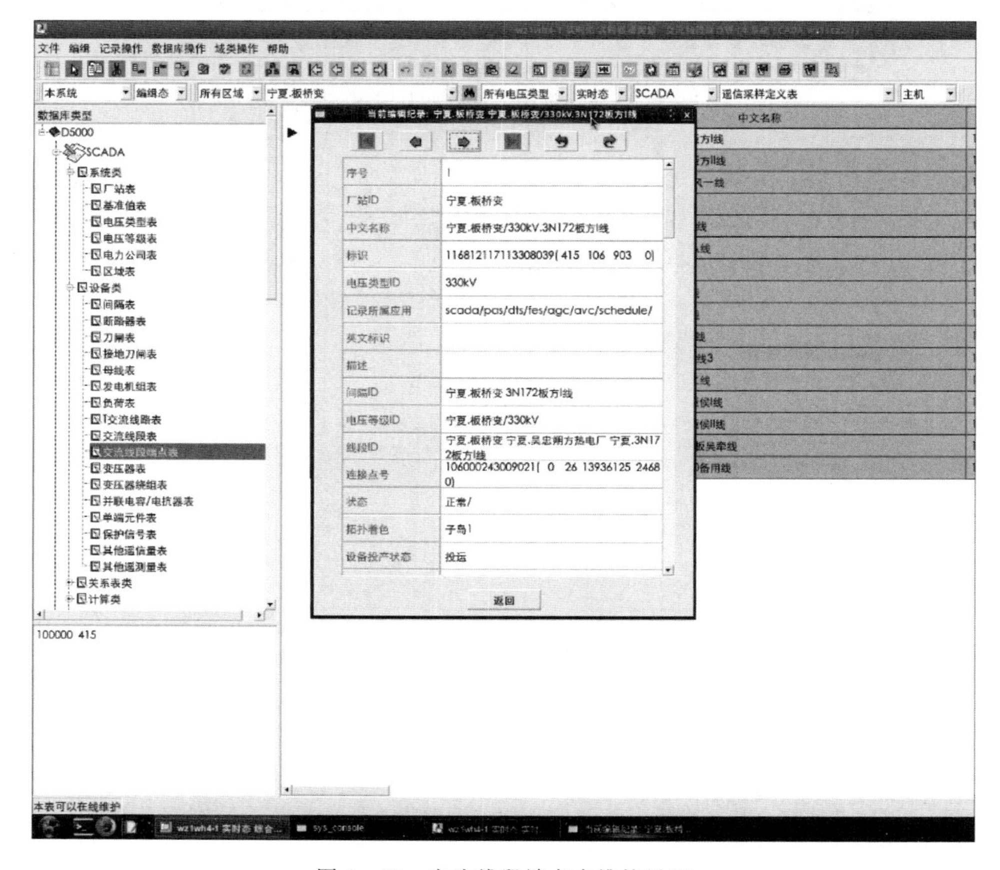

图 1-69　交流线段端点表维护界面

交流线段端点表中重点维护的域有厂站 ID、中文名称、电压类型 ID、记录所属应用、描述、线路 ID、间隔 ID、电压等级 ID、责任区 ID、模型所属区域。

交流线段端点表的中文名称的命名规则为：厂站名/电压类型．交流线段名称，此处为交流线段表新增触发所得信息。

间隔 ID 选择间隔表中该间隔创建的信息。

线路 ID 根据图纸选择。

其他域同所属间隔选择，注意模型所属区域和厂站的模型所属区域相同。

11．变压器表

双击数据库中 SCADA 下的设备类，找到并双击进入变压器表，点击新增信息，增加一条记录。变压器表维护界面如图 1-70 所示。

变压器表中重点维护的域有厂站 ID、中文名称、电压类型 ID、记录所属应用、变压器类型、绕组类型、间隔 ID、电压等级 ID、责任区 ID、模型所属区域。

变压器表的中文名称的命名规则为：厂站名/电压类型．变压器编号，如××变的 1 号变压器表示为：宁夏．××变/220kV．#1 主变。

间隔 ID 选择间隔表中该间隔创建的信息。

图 1-70 变压器表维护界面

变压器类型和绕组类型根据图纸选择。

其他域同所属间隔选择，注意模型所属区域和厂站的模型所属区域相同。

12. 变压器绕组表

变压器绕组表中的绕组记录是由变压器表触发而来。同一厂站内，变压器表新增记录会根据其变压器类型（两卷变、三卷变）而触发相应数量的绕组记录。变压器绕组表维护界面如图 1-71 所示。

绕组表中需要维护的域有厂站 ID、中文名称、电压类型 ID、记录所属应用、变压器类型、绕组类型、间隔 ID、电压等级 ID、责任区 ID、模型所属区域。

绕组表的中文名称命名规则为：厂站名/电压类型．变压器编号，如××变的 1 号变压器表示为：宁夏．××变/220kV. ♯1 主变/高压侧。

间隔 ID 选择间隔表中该间隔创建的信息。

变压器绕组类型根据图纸选择。

其他域同所属间隔选择，注意模型所属区域和厂站的模型所属区域相同。

图 1 - 71　变压器绕组表维护界面

13. 容抗器表

双击数据库中 SCADA 下的设备类，找到并双击进入容抗器表，点击新增信息新增一条记录。容抗器表维护界面如图 1 - 72 所示。

容抗器表中重点维护的域有厂站 ID、中文名称、电压类型 ID、记录所属应用、描述、间隔 ID、容抗器类型、电压等级 ID、责任区 ID、模型所属区域。

容抗器表的中文名称的命名规则为：厂站名/电压类型．容抗器编号，如××变的 26321 电容器表示为：××.××变/35kV.26321 电容器。

间隔 ID 选择间隔表中该间隔创建的信息。

容抗器类型根据图纸选择。

其他域同所属间隔选择，注意模型所属区域和厂站的模型所属区域相同。

14. 保护信号表

双击数据库中 SCADA 下的设备类，找到并双击进入保护信号表，点击新增信息增加一条记录。保护信号表维护界面如图 1 - 73 所示。

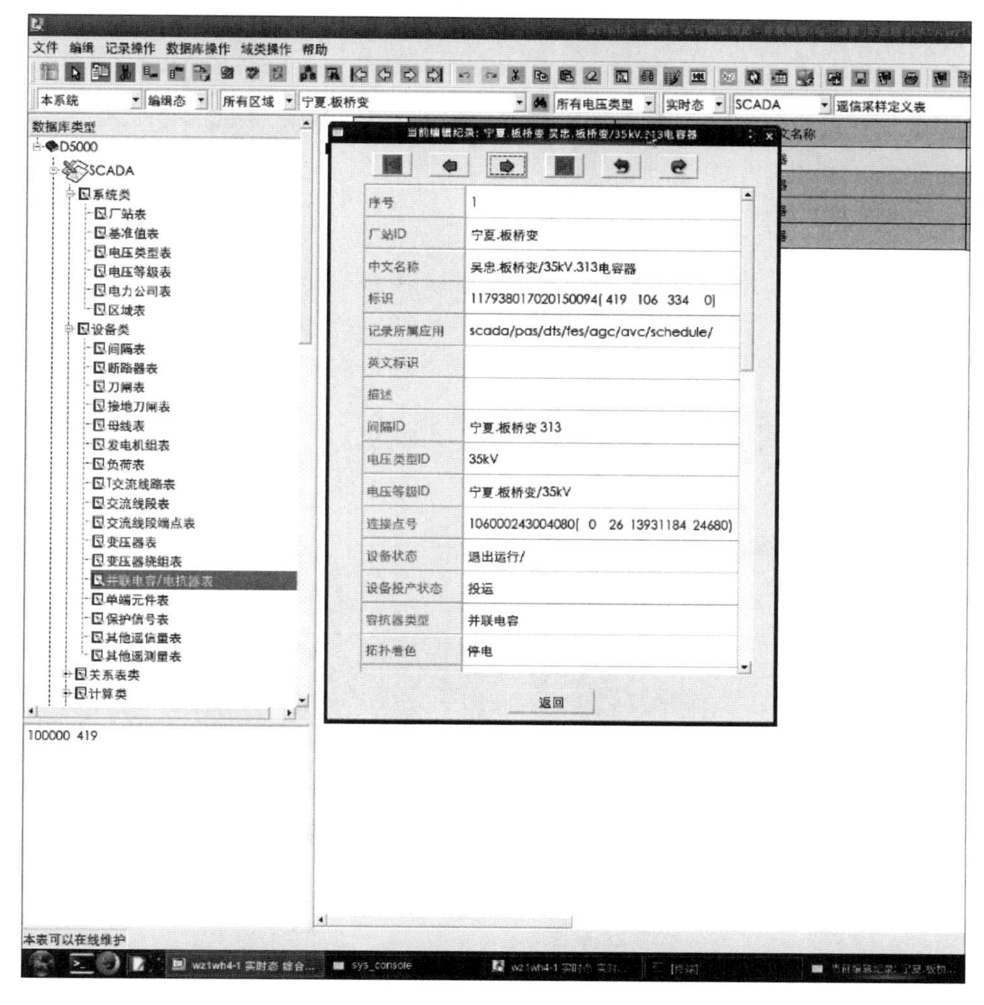

图 1-72 容抗器表维护界面

保护信号表中重点维护的域有厂站 ID、中文名称、电压类型 ID、类型、是否为光字牌、光字牌显示顺序、记录所属应用、描述、间隔 ID、保护信号类型、电压等级 ID、责任区 ID、模型所属区域。

中文名称根据信息点表录入即可。

类型根据信号分为事故总和其他。主站中，只将全站事故总类型域选为事故总，其他间隔事故总不需要选为事故总，选为其他。

是否为光字牌默认为“是”，当选择“否”时，则在光字牌所在间隔内不能显示此光字牌。

光字牌显示顺序是排列一个间隔内光字牌的前后排列顺序，变压器表和多级母线表比较特殊，其光字显示顺序根据图层下的光字牌属性命名规则而定，具体为 dislight 所赋数值，同一图层下的光字牌显示顺序与其相同。

其他属性与其保护信号所在间隔相同，注意模型所属区域和厂站的模型所属区域

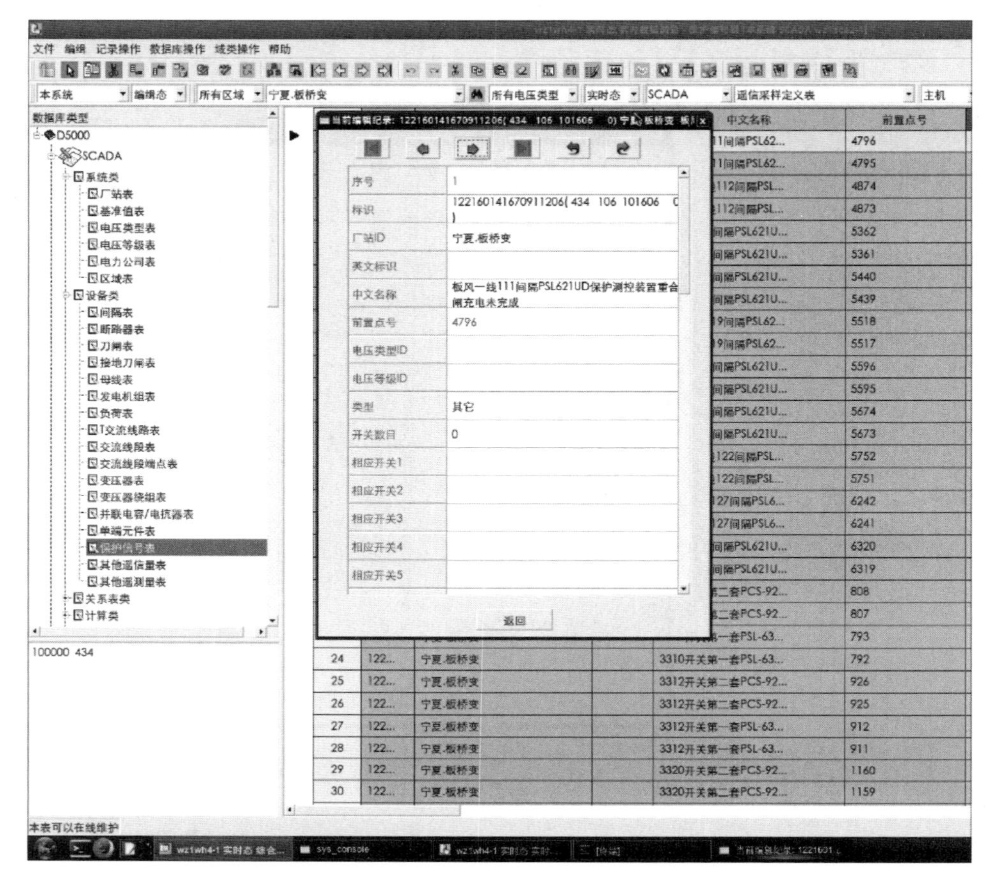

图 1－73　保护信号表维护界面

相同。

15. 其他遥测表

其他遥测表中经常放一些设备不能触发的遥测，需要手动添加记录。

维护过程：双击数据库中 SCADA 下的设备类，找到并双击进入其他遥测表，点击新增信息增加一条记录。

其他遥测表中重点维护的域有厂站 ID、中文名称、电压类型 ID、记录所属应用、电压等级 ID、责任区 ID、模型所属区域。表中主要维护中文名称，对照信息点表填入，其他信息根据实际填入检查正确即可。

16. 遥信表

遥信表是整个厂站所有设备和保护信号遥信值的总和，此表上承设备类表，下接前置遥信定义表，是重要的维护环节。

维护过程：双击数据库中 SCADA 下的参数类，找到并双击进入遥信表。

遥信表中重点维护的域有告警方式、语音文件名（文件存在 data/sounds 下）、是否转发、是否遥控、语音文件名 2、语音文件名 3、语音文件名 4。

告警方式根据信息点表录入，语音文件名填本厂站的厂站语音文件名，语音文件名 2

填所属告警类型动作语音，语音文件名 3 填所属告警类型复归语音，语音文件名 4 为给有遥控需求的遥信填遥控成功语音。

当有需要转发的遥信时，需将是否转发选项置成是，这时这条遥信就会触发到前置遥信转发表内。

如需对某遥信进行遥控操作，则需要在是否遥控选项中选是，此时遥信信息触发到下行遥控信息表中。

17. 遥测表

遥测表是整个厂站所有设备触发和其他遥测表中遥测值的总和，此表上承设备类表，下接前置遥测定义表，是尤为重要的维护环节。

维护过程：双击数据库中 SCADA 下的参数类，找到并双击进入遥测表。遥测表维护界面如图 1-74 所示。

图 1-74 遥测表维护界面

遥测表中重点维护的域有语音文件名、是否转发、是否限值、是否遥调、合理值上限、合理值下限。

语音文件名填入本厂站语音文件（文件存在 data/sounds 下）。

当有转发要求时将是否转发选为是。

如有遥调要求时将是否遥调选为是，触发在下行遥调表中。

当有限值要求时，将是否限值选为是，触发在 SCADA 下计算类中的限值表中。

合理值上下限设置包含：

（1）母线电压合理上下限。为保证 A 类电压合格率指标，特对母线电压设置合理上下限，当实际母线电压超过合理上限时，该电压值在 D5000 系统中显示为超越合理上限前的正常电压值；当实际母线电压低于合理下限时，该电压值在 D5000 系统中显示为超越合理下限值的正常电压值；母线停电后监控班需手动将电压封锁为 0，以保证电压显示正常；当量测值越限，一直处于合理上下限值时（量测不变化），电压合格率考核系统会判定该量测为坏数据，影响指标。

（2）光伏转发数据合理上下限。为保证新能源数据的准确性，特对光伏有功、无功、可用容量、可发功率、理论功率等数据设置转发合理上下限，防止因各类工作造成数据的不合理突变，影响区调新能源相关计算。

18. 通信厂站表

通信厂站表内的信息由厂站表触发所得，所需维护的域有最大遥信数、最大遥测数、是否允许遥控、模型所属区域。最大遥信/遥测数根据厂站的最大遥信记录号和最大遥测记录号来维护。是否允许遥控选项可控制整个厂站的遥控状态，相当于整个厂站的一个遥控闭锁装置。通信厂站表维护界面如图 1－75 所示。

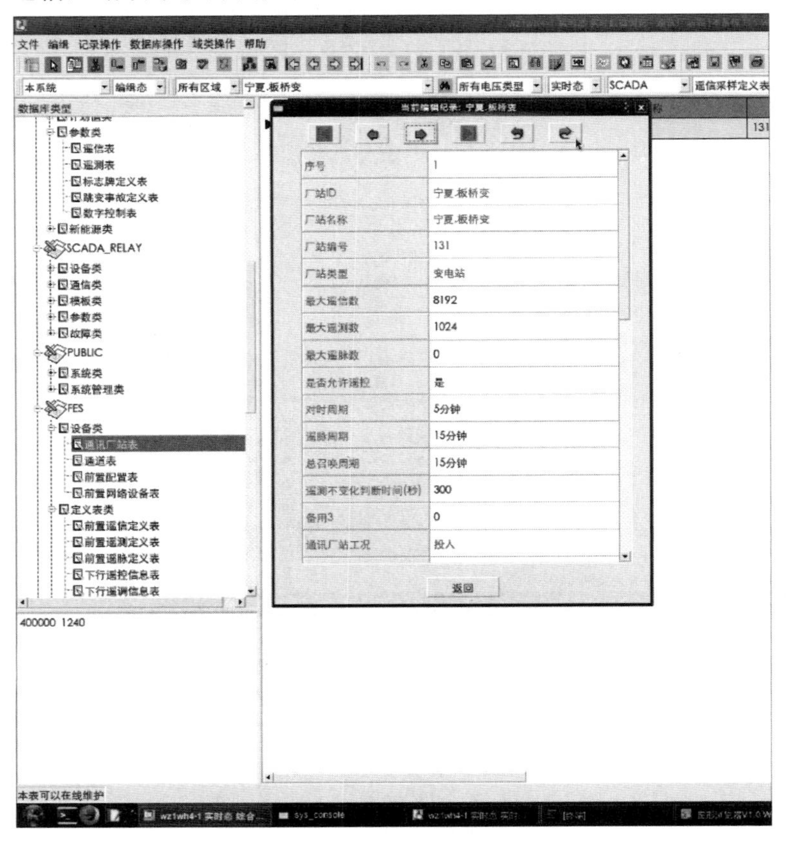

图 1－75　通信厂站表维护界面

19. 通道表

通道表中主要维护中文名称、通道类型、网络类型、通道优先级、网络描述、端口号、遥测类型、主站地址、RTU 地址、检验方式、波特率、通信规约类型、故障阈值、通道分配模式、所属系统。通道表维护界面如图 1-76 所法。

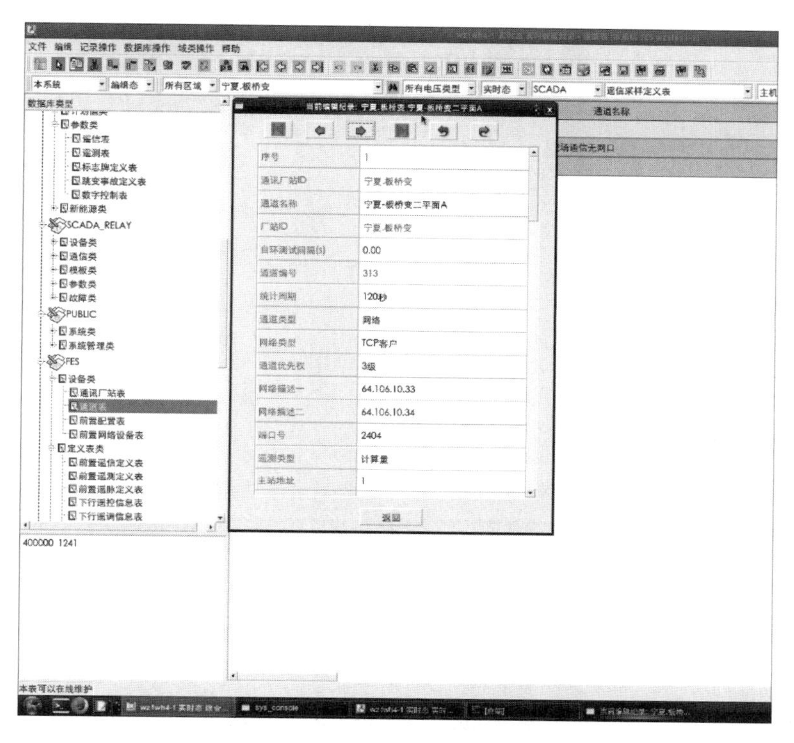

图 1-76 通道表维护界面

中文名称命名规则为：厂站名-一平面-A/B，厂站名-二平面-A/B。

通常状态下对下的通道网络类型选择：TCP 客户端，对上的业务通道（即转发通道）。网络类型选择：TCP 服务器端。

网络描述需填入对方远动地址或者业务地址。

通道分配模式为：一平面是 A/B 模式，二平面是 C/D 模式。

所属系统：主调的选择“××地调”，备调的选择“××备调”。

其他域根据实际情况填写。

20. 前置遥信/遥测定义表

前置遥信/遥测定义表是整个厂站的信号能否正常上送和上送正确与否的关键点，其共同需要维护的域有前置点号与通道。前置点号需与信息点表完全一致，通道则根据本厂站在运通道填写。不同的是前置遥信定义表需维护遥信极性，而前置遥测定义表需维护遥测的系数、满码值等信息。在前置遥信/遥测定义表中，一定要把通道选好，不然遥信不会上送，遥测不会刷新。

21. 下行遥控信息表

下行遥控信息表内的信息由遥信表触发所得，需维护使所属厂站和点号与信息点表完全一致。下行遥控信息表维护界面如图 1 - 77 所示。注意遥控的通道一定要按照通道所属厂站选择。

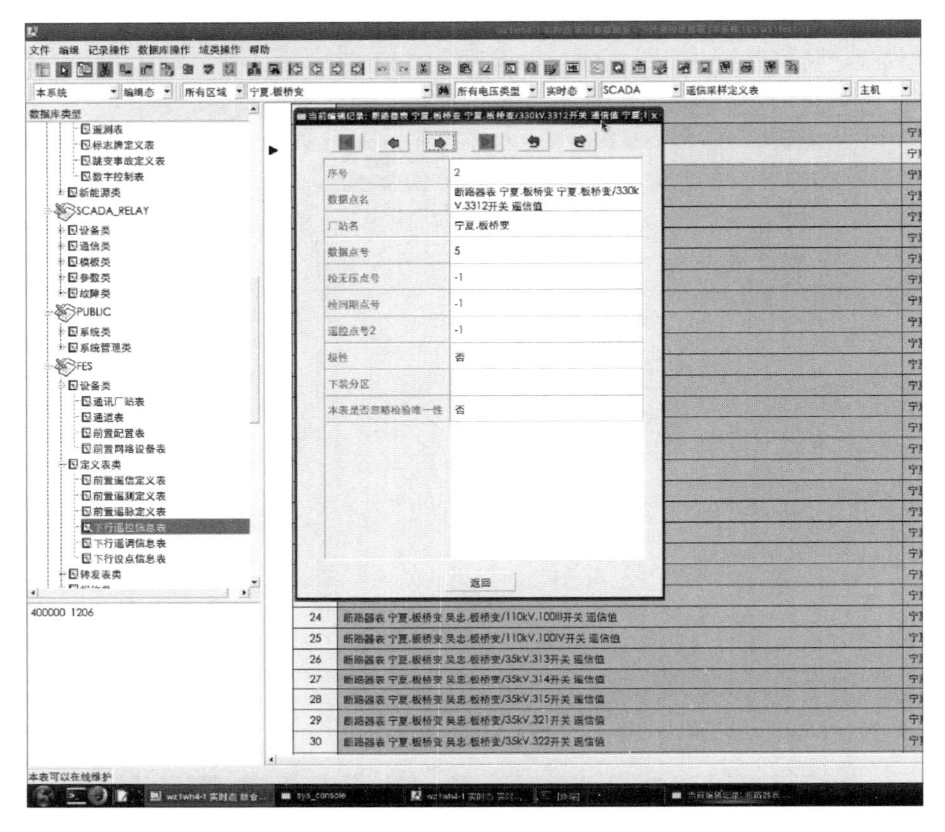

图 1 - 77　下行遥控信息表维护界面

22. 下行遥调信息表

下行遥调信息表内的信息需用检索器将所需的遥调信号拖到编辑状态下的中文名称域中，并按需求维护升、降、停的点号和状态。下行遥调信息表维护界面如图 1 - 78 所示。注意遥调的通道一定要按照通道所属厂站选择。

23. 前置遥信/遥测转发表

前置遥信/遥测转发表内的信息是由遥测表触发所得，根据选择通信厂站来选择转发通道，需要维护转发点号、通信厂站，遥测需要额外维护遥测类型。前置遥信/遥测转发表维护界面如图 1 - 79 所示。

1.2.2　厂站保护信号导入

维护方法一：

导入保护信号前，先检查“FES”→“设备类”→“通信厂站表”下面的“最大遥信数”“最大遥测数”“最大遥控数”。新增通道，打开“FES”→“设备类”→“通道表”，先修改域特性，在“通信厂站 ID”和“厂站 ID”域是否允许编辑选项前面打对勾后确定，新增本厂站通道，维护通信厂站 ID、厂站 ID、通道名称和模型所属区域。

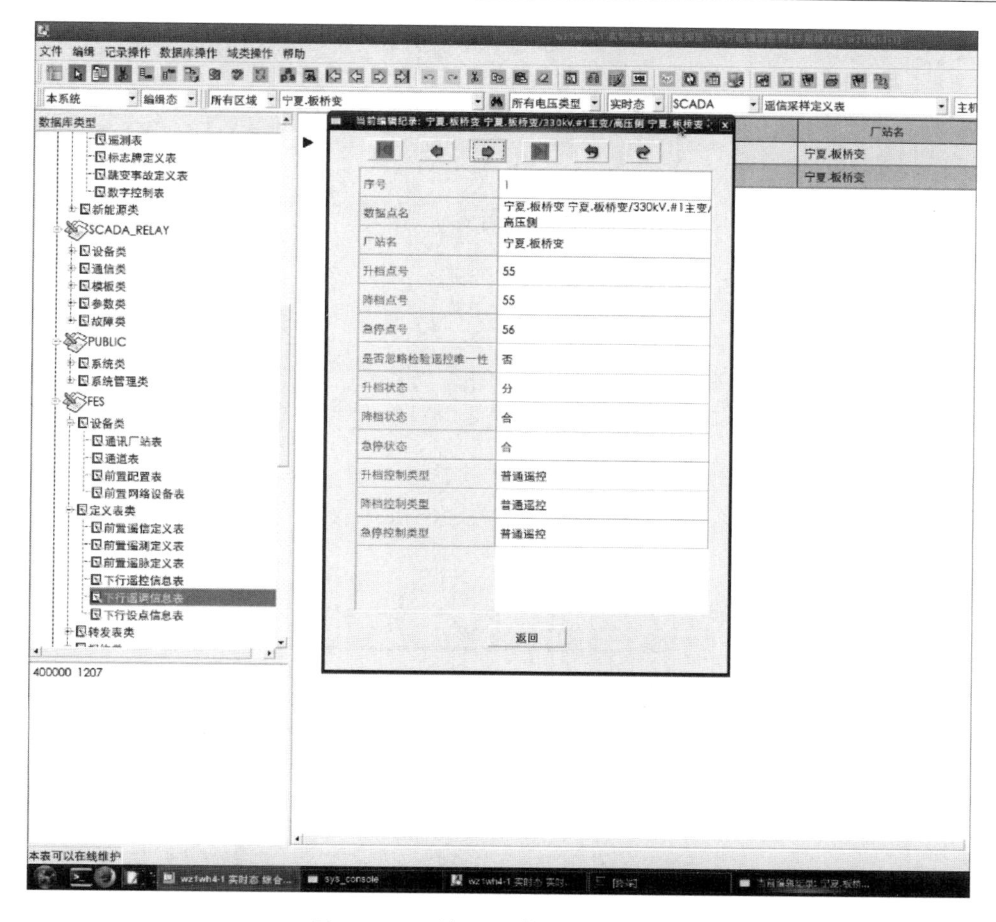

图 1-78　下行遥调信息表维护界面

拿到信息点表后，需要进行处理，按照导入工具格式“保护名称、点号、间隔名称、告警分类”整理 Excel 表格，保存为 Unicode 文本（*.txt)，全文应无空格，最后一行必须无空白行。使用 equIPimp 命令打开保护信号导入工具，点击设置，根据文档需要对导入的内容选择配置。然后选择整理后的 txt 文档，打开后选择厂站和通道：第一次点击校验，校验的是保护名称和点号，然后点导入，检查点号和保护名称是否有误和是否有重复信号；第二次点击校验，检验的是间隔名称和告警分类，确认无错误后，点击导入，等待导入完成。保护信号导入工具 1 如图 1-80 所示。

维护方法二：

打开一个终端，执行 file_to_db_ui。

按厂站录入，文件名称格式为“厂站名称.txt”，按照功能选择项，选择需要导入的信号描述，按照中间框要求整理信息点表，每一列用空格隔开。保护信号导入工具 2 如图 1-81 所示。

保护点号：前置点号，设备名称。

单点遥信：前置点号，设备名称，电压等级，间隔名称，类型（开关/地刀/保护/遥信），是否光字牌（是/否）。

图 1-79　前置遥信/遥测转发表维护界面

图 1-80　保护信号导入工具 1

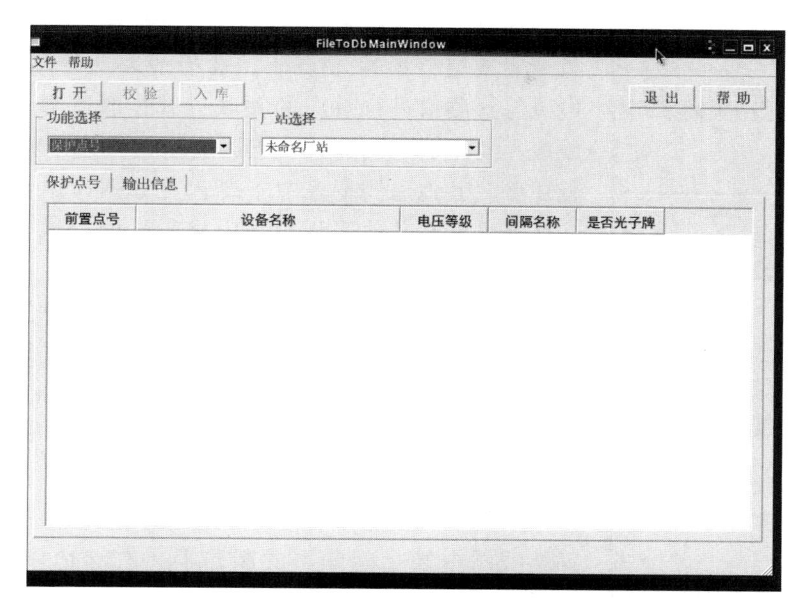

图 1-81 保护信号导入工具 2

双点遥信：前置点号，设备名称，电压等级，间隔名称，类型（开关/地刀），前置点号辅。

遥控点号：前置点号，遥控点号。

告警方式：前置点号，自定义告警名称。

限值信息：前置点号，上限值，下限值。

遥测系数：前置点号，系数，基值。

遥信名称：前置点号，遥信名称（根据原有点号修改原来名称）。

遥信极性：前置点号，极性（正/反）。

其他遥测：前置点号，遥测名称。

1.2.3 厂站图形信息维护

1. 厂站、间隔图的画图步骤

对于厂站接线图，严格按照提供的一次接线图进行画图，找到合适的图元（母线、断路器、刀闸、接地刀闸、主变、小车等），整齐排列，同一电压等级的图元要保证水平居中对齐，画图前将所有间隔进行规划，尽量使相同电压等级下的间隔等距离分配。当一个间隔图元选择完毕后，将显示焊点功能打开，这样在用连接线连接图元的时候，可以很清楚地看到图元之间有没有连接好，当连接线连接图元不平顺时，将显示线 90°对齐功能打开，保证连接线都是横平竖直的。所有图元画完后，需要进行图元关联。

2. 遥信、遥测、光字牌的关联

遥信：打开检索器，选到对应的厂站，选择设备类下的保护信号表进行遥信的关联，刀闸、断路器、接地刀闸、负荷、变压器等都在相应的刀闸表、断路器表、接地刀闸表、负荷表、变压器表中进行选择关联（关联遥信时域类型选择到遥信→值）。

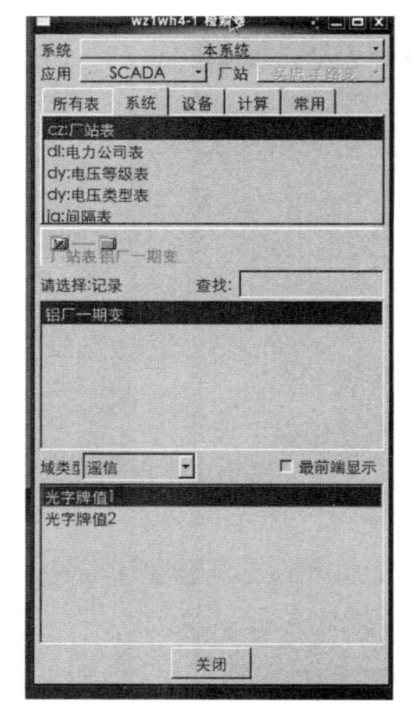

图 1-82　检索器

遥测：打开检索器，选到对应厂站，到设备类下选择负荷表或交流线段端点表，选择线路对应的有功、无功、电流等遥测值进行对应的关联。母线的遥测关联时选到母线表，变压器遥测选到变压器绕组表，选择对应的高、中、低压侧，其他遥测量表中主要包含数据库中不主动触发的一些遥测，在其他遥测量表中进行关联（域类型都选择到遥测）。

光字牌：在更多图元中，找到光字牌→选择厂站光字牌，放到画面的合适位置，打开检索器，选到对应厂站→设备→保护信号表，直接将保护信号表拖到厂站光字牌的图元上。检索器如图 1-82 所法。

3. 间隔图的创建

厂站接线图关联完毕后再创建间隔图，用鼠标选中厂站接线图中某个间隔下的断路器，右键选择创建间隔图，这样就可以很简便地创建间隔分图，在间隔分图中的操作和画厂站接线图一样。

在做画面切换的时候，选择“标志调用”图元，在标志调用界面，按照实际所有实现的功能进行设置即可。标志调用图元中线色、线宽、填充模式、填充色、矩形外观可按需设置。

当保护信号在界面中一页无法显示完，需要添加第二页时，打开改变平面功能，新增平面，通过切换“是否当前平面”进行切换编辑。

4. 厂站、间隔图另存的方法

当有新建站时，可以在画面显示中找到类似的厂站接线图进行另存。将画面切换到编辑状态，点击“另存为”，文件名按照新厂站进行命名，文件类型按实际情况进行选择，关联厂站选到所要另存的厂站，点击确定后，会弹出“另存图形是否要取消数据库连接”，点击“是”即可完成，之后关联工作如前文一样。所有关联结束后，打开显示关联，检查是否有未关联的图元或动态数据。最后一步打开告警窗提示，点击保存，查看有没有告警信息，检查无误后点击网络保存，这样图形另存操作完成。

1.2.4　厂站信息联调

1. 联调工作开始前

厂站信息联调需制定联调计划，厂站联调负责人提前提交“自动化设备检修申请单”，待审批通过后方可开始联调工作。

主站需根据规约类型核对通道参数，如网络描述、端口号、规约类型、工作方式等；核对规约参数，如规约起始地址等。若该厂站已投运，且通道运行正常，则该步骤可略去。

主站需进行一次接线图联库检查，对待试验的遥测（特别是参与关口总加公式计算的遥测）采取遥测封锁或替代数据源的方式处理以避免数据跳变。

2. 联调工作开始时

厂站人员汇报主站自动化值班人员联调工作开始，待获得许可后联系主站运维人员开始工作。

主站运维人员确认具备联调条件后，打开厂站一次接线图、前置报文显示界面和前置实时数据显示界面（图 1-83），并选中待试验厂站。

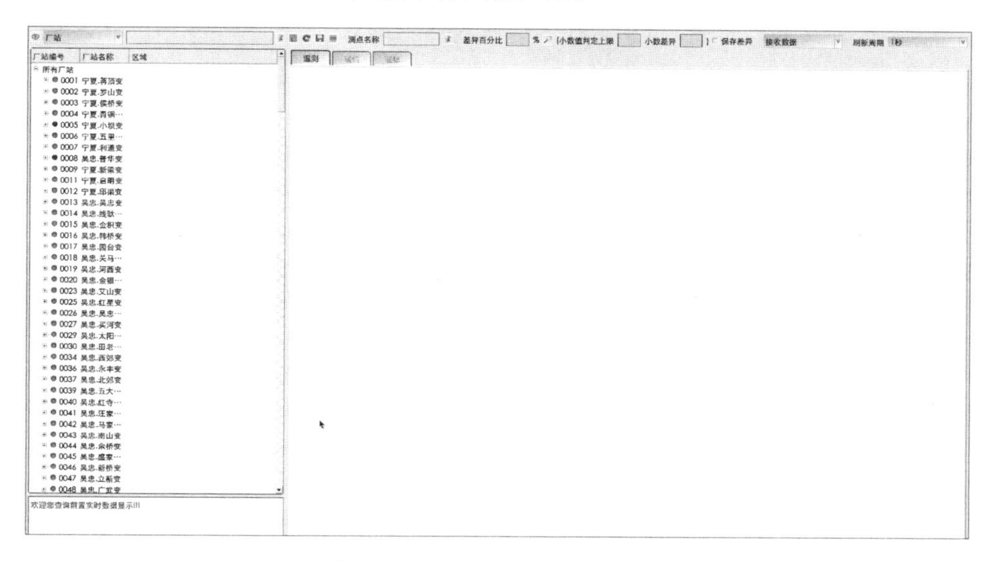

图 1-83 前置实时数据显示界面

厂站上送遥测模拟值后，在一次接线图或前置实时数据显示界面中找到对应遥测，与厂站人员核对主厂站的遥测值是否一致，并要求厂站人员更改模拟值后再次核对。

前置实时数据显示界面中的所有遥测都需核对，若遥测数据不正确，应检查实时报文后通知现场人员处理。

多个通道需核对收到的数据是否一致，并核对主备调数据是否一致。

遥信核对与遥测类似，要求厂站人员对所有遥信信号进行“分”到“合”、“合”到“分”两次变位核对，变位信息应与相应的 SOE 一致。

3. 联调工作结束后

联调完成后，主站运维人员将联调情况详细记入厂站信息表中。

对准备工作阶段采取遥测封锁或替代数据源的遥测量进行恢复。

1.2.5 备用线路改名称操作

（1）先将厂站接线图、间隔分图中的备用线名称改为指定线路名称。

（2）将断路器、刀闸（除接地刀闸）、手车、负荷（在设备类下的断路器表、刀闸表、负荷表）中的“记录所属应用”域中的 PAS 勾选上，保护信号、把手备用线描述修改。

（3）打开需要改名的厂站，切换到编辑状态，点击节点入库，打开告警提示窗功能，点击保存，查看告警提示窗是否有告警，如无点击网络保存。

（4）打开主画面，进入 PAS 页面，录入相关设备参数后进入模型维护界面，鼠标右键先点击计算标幺值，待标幺值计算完毕后点击模型验证。若告警提示中没有出现严重错误，则下一步进行模型复制。待模型复制成功，时间更新为现在即可。

（5）打开改名的厂站间隔图，切换到 PAS 下模型更新，查看模型是否复制成功。

（6）将更新后的厂站主接线图、更改后的全网模型发送给区调，备用线改线路名称工作结束。线路名称改备用线，将步骤（2）中 PAS 前的对钩去掉，步骤（4）中的计算标幺值不需要执行，其他与步骤（4）一样（T 接线路不同）。

1.2.6　厂站主变某侧用临时开关柜代运行

当厂站某侧开关柜需要改造且时间较长时，用临时转接柜替代需要检修或改造的间隔，原间隔名称不变，在主站 D5000 系统中新建一条新厂站表（临时转接柜），将临时转接柜的所有信息全部按照新厂站维护，全部维护完后进行信号传动。

此时有一个模型的问题待解决，原间隔开关柜用新的开关柜代运行后，相当于原间隔并没有停电，为了不影响状态估计功能，需要将新的开关柜所有开关、手车、刀闸、接地刀闸的遥信状态通过公式赋值给原间隔的开关、手车、刀闸和接地刀闸。遥测也是一样，通过公式赋值给原间隔下的遥测，在总控台上打开公式定义表，找到需要代运行的厂站，在此厂站下右键选择添加公式，将浏览态改为编辑态，开始编辑公式。例如公式：@1＝@2（公式需在英文状态下编辑），@1 为原来间隔下的开关位置遥信，@2 为代运行间隔下的开关位置遥信，将@2 赋值给@1，公式做完以后，先将公式定义表右上角处的“被赋值的操作数需为非实测”前面的对钩去掉，然后在暂不起效起止时间中，设定公式暂不起效，等到原改造间隔停电且代运行间隔送电时，将暂不起效起止时间去掉，使公式生效。

最后一步操作是在前置遥信定义表中，将改造间隔下被公式赋值的开关、手车、刀闸以及接地刀闸信号的通道删除。在前置遥测定义表中将赋值后遥测信息（如 A 相电流、有功、无功）的通道删除，这样会保证在公式生效后，被赋值的遥信不会一直在综合智能告警界面刷开关的计算合闸信息，遥测不会因为上送时间的问题和频繁的刷遥测越下限。

1.3　PAS　运　维

1.3.1　网络建模

网络建模是 PAS 网络分析软件的基础模块。通过网络建模，电网各设备的电气参数和相互之间的联结关系将被填入 PAS 网络数据库。相应地，网络建模主要工作包括设备参数入库和联结关系填库两部分。此外，PAS 还要求 SCADA 遥测数据的极性统一而合理，因此整理遥测数据的极性也可以看作网络建模工作的一部分。

1.3.1.1　必须输入的参数

新增加厂站或发电机、变压器、线路、负荷、断路器、隔离开关、母线等设备，都要将其有关信息录入数据库中。有关 SCADA 信息的录库可参考 SCADA 维护内容。下面列出的是 PAS 各个模块的公用参数。

(1) 线路：

1) 电压等级。

2) 安全电流（在电流限值栏）。

3) 电阻、电抗和电纳：可输入有名值或标幺值，也可以输入线路类型和长度。

4) 线路电流限值。

(2) 变压器：

1) 各侧电压等级。

2) 各侧铭牌电压（分别在高端、中端、低端额定电压栏输入，两卷变中压侧不输入）。

3) 各侧额定容量（MVA）（两卷变输入高压侧即可）。

4) 各侧短路损耗（kW）。

5) 各侧短路电压百分数。

6) 高中压侧抽头类型。

7) 高中压侧正常运行方式下抽头位置。

8) 高压侧是否有载调压。

(3) 电容电抗器：

1) 电压等级。

2) 容抗器类型（并联电容、并联电抗、串联电容、串联电抗、分裂电抗）。

3) 额定无功功率容量（Mvar）。

(4) 发电机：

1) 电压等级。

2) 额定功率（MVA）。

3) 有功功率最大最小出力（MW）、无功功率最大最小出力（Mvar）。

4) 费用系数（优化潮流）。

5) 机组类型（水、火电等）。

(5) 负荷、电压等级。

(6) 断路器、隔离开关：

1) 电压等级。

2) 类型（开关、非接地开关、接地开关）。

1.3.1.2 网络参数的录入

网络参数的录入有两个途径。

(1) 在数据库界面中直接录入：将新增加或需修改的设备参数直接录入到数据库的相应设备表中并保存即可。

(2) 在作图软件包中录入：在作图软件包中打开新增加设备对应的接线图，在图中对该设备的属性进行补充并保存以达到录入网络参数的目的。

1.3.1.3 节点入库

1. 节点入库向导界面

(1) 列出供选择的厂站。如果使用图形编辑工具入库时，点击“节点入库”按钮，列出的为当前图形全部设备涉及的厂站，可以在列出的厂站中选择一个或多个，然后点击“选择入库用图”按钮进入下一步，没有选择任何厂站时，“选择入库用图”按钮为失效状态，如图 1-84 所示。

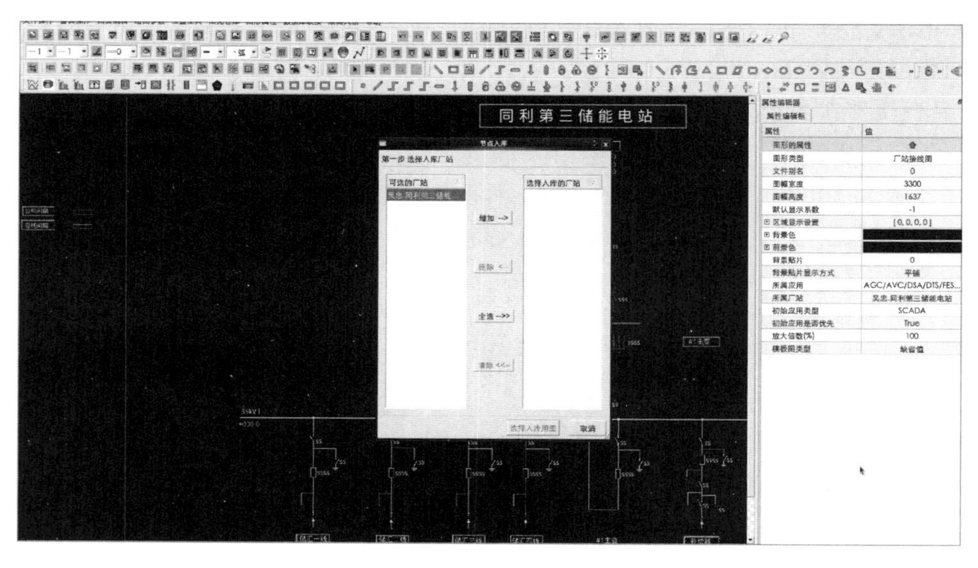

图 1-84　节点入库-选择入库用图

（2）维护待入库厂站的入库用图。第一步选择各厂站当前入库用图并列出，在图形编辑工具入库时可以“增加”“替换”或“删除”入库用图，“增加”指将当前图形加入选中厂站的入库用图中；“替换”指用当前图形替换选中厂站；“删除”指将选中图形从对应厂站的入库用图中删除。节点入库-开始节点入库如图 1-85 所示。

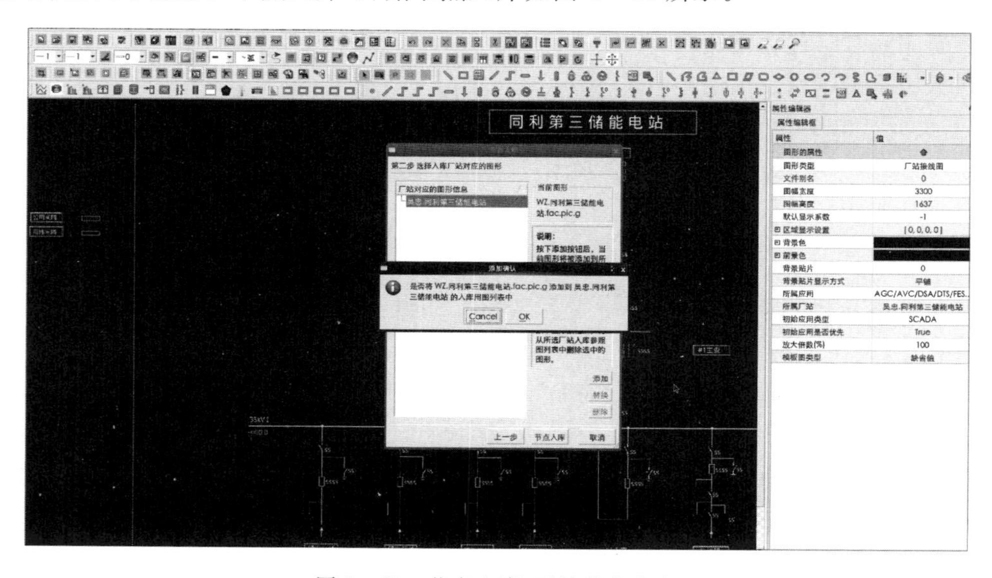

图 1-85　节点入库-开始节点入库

（3）对选中的厂站进行节点入库。这一步将进行有关检查，无误后将生成的节点号写入商用库。

2. 图形类型检查

只有“接线图”才能进行节点入库。使用图形编辑工具打开其他类型的图形不能进行节点入库，如点击工具栏上“节点入库”按钮时，将提示不能进行节点入库。

3. 拓扑验证

节点入库程序通过拓扑分析检查出错误的或不正常的连接关系。

检查的结果分为错误和告警两类，使用入库向导界面时将逐个对厂站进行检查，如果检查结果中有错误，将通过设置“确定”按钮失效来使其不能进行入库，如果只有告警，则用户选择“确定”继续入库或者“取消”待进一步改进后再入库。

可以检查出的错误有不同厂站的设备相连、不同电压等级的设备相连，可以检查出的不正常情形有节点空挂等。

在作图工具上进行节点入库选中检查结果中的条目时，如果所选的设备在当前图形上，可以定位到该设备。

4. 基本节点号生成

对连接关系无误入库后生成的节点按照规则编号。

5. 清空厂站的节点号

可以使用“netmdl_node_clear”清空厂站的节点号，如果指定的厂站名不正确，可以给出出错提示。

1.3.1.4 网络建模

（1）原始参数类型控制和参数转换。针对设备类型和单个设备设定原始参数类型，对于线路和变压器可以将其他类型的参数转换为标幺值保存到商用库中。

（2）网络模型的建立。生成适合计算的层次模型，保存到二进制文件中。

（3）拓扑和参数验证。不合法的拓扑连接和参数验证结果分为严重和不严重两类，如有严重的错误模型不能复制给状态估计。检查的严重错误包括节点号错误、非法参数等，检查的非严重错误包括节点空挂、参数偏离正常值等。

一般先进行模型验证。这时如果有错误信息就会在右侧列出错误的具体信息供查看，同时右侧的“更多模型验证信息”里也会列出一些不严重的告警信息；如果没有严重错误，就可以将当前模型复制到状态估计。点击“模型复制”按钮，下方运行信息会给出复制成功的提示。模型更新如图 1-86 所示。

1.3.1.5 遥测极性

在网络建模前，需要整理 SCADA 遥测数据的极性。目前对遥测数据的极性没有强制性要求，但希望全网统一，不同站之间定义应统一。下面给出遥测数据极性的一个参考定义：

（1）线路潮流：流出母线为正，流进母线为负。

（2）变压器潮流：流出母线为正，流进母线为负。

（3）负荷：流出母线为正，流进母线为负。

（4）发电机：流进电网为正，流出电网为负。

图 1-86　模型更新

1.3.1.6　维护要点

为保证 PAS 网络分析软件能够得到正确的结果，需要始终保证接线图和数据反映正确的网络结构和准确的元件参数。在网络结构或元件参数发生变化时需要有关人员及时做好以下的维护工作：

（1）当元件的参数发生变化时，在数据库界面下进行相应的改动。

（2）如果网络增加新的元件，应通过数据库界面录入 PAS 所需的全部参数，并和接线图上的元件进行正确的连接。

（3）当网络结构发生变化时，应该使用作图软件包在相应的接线图上进行调整，然后切换到 PAS 应用点工具条上的“节点入库”按钮，按照提示进行操作，如果提示有告警需认真检查存在的问题后再继续下一步；节点入库的结果反映在数据库中各元件的“PAS 节点名”域中，如果入库后某元件的该域仍为空白，说明该元件在接线图上的连接不正确，应该检查改正后重新进行节点入库。

（4）在新增元件后，还应该及时配置好相关的遥测、遥信量并按全网统一的标准对好极性，如果量测不完整应进行必要的等值处理。

1.3.2　状态估计

状态估计根据 SCADA 实时遥信/遥测数据进行分析计算，得到一个相对准确并且完整的运行方式，同时对 SCADA 遥信/遥测进行校验，提出可能不正常的遥测点。状态估计的计算结果可以被其他应用软件以实时方式使用，如调度员潮流可在状态估计计算结果基础上进行模拟操作计算等。

1. 功能简述

（1）计算模式。状态估计有两种计算模式：在线运行方式和离线运行方式。在线运行方式取 SCADA 实时数据，离线运行方式可以在上次状态估计所取断面基础上进行计算。

（2）程序控制。对于状态估计，在周期运行方式下（周期运行置为“是”）PAS 主机值班或备用状态都会每过一个执行周期时间取 SCADA 遥信/遥测数据计算一次。如果需要状态估计立即取 SCADA 遥信/遥测数据计算，则点击“启动计算”。如果状态估计运行正常，在线消息则显示“状态估计计算完成，可以进行下次计算”，并且断面时间与当前时间最多相差一个执行周期。

（3）计算结果显示。计算结果有图形和列表两种显示方式。状态估计得到的各设备量，包括线路首末端功率、变压器各侧功率、母线电压等均可在接线图上显示；所有潮流量、越限、重载信息以及预处理信息、可疑数据等遥测分析结果还可以列表显示。

（4）量测控制。当发现 SCADA 量测有误时，可通过检查遥测预处理告警、可疑数据表发现量测问题。通过对状态估计结果检查发现结果不理想时，可通过对相关量测进行控制消除不良量测的影响，以提高计算准确性。如果是单一测点有误，可直接将该测点屏蔽；如果某厂站遥测均有问题且 SCADA 中没有给出量测错误标志，可将整个厂站屏蔽；屏蔽的量测将不参加 PAS 计算。

2. 画面及操作

运行状态估计画面是使用者使用状态估计最直接、最方便的途径，状态估计各种参数设置、计算范围控制、结果显示检查、量测控制等都通过画面进行。使用者只有了解画面的构造、功能、操作方法等才能正确使用和维护状态估计。

（1）主画面。先进入 PAS 目录画面，再点“状态估计”按钮可进入状态估计的主画面，主画面上主要有量测分析与控制、计算控制、计算结果、指标统计等几类按钮。状态估计主画面如图 1－87 所示。

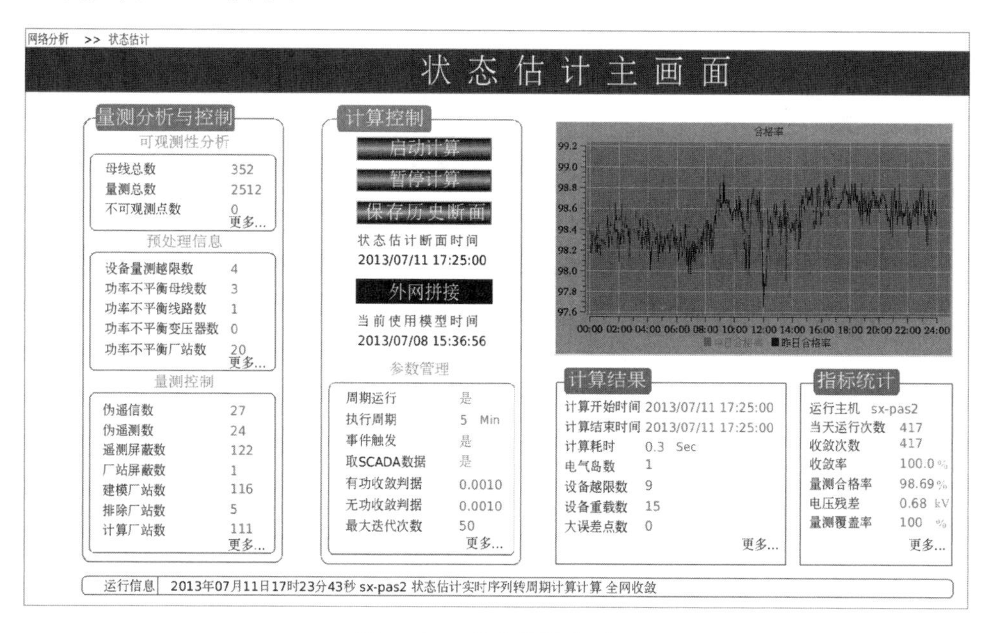

图 1－87 状态估计主画面

（2）启动计算。启动计算可以启动状态估计程序。点击“启动计算”，当状态估计处于周期运行模式时，将每隔一个执行周期启动一次状态估计计算；当状态估计处于非周期运行模式时，状态估计只计算一次。

（3）暂停计算。暂停计算可以停止状态估计程序运行。当处于周期运行模式时，点击“暂停计算”，状态估计即停止计算。

（4）参数管理。参数管理通过文字方式显示。状态估计启动并处于周期模式下时，显示文字“是”，状态估计停止运行时，显示文字“否”。

（5）迭代信息。每次计算后，显示出此次计算各步迭代的有功功率最大偏差值和无功功率最大偏差值，以及偏差发生在哪个厂站和哪个电压等级。当迭代发散时，使用者可根据提供的信息进行调试检查。

（6）运行信息。此处显示历次状态估计中各个电气岛是否收敛等信息。

（7）指标统计。可以查询当日、月、年各厂站或区域的指标累计统计。

（8）量测控制。可以查询伪遥信、伪遥测、厂站排除、厂站屏蔽等信息。

（9）分析。

1）电气岛信息。此处列出系统当前运行方式下某个电气岛（带电子系统）的有关信息。

a. 电气岛号——系统中第几个电气岛。

b. 厂站名——此电气岛平衡机所在厂站名。

c. 平衡机名——此电气岛平衡机名。

d. 母线数——此电气岛参加计算节点数。

2）计算结果。此处列出状态估计结束后所有参与计算的量测结果。计算结果如图 1-88 所示。

	线路名称	所属厂站	计算前有功	有功值
1	河北.临海站 河北.渤海站 沧州.渤	河北.渤海站	200.94	201.00
2	河北.临海站 河北.渤海站 沧州.渤	河北.渤海站	198.09	198.15
3	河北.双楼站 沧州.何庄站 沧州.双	河北.双楼站	53.89	83.33
4	河北.姚官屯 河北.刘屯站 沧州.姚	河北.姚官屯	71.80	72.30
5	河北.姚官屯 河北.刘屯站 沧州.姚	河北.姚官屯	71.40	72.30
6	河北.于庄站 沧州.T接站 沧州.于庄	河北.于庄站	24.18	70.77
7	河北.长芦站 河北.陈屯站 沧州.芦	河北.长芦站	64.84	65.53
8	河北.狮城站 沧州.T接站 沧州.狮城	河北.狮城站	35.32	64.26
9	河北.韩村站 河北.于庄站 沧州.于	河北.韩村站	59.84	61.20
10	河北.韩村站 河北.于庄站 沧州.于	河北.韩村站	61.98	60.70
11	河北.长芦站 河北.陈屯站 沧州.芦	河北.长芦站	60.91	59.84
12	河北.姚官屯 河北.于庄站 沧州.于	河北.姚官屯	55.19	59.52
13	河北.姚官屯 河北.于庄站 沧州.于	河北.姚官屯	56.44	55.20
14	沧州.褚村站 河北.陈屯站 沧州.陈	河北.陈屯站	0.00	48.96
15	河北.辛庄站 沧州.T接站 沧州.辛庄	沧州.T接站	0.00	45.09

图 1-88　计算结果

其中不合格量测一览表会列出计算结果与量测对比超出合格范围的设备及量测。

3）量测分析处理。当出现某些计算值与量测值存在很大差异时，可以定位到该量测所在的厂站，在厂站一次接线图里分析原因。在厂站接线图中，可以通过应用选择按钮，进入状态估计应用里。这时该应用里有以下几个按钮可助于分析问题：较常用到的就是

“有功对比”和“无功对比”按钮，可以很直观地看到计算前与计算后的量测对比，进而找到误差较大的地方，分析出问题的所在。

1.4 AVC 运 维

1.4.1 AVC 参数设置

AVC 从网络建模获取设备参数，例如容抗器额定电压及额定容量、主变绕组额定容量及分接头类型等。AVC 参数管理界面包括全局参数设置、运行参数设置等，如图 1-89 所示。

文件操作 窗口操作 图形操作 显示策略 图形工具 桌面风格 帮助 帮助

72% 本系统 实时态 AVC

参数管理 控制状态 设备信息 闭锁信息 控制策略 模型维护 参数管理 动作查询 省地信息

全局参数设置

自动控制	是	控制失败等待时间	180	主变过载系数	1.00	电抗器是否控制	是
采样周期	10	关口类型	主变	主变调档时间间隔	180	三相电压不平衡偏差系数	0.10
采样次数	3	分区最大可动设备数	2	[illegible]	是	[illegible]	0.50
区域电压控制	是	主变连续调节时间	1200			[illegible]	
区域无功控制	是	主变连续调节次数	3	容抗器切除后投入时间	300		
联调模式	否	容抗器拒动判据次数	2	容抗器投入后切除时间	0		
区域控制时间间隔	180	主变拒动判据次数	2	单相接地相电压残差	0.00		

AVC运行参数设置

	开始时间	结束时间	时段类型	10kV电压上限	10kV电压下限	35kV电压上限	35kV电压下限	110kV电压上限	110kV电压下限	220kV电压上限
1	00:00:00	23:59:59	高峰	10.70	10.00	38.00	33.00	119.00	106.00	234.00
2										

AVC特殊运行参数设置

	时段名称	电压上限1	电压下限1	变压器可动次数1	容抗器可动次数1	功率因数上限1	功率因数下限1	指定无功上限1	指定无功下限1	时段1分隔
1	特殊功率因	0.00	0.00	3	0	1.00	0.97	21600.00	0.00	2013/07/17
2										
3										

图 1-89 AVC 参数管理界面图

1. 全局参数

自动控制：AVC 系统闭环控制标志，“是”为闭环控制，“否”为开环控制。

采样次数：对母线电压无功量测值多次进行采样比较，连续达到设定次数时，才认为该母线电压（或无功）越限。

采样周期：两次采样之间的时间间隔。

区域电压控制：是否打开区域电压控制策略。

区域无功控制：是否打开区域无功控制策略，即功率因数控制。

联调模式：AVC 是否有省调联调的标志，“是”时接收省调无功指令，“否”时为就地控制。

区域控制时间间隔：针对某一区域进行控制的时间间隔。

关口类型：AVC 分区的根节点类型，可设定为主变或母线。

电容器投入后切除时间：电容器从投入运行到切除的最短时间间隔。

电容器切除后投入时间：电容器切除后到下次投入运行之间的最短时间间隔。

主变过负荷系数：触发主变过载告警信号的参数，判断过程为当前主变高压侧电流值与最大电流乘以此系数后的值进行比较。

主变拒动判据次数：触发主变拒动闭锁信号的参数，当针对主变的控制命令连续失败次数达到设定数值后即闭锁该主变。

容抗拒动判据次数：同主变拒动判据次数。

测试弹窗口机器：供自动化人员对新加入厂站的设备进行闭环测试时使用，选定后会有请求确认执行的窗口弹出在该机器界面上，由人工干预执行。

全局参数可在参数管理界面修改，双击要修改的参数，在弹出的对话框中选择要修改的值，也可在数据库 AVC 控制参数表中直接修改。

2. 运行参数

AVC 运行参数主要指各电压等级电压、无功控制上下限值。AVC 运行参数可全局设置，也可特殊设置。设备设置了特殊限值时，该特殊限值起效，否则全局限值起效。这样既减少使用人员的维护工作量，又能实现个别设备单独设置限值的需求。

(1) 全局运行参数设置。打开 AVC 全局运行参数表，设置关口、厂站功率因数、各电压等级电压上下限，如图 1-90 所示。

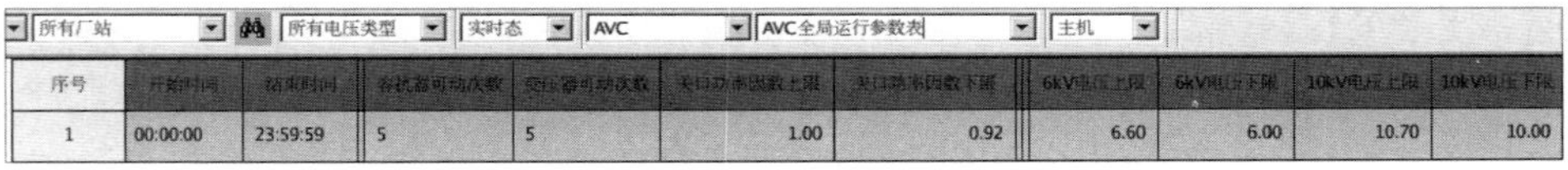

所有厂站　所有电压类型　实时态　AVC　AVC全局运行参数表　主机

序号	开始时间	结束时间	容抗器可动次数	变压器可动次数	关口功率因数上限	关口功率因数下限	6kV电压上限	6kV电压下限	10kV电压上限	10kV电压下限
1	00:00:00	23:59:59	5	5	1.00	0.92	6.60	6.00	10.70	10.00

图 1-90　AVC 全局运行参数表 1

图 1-90 将一整天时间算作一个时段，也可设置多时段限值，各时段时间可灵活配置，注意上一时段的结束时间与下一时段的开始时间相同，避免空白时段，最终以 23：59：59 结束，如图 1-91 所示。

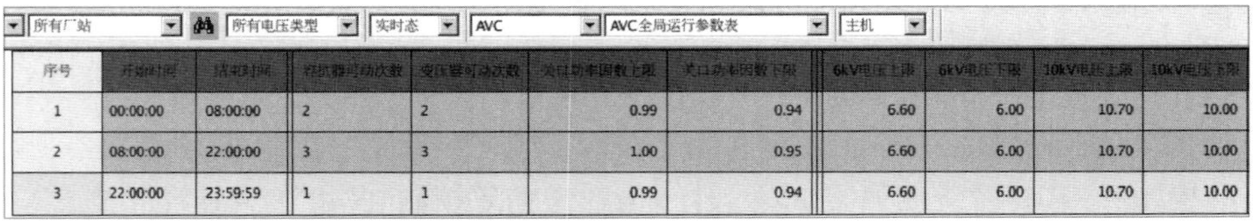

所有厂站　所有电压类型　实时态　AVC　AVC全局运行参数表　主机

序号	开始时间	结束时间	容抗器可动次数	变压器可动次数	关口功率因数上限	关口功率因数下限	6kV电压上限	6kV电压下限	10kV电压上限	10kV电压下限
1	00:00:00	08:00:00	2	2	0.99	0.94	6.60	6.00	10.70	10.00
2	08:00:00	22:00:00	3	3	1.00	0.95	6.60	6.00	10.70	10.00
3	22:00:00	23:59:59	1	1	0.99	0.94	6.60	6.00	10.70	10.00

图 1-91　AVC 全局运行参数表 2

(2) 特殊运行参数设置。打开 AVC 特殊运行参数表，根据需要添加一条记录，如图 1-92 所示。

注意特殊运行参数表的时段设置方式和全局运行参数表不同，一条记录包含了一整天的时间段，以时间分隔点区分。如时段 1 是从默认的 00：00：00 至时段 1 分隔点 06：00：00，本时段的功率因数值为“功率因数上限 1”“功率因数下限 1”。注意最后的时段分隔点要以 23：59：59 结束。

序号	时段名称	变压器可动次数1	功率因数上限1	功率因数下限1	时段1分隔点	时段2分隔点
1	特殊功率因数限值	3	1.00	0.97	06:00:00	23:59:59

图 1-92 AVC 特殊运行参数表

然后打开 AVC 变压器表，在对应记录的域“时段类型”中选择新建的时段名称，如图 1-93 所示。特殊运行参数对此变压器生效，全局参数对此变压器失效。注意 AVC 母线表、AVC 变压器表、AVC 容抗器表中均有“时段类型”域，不同的表使用特殊运行参数中不同的对应域。

序号	厂站ID	变压器ID	时段类型	动作次数限值	可用动作次数
1	温城站	温城站 #2变		5	5
2	温城站	温城站 #1变			
3	故城站	故城站 #1变			
4	故城站	故城站 #2变			
5	花园站	花园站 #1变			

图 1-93 AVC 变压器表选择时段类型

3. 其他参数

虽然可以设置特殊的功率因数限值，但设置功率因数的方式仍不能满足实际情况需要。例如主变关口有功比较小，根据功率因数上下限算出的无功上下限很接近，调节范围很窄，这时可以通过指定无功限值来控制，如图 1-94 所示。

序号	厂站ID	变压器ID	指定无功上限	指定无功下限
1	温城站	温城站 #2变	5.00	-5.00
2	温城站	温城站 #1变	10.00	0.00

图 1-94 AVC 变压器表设置指定无功限值

指定无功上下限仅在关口无功小于门槛值时起效，有功门槛值可在 AVC 控制参数表中设定。

4. 遥控配置

AVC 和 D5000 平台一体化设计，数据无缝衔接，AVC 采取筛选遥信的方式获取设备遥控点号，遥控点号和 D5000 系统严格保持一致。只有电容器开关或变压器分接头才能进行自动遥控，避免由于维护不及时或操作失误引起的误控风险。

通过 AVC 遥控关系表筛选 AVC 可遥控的遥信点，如图 1-95 所示。

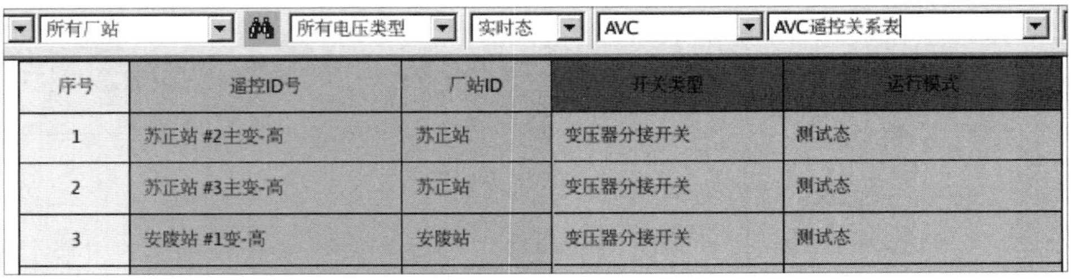
所有厂站
所有电压类型
实时态
AVC
AVC遥控关系表
序号
遥控ID号
厂站ID
开关类型
运行模式
1
苏正站 #2主变-高
苏正站
变压器分接开关
测试态
2
苏正站 #3主变-高
苏正站
变压器分接开关
测试态
3
安陵站 #1变-高
安陵站
变压器分接开关
测试态

图 1－95　AVC 遥控关系表

在 AVC 遥控关系表中维护好记录信息后，在 AVC 电容器表和 AVC 变压器表中可以看到 AVC 取到的遥控点号信息，可以与 FES 下行遥控信息表中的遥控点号进行比对。

注意设备未参与计算，或者在冷备用状态下不会获取遥控点号。

1.4.2　运行监视

1. 控制策略

控制策略是 AVC 根据当前电网状态综合计算后得出的调节措施。在开环运行时给出建议和提示策略供监控人员参考，在闭环运行时则直接控制相应设备。AVC 控制策略界面如图 1－96 所示。

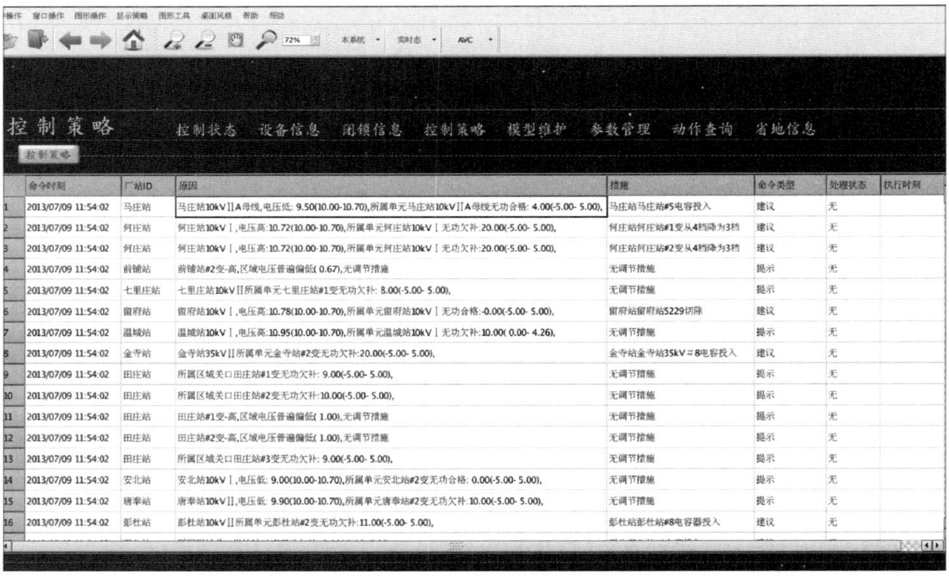
控制策略
控制状态
设备信息
闭锁信息
控制策略
模型维护
参数管理
动作查询
省地信息
控制策略
命令时刻
厂站ID
原因
措施
命令类型
处理状态
执行时刻
1 2013/07/09 11:54:02 马庄站 马庄站10kVⅡA母线,电压低: 9.50(10.00-10.70),所属单元马庄站10kVⅡA母线无功合格: 4.00(-5.00- 5.00), 马庄站马庄站#5电容投入 建议 无
2 2013/07/09 11:54:02 何庄站 何庄站10kVⅠ,电压高:10.72(10.00-10.70),所属单元何庄站10kVⅠ无功欠补:20.00(-5.00- 5.00), 何庄站何庄站#1变从4档降为3档 建议 无
3 2013/07/09 11:54:02 何庄站 何庄站10kVⅠ,电压高:10.72(10.00-10.70),所属单元何庄站10kVⅠ无功欠补:20.00(-5.00- 5.00), 何庄站何庄站#2变从4档降为3档 建议 无
4 2013/07/09 11:54:02 前铺站 前铺站#2变-高,区域电压普遍偏低(0.67),无调节措施 无调节措施 提示 无
5 2013/07/09 11:54:02 七里庄站 七里庄站10kVⅡ所属单元七里庄站#1变无功欠补: 8.00(-5.00- 5.00), 无调节措施 提示 无
6 2013/07/09 11:54:02 留府站 留府站10kVⅠ,电压高:10.78(10.00-10.70),所属单元留府站10kVⅠ无功合格:-0.00(-5.00- 5.00), 留府站留府站5229切除 建议 无
7 2013/07/09 11:54:02 温城站 温城站10kVⅠ,电压高:10.95(10.00-10.70),所属单元温城站10kVⅠ无功欠补:10.00(0.00- 4.26), 无调节措施 提示 无
8 2013/07/09 11:54:02 金寺站 金寺站35kVⅡ所属单元金寺站#2变无功欠补:20.00(-5.00- 5.00), 金寺站金寺站35kV＝8电容投入 建议 无
9 2013/07/09 11:54:02 田庄站 所属区域关口田庄站#1变无功欠补: 9.00(-5.00- 5.00), 无调节措施 提示 无
10 2013/07/09 11:54:02 田庄站 所属区域关口田庄站#2变无功欠补:10.00(-5.00- 5.00), 无调节措施 提示 无
11 2013/07/09 11:54:02 田庄站 田庄站#1变-高,区域电压普遍偏低(1.00),无调节措施 无调节措施 提示 无
12 2013/07/09 11:54:02 田庄站 田庄站#2变-高,区域电压普遍偏低(1.00),无调节措施 无调节措施 提示 无
13 2013/07/09 11:54:02 田庄站 所属区域关口田庄站#3变无功欠补: 9.00(-5.00- 5.00), 无调节措施 提示 无
14 2013/07/09 11:54:02 安北站 安北站10kVⅠ,电压低: 9.00(10.00-10.70),所属单元安北站#2变无功合格: 0.00(-5.00- 5.00), 无调节措施 提示 无
15 2013/07/09 11:54:02 唐奉站 唐奉站10kVⅡ,电压低: 9.90(10.00-10.70),所属单元唐奉站#2变无功欠补:10.00(-5.00- 5.00), 无调节措施 提示 无
16 2013/07/09 11:54:02 彭杜站 彭杜站10kVⅡ所属单元彭杜站#2变无功欠补:11.00(-5.00- 5.00), 彭杜站彭杜站#8电容器投入 建议 无

图 1－96　AVC 控制策略界面

命令类型：开环运行时为“建议”；闭环运行时为“控制”，会下发遥控命令；若无调节措施，则为“提示”。

处理状态：对于闭环运行时命令类型为“控制”的策略，发命令后在一定时间内若设备成功动作，则处理状态为“执行成功”，并记录执行时刻，否则处理状态为“执行失败”。处理状态对于开环“建议”无意义。

执行时刻：闭环运行且该策略执行成功时，展示该策略的执行时刻。

在关注策略上点右键，弹出菜单选择“显示详细情况”，如图 1-97 所示。

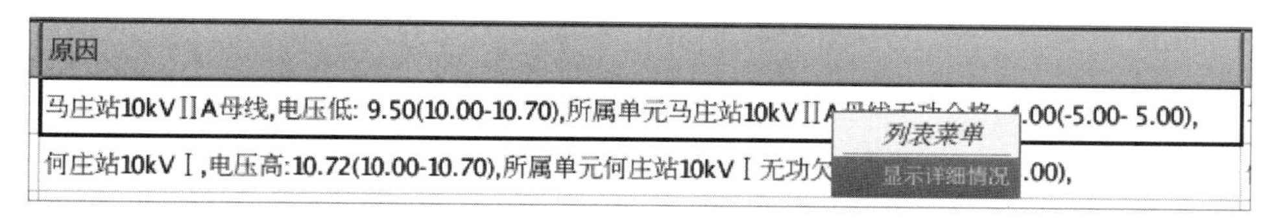

图 1-97 弹出菜单选择“显示详细情况”

AVC 控制策略显示如图 1-98 所示，当前策略显示马庄站 10kV Ⅱ母电压低，当前电压 9.50kV，电压限值为 10.00～10.70kV，无功处于正常范围，需要投入电容。按照容量及动作次数排序，首先考虑马庄站＃3 电容，但预判该电容投入后有可能造成关口功率因数越上限，然后考虑＃5 电容，预判通过，最终发控制策略，投入马庄站＃5 电容。

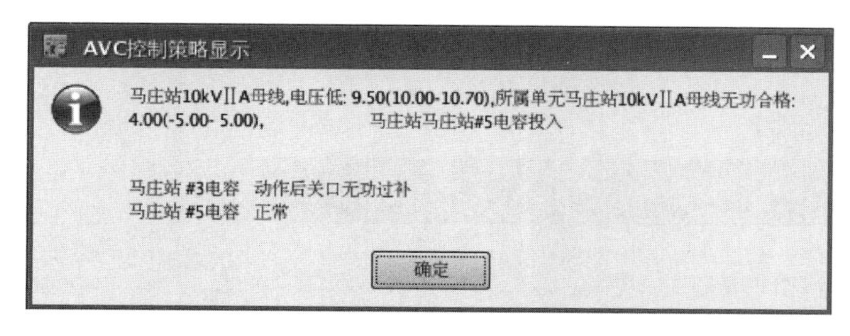

图 1-98 AVC 控制策略显示

2. 控制响应

AVC 动作查询界面列表显示电容器开关动作和主变调挡事件，记录动作时刻、动作前后电压、是否 AVC 操作等内容。AVC 电容器动作事件如图 1-99 所示。

动作查询 控制状态 设备信息 闭锁信息 控制策略 模型

变压器动作 电容器动作

	动作时刻	厂站ID	容抗器ID	动作类型	动作前电压	动作后电压	是否AVC指令
1	2013/07/05 15:50:46	温城站	温城站 589电容	切	10.95	10.95	AVC操作失败
2	2013/07/05 15:44:47	温城站	温城站 589电容	切	10.95	10.95	AVC操作失败
3							

图 1-99 AVC 电容器动作事件

电容器动作事件表和变压器动作事件表中记录最近发生的设备动作事件，同时 AVC 也将动作事件保存到历史库，可通过告警查询工具方便地进行查看。

3. 闭锁策略

AVC 闭锁信号是为了方便监控人员了解 AVC 设备闭锁的原因并进行相应的处理。设备被自动闭锁时，监控人员应及时检查问题原因并处理。在确认问题已解决该设备可以投入AVC自动控制时，需及时解锁告警或保护信号。自动复归类型的闭锁信号在问题消失后可自动复归。

（1）闭锁浏览及解锁。在闭锁设备上点击右键，弹出菜单选择“显示相关信息”，可显示当前设备的闭锁状态及闭锁原因。也可切换到闭锁信息画面，查看当前系统内所有已出现的告警及保护信号。

信息提示中显示闭锁状态和闭锁原因。主变详细信息如图1-100所示。

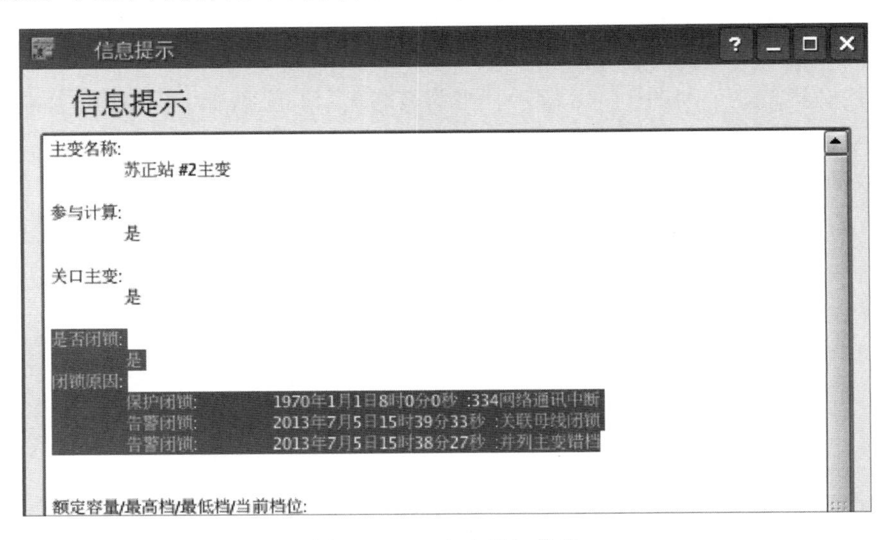

图1-100　主变详细信息

需要解除闭锁时，在闭锁设备上点击右键，选择“解除告警闭锁”或“解除保护闭锁”。如果当前无保护信号，“解除保护闭锁”的按钮是灰色不可选的，若SCADA保护信号未复归，该按钮也不可选，如图1-101所示。

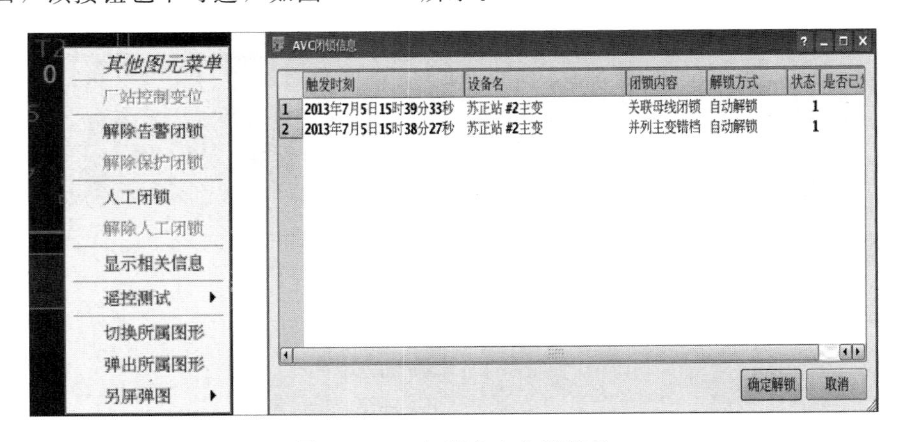

图1-101　解锁主变告警信号

点选“解除告警闭锁”后，会弹出确认窗口，请求再次确认解锁设备，确认之后显示当前设备的告警信号，选择“确认解锁”则会解锁这些信号，同时会再次确认并提醒自动复归类型的闭锁解除不掉。

在闭锁信息画面中也可直接解锁告警及保护信号，如图 1-102 所示。

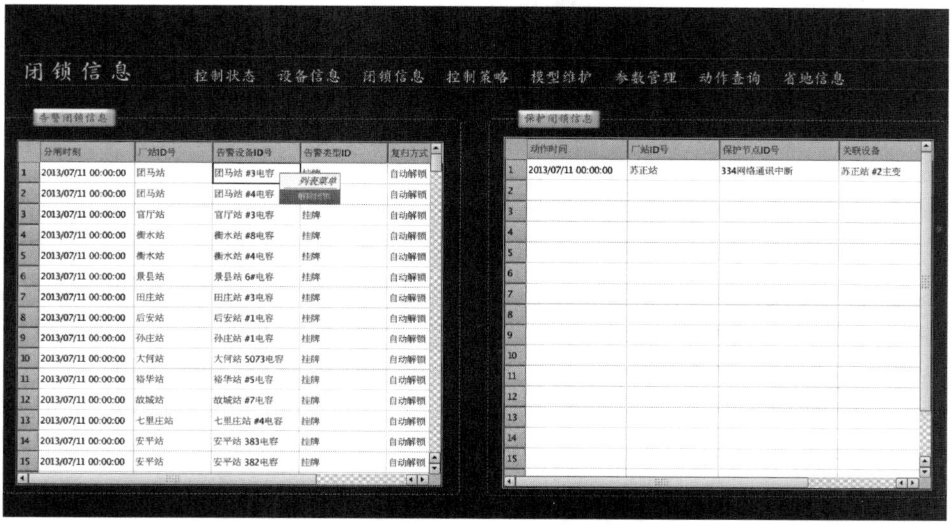

图 1-102 闭锁信息中解锁操作

（2）复归方式。AVC 闭锁复归方式有自动解锁和人工解锁两种。

自动解锁：当 AVC 检测到触发某类告警或保护闭锁的信号复归时，将自动解除对相关设备的闭锁；对于 AVC 告警信号，还可设置为在告警信号复归后，延时一段时间（时间可设置）解锁。

人工解锁：AVC 检测到触发某类告警或保护闭锁的信号复归时，不会自动解除对相关设备的闭锁，而需通过人工确认的方式解除闭锁。

（3）告警信号。AVC 告警信号是为保证 AVC 安全运行由 AVC 系统定义的一系列告警信号，当此类信号触发时，闭锁相应设备并发出告警信号。此类信号的触发和解除由 AVC 系统完成。

AVC 告警信号类别定义在 AVC 告警类型表中，系统根据每个告警类型对应的设备生成具体的告警信号。“是否抑制告警”选为“是”时，将不处理此类告警。

可对常用的告警类型进行定义。

量测不刷新：对于母线类告警信号，当母线线电压量测值连续 20min（可设置）不变化时，认为该母线量测不刷新，遥测异常不可信，闭锁该母线。当电压恢复变化时可自动解锁。

量测坏数据：对于母线类告警信号，当从 SCADA 读取的母线线电压量测值带有坏数据标志时，认为该母线为量测坏数据，遥测异常不可信，闭锁该母线。量测坏数据标志解除时可自动解锁。

主变连续同方向调挡：对于主变类告警信号，为避免量测异常时导致主变连续调挡，当 10min 内主变连续同方向调挡次数超过 3 次（可设置）时，闭锁该主变。此类告警信号必须由人工解锁。

动作次数越限：对于主变、容抗器类告警信号，当主变和容抗器动作次数达到该时段内设定的最大可动作次数时，闭锁相应主变和容抗器。进入下一个时段或人工修改限值，主变和容抗器动作次数小于最大可动作次数时，此告警自动解锁。

母线过电压：对于母线类告警信号，当6kV/10kV/35kV/110kV母线电压高于7.5kV/11.8kV/40kV/125kV（可设置）时，认为母线电压大于正常可调上限值，闭锁该母线。母线电压低于限值时自动解锁。

母线欠电压：对于母线类告警信号，当6kV/10kV/35kV/110kV母线电压低于5.0kV/9.0kV/32.0kV/100kV（可设置）时，认为母线电压低于正常可调下限值，闭锁该母线。母线电压高于限值时自动解锁。

主变过载：对于主变类告警信号，当主变高压侧电流值大于限值时，认为该主变过载，闭锁该主变，限值可由主变高压侧额定电流与过载系数（默认80%）相乘得到，也可人工设定。主变高压侧电流值低于限值时自动解锁。

遥测遥信不匹配：对于容抗器类告警信号，当容抗器开关为分，同时电流或无功量测值大于残差，认为该容抗器遥测遥信不匹配，闭锁该容抗器，反向亦然。恢复正常时自动解锁。

手工操作：对于主变、容抗器类告警信号，当系统检测到有非AVC控制的主变挡位变化和容抗器状态变化时，判为手工操作，闭锁相应设备。此类告警信号必须由人工解锁。

并列主变错挡：对于主变类告警信号，当并列运行主变挡位不匹配时，闭锁相应主变。并列运行主变挡位恢复对应或分列运行时自动解锁。

容抗器拒动：对于容抗器类告警信号，在闭环运行时，当对容抗器连续2次（可设置）自动控制均失败时，判为容抗器拒动，闭锁该容抗器。此类告警信号必须由人工解锁。

分接头滑挡：对于主变类告警信号，在闭环运行时，当AVC对主变的一次调挡命令造成挡位变化大于或等于两挡时，判为主变分接头滑挡，闭锁该主变。此类告警信号必须由人工解锁。

分接头拒动：对于主变类告警信号，在闭环运行时，当对主变连续2次（可设置）自动控制均失败时，判为分接头拒动，闭锁该主变。此类告警信号必须由人工解锁。

单相接地：对于母线类告警信号，当检测到母线单相接地时（接地相电压低于3kV，且非接地相电压偏差小于0.5kV），闭锁该母线。相电压恢复正常时可自动解锁。

设备挂牌：对于主变、容抗器类告警信号，当在厂站一次接线图上对相关主变、容抗器或主变容抗器相应开关置检修、接地等标志牌时，AVC读取该挂牌信息并闭锁相应设备（标志牌定义表中，该类标志牌闭锁遥控时AVC才会读取该标志牌）。解除标志牌时可自动解锁。

三相电压不平衡：对于母线类告警信号，当母线三相电压中最大相电压值与最小相电压值的差值大于相电压基准值的10%（可设置）时，认为该母线三相电压不平衡，闭锁该母线。相电压恢复正常时可自动解锁。

调挡电压异常：对于主变类告警信号，在闭环运行时，当对主变的一次调挡命令造成低压侧母线电压变化量大于理论计算值的2倍或小于理论计算值的0.2倍时，认为调挡电压异常，闭锁该主变。此类告警信号必须由人工解锁。

设备冷备用：对于主变、容抗器类告警信号，当容抗器刀闸为分，主变开关或刀闸为分时，认为该设备处于冷备用状态，闭锁相应设备。此告警信号可自动解锁。

（4）保护信号。AVC 保护信号由维护人员在 SCADA 保护节点表中拖入需闭锁的 AVC 设备而触发生成，一个保护信号最多可闭锁 4 个设备。AVC 接收到保护动作信号时闭锁对应设备，接收到复归信号时可自动复归。

常用的保护信号包括主变的轻重瓦斯信号、过载信号等，以及容抗器的过流、过压保护。由于各站配置的保护不同，需继电保护专业人员提供哪些保护需闭锁主变调挡及容抗器开关投切信息，并指定复归方式。

保护信号的复归方式默认为人工解锁，可人工改为自动解锁方式。瞬动类型的保护信号禁止设定为自动解锁方式。

需注意，瞬动类型的保护信号不能设定为自动解锁，是因为 AVC 根据 EMS 系统接收到的保护复归信号解锁 AVC 保护信号。瞬动类型的保护信号在动作后立即复归，如设定为自动解锁的 AVC 闭锁信号，则不能起到闭锁设备的作用。有可能控合开关，引起后备保护动作，造成故障扩大。凡是复归信号不代表故障已解除、可投入自动控制的保护信号，均不能设定为自动解锁。

1.4.3 主厂联调

1.4.3.1 变电站 AVC 接入

（1）新增 AVC 控制状态图：AVC 控制状态图是平时调度员使用 AVC 监视时的主画面，增加新厂站后需及时维护。控制状态图上的各个图标关联对应 AVC 设备表的指定域，如图 1－103 所示。

（2）AVC 模型更新：进入 AVC 模型维护，按照提示逐步完成 AVC 模型更新，如图 1－104 所示。

（3）查看检索器中是否生成新增厂站的 AVC 控制信息，然后将新增厂站的 AVC 控制状态图进行图形联库。根据需要制作并列档位对照表。以××站为例说明各个控制量的数据库连接。

自动控制/非自动控制：AVC 厂站表→××站 AVC“自动控制”域。

Ⅰ/Ⅱ段母线：AVC 母线控制表→Ⅰ/Ⅱ段母线“闭锁状态”域。

母线电压数值：母线表→Ⅰ/Ⅱ段母线“线电压幅值 U_{ab}”域。

测试偏差值：AVC 母线表→Ⅰ/Ⅱ段母线“测试偏差值”域。

T1/T2 挡位：AVC 变压器表→＃1/＃2 主变高压侧“闭锁状态”域。

T1/T2 挡位数值：AVC 变压器表→＃1/＃2 主变“当前挡位”域。

＃1/＃2/＃3 电容器：AVC 容抗器表→电容器“闭锁状态”域。

电容开关：断路器表→电容器开关“遥信值域”。

AVC 控制状态图总目录上 AVC_厂站运行状态标识：AVC 厂站控制表→××站 AVC“自动控制”域。

（4）告警信号和保护信号列表。

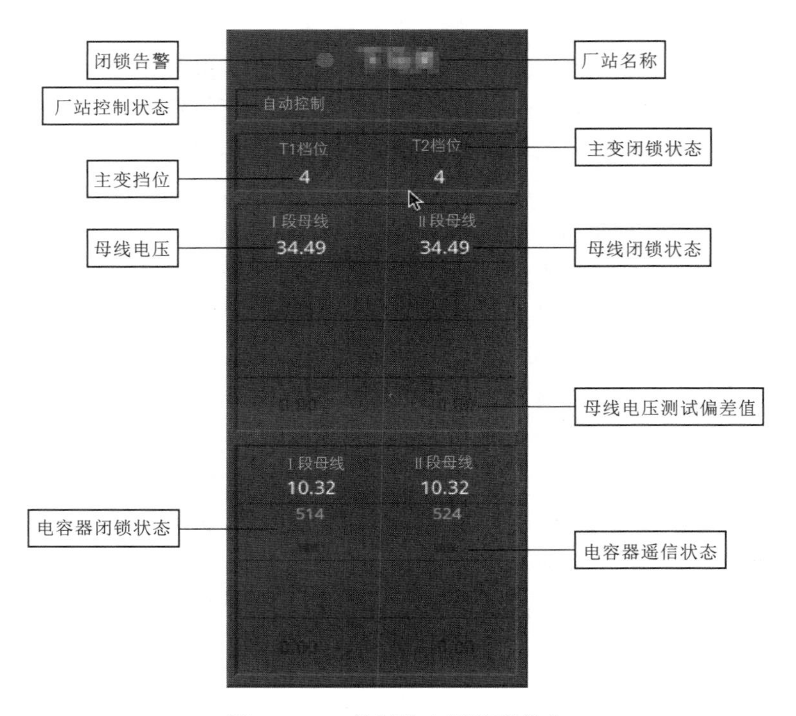

图 1－103　控制状态图关联信息

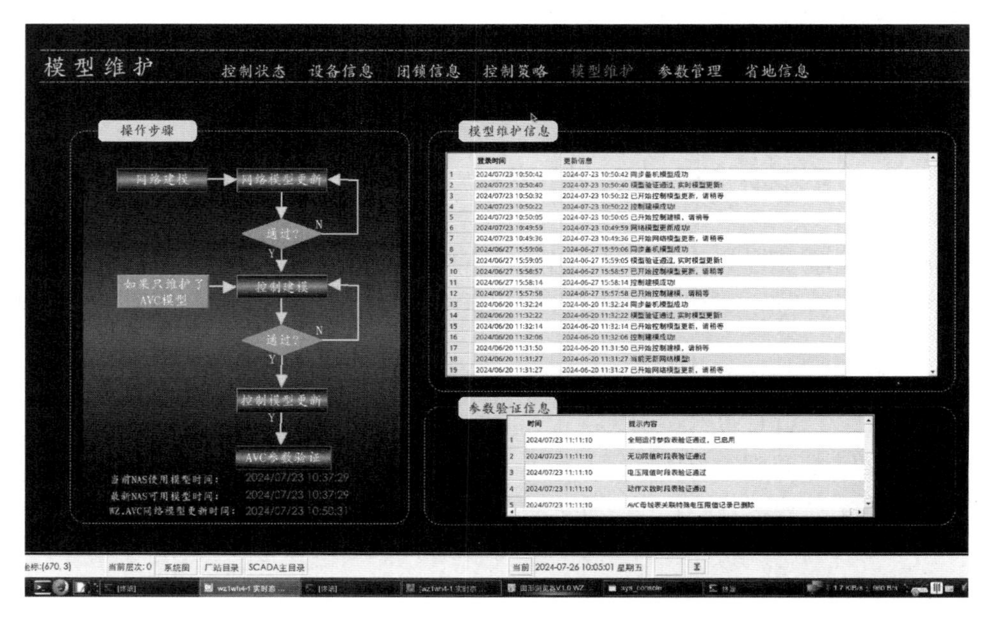

图 1－104　AVC 模型更新

1）dbi（实时库）AVC 告警类型表中规定了系统自动生成的告警信号的名称和类型，当更新过 AVC 控制模型之后，需要再将相应主变和电容器的自动控制位设为是，然后重新进行 AVC 建模，系统自动生成设备的告警信号。

2）新厂站的保护信号需要根据信号闭锁策略中的规定，与 dbi 保护信号表中相应保护信号的 AVC 相关设备 ID1 这个域关联，用检索器拖拽。关联的设备为相应的主变和电容器，分别取自变压器表和容抗器表。关联保存后重启 AVC 建模就可以生成保护信号。

3）根据已经有的厂站样式做告警信号和保护信号列表。在 AVC 控制状态图中选择对应的厂站点击“●”图标进入厂站。在图形编辑状态下，在空白处点击右键显示属性，在检索条件下替换为新增的厂站名，进行网络保存即可。

（5）点击 PAS 小应用图标，选择 AVC_DVC 模式，点击 AVC 遥控关系表进行维护。

遥信 ID 号：变压器绕组表-××厂站-××主变/高压侧（检索器拖动）。

断路器表-××厂站-××开关（检索器拖动）。

厂站 ID：××厂站。

开关类型：电容器选择“电容器开关”，主变选择“变压器分接开关”。

运行模式：测试态，待 AVC 测试完毕后再改为运行态。

（6）进行场站 AVC 测试。

（7）测试完成后观察调压建议，完成新增厂站投入 AVC 系统工作。

（8）网络模型维护注意事项。PAS 模型包括两个部分：

1）设备参数（重点交流线路/主变/容抗器/发电机）：需保证参数的准确性。

2）设备的连接关系：对于厂站接线图，通过“节点入库”，根据设备的连接关系分配连接节点号，相连设备有一个相同的连接点号。

（9）做好 AVC 控制状态图后查看母线电压和挡位是否有值。如果有某个设备没有生成 AVC 控制量或者母线电压和挡位为 0，那么一定是与拓扑断掉有关系。

（10）是否有虚点刀闸导致拓扑断开。

（11）如果挡位为 0，查看挡位是否放在高端分头位置，查看该主变是否被等值，如果存在等值，要改过来；如果挡位还为 0，那么推测是该厂站的上级厂站问题（与母线为 0 一同处理）。

（12）如果母线电压为 0，先对本厂站点击拓扑着色，查看是否带电。如果拓扑断掉了，需要查看厂站间联络线是否正确。查看上级厂站的拓扑着色是否正常，上级厂站的变压器是否被等值。

（13）AVC 用的是 PAS 的网络模型，因此无论某厂站是否接入 AVC 闭环控制，全网信息都可以读到。只要厂站以及上级厂站的拓扑着色正常，所有主变都没有被等值，那么挡位和母线电压都应该有值，也应该生成相应设备的 AVC 控制量（PAS 模型验证无错误，不代表模型就完整可用）。

（14）AVC 闭环测试、投入工作。

1）在“系统控制设置”→“是否闭环运行”中，选择“是”之前确认“厂站控制表”→“AVC 控制厂站”非实验厂站的“闭环”为“否”。

2）检查变压器参数、容抗器参数、AVC 定值、AVC 闭锁信号是否正常录入。

3）检查确认实验厂站“厂站控制表”→“所有厂站”→“AVC 退出”为“否”，把厂站投入开环状态。

4）在 fe_config 工具中人工置数闭锁信号（或者站端主动变位闭锁信号），验证是否可以正确闭锁设备。

5）设备传动实验。

a. 变压器调挡：

(a) 禁用厂站其他设备，将“容抗器控制表”→“AVC 禁用”置为是。

(b) 解禁需要控制的变压器，将“变压器控制表”→“AVC 禁用”置为否。

(c) 在相应厂站的 AVC 控制状态图上，为 AVC 母线电压测试偏差值置数，使电压超过电压限值范围。

(d) 置数后，在“控制策略”中查看策略，看是否只有需要动作的设备显示相关提示措施，但命令类型为建议。

(e) 把厂站闭环，调整“厂站控制表”→“AVC 控制厂站”→“闭环”为是、“测试”为是。

(f) 打开 fe_config 查看报文、打开“控制策略信息表”查看策略，出现调压策略后让现场查看装置预置信息是否正确，若预置成功，则先把厂站开环，调整“厂站控制表”→“AVC 控制厂站”实验厂站“闭环”为否。

(g) 等待 5～6min 后，重复操作（b）条操作，将“测试”调整为否，“闭环”调整为是，查看“调节信息表”→“调压信息”是否下发执行动作，挡位将根据封锁电压变化（封锁低压为升挡），动作成功后取消电压置数，调整“厂站控制表”→“AVC 控制厂”站实验厂站“闭环”为否，“测试”为是，等待 5～6min 后，重复操作第（a）条操作，此时可以做下一个电压策略，完成升降挡。

b. 容抗器投退：

(a) 禁用厂站其他设备，调整“变压器控制表”→AVC 禁用为是。

(b) 解禁对应容抗器，调整“容抗器控制表”→AVC 禁用为否。

(c) 在厂站主接线图需要调节设备所连接的母线 U_{ca} 上人工置数。

(d) 电压置数后，在“调节信息表”→“调压信息表”中查看策略，看是否只有需要动作的设备显示“厂站开环不执行”。

(e) 把厂站闭环，调整“厂站控制表”→AVC 控制厂站-闭环为是、测试为是。

(f) 打开 fe_config 查看报文、打开“调节信息表”→“调压信息”查看策略，出现调压策略后让现场查看装置预置信息是否正确（电容、电抗器不用出口）。

所有实验完成后，调整“容抗器控制表”→AVC 禁用为是，“变压器控制表”→AVC 禁用为是，“厂站控制表”→“AVC 控制厂站”实验厂站“闭环”为否，“测试”为是，“系统控制设置”→“是否闭环运行”为否。主接线图上母线 U_{ca} 取消人工置数。

1.4.3.2　新能源 AVC 接入

(1) 根据新能源厂站提供的联调参数信息录入 AVC 相关遥信、遥测、遥调信息，并与场站核对信息正确性。在其他遥测量表录入母线闭环状态和无功补偿装置运行状态信息，并设置采样，然后在主接线图编辑状态下进行节点入库。

(2) 根据新能源场站提供的线路、主变参数进行 PAS 网络建模和 AVC 模型参数录入。

在 PAS 小应用模式下选择“PAS_MODEL”应用，进入变压器绕组表，根据厂站提供的变压器参数铭牌，填写参数。

分接头类型 ID：选择对应的类型（参照铭牌，铭牌如果只标记高压侧，则填写高压侧即可）。

变压器绕组连接类型：高压侧一般填“2”（“Y”接法），低压侧填“3”（“△”接法）。

有载调压标志：高压侧选择“是”。

绕组额定电压：根据铭牌填写高、中、低三侧额定电压（在铭牌中额定电压及分接范围中查看）。

绕组正常额定功率：即铭牌额定容量。

短路损耗：即铭牌负载损耗。

短路电压百分比：填额定分接百分比。

交流线段表：进入 PAS_MODEL，选择交流线段表，选择所有厂站，找到新增的交流线段表，填入长度，选择线段类型 ID 号，根据线段类型 ID 号，填入电流上限即可，完成画面节点入库，先计算标幺值再进行 PAS 模型验证。

（3）在 PAS 小应用模式下，AVC_DVC 下打开 AVC 电厂控制器表，新增记录，录入信息。

厂站 ID：选择新增厂站。

母线 ID：选择新增厂站的测试母线。

自动调压：选择“是”。

下发场站 ID：选择下发遥调厂站。

PVC 指令模式：选择联调电压定值。

PVC 运行模式：选择自动计算。

子站远方状态 ID：用检索器拖入子站 AVC 远方就地信号（其他遥信量表）。

AVC 子站功能投退 ID：用检索器拖入 AVC 子站 AVC 功能投退信号（其他遥信量表）。

无功调节上限 ID：用检索器拖入 AVC 全站可增总无功（其他遥测量表）。

无功调节下限 ID：用检索器拖入 AVC 全站可减总无功（其他遥测量表）。

上调节闭锁 ID：用检索器拖入 AVC 子站增无功闭锁（其他遥信量表）。

下调节闭锁 ID：用检索器拖入 AVC 子站减无功闭锁（其他遥信量表）。

遥调测点 ID：用检索器拖入 AVC 母线电压目标值（其他遥测量表）。

遥调点号：必须与 FES 下行设点里的点号一致。

控制死区：输入“0.2”。

控制步长：输入“0.4”。

可增动态无功 ID：用检索器拖入 AVC 全站可增动态无功（其他遥测量表）。

可减动态无功 ID：用检索器拖入 AVC 全站可减动态无功（其他遥测量表）。

并网线路 ID：用检索器拖入出线线路（交流线段端点表）。

电压参考遥调测点 ID：用检索器拖入 AVC 母线电压参考值（其他遥测量表）。

可增动态无功遥调测点 ID：用检索器拖入 AVC 向上可调动态无功目标值（其他遥测量表）。

可减动态无功遥调测点 ID：用检索器拖入 AVC 向下可调动态无功目标值（其他遥测

量表)。

闭环状态 ID：用检索器拖入新增厂站母线闭环状态（其他遥测量表)。

是否统计：输入“0”，AVC 闭环投入后改为“1”，用于 AVC 月报的统计。

(4) AVC 静止无功补偿器统计表维护。

厂站名：选择新增厂站名称。

关联开关：用检索器拖入无功补偿装置开关（断路器表)。

SVG 名称：录入无功补偿器名称。

是否统计：现状为“否”，AVC 闭环投入后改为“是”，用于 AVC 月报的统计。

闭环运行状态 ID：用检索器拖入无功补偿装置运行状态信号（其他遥测量表)。

(5) FES 下行设点信息表维护。

数据点名：用检索器拖入 AVC 母线电压目标值，AVC 母线电压参考值、AVC 向上可调动态无功目标值、AVC 向下可调动态无功目标值（其他遥测量表)。

厂站名：选择新增厂站名。

数据点号：录入遥调点号。

工程量最大值：录入“65535”。

生数据最大值：录入“65535”。

需注意的是，当新能源厂站主变高压侧无母线时，画面虚接一条母线至主变高压侧，数据库中新建一条母线记录（母线电压须有遥测点号上送）进行画面关联，之后节点入库，剩余步骤与上面相同。

1.4.3.3 AVC 省地联调维护说明

新增 330kV 或 220kV 变电站，与其中低压侧接入的变电站形成区域后，需要与上级电力调度控制中心自动化专责联系进行 AVC 区域联调。省地信息展示如图 1-105 所示。

(1) 保证该 330kV 或 220kV 变电站已经通过 AVC 测试，可以投入闭环（330kV 变电站只允许进行电容器的投切)。

(2) 数据库录入相关参数，厂站选择“地市公司 . AVC 转发数据厂”。

1) 在该厂站的其他遥测量表中增加以下信息：

××区域 AVC 可调无功可切（上送)。

××区域 AVC 可调无功可投（上送)。

××区域 AVC 无功目标返回值（上送)。

××区域总可调无功可切（上送)。

××区域总可调无功可投（上送)。

××区域关口 330kV Ⅰ母电压目标返回值（上送)。

××区域关口 330kV Ⅱ母电压目标返回值（上送)。

××区域关口 330kV Ⅰ母电压目标值（接收)。

××区域关口 330kV Ⅱ母电压目标值（接收)。

××区域关口无功目标值（接收)。

××区域关口无功最大允许偏差（接收)。

××区域关口电压最大允许偏差（接收)。

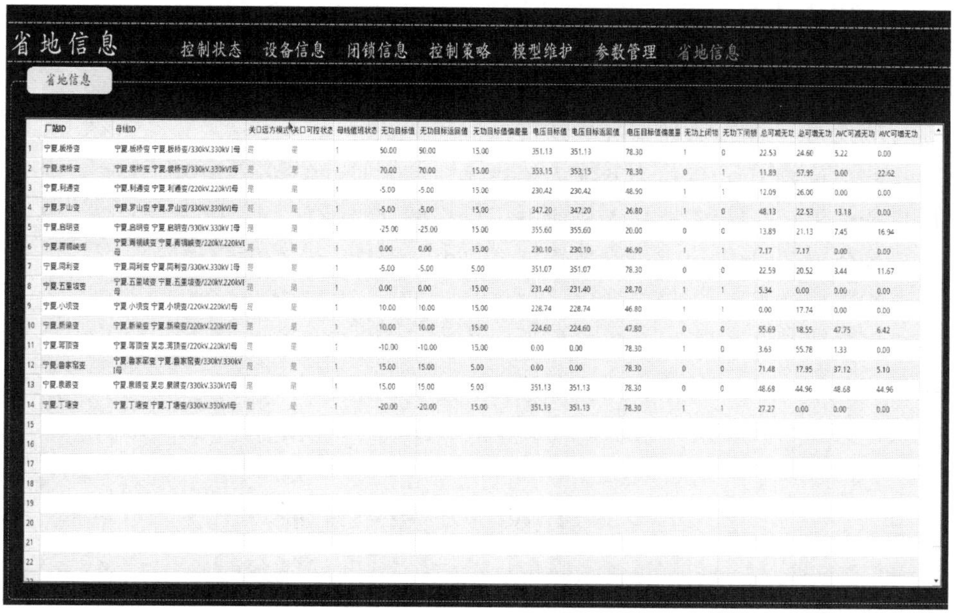

省地信息 控制状态 设备信息 闭锁信息 控制策略 模型维护 参数管理 省地信息

省地信息

	厂站ID	母线ID	关口远方模式	关口可控状态	母线值班状态	无功目标值	无功目标返回值	无功目标值偏差量	电压目标值	电压目标返回值	电压目标值偏差量	无功上闭锁	无功下闭锁	总可减无功	总可增无功	AVC可减无功	AVC可增无功
1	宁夏.板桥变	宁夏.板桥变 宁夏.板桥变/330kV.330kV I母	是	是	1	50.00	50.00	15.00	351.13	351.13	78.30	1	0	22.53	24.60	5.22	0.00
2	宁夏.侯桥变	宁夏.侯桥变 宁夏.侯桥变/330kV.330kVI母	是	是	1	70.00	70.00	15.00	353.15	353.15	78.30	0	1	11.89	57.99	0.00	22.62
3	宁夏.利通变	宁夏.利通变 宁夏.利通变/220kV.220kVI母	是	是	1	-5.00	-5.00	15.00	230.42	230.42	48.90	1	1	12.09	26.00	0.00	0.00
4	宁夏.罗山变	宁夏.罗山变 宁夏.罗山变/330kV.330kVI母	是	是	1	-5.00	-5.00	15.00	347.20	347.20	26.80	1	0	48.13	22.53	13.18	0.00
5	宁夏.启明变	宁夏.启明变 宁夏.启明变/330kV.330kV I母	是	是	1	-25.00	-25.00	15.00	355.60	355.60	20.00	0	0	13.89	21.13	7.45	16.94
6	宁夏.青铜峡变	宁夏.青铜峡变 宁夏.青铜峡变/220kV.220kVI母	是	是	1	0.00	0.00	15.00	230.10	230.10	46.90	1	1	7.17	7.17	0.00	0.00
7	宁夏.同利变	宁夏.同利变 宁夏.同利变/330kV.330kV I母	是	是	1	-5.00	-5.00	5.00	351.07	351.07	78.30	0	0	22.59	20.52	3.44	11.67
8	宁夏.五里坡变	宁夏.五里坡变 宁夏.五里坡变/220kV.220kVI母	是	是	1	0.00	0.00	15.00	231.40	231.40	28.70	1	1	5.34	0.00	0.00	0.00
9	宁夏.小坝变	宁夏.小坝变 宁夏.小坝变/220kV.220kVI母	是	是	1	10.00	10.00	15.00	228.74	228.74	46.80	1	1	0.00	17.74	0.00	0.00
10	宁夏.新梁变	宁夏.新梁变 宁夏.新梁变/220kV.220kVI母	是	是	1	10.00	10.00	15.00	224.60	224.60	47.80	0	0	55.69	18.55	47.75	6.42
11	宁夏.莺顶变	宁夏.莺顶变 吴忠.莺顶变/220kV.220kVI母	是	是	1	-10.00	-10.00	15.00	0.00	0.00	78.30	1	0	3.63	55.78	1.33	0.00
12	宁夏.鲁家窑变	宁夏.鲁家窑变 宁夏.鲁家窑变/330kV.330kV I母	是	是	1	15.00	15.00	5.00	0.00	0.00	78.30	0	0	71.48	17.95	37.12	5.10
13	宁夏.泉眼变	宁夏.泉眼变 吴忠.泉眼变/330kV.330kVI母	是	是	1	15.00	15.00	5.00	351.13	351.13	78.30	0	0	48.68	44.96	48.68	44.96
14	宁夏.丁塘变	宁夏.丁塘变 宁夏.丁塘变/330kV.330kVI母	是	是	1	-20.00	-20.00	15.00	351.13	351.13	78.30	1	1	27.27	0.00	0.00	0.00
15																	
16																	
17																	
18																	
19																	
20																	
21																	
22																	

图 1-105 省地信息展示

2）在该厂站的其他遥信量表中增加以下信息：

××区域 330kV Ⅰ母线值班状态。

××区域 330kV Ⅱ母线值班状态。

××区域关口受控状态（上送）。

××区域无功上调闭锁标志（上送）。

××区域无功下调闭锁标志（上送）。

以上标注“上送”的遥信/遥测信息需要转发中调，在参数类遥测定义表和二次遥信定义表中将上送信息“是否转发”调整为“是”，保存后到 FES 下前置遥信/遥测转发表填点号、通道、系数等内容。

(3) 数据库在 AVC_DVC 下打开 AVC 母线表，将该 330kV 或 220kV 变电站高压侧母线的关口母线调整为“是”。

(4) 数据库在 AVC_DVC 下打开 AVC 变压器表，将该 330kV 或 220kV 变电站主变的关口主变调整为“是”。

(5) 数据库在 AVC_DVC 下打开 AVC 母线省地交换信息表录入以下信息。

厂站 ID：选择厂站。

母线 ID：用检索器拖入关口母线（母线表）。

关口远方模式：是。

关口可控状态 ID：用检索器拖入某区域关口受控状态（上送）。

无功上闭锁 ID：用检索器拖入区域无功上调闭锁标志（上送）。

无功下闭锁 ID：用检索器拖入区域无功下调闭锁标志（上送）。

AVC 可增无功 ID：用检索器拖入 AVC 可调无功可投（上送）。

AVC 可减无功 ID：用检索器拖入 AVC 可调无功可切（上送）。

总可增无功 ID：用检索器拖入总可调无功可投（上送）。

总可减无功 ID：用检索器拖入总可调无功可切（上送）。

无功目标值 ID：用检索器拖入无功目标值（接受）。

无功目标值偏差 ID：用检索器拖入关口无功最大允许偏差（接受）。

电压目标值 ID：用检索器拖入母线电压目标值（接受）。

电压目标值偏差量 ID：用检索器拖入关口电压最大允许偏差（接受）。

无功目标返回值 ID：用检索器拖入 AVC 无功目标返回值（上送）。

电压目标返回值：用检索器拖入母线电压目标返回值（上送）。

母线值班状态 ID：用检索器拖入母线值班状态。

（6）与区调自动化处核对上送及接收数据是否正确，开始 AVC 联调测试。

1.5　自动发电控制

1.5.1　概述

D5000 系统新能源 AGC 应用功能整体已经调试完毕并上线运行；新能源 AGC 的维护工作主要是新能源厂站的控制模型建立以及厂站 AGC 的遥调实验；在使用方面主要是新能源厂站接收上级电力调度控制中心的 AGC 遥调转发命令并下发命令到厂站，以及历史统计查询、告警监视等。

1.5.2　数据库 SCADA 下的维护步骤

每次对数据库 AGC 表类进行修改后，必须在 AGC 画面下点击“AGC 模型维护”对 AGC 进行模型更新，修改才会生效。

（1）新能源厂站调试 AGC 前，需要在该站增加：①遥信，AGC 功能投入、AGC 远方控制投入（保护信号表）；②遥测，在其他遥测量表中添加 AGC 有功目标返回值，并将 AGC 远方控制投入、AGC 有功目标返回值这两个信号转发至中调自动化处（分布式光伏电站不用转发中调）。

（2）接收中调下发的 AGC 目标指令值，在厂站“AGC 转发数据厂”的其他遥测量表中增加“××光伏 AGC 接收中调指令值”，并在前置遥测定义表中填写点号、系数、通道。点号需要与上级电力调度控制中心自动化专责联系填写（分布式光伏不用接收中调指令）。

（3）在数据库中该新能源厂站下的发电机表中增加一条发电机记录，在公式定义中将该条发电机有功等值为该站出线有功值，发电机记录需要拖入 AGC 机组表中。

1.5.3　数据库 fes 下的维护步骤

检查更新该站数据库规约类表中的遥调起始地址，遥调类型设置为短浮点数。

1.5.4 新能源 AGC 的维护步骤

新能源 AGC 的维护工作主要是新能源厂站接入 AGC，分为厂站控制模型建立、T 站 AGC 模型维护、厂站 AGC 遥调实验、厂站 AGC 常见异常问题解决、厂站 AGC 使用、厂站 AGC 重要参数设置。

1. 厂站控制模型建立

新增厂站在数据库中的操作步骤如下：

(1) 在工作站总控台点击“数据库”打开实时库维护工具，在左侧目录树依次选择双击“AGC”→“新能源类”，可看到新能源 AGC 相关的表。

(2) 在新能源厂站控制器表中，双击打开新能源场站控制器表，新增一条记录，维护以下几个域。

PLC 名称：手动输入。

所属区域：单选菜单选择。

所属场群：单选菜单选择。

缺省模式：单选菜单选择。

转等待：单选菜单选择。

非限电调节步长：即非限电调节时最大偏差命令，手动输入。

限电调节步长：限电调节时的最大步长，手动输入。

返回值测点：检索器拖选，从 SCADA/其他遥测量表拖选对应场站的 AGC 有功目标返回值。

跟踪死区：即命令死区，填 0.05～0.5 即可，0.1 左右为宜。

(3) 在新能源厂站信息表中，打开新能源厂站信息表，新增一条记录，维护以下几个域。

厂站名称：检索器拖选，从其他遥测量表（或者发电机组表、计算点表、交流线段端点表）选择对应厂站出线有功的遥测值。

厂站简称：手动输入，只用于展示。

所属 PLC：单选菜单，选择对应厂站。

厂站类型：单选菜单，选择对应厂站类型。

额定容量：手动输入，输入厂站的装机容量。

额定调节上限：手动输入，一般与额定容量值相同。

额定调节下限：手动输入，可填 0 或者额定容量的 10%以内。

额定速率：手动输入，可填较小的值，1～3 即可。

远方控制测点：检索器拖选，从保护信号表（或者其他遥信量表）选择对应厂站的 AGC 远方/就地信号的遥信值拖入。

理论出力测点：检索器拖选，从其他遥测量表选择接收 D5000 厂站的对应厂站 AGC 控制指令记录的遥测值拖入。

(4) 下行设点信息表：打开 FES→定义表类→下行设点信息表，新增一条记录，维护以下几个域：

数据点名：检索器拖选，从 AGC、新能源厂站控制器表选择对应厂站的实发命令拖入。

厂站名：单选菜单，选择对应厂站。

数据点号：手动输入，填入厂站端给的 AGC 遥调点号。

工程量最大值：手动输入，填入厂站的额定容量（值不小于额定容量）。

生数据最大值：手动输入，填入厂站的额定容量（值不小于额定容量）。

数据转换斜率：手动输入，下发命令的系数，填入 1，默认为 1。

2. 厂站 AGC 模型维护

在 AGC 主界面进入“模型维护”子界面，点击“模型维护”按钮并确定，如果右侧模型验证信息列表里显示“校验通过”则说明模型维护成功，如果校验不通过，查看右侧列表中具体原因并解决后再次进行模型维护，实时库 AGC 表修改后必须进行模型维护。

3. 厂站 AGC 遥调实验

数据库新建新能源厂站 AGC 模型并维护后，可在 AGC 主界面（实时监视）的 PLC 列表中看到厂站的信息，可通过 AGC 遥调实验验证命令下发功能是否正常。以下为 AGC 遥调实验步骤。

（1）AGC 开环实验：传动测试。在厂站侧将 AGC 开环，在 AGC 主界面（实时监视）的 PLC 列表对应厂站上右键点击“遥调设点”，在弹出框输入 AGC 遥调测试命令并点击 OK，询问厂站侧是否收到 AGC 命令并确认电厂收到值与下发值是否一致，可下发浮点数，至少下发三个不同命令，如果厂站侧收到的命令与下发值均一致，说明传动通道和参数设置正确，可进行 AGC 闭环实验。

（2）AGC 闭环实验：响应测试。让厂站侧先将 AGC 信号投入，主界面对应厂站的“可受控”灯亮。

在 AGC 主界面点击“响应测试”进入新能源厂站响应测试工具界面，在左上角点击厂站名称的下拉框选择 AGC 实验厂站，在“测试目标”框输入目标值（如需修改测试步长、测试时间、动作门槛、跟踪死区可勾选前面的方框再输入值），点击右下角的“开始测试”按钮进行响应测试，厂站实际出力调整到目标出力或者测试时间到后，本次响应测试结束，可直接看到本次测试结果。

由于新能源厂站如光伏出力受光照影响，因此在响应测试时应该先进行下调出力测试再进行上调出力测试，分别进行两次上调/下调响应测试即可。如果下调测试时场站基本不跟踪目标出力或者偏差较大，则联系厂站侧处理。

4. 厂站 AGC 常见异常问题解决

AGC 常见异常问题以及解决方法如下：

（1）厂站投入自由或者基点模式后又自动变到当地模式。

解决方法：此问题是“可受控”灯不亮导致的，“可受控”灯亮才能投入自由或者基点模式，“可受控”灯不亮是场站上送的 AGC 远方/就地信号值为 0 或者测点无效导致，应联系厂站投入该信号。

（2）厂站投入自由或者基点模式后又自动变到暂停模式。

解决方法：此问题是厂站的实际出力量测无效导致，应排查看是否通道断了，联系厂站解决。

（3）所有厂站都不再下发命令。

解决方法：此问题是运行状态不是“正常运行”或者闭环状态为“否”导致，只有运行状态为“正常运行”并且闭环状态为“是”时 AGC 才能下发命令，允许手动修改闭环状态或者运行状态。厂站的控制模式为当地（或者离线）时不会下发命令。

（4）给厂站下发命令时厂站收不到命令。

解决方法：此问题可能是实时库 FES→设备类→通信厂站表中该厂站的“是否允许遥控”开关为“否”，应改为“是”；也可能是手动下发的命令与实际出力的偏差小于命令死区（跟踪死区）导致，换一个目标值再试。

（5）给厂站下发命令时厂站调节不到位。

解决方法：此问题需要考虑下发的命令厂站是否能够达到，如光伏受光照不足影响，在下发增出力命令时可能达不到目标，下调时如果下发的命令太低（如低于额定容量的 10%），可能厂站做了限制无法达到。如果下发命令在正常范围而厂站响应后最终实际出力与目标出力偏差较大，应联系厂站进行处理。

5. 厂站 AGC 使用

（1）控制策略。地调新能源 AGC 应用接收省调转发的新能源厂站有功控制命令并作为限值下发给厂站，区域控制策略由省调出。地调控制区域不出控制策略，直接下发省调转发的厂站有功命令，无须关心区域控制策略。

（2）厂站投入控制。当新能源厂站完成 AGC 响应测试后，可将该厂站投入 AGC 控制：厂站侧先将 AGC 远方/就地信号投入，此时该厂站“可受控”灯亮。双击该厂站的控制模式，选择“自由”模式并确定，此时“正受控”灯亮，厂站自动控制。

（3）主要参数说明。

控制模式：有频率控制、断面控制、调峰控制、人工设定等区域控制模式，由于地调不出区域控制策略，不用改变该参数。

运行状态：有正常运行、退出控制、异常暂停三种，正常运行才能下发命令。

闭环状态：AGC 总闭环开关，当闭环状态为“是”时，AGC 才能自动下发命令，要将 AGC 系统退出闭环控制，只需将该开关置为“否”。

模式批量修改：可一键修改所有厂站的控制模式，即一键群控功能。

控制周期（s）：该参数在数据库 AGC→新能源区域参数表的控制周期（s）设置，默认是 60s，即 1min 下发一次命令。

厂站的控制模式：在厂站列表中可双击选择厂站的控制模式，接收中调转发的有功控制命令用于控制时投入“自由”模式；如果要手动设定目标值，可选择“基点”模式，然后双击“基点功率”输入目标值。

（4）AGC 控制数据历史查询和导出。在 AGC 主界面点击“历史查询”子界面打开 AGC 性能统计数据查询工具界面，在左上角“历史数据类型选择”中点击下拉框选择要查询的内容，可以看到 AGC 区域和所有厂站（PLC）的各时段（小时、日、月）控制性能统计数据，在查询项以及查询关键字左侧勾选，点击选择起始时间和终止时间，点击“查询”按钮进行查询。

查询到数据后，点击展示列表左上角的小方框（行和列交接处）或者某几列，选中的数据以深蓝色显示，将鼠标移动到深蓝色区域右键点击“标准列表数据保存”，在弹出的历史数据保存对话框中输入保存文件名，默认为.txt格式，可选择文件类型为All Files(*)，将文件保存为Excel格式，点击“Save”按钮将文件保存在指定目录下。

(5) AGC告警查询。在AGC主界面点击“操作告警”进入告警信息查询子界面，可查看厂站的告警信息（实际出力量测、可控信号、投入/退出控制告警）以及AGC操作信息。

更多的告警信息可在总控台的告警查询→AGC系统中查看，可查看AGC新能源控制操作告警、AGC新能源控制运行状态告警以及AGC新能源控制指令信息。

(6) AGC系统/厂站切换。在两个AGC系统之间切换控制权时，应遵循先退出再投入的原则，先把正在控制的AGC系统退出（将闭环状态选为否），再将待投入控制的AGC系统投入控制（闭环状态选“是”，批量修改控制模式）。同理在新系统进行厂站的AGC遥调实验时，先将正在控制的AGC系统厂站退出控制（场站控制模式选“当地”），再将新系统投入该厂站的控制模式，避免两个AGC系统对同一个厂站同时下发AGC命令。

6. 厂站AGC重要参数设置

AGC重要参数设置见表1-1。

表1-1　AGC重要参数设置

分类	参数名	备　注
区域	控制周期/s	命令下发周期（建议值为20～60）
区域	运行状态	须保持为正常运行状态
区域	闭环控制	正常运行状态下该值为“是”才会下发命令
厂站	机组离线判据/%	装机容量的百分比，厂站出力低于该门槛时转“离线”控制模式，出力置0
厂站	非限电步长/%	装机容量的百分比，厂站上调时单次最大调节量
厂站	限电步长/%	装机容量的百分比，厂站下调时单次最大调节量
厂站	跟踪死区	即命令死区，当目标与出力偏差大于该值时才会下发目标出力，否则下发实际出力
厂站	额定调节上限	厂站装机容量
厂站	额定调节下限	厂站出力最低限值，备用的计算跟该值有关
厂站	控制下限/%	与额定调节下限取交集共同决定厂站出力的最低控制限值，与备用的计算无关
厂站	远方控制测点	从检索器关联厂站的AGC远方投入信号
厂站	理论出力测点	从检索器关联省调转发该厂站的AGC命令

第2章 网 络 安 全

2.1 厂 站 资 产 接 入

在厂站资产接入过程中，网络安全的保障是确保资产信息准确、完整和机密的基石。在接入时，应采用严格的身份验证和授权机制，只有经过合法认证和授权的用户或设备才能参与接入操作，防止未经授权的访问和恶意入侵。同时，运用加密技术对传输的数据进行加密处理，保障数据在传输过程中的保密性和完整性，避免数据被窃取或篡改。此外，应定期进行网络安全审计和漏洞扫描，及时更新软件补丁和安全策略，以适应不断变化的网络环境。同时加强员工的网络安全意识培训，使其了解常见的网络攻击手段和防范方法，共同构建起坚实的网络安全防线。网络安全在厂站资产接入中起着保驾护航的重要作用，只有确保网络安全无虞，才能实现厂站资产接入的高效、稳定和可靠。

2.1.1 准备工作

1. 硬件准备

厂站资产接入硬件准备见表2-1。

表2-1 厂站资产接入硬件准备

序号	名称	数量	图示
1	专用调试笔记本	1	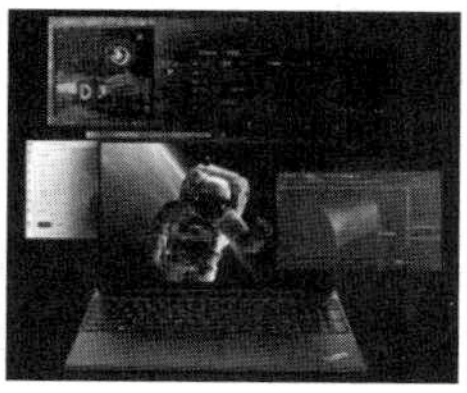
2	以太网线	1	
3	console调试线	1	

续表

序 号	名 称	数 量	图 示
4	纵向加密认证装置	1	
5	网络安全监测装置	1	
6	UsbKey	1	
7	专用存储介质	1	

2. 软件准备

(1) 调试软件：纵向加密认证装置及网络安全监测装置调试客户端、SecureCRT调试软件。

(2) 调试证书：主站纵向加密认证装置证书、网络安全监管系统证书、调度主站签发场站侧纵密及网监证书。

3. 调试客户端安装与使用

北京科东电力控制系统有限责任公司（以下简称“北京科东”）的纵向加密认证装置调试客户端采用绿色免安装模式配发给调试人员，将压缩包解压后即可直接使用。纵向加密认证装置通过ETH4口进行设备调试，调试IP地址为169.254.200.200，专用调试笔记本IP地址为169.254.200.201，子网掩码255.255.255.0。

南瑞信通纵向加密认证装置调试客户端采用安装包模式配发给调试人员，调试人员需自行安装客户端和JAVA环境。纵向加密认证装置通过Mgmt口进行设备调试，调试IP地址为11.22.33.44，专用调试笔记本IP地址为11.22.33.43，子网掩码255.255.0.0。

4. 安全措施

(1) 加强厂家人员现场作业安全管理，开展安全知识考试，提前办理厂家人员“安全准入”手续，工作前工作负责人要对相关人员进行现场安全教育，交代工作地点、工作内容、安全措施及危险点等事项，履行签字确认手续。

(2) 严格落实作业风险辨识及控制措施（表2-2）。

表2-2　　作业风险辨识及控制措施

序号	风险类型	控 制 措 施
1	系统非正常运行	在纵向加密认证装置上工作前，验证原设备、冗余设备及业务系统运行是否正常

续表

序号	风险类型	控制措施
2	冗余设备不能正常运行	按“先备后主”的原则开展工作，在冗余系统（双/多机、双/多节点、双/多通道或双/多电源）中将设备切换成非主用状态时，确认其余设备、节点、通道或电源正常运行
3	设备单机运行检修导致业务中断	若无冗余设备，需获得业务管理部门许可后将业务停运或转移，方可开展工作
4	设备故障导致配置丢失	工作前应做好配置备份，防止工作中设备故障导致的配置丢失
5	误告警	工作前根据工作内容向相关调度机构申请网安平台对设备检修挂牌
6	误配置	工作前应向相关调度机构提交网络安全业务申请单，经审批后方可开始。规范执行纵向加密认证装置调试手册或施工检修方案，按照最小化原则配置策略端口及业务 IP 地址
7	关键、常用、临时账号泄露存在系统入侵及误控风险	用户权限应遵循“实名制”和“最小化”原则，且满足“双签发”机制，认证技术手段应满足“双因子”要求，运维操作纳入关键操作管控
8	数据跳变或中断	涉及影响上级调度机构业务或其他业务数据交互的工作，须得到有关人员许可并做好数据封锁后方可开工
9	使用不符合安全要求的数字证书或明通隧道和策略	纵向加密认证装置需确认开启支持 SM2 算法和支持强校验，禁止使用明通隧道和策略。若存在缺省策略处理模式需选择丢弃
10	跨区互联	严禁绕过纵向加密认证装置将两侧网络直连，严禁将设备自身网口短接
11	违规外联	应使用专用的调试计算机和移动存储介质，确认调试计算机经过安全加固和备案，且未接入过互联网
12	人身伤害	拆除旧设备及上架安装新设备时，应做好防人员误伤措施，双人或多人协作上架时要防止砸伤
13	静电导致设备损坏	设备接电时应戴绝缘手套，使用绝缘工器具，使用防静电手环，做好设备及屏柜接地，做好防触电措施
14	无人监护擅自调试	相关工作应由工作负责人全程监护，加强对作业人员调试工具和调试行为的现场管控
15	数据、配置参数泄密	设备变更用途或退役应擦除或销毁其中数据
16	默认、临时账号可能泄露，存在被入侵风险	投运前应删除纵向加密认证装置临时账号、临时数据，并修改默认账号、默认口令

（3）组织开展调研工作，确认现场安全防护设备、网络设备、主机设备、数据通信网关机、电能量采集终端等设备的厂家型号，了解变电站内各业务系统、监控对象具体操作系统版本以及与各业务厂商情况，制定完整的设备清单厂家联系人登记表。

（4）为网络安全监测装置申请并分配 IP 地址，包括变电站内各系统 A、B 网地址以及调度数据网 IP 地址。

（5）分配机柜空间及电源。Ⅱ型网络安全监测装置为 1U 整层机箱，支持双路交、直流电源独立供电；监测装置工作站可以部署在机房或运维间，便于日常维护。

（6）组织人员进行现场勘察，编写标准化作业风险控制卡，办理电力监控工作票，严格执行工作票中所列的各项安全措施。

2.1.2 厂站纵向加密接入

1. 接入条件

必须是在厂站与主站数据网通的前提条件下，才能接入厂站纵向加密。

2. 操作流程

（1）准备流程。

1）申请分配厂站纵向加密调度数据网 IP 地址。

2）获取厂站纵向加密证书请求，并通过电力调度数字证书认证系统签发证书。

（2）联调流程。

1）选择“模型管理”→“区域管理”，在左侧区域选中新增厂站所属区域，然后点击“添加”，在弹出的新增区域内录入区域名称（厂站名称）、区域简称（厂站名称）、节点级别（本级节点）、节点种类（终端节点）、电压等级（选择厂站实际电压等级），如图 2-1 所示。

图 2-1 “模型管理”→“区域管理”

2）选择“模型管理”→“设备管理”→“+”新增资产。在弹出的窗口中录入区域（点击区域右侧小图标，选择刚才添加的厂站）、设备类型（点击区域右侧小图标，选择“纵向加密”）、安全区（选择对应的安全区）、设备名称（输入厂站名称）、设备子类型（选择纵向加密认证装置）、设备 IP（输入纵向加密的数据网 IP）、设备厂商（选择对应设备厂商）、设备型号（选择对应设备型号）、出厂日期（选择纵向加密设备出厂日期）、投运日期（选择投运当天日期）、是否上报（选择是），其他配置为默认，点击“提交”，完成资产添加，如图 2-2 所示。

3）将已签发好的厂站纵向加密证书拷贝到网络安全管理平台工作站系统目录下。

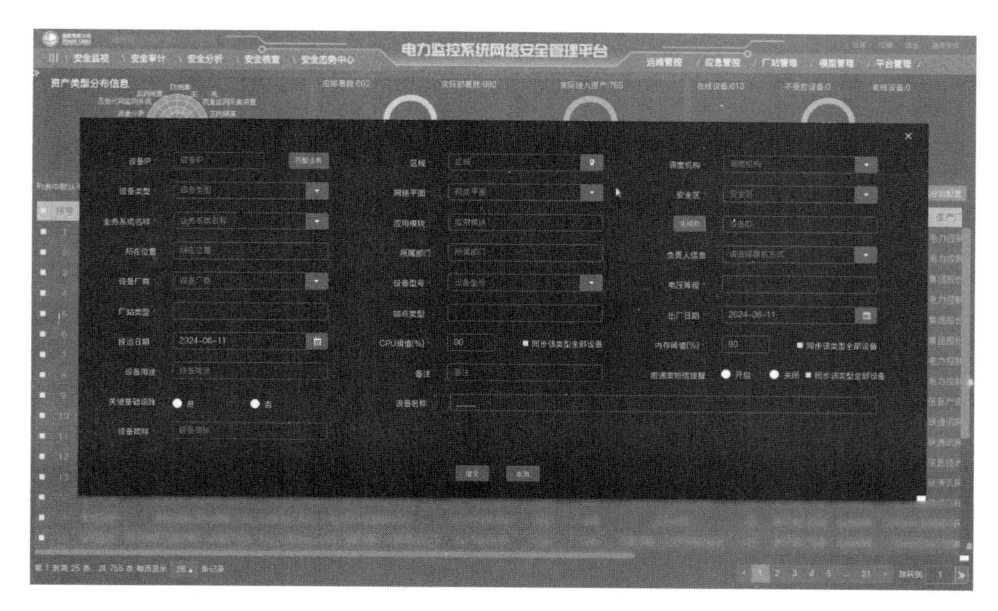

图 2-2 “模型管理”→“设备管理”

4）在网络安全管理平台主界面依次选择“安全监视”→“安全拓扑”，在进入的界面中选择左侧“展开”，勾选新增纵向加密，点击“确认”，在右侧的书形图标下选择对应平面和安全区。在右键点击厂站图标，依次选择“管控”→“编辑节点”→“选择证书”，选择对应的厂站纵向加密装置证书，点击确定。再右键点击厂站图标，依次选择“管控”→“连接装置”，显示装置连接成功，说明运行正常，如图 2-3 所示。

图 2-3 “安全监视”→“安全拓扑”

5）在左侧展开的界面里勾选“××主调”，点击“确认”。此时会出现××主调纵向加密图标和新增厂站纵向加密图标。

6）右键点击厂站图标，依次选择“管控”→“隧道策略”→“添加隧道”（图 2-4），在弹出的界面里的“对端装置 IP 地址”输入主站纵向加密地址，点击“选择证书”，选择对应的主站纵向加密证书，其他配置为默认，点击确定。

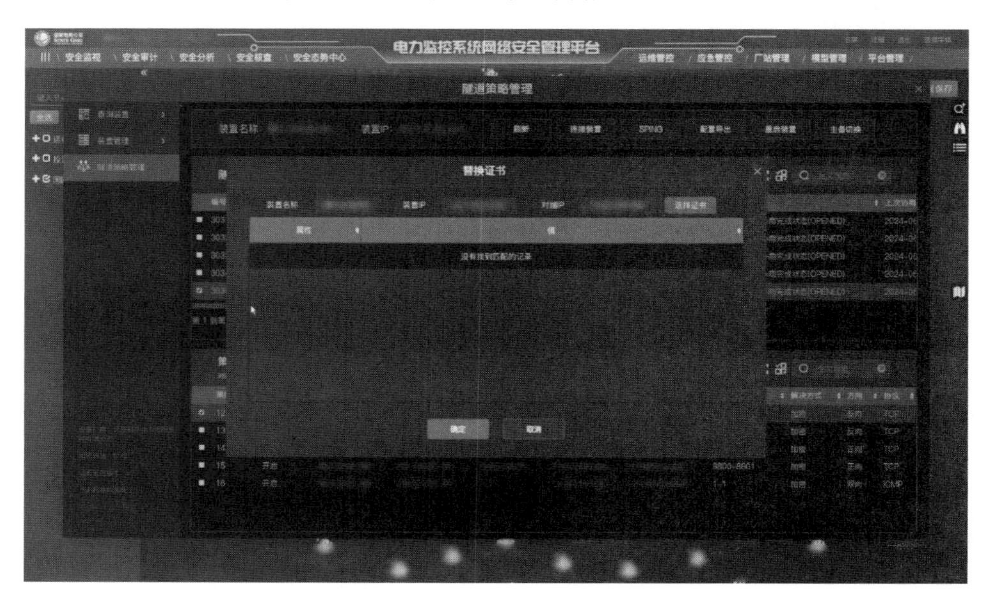

图 2-4 “管控”→“隧道策略”

7）右键点击主站图标，依次选择“管控”→“隧道策略”→“添加隧道”，在弹出界面里的“对端装置 IP 地址”输入厂站纵向加密地址，点击“选择证书”，选择对应的厂站纵向加密证书，其他配置为默认，点击确定。

8）查看隧道协商状态：右键点击厂站图标，依次选择“管控”→“隧道策略”，查看隧道协商状态。若隧道协商状态为“非 OPENED”状态，选择隧道，点击“重置隧道”，正常情况下隧道协商状态会变为“OPENED”。右键点击主站图标，执行与厂站同样的操作，验证隧道协商状态。

9）添加策略，右键点击厂站图标，依次选择“管控”→“隧道策略”，选中刚才添加的隧道，点击“添加策略”，在弹出的“添加策略”窗口中输入源起始 IP 地址（填写厂站业务起始 IP）、源终止 IP（填写厂站业务终止 IP）、源起始端口（填写厂站业务起始端口）、源终止端口（填写厂站业务终止端口）、目的起始 IP 地址（填写主站业务起始 IP）、目的终止 IP（填写主站业务终止 IP）、目的起始端口（填写主站业务起始端口）、目的终止端口（填写主站业务终止端口）、处置方式（选择加密）、方向（选择双向）、协议（选择 TCP），点击“确定”完成操作，如图 2-5 所示。

10）完成策略添加，策略信息栏会出现新添加的策略，勾选此策略，点击“复制策略”，在弹出的窗口中将“源起始端口”与“目的起始端口”互换，将“源终止端口”与“目的终止端口”互换，点击“确定”。此时会新增一条策略。再次勾选原来的策略，点击“复制策略”，在弹出的窗口中将“协议”更改为 ICMP，点击“保存”。此时基于策略最

图 2-5 添加策略

小化原则，完成了策略配置。

主站策略添加方法与步骤 9)、步骤 10) 相同，不同的是“源”是主站业务，“目的”是厂站业务。

2.1.3 厂站网络安全监测装置接入

1. 接入条件

对于网络环境条件，在厂站纵向加密接入的前提条件下，可接入网络安全监测装置。

2. 拓扑图

厂站网络安全监测装置接入网络拓扑图如图 2-6 所示。

3. 操作流程

(1) 准备流程：

1) 准备分配厂站网络安全监测装置调度数据网 IP 地址。

2) 获取厂站网络安全监测装置证书请求，并通过电力调度数字证书认证系统签发证书。

3) 准备好主站数据网关机加密卡证书、主站网络安全管理平台证书、厂站纵向加密证书以及 CA 根证书。

4) 以××变电站Ⅱ区网络安全监测装置接入为例：××变电站Ⅱ区（非实时）纵向加密 IP 地址×××.×××.×××.×××，证书×××.×××.×××.×××.cer；主站Ⅱ区数据网关机加密卡 IP 地址，证书×××.×××.×××.×××.cer。

(2) 联调流程：

1) 在主站数据网关机加密卡中添加隧道：打开网络安全管理平台→安全监视→安全拓扑，在图标中点击选择安全二区二平面纵向，右键点击Ⅱ区采集装置图标，选择管控→隧道策略，点击添加隧道，在对端装置 IP 地址一栏中输入厂站 IP 地址×××.×××.×

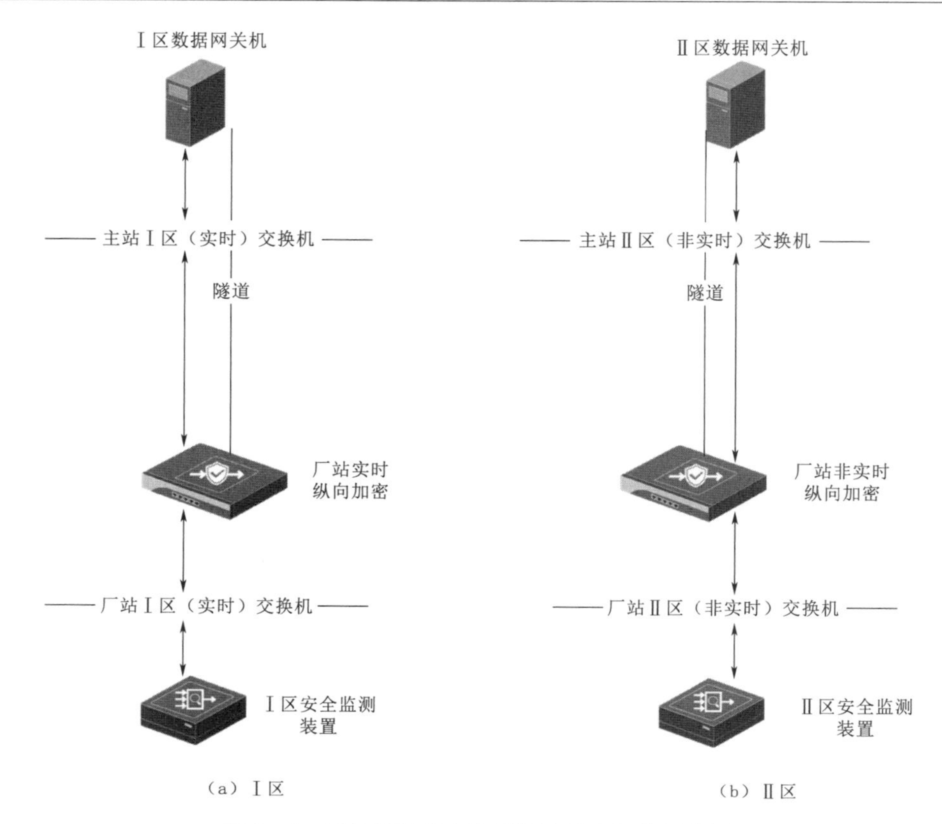

（a）Ⅰ区　　（b）Ⅱ区

图2－6　厂站网络安全监测装置接入网络拓扑图

××.×××，其他选项为默认，然后点击选择证书，找到事先准备好的厂站纵向加密证书×××.×××.×××.×××.cer，选好后点击确定。此时会看到隧道状态是协商请求状态，如图2－7所示。主站添加隧道信息表见表2－3。

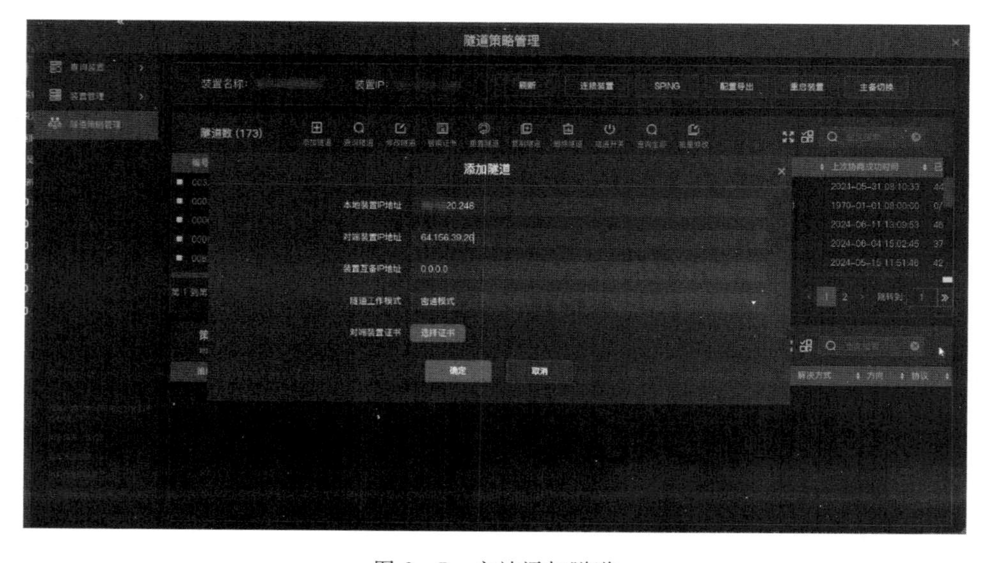

图2－7　主站添加隧道

表 2-3 主站添加隧道信息表

隧道信息	
本地装置 IP 地址	×××.×××.×××.×××
对端装置 IP 地址	×××.×××.×××.×××
装置互备 IP 地址	0.0.0.0
隧道工作模式	密通模式
对端装置证书	选择证书（×××.×××.×××.×××.cer）

2）在厂站纵向加密中添加隧道：打开网络安全管理平台→安全监视→安全拓扑，在图标中点击选择安全二区二平面纵向，右键点击××变电站图标，选择管控→隧道策略，点击添加隧道，在对端装置 IP 地址一栏中输入主站Ⅱ区数据网关机加密卡 IP 地址×××.×××.×××.×××，其他选项为默认，然后点击选择证书，找到事先准备好的主站Ⅱ区数据网关机加密卡证书×××.×××.×××.×××.cer，选好后点击确定，如图 2-8 所示。厂站添加隧道信息表见表 2-4。

图 2-8 选择证书

表 2-4 厂站添加隧道信息表

隧道信息	
本地装置 IP 地址	×××.×××.×××.×××
对端装置 IP 地址	×××.×××.×××.×××
装置互备 IP 地址	0.0.0.0
隧道工作模式	密通模式
对端装置证书	选择证书（×××.×××.×××.×××.cer）

3）此时会看到隧道状态是协商请求状态。重置该隧道，隧道状态会变成协商完成状态。

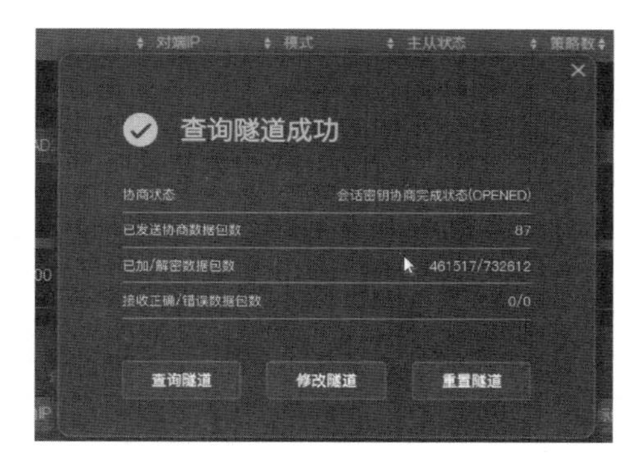

图 2-9　查询隧道成功

4）退到安全二区二平面纵向界面，右键点击Ⅱ区采集装置图标，选择管控→隧道策略，查询刚添加的隧道，隧道状态会变成协商完成状态。此时说明主站数据网关机加密卡至厂站纵向隧道建立成功，如图 2-9 所示。

5）分别在主站数据网关机加密卡、厂站纵向加密中的主站数据网关机加密卡至厂站纵向加密隧道下添加策略。

6）选中主站数据网关机加密卡至厂站纵向加密隧道，点击查询策略，此时会发现没有策略，再点击添加策略。策略添加 1 如图 2-10 所示。策略添加 1 内容见表 2-5。

图 2-10　策略添加 1

表 2-5　　策略添加 1 内容

项　目	内　容	项　目	内　容
策略号	由装置确定	方向	双向
处置方式	加密	协议	TCP
源起始 IP	×××.×××.×××.×××	源起始端口	8800
源终止 IP	×××.×××.×××.×××	源终止端口	8801
目的起始 IP	×××.×××.×××.×××	目的起始端口	1024
目的终止 IP	×××.×××.×××.×××	目的终止端口	65535

策略添加 2 如图 2-11 所示。策略添加 2 内容见表 2-6。

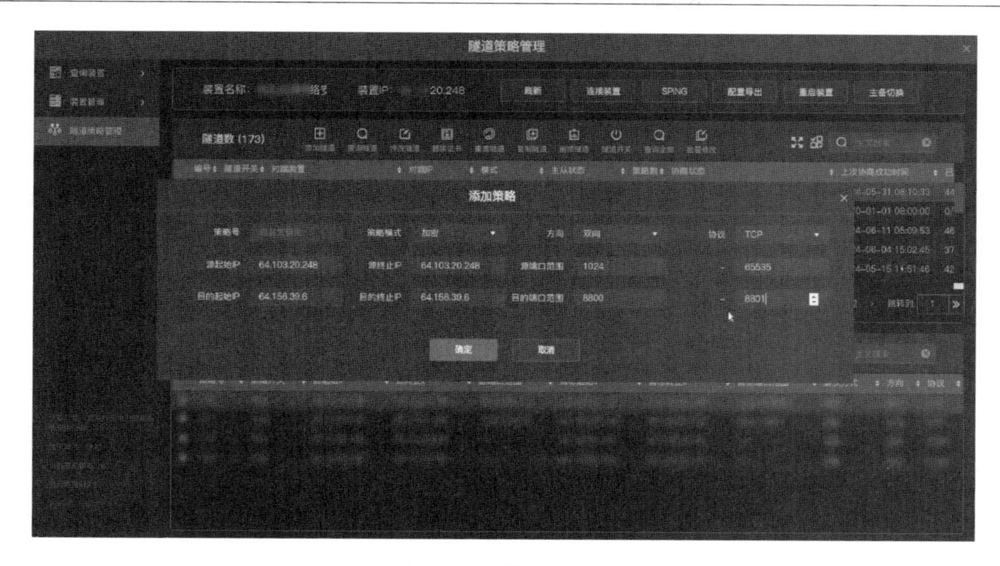

图 2-11　策略添加 2

表 2-6　　　　策略添加 2 内容

项　目	内　容	项　目	内　容
策略号	由装置确定	方向	双向
处置方式	加密	协议	TCP
源起始 IP	×××.×××.×××.×××	源起始端口	1024
源终止 IP	×××.×××.×××.×××	源终止端口	65535
目的起始 IP	×××.×××.×××.×××	目的起始端口	8800
目的终止 IP	×××.×××.×××.×××	目的终止端口	8801

策略添加 3 如图 2-12 所示。策略添加 3 内容见表 2-7。

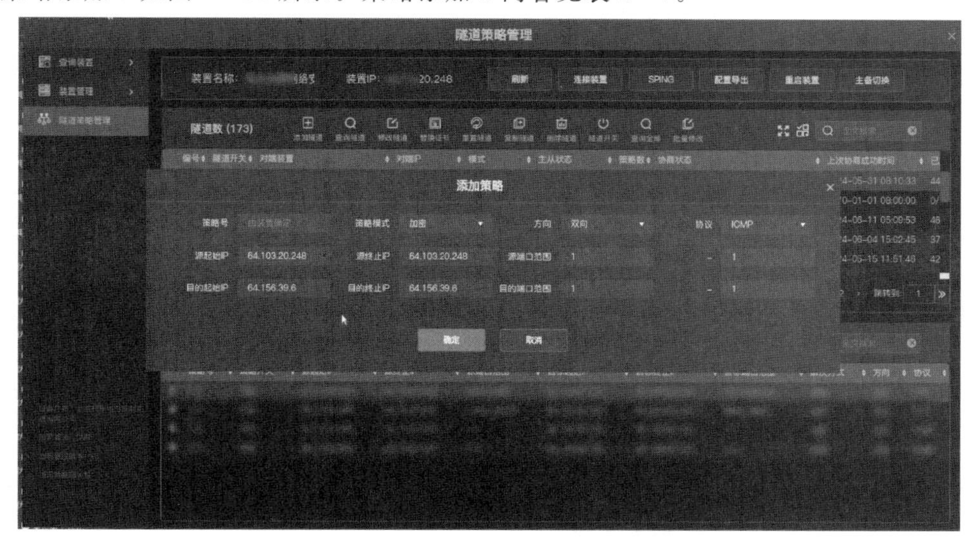

图 2-12　策略添加 3

表 2-7　　策 略 添 加 3 内 容

项　目	内　容	项　目	内　容
策略号	由装置确定	方向	双向
处置方式	加密	协议	ICMP
源起始 IP	×××.×××.×××.×××	源起始端口	1
源终止 IP	×××.×××.×××.×××	源终止端口	1
目的起始 IP	×××.×××.×××.×××	目的起始端口	1
目的终止 IP	×××.×××.×××.×××	目的终止端口	1

7）厂站纵向加密添加策略内容见表 2-8～表 2-10。

表 2-8　　厂站策略添加内容 1

项　目	内　容	项　目	内　容
策略号	由装置确定	方向	双向
处置方式	加密	协议	TCP
源起始 IP	×××.×××.×××.×××	源起始端口	8800
源终止 IP	×××.×××.×××.×××	源终止端口	8801
目的起始 IP	×××.×××.×××.×××	目的起始端口	1024
目的终止 IP	×××.×××.×××.×××	目的终止端口	65535

表 2-9　　厂站策略添加内容 2

项　目	内　容	项　目	内　容
策略号	由装置确定	方向	双向
处置方式	加密	协议	TCP
源起始 IP	×××.×××.×××.×××	源起始端口	1024
源终止 IP	×××.×××.×××.×××	源终止端口	65535
目的起始 IP	×××.×××.×××.×××	目的起始端口	8800
目的终止 IP	×××.×××.×××.×××	目的终止端口	8801

表 2-10　　厂站策略添加内容 3

项　目	内　容	项　目	内　容
策略号	由装置确定	方向	双向
处置方式	加密	协议	ICMP
源起始 IP	×××.×××.×××.×××	源起始端口	1
源终止 IP	×××.×××.×××.×××	源终止端口	1
目的起始 IP	×××.×××.×××.×××	目的起始端口	1
目的终止 IP	×××.×××.×××.×××	目的终止端口	1

8）完成以上步骤，在数据网络通畅的前提下就可以达到厂站网络安全监测装置接入的前提条件。具体验证方法：登录主站数据网关机可以 ping 通厂站网络安全监测装置地

址，厂站网络安全监测装置可以 ping 通主站数据网关机地址。

9）证书互换：主站网络安全管理平台管控厂站网络安全监测装置需要验证厂站网络安全监测装置证书。厂站网络安全监测装置要被主站网络安全管理平台管控，需要验证主站网络安全管理平台证书。

10）主站对于厂站提出的网络安全监测装置证书请求，在调度数字认证系统上进行证书签发。

11）主站将签发好的证书复制两份，一份发回厂站，另一份导入到数据网关机的/home/p2000/cert/certs/目录下。

12）在主站网络安全管理平台添加厂站网络安全监测装置资产，打开网络安全管理平台，在模型管理子目录下选择设备管理，在进入的界面里点击“+”，以××变电站为例，添加资产内容（为保证网监双平面接入，需在该资产下添加子节点，IP 为另一平面地址，并需要手动在数据网关机/home/p2000/cert/certs/下复制相应证书并命名），如图 2-13 所示。网络安全监测装置资产添加内容见表 2-11。

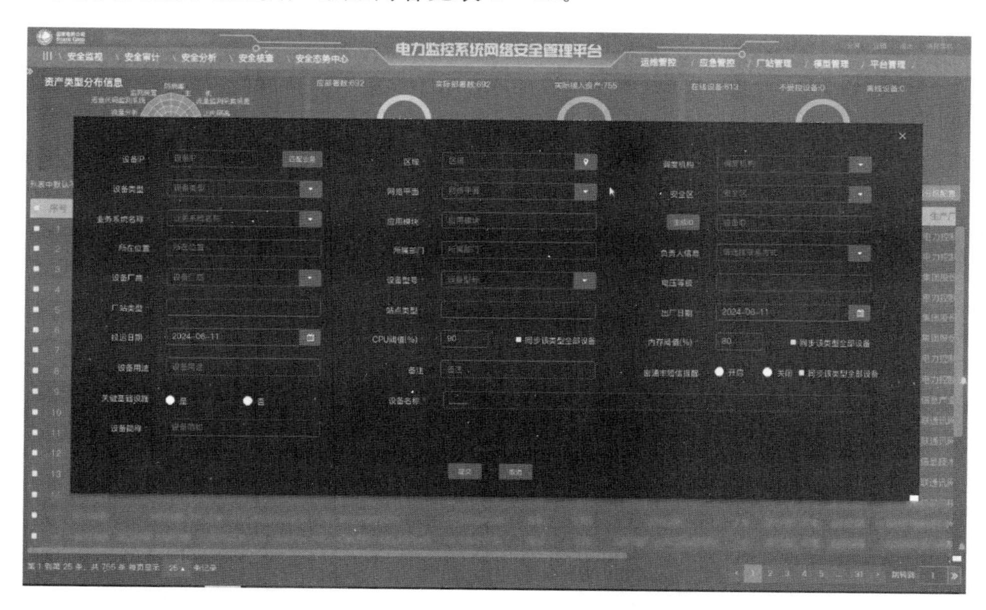

图 2-13 添加资产内容

表 2-11 网络安全监测装置资产添加内容

项目	内容	项目	内容	项目	内容
区域	××变电站	设备类型	监测装置	安全区	二平面安全Ⅱ区
设备名称	Ⅱ区监测装置	设备子类型	Ⅱ型监测装置	设备 IP	×××.×××.×××.×××
所在位置	站内机房	所属部门	自动化	负责人	
联系方式		设备厂商		设备型号	
电压等级	110kV	出厂日期	××××-××-××	投运日期	××××-××-××
CPU 阈值	80	内存阈值	30	设备用途	—
备注		是否上报	是		

13）完成以上工作，待厂站侧配置完成后，网络安全监测装置接入完成。

2.2 横向单向安全隔离装置

横向单向安全隔离装置部署在生产控制大区和管理信息大区之间，用于以非网络方式（物理隔离）实现单向数据传输。按照数据通信方向，电力专用横向单向安全隔离装置分为正向型和反向型。正向型安全隔离装置用于生产控制大区到管理信息大区的非网络方式的单向数据传输，反向型安全隔离装置用于从管理信息大区到生产控制大区的非网络方式的单向数据传输，是管理信息大区到生产控制大区的唯一数据传输途径。

2.2.1 准备工作

1. 硬件准备

横向单向安全隔离装置硬件准备见表2-12。

表2-12 横向单向安全隔离装置硬件准备

序 号	名 称	数 量	图 示
1	专用调试笔记本	1	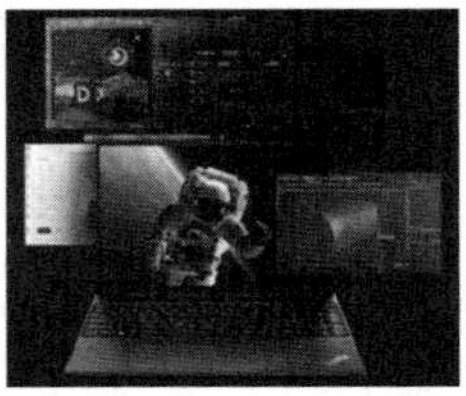
2	以太网线	1	
3	console调试线	1	
4	横向单向安全隔离装置	1	
5	UsbKey	1	

2. 软件准备

（1）调试软件：横向单向安全隔离装置调试客户端、SecureCRT 调试软件。

（2）调试证书：调度主站签发场站侧隔离设备证书、发送端证书。

3. 调试客户端安装与使用

北京科东横向单向安全隔离装置调试客户端采用绿色免安装模式配发给调试人员，将压缩包解压后即可直接使用。横向单向安全隔离装置通过 console 口进行设备调试。

4. 安全措施

（1）加强厂家人员现场作业安全管理，开展安全知识考试，提前办理厂家人员安全准入手续，工作前工作负责人要对相关人员进行现场安全教育，交代工作地点、工作内容、安全措施及危险点等事项，履行签字确认手续。

（2）严格落实作业风险辨识及控制措施，见表 2-13。

表 2-13　　作业风险辨识及控制措施

序号	风险类型	控制措施
1	系统非正常运行	在纵向加密认证装置上工作前，验证原设备、冗余设备及业务系统运行是否正常
2	冗余设备不能正常运行	按“先备后主”的原则开展工作，在冗余系统（双/多机、双/多节点、双/多通道或双/多电源）中将设备切换成非主用状态时，确认其余设备、节点、通道或电源正常运行
3	设备单机运行检修导致业务中断	若无冗余设备，需获得业务管理部门许可后将业务停运或转移，方可开展工作
4	设备故障导致配置丢失	工作前应做好配置备份，防止工作中因设备故障导致的配置丢失
5	误告警	工作前根据工作内容向相关调度机构申请网安平台对设备检修挂牌
6	误配置	工作前应向相关调度机构提交网络安全业务申请单，经审批后方可执行。规范执行纵向加密认证装置调试手册或施工检修方案，按照最小化原则配置策略端口及业务 IP 地址
7	关键、常用、临时账号泄露存在系统入侵及误控风险	用户权限应遵循“实名制”和“最小化”原则，且满足“双签发”机制，认证技术手段应满足“双因子”要求，运维操作纳入关键操作管控
8	数据跳变或中断	涉及影响上级调度机构业务或其他业务数据交互的工作，须得到有关人员许可后，做好数据封锁后方可开工
9	使用不符合安全要求的数字证书或明通隧道和策略	纵向加密认证装置需确认开启支持 SM2 算法和支持强校验，禁止使用明通隧道和策略。若存在缺省策略处理模式需选择丢弃
10	跨区互联	严禁绕过纵向加密认证装置将两侧网络直连，严禁将设备自身网口短接
11	违规外联	应使用专用的调试计算机和移动存储介质，确认调试计算机经过安全加固和备案，且未接入过互联网
12	人身伤害	拆除旧设备及上架安装新设备时，应做好防人员误伤措施，双人或多人协作上架，防止砸伤
13	静电导致设备损坏	设备接电时应戴绝缘手套，使用绝缘工器具，使用防静电手环，做好设备及屏柜接地，做好防触电措施

续表

序号	风险类型	控 制 措 施
14	无人监护擅自调试	相关工作应由工作负责人全程监护，加强对作业人员调试工具和调试行为的现场管控
15	数据、配置参数泄密	设备变更用途或退役应擦除或销毁其中数据
16	默认、临时账号可能泄露，存在被入侵风险	投运前应删除纵向加密认证装置临时账号、临时数据，并修改默认账号、默认口令

（3）组织开展调研工作，确认现场安全防护设备、网络设备、主机设备、数据通信网关机、电能量采集终端等设备的厂家型号，了解变电站内各业务系统、监控对象具体操作系统版本以及与各业务厂商情况，制定完整设备清单的厂家联系人登记表。

（4）为网络安全监测装置申请并分配 IP 地址，包括变电站内各系统 A、B 网地址以及调度数据网 IP 地址。

（5）分配机柜空间及电源。Ⅱ型网络安全监测装置为 1U 整层机箱，支持双路交、直流电源独立供电；监测装置工作站可以部署在机房或运维间，便于日常维护。

（6）组织人员进行现场勘察，编写标准化作业风险控制卡，办理电力监控工作票，严格执行工作票中所列的各项安全措施。

2.2.2 网络安全隔离设备（正向型）操作流程

网络安全隔离设备（正向型）设置了串口输出，可以用来连接管理主机的管理终端。串口特性为：波特率为 19200，8 位数据位，无奇偶校验，1 位停止位，无流量控制。

网络安全隔离设备（正向型）共有两个串口，连接标记为 PRIVATE 的串口即可管理本隔离设备的内网端；连接标记为 PUBLIC 的串口即可管理本隔离设备的外网端。

1. 网络安全隔离设备软件名称及存储位置

在外网端的/usr/local/bin 目录下有一个可执行文件，即 extransid，extransid 是外网侧守护进程。

在内网端的/usr/local/bin 目录下，有两个可执行文件，即 intransid 和 rulemgr，intransid 是内网侧守护进程，rulemgr 是 CLI 管理器。

2. 相关文件说明及存储位置

设备访问控制规则将作为文件存储在内网端的/etc 目录下，文件名为 rules。

日志文件存储在/var/log 目录下，文件名为 insulate.log。

3. 网络安全隔离设备管理工具

网络安全隔离设备提供了两种管理工具：一种是字符界面、命令行管理方式；另一种是图形界面的管理方式。

（1）访问控制规则结构为-d[ALL|INPUT|OUTPUT] -t [SYN|DATA|ALL] -p [TCP|UDP] -e IP MAC PORT -i IP MAC PORT -fe IP -fi IP -l -s value。

（2）选项具体解释见下文。

-d(direction)：方向。ALL 表示允许 TCP 连接和数据双向通过，INPUT 表示只允许数据或 TCP 连接从外网到内网，OUTPUT 表示只允许数据或 TCP 连接从内网到外网。

-t(type)：控制类型。SYN 表示对 TCP 连接进行方向控制，DATA 表示对数据流向进行方向控制，ALL 表示对 TCP 连接和数据流向都进行控制。

-p(protocol)：协议选项。

-e(extra)：位于外网的计算机节点的 IP、MAC、端口。

-i(intra)：位于内网的计算机节点的 IP、MAC、端口。

-fe(fake extraIP)：使用 NAT 功能，为外网的计算机节点分配的 IP 地址。

-fi(fake intraIP)：使用 NAT 功能，为内网的计算机节点分配的 IP 地址。

-s(special value)：允许通过网络安全隔离设备的报文的特殊值。

-l(log)：对于本链路被拒绝的数据报文进行日志记录。

(3) CLI 管理器使用说明：使用串口线一端连接台式计算机的 COM1 或 COM2 口（或笔记本电脑的 COM1 口），另一端连接本网络安全隔离设备内网端（PRIVATE）串口，然后在台式计算机或笔记本电脑上新建一个超级终端。

图 2-14 说明了如何利用装置的内网端（PRIVATE）串口与 PC 机（安装 WINDOWS 操作系统）的 COM1 端口相连建立超级终端的过程。

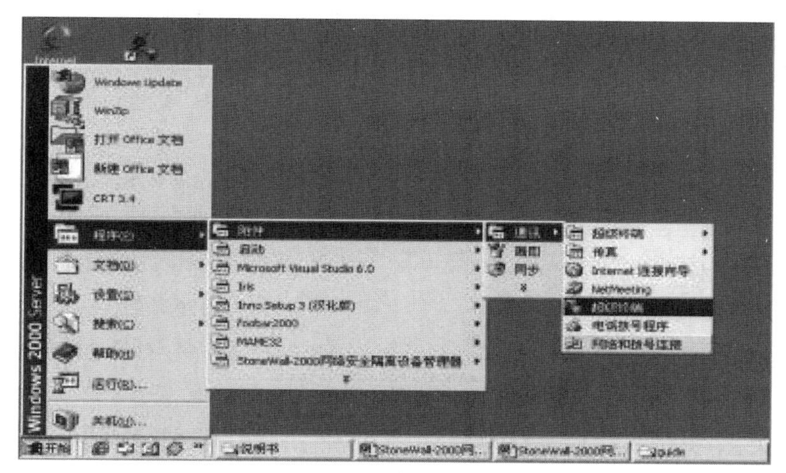

(a) 步骤一

(b) 步骤二

图 2-14（一）　串口连接过程

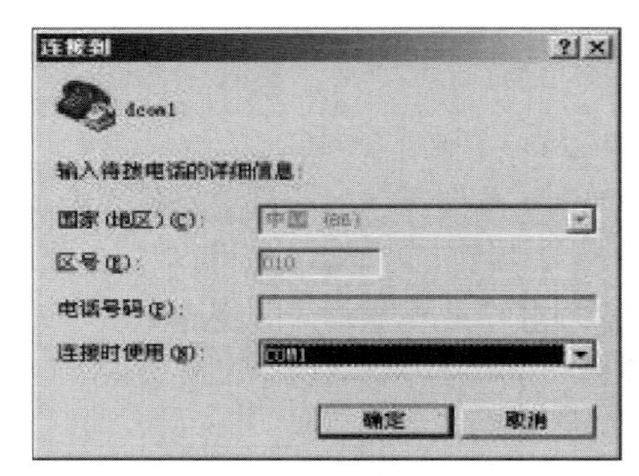

（c）步骤三

（d）步骤四

图 2-14（二） 串口连接过程

```
CONFIGURE

1.  Add a new rule
2.  Delete one rule
3.  View all rules
4.  Delete all rules
5.  Save
6.  Save and Quit
7.  Not Save and Quit
8.  Backup rule file
9.  Restore rule file

Enter the number of your choice and press return:
```

图 2-15 菜单提示

超级终端连接成功以后，输入命令：[root@fel8xx:/root]# rulemgr [回车]，会出现图 2-15 的菜单提示。

图 2-15 的菜单显示了 CLI 管理器提供的功能的选择，具体含义为：

1——Add a new rule，即添加一条新规则；

2——Delete one rule，即删除一条规则；

3——View all rules，即查看所有规则；

4——Delete all rules，即删除所有规则；

5——Save，即储存设定数据；

6——Save and Quit，即储存数据退出；

7——Not Save and Quit，即不储存退出；

8——Backup rule file，即备份规则文件；

9——Restore rule file，即恢复规则文件。

储存数据的功能在于用户对访问控制规则的所有操作都是在内存中完成的，只有选择储存设定数据的功能，设置的规则才会真正地写到配置文件中，否则，用户的一切操作最后都是无效的。

1）添加一条访问控制规则。在菜单提示中选择 1，按照提示完成下列步骤：

首先提示输入要定义的规则名称，即

```
Input rule's name:
```

协议选择，询问本链路使用的协议，即

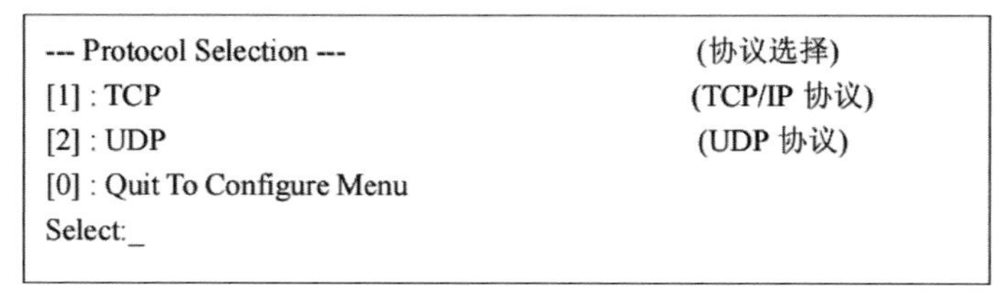

```
--- Protocol Selection ---          (协议选择)
[1] : TCP                           (TCP/IP 协议)
[2] : UDP                           (UDP 协议)
[0] : Quit To Configure Menu
Select:_
```

如果选择［1］，即选择 TCP/IP 协议，那么会出现下列选项：

```
--- Direction Selection ---                                              （方向选择）
[1] : From extra-net to intra-net                                        (从外网到内网)
[2] : From intra-net to extra-net                                        （从内网到外网）
[3] : From extra-net to intra-net && From intra-net to extra-net         （双方向）
[0] : Quit To Configure Menu
Select: _
```

如果选择［1］或者［2］，则询问方向控制的类型：

```
Link direction control?[y/n]:          （询问是否进行 TCP 连接方向控制）

Data flow direction control?[y/n]:     （询问是否进行数据流向方向控制）
```

如果选择［3］，则询问监听端口位于哪个网络：

```
Which net does the listen-port locate?
[1] : extra-net                                 (外网)
[2] : intra-net                                 (内网)
Select:_
```

如果刚才选择协议类型的时候选择［2］，即选择 UDP，会出现下列选项：

```
--- Data Flow Direction Selection ---                             (数据流方向的选择)
[1] : From extra-net to intra-net                                 (从外网到内网)
[2] : From intra-net to extra-net                                 (从内网到外网)
[3] : From extra-net to intra-net && From intra-net to extra-net (双方向)
[0] : Quit To Configure Menu
Select:_
```

对于 UDP 报文，没有连接方向的控制，只有数据流方向的控制。

接下来，询问监听端口是位于内网还是外网：

```
Which net does the listen-port locate?
[1] : extra-net                                 (外网)
[2] : intra-net                                 (内网)
Select:_
```

输入外网计算机主机的信息：

```
--- EXTRA NET CONFIG ---                          （外部网络计算机配置）
Input extra-net IP: _______________               (输入 IP 地址)
Input extra-net MAC:_______________               (输入 MAC 地址)
Input extra-net port:_______________              (输入端口号)
Do you need binding of MAC and IP?[y/n]:          （询问是否将 IP 地址和
MAC 地址绑定）
```

输入内网计算机主机的信息：

```
--- INTRA NET CONFIG ---                              (内部网络计算机配置)
Input intra-net IP:________________                  (输入 IP 地址)
Input intra-net MAC:_______________                  (输入 MAC 地址)
Input intra-net port:______________                  (输入端口号)
Do you need binding of MAC and IP?[y/n]:             （询问是否将 IP 地址和
MAC 地址绑定）
```

如果内外网的计算机的 IP 地址不是一个网段，选择 NAT 功能，即：

```
Do you need net address translate(NAT)?[y/n]:  (询问是否需要做网络
地址转换？)
```

如果选择 y，则有：

```
Input fake extra-net IP: ______________        (输入为外网侧的计算机分
配的虚拟的 IP 地址)
Input fake intra-net IP: __________________ (输入为内网侧的计算机分
配的虚拟的 IP 地址)
```

询问是否记录被拒绝数据报文的信息：

```
Logging denied packet's information?[y/n]:
```

询问是否需要对报文的特殊值进行过滤：

```
Do you need Special Value filter?[y/n]:
```

如果选择 y，则有：

```
Input value: ________     (输入允许通过网络安全隔离设备的报文的特
殊值)
```

2）删除一条访问控制规则。在菜单提示中选择 2，按照提示完成下列步骤。列出所有的规则，每一条规则前有一个序号，从 1 开始。系统提示：

```
Which rule do you want to Delete? _
```

输入序号后，规则被删除。

3）显示所有访问控制规则。在菜单提示中选择 3，列出所有的规则。

4）删除所有访问控制规则。在菜单提示中选择 4，系统提示：

```
Do you want to delete all rules?[y/n]:_  (询问是否要删除全部的规则)
```

输入“y”，则全部规则被删除。

5）储存设定数据。在菜单提示中选择 5，系统将存储于内存中的规则写入磁盘文件。

6）储存设定数据并退出配置工具。在菜单提示中选择 6，系统将存储于内存中的规则写入磁盘文件并退出规则管理工具。

7）不储存此次设定数据并退出配置工具。在菜单提示中选择 7，系统不会把规则写入磁盘文件，这意味着用户在选择储存数据功能之前对规则的操作全部失效并退出规则管理工具。

（4）GUI 管理器使用说明。

1）管理器登录界面如图 2－16 所示。在启动 GUI 管理器时，将首先出现登录界面，管理员的名字为 admin，密码默认值为 111111，在登录之后需尽快修改密码，以防他人盗用。

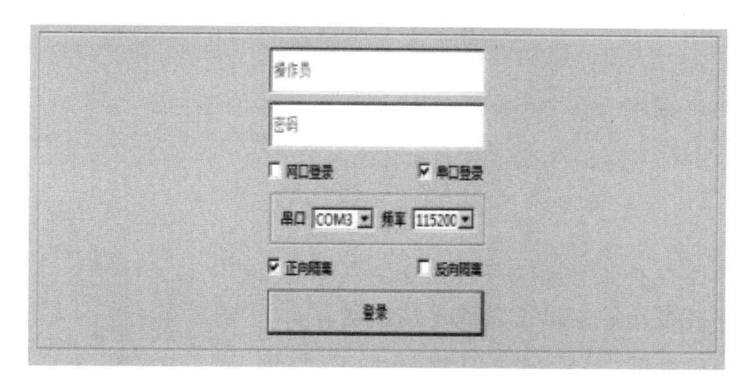

图 2－16　管理器登录界面

2）配置。在配置中有设备配置、规则管理、一键备份、用户管理、设备时间选项。

a. 设备配置如图 2－17 所示。

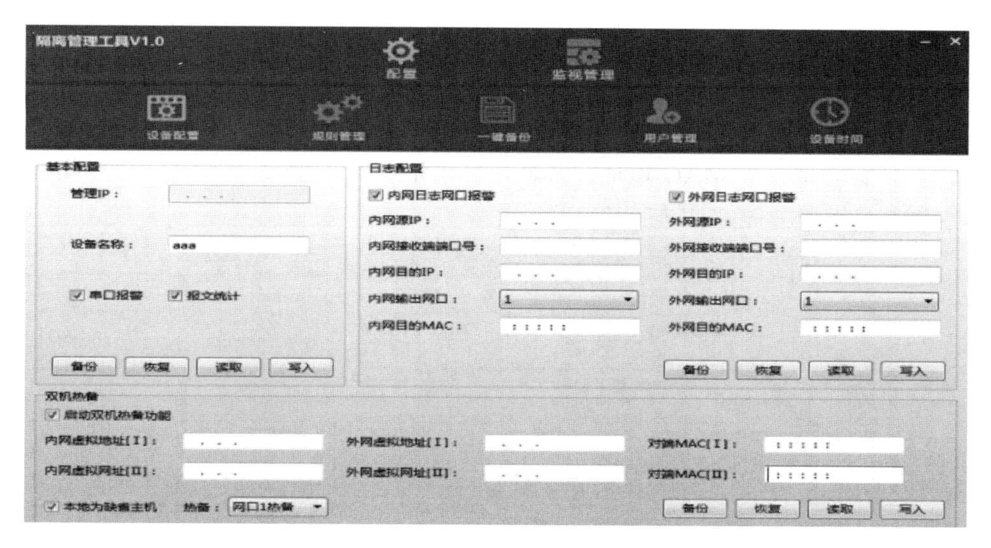

图 2－17　设备配置

b. 规则管理如图 2-18 所示。

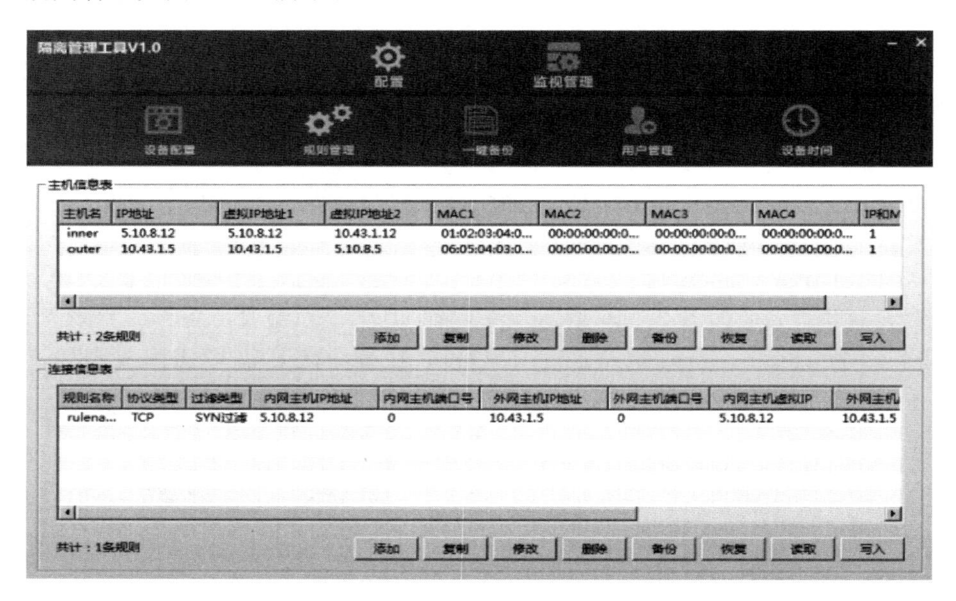

图 2-18　规则管理

在规则管理界面，有如下操作可以选择。

“添加”：添加一条新的主机信息或连接信息。

“修改”：修改选定的主机信息或连接信息。

“复制”：复制一条选定的主机信息或连接信息并粘贴到添加界面。

“删除”：删除选定的主机信息或连接信息。

“备份”：将当前隔离设备上的配置存储在管理主机上的备份文件中。

“恢复”：读取存储于管理主机上的备份文件并覆盖到当前隔离设备里。

“读取”：从隔离设备上读取存储在设备上的主机信息或连接信息文件。

“写入”：将当前主机信息或连接信息的内容写入存储在隔离设备上的配置文件中。

添加主机名称，主机 IP，对应的 MAC 地址和主机的虚拟 IP。当选择 IP 和 MAC 地址绑定时，只能填写一个 MAC 地址，若不选择绑定关系可选择 添加 1～4 个 MAC 地址信息。主机信息设置如图 2-19 所示。

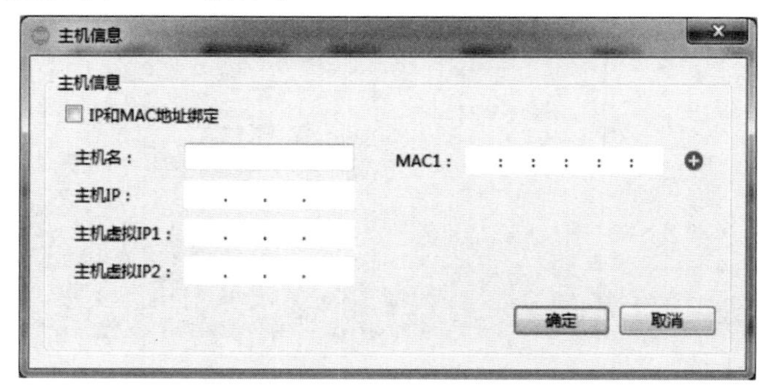

图 2-19　主机信息设置

连接信息设置如图 2-20 所示。

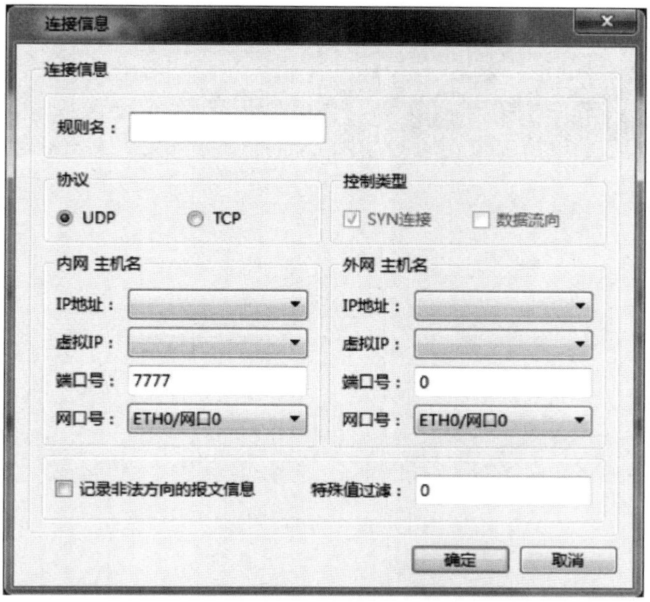

图 2-20 连接信息设置

添加一条新的连接信息需要输入规则名称。在输入规则名称时，最好是输入一个有意义的、有代表性的名称，比如 xx1_ss2：可以代表主机 xx1 和主机 ss2 之间有通信链路。在输入规则名称时，需要注意开头不要是“—”“&”“%”等特殊字符，防止发生不必要的错误。规则名最长为 16 位；特殊值最长为 9 位，最大为 999999999。选择协议类型，可以根据具体应用来选择，隔离设备支持两种标准网络通信协议（TCP/IP 和 UDP）。根据主机信息的配置对内网主机和外网主机 IP 地址、虚拟 IP、端口号和网口号进行配置选择。对非法方向的报文信息可以选择记录和不记录，也可对特殊值进行过滤处理。

c. 一键备份是对配置的总体管理，如图 2-21 所示。

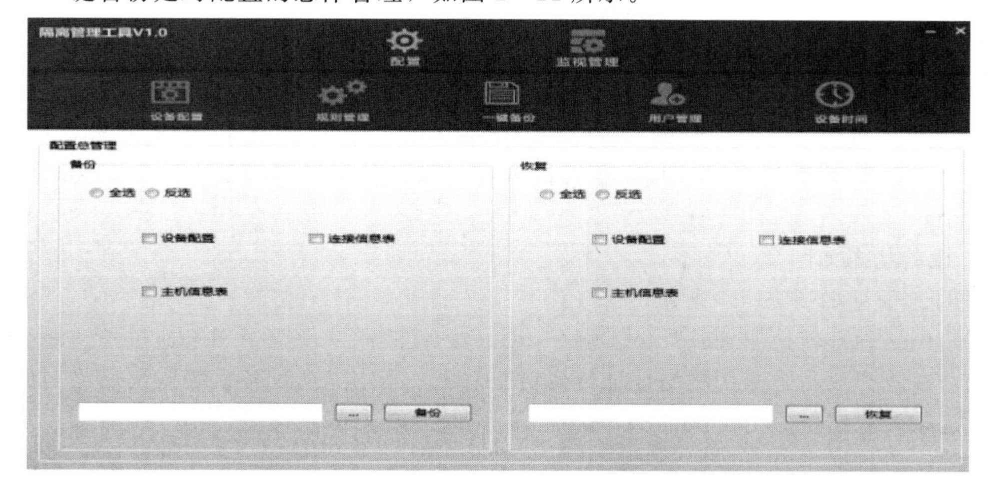

图 2-21 一键备份

d. 用户管理如图 2－22 所示。管理员用户可以添加修改新用户。普通用户可以对自己的密码进行更改。

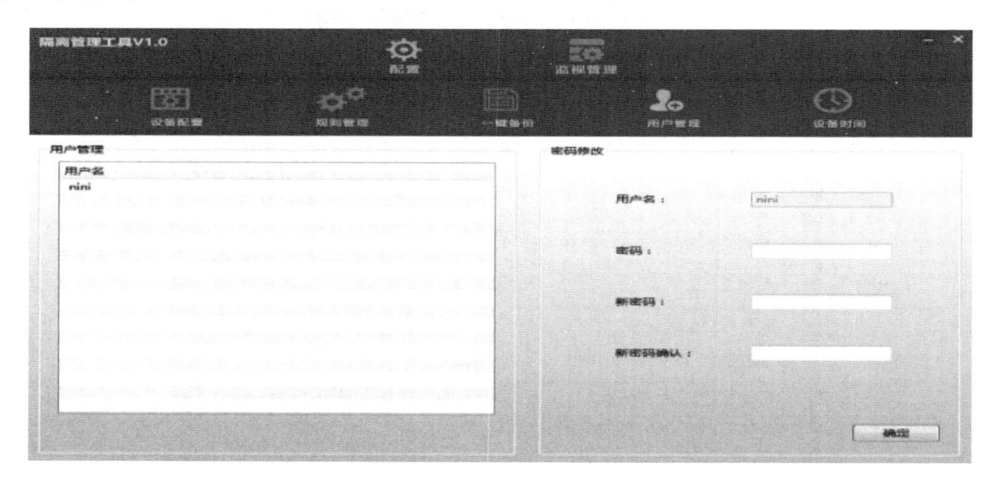

图 2－22 用户管理

e. 设备时间如图 2－23 所示。

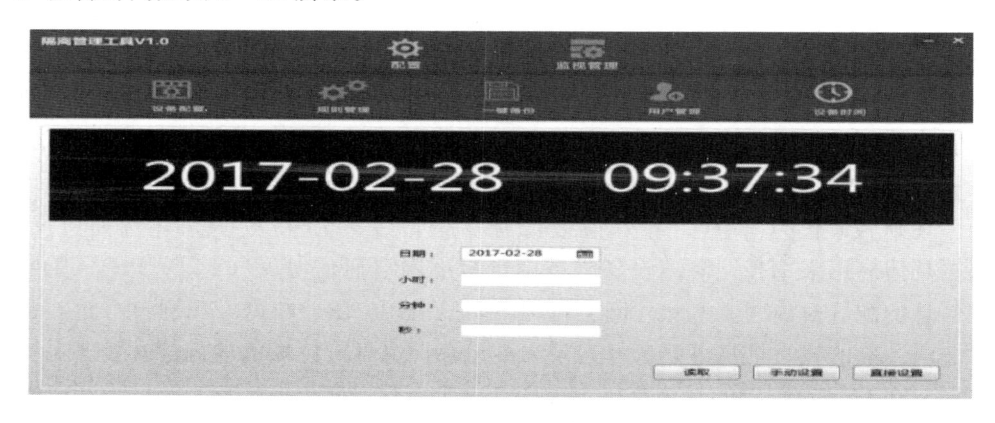

图 2－23 设备时间

3）监视管理。此功能可以对实时连接、设备状态、日志信息进行监视管理。

a. 实时连接如图 2－24 所示。通过实时连接状态显示可以查看隔离设备两端网络里主机之间已经建立起来的 TCP 连接，也可以查看隔离设备两端网络里主机之间实时的文件传输大小。

b. 设备状态如图 2－25 所示。

c. 日志信息如图 2－26 所示。

（5）网络地址转换原理及具体实例。为了达到让不同网段两个网络通过隔离设备通信的目的，在隔离设备上采用网络地址转换功能模块，当本隔离设备代表内部网络与外部网络建立连接时，它使用自定义的 IP 地址。在受保护的内部网络里，当一个 TCP/IP 请求被送往隔离设备时，NAT 模块将源 IP 地址替换为自定义的 IP 地址。当外部网络的应答返回到隔离设备时，NAT 将应答的目标地址字段替换为最初建立 TCP/IP 请求的内部网

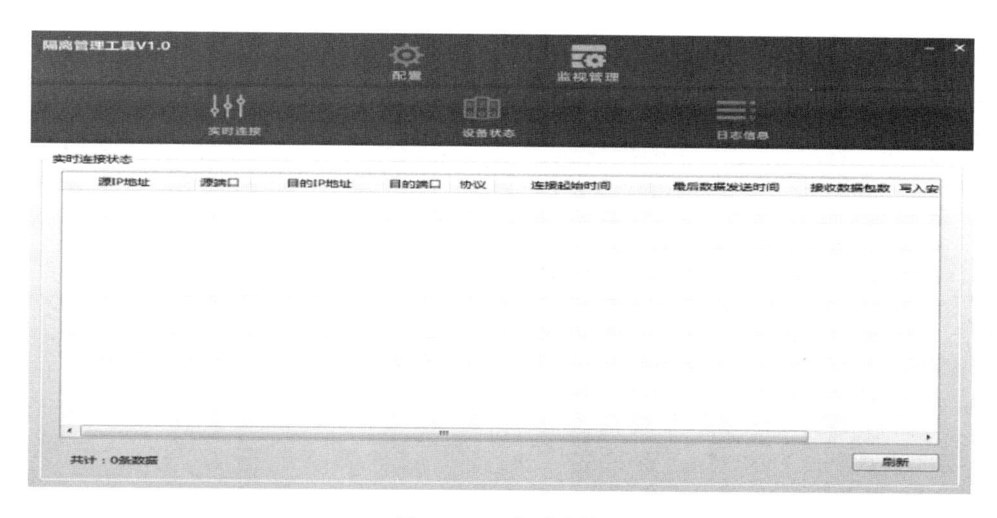

图 2-24　实时连接

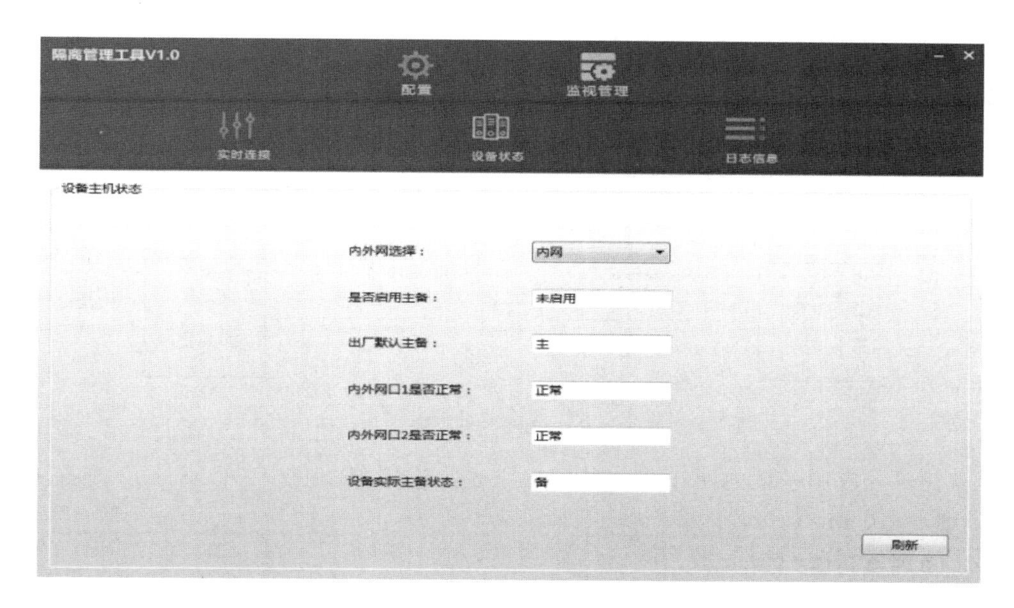

图 2-25　设备状态

络计算机节点的 IP 地址。

因为外部网络的计算机节点也有可能主动发送 TCP/IP 连接请求给内部网络，但是内网要隐藏其真正的 IP 地址；所以，NAT 模块为内部网络的计算机节点绑定了一个固定的 IP 地址（虚拟的 IP 地址）。

具体举例如下。

外网：节点实际 IP 地址为 10.43.1.5。

内网：节点实际 IP 地址为 5.10.8.12。

那么，在具体设计中要为外网节点（10.43.1.5）分配一个虚拟的 IP 地址，此地址要与内网节点的 IP 是同属一个网段的，可以分配为 5.10.8.5；要为内网节点（5.10.8.12）

图 2-26　日志信息

分配一个虚拟的 IP 地址，此地址要与外网节点的 IP 是同属一个网段的，可以分配为 10.43.1.12。网络地址转换结构如图 2-27 所示。

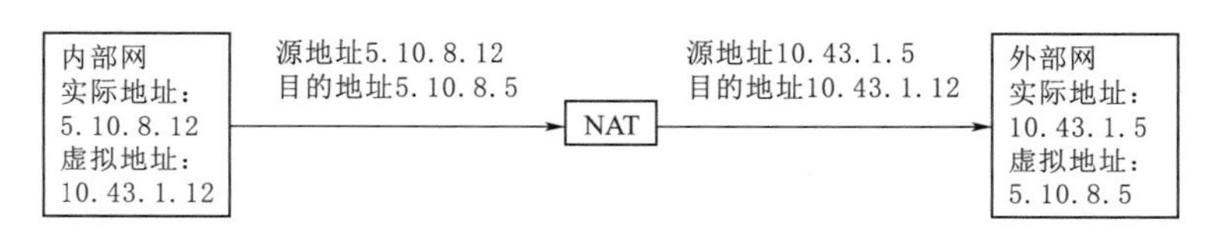

图 2-27　网络地址转换结构

也就是说，应用是从内网连接到外网，原先是连接 IP 地址 5.10.8.12，现在要改为连接 IP 地址 10.43.1.12。

CLI 管理器具体配置步骤：

1）当询问“Do you need net address translate(NAT)? [y/n]:”时，输入：“y”。

2）显示“Input fake extra-netIP:”，就可以输入“5.10.8.5”。

3）显示“Input fake intra-netIP:”，就可以输入“ 10.43.1.12”。

4）配置结束。

GUI 管理器配置方法：在主机信息中添加两条主机信息，如图 2-28 和图 2-29 所示。

在连接信息中配置连接信息，如图 2-30 所示。

在规则管理页面显示配置信息，如图 2-31 所示。

（6）停止和重新激活网络安全隔离设备。停止方法：关闭网络安全隔离设备电源。当网络安全隔离设备加电启动的时候，进程将自动启动，无须人为操作，即使进程异常退出，也可以自动重新启动，下面是具体的启动操作。

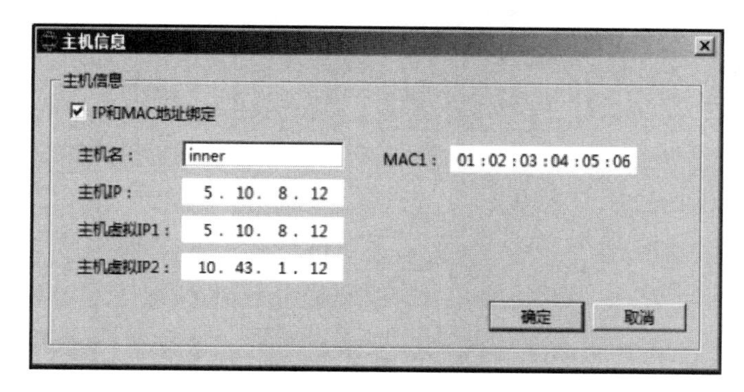

图 2-28 添加主机 1 信息

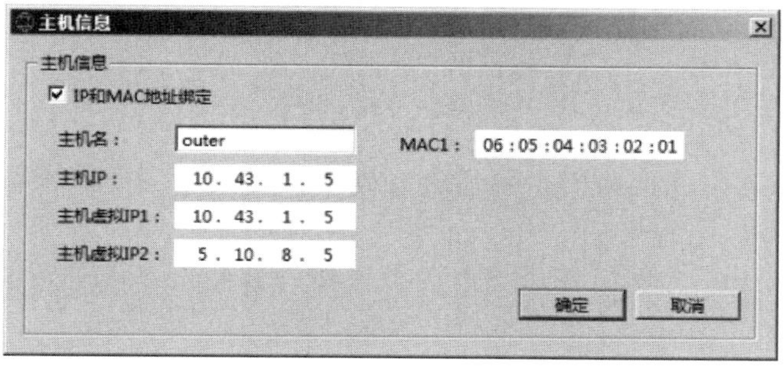

图 2-29 添加主机 2 信息

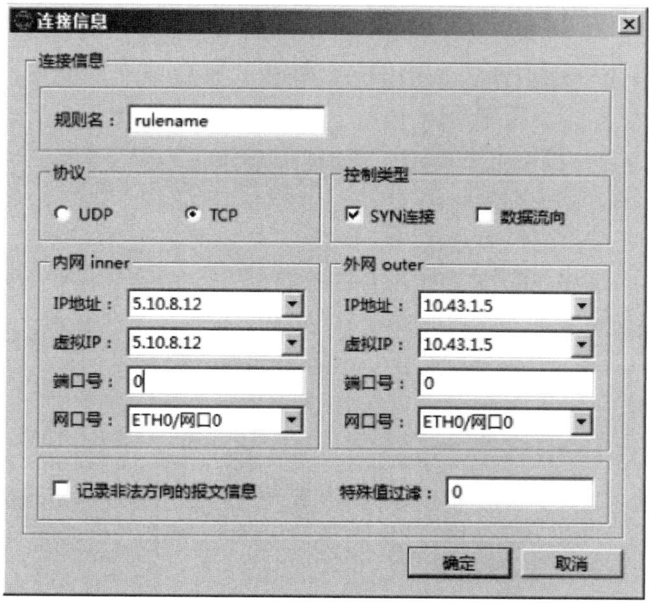

图 2-30 配置连接信息

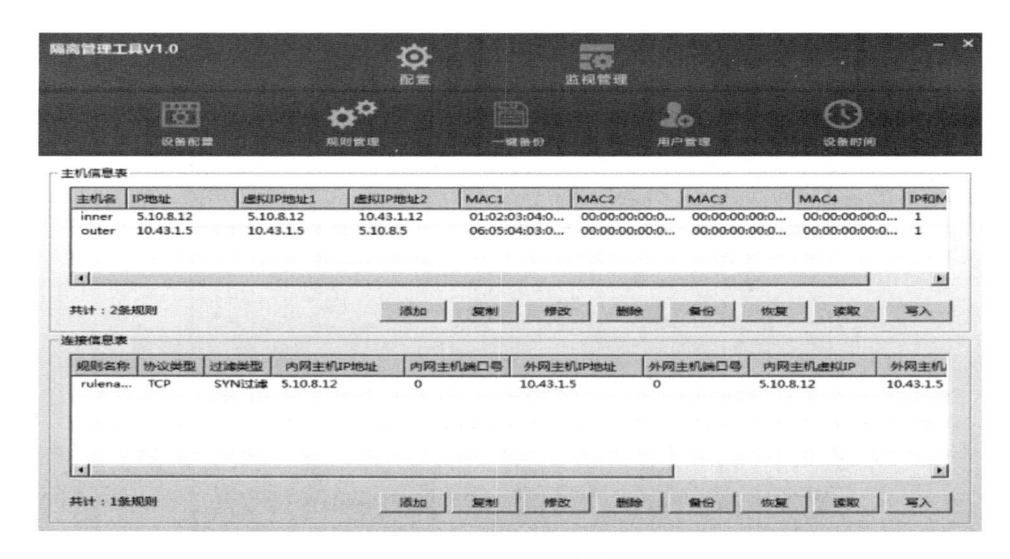

图 2-31　配置信息

1）启动 intransid。在网络安全隔离设备连接内部网络一端，系统自动启动/usr/local/bin/intransid。

2）启动 extransid。在网络安全隔离设备连接外部网络一端，系统自动启动/usr/local/bin/extransid。

在内网端，通过使用 ps 命令，可以查看到有两个进程在运行，名字均为“intransid”。

在外网端，通过使用 ps 命令，可以查看到有两个进程在运行，名字均为“extransid”。

2.2.3　网络安全隔离设备（反向型）操作流程

网络安全隔离设备（反向型）设置了串口输出，可以用来连接管理主机的管理终端。串口特性：波特率为 19200，8 位数据位，无奇偶校验，1 位停止位，无流量控制。

网络安全隔离设备（反向型）共有两个串口，连接标记为 PRIVATE 的串口即可管理本隔离设备的内网端；连接标记为 PUBLIC 的串口即可管理本隔离设备的外网端。

1. 网络安全隔离设备软件名称及存储位置

在外网端的/usr/local/bin 目录下，有一个可执行文件，即 extransid，extransid 是外网侧守护进程。

在内网端的/usr/local/bin 目录下，有两个可执行文件，即 intransid 和 rulemgr，intransid 是内网侧守护进程；rulemgr 是 CLI 管理器。

2. 相关文件说明及存储位置

本设备访问控制规则将作为文件存储在内网端的/etc/rules。

常规日志文件存储在/var/log/insulate. log；设备基本配置文件存储在/etc/device. conf。

生成日志集中监视配置文件存储在/etc/insulate. conf；双机热备功能配置文件存储在/etc/ha. conf。

存放设备证书文件目录为/etc/certs；证书文件与发送端对应映射关系配置文件目录

为/etc/certsmap.conf；设备密钥文件目录为/etc/kd-db.p12。

设备证书文件目录为/etc/kd-dev.cer。

3. 网络安全隔离设备管理工具

网络安全隔离设备提供了两种管理工具：一种是字符界面、命令行管理方式；另一种是图形界面的管理方式。

（1）访问控制规则结构：-d [ALL|INPUT|OUTPUT] -t [SYN|DATA|ALL] -p [TCP|UDP] -e IP MAC PORT -i IP MAC PORT -fe IP -fi IP -l -s value。

（2）选项解释：

-d(direction)：方向。ALL 表示允许 TCP 连接和数据双向通过，INPUT 表示只允许数据或 TCP 连接从外网到内网，OUTPUT 表示只允许数据或 TCP 连接从内网到外网。

-t(type)：控制类型。SYN 表示对 TCP 连接进行方向控制，DATA 表示对数据流向进行方向控制，ALL 表示对 TCP 连接和数据流向都进行控制。

-p(protocol)：协议选项。

-e(extra)：位于外网的计算机节点的 IP、MAC、端口。

-i(intra)：位于内网的计算机节点的 IP、MAC、端口。

-fe(fake extraIP)：使用 NAT 功能，为外网的计算机节点分配的 IP 地 址。

-fi(fake intraIP)：使用 NAT 功能，为内网的计算机节点分配的 IP 地 址。

-s(special value)：允许通过网络安全隔离设备的报文的特殊值。

-l(log)：对于本链路被拒绝的数据报文进行日志记录。

（3）CLI 管理器使用说明。使用串口线一端连接台式计算机的 COM1 或 COM2 口（或笔记本电脑的 COM1 口），另一端连接本网络安全隔离设备外网端（PUBLIC）串口，然后在台式计算机或笔记本电脑上新建一个超级终端。

图 2-32 说明了如何利用本装置的外网端（PUBLIC）串口与 PC 机（安 装 WINDOWS 操作系统）的 COM1 端口相连建立超级终端的过程。

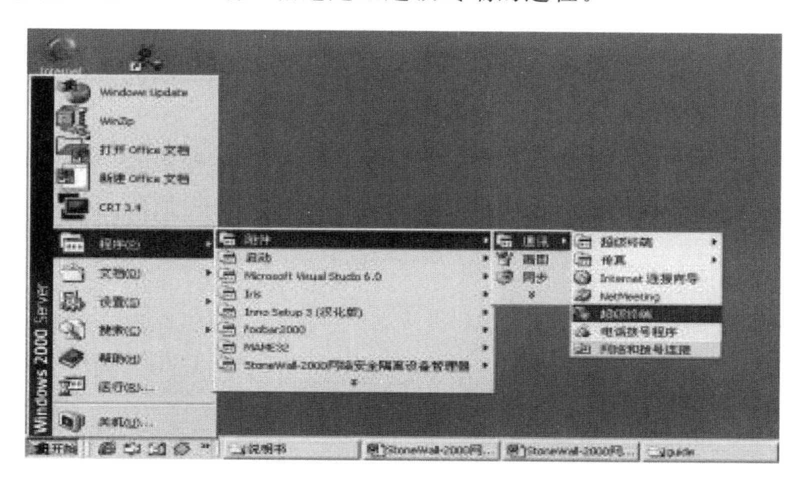

图 2-32（一）　串口连接过程

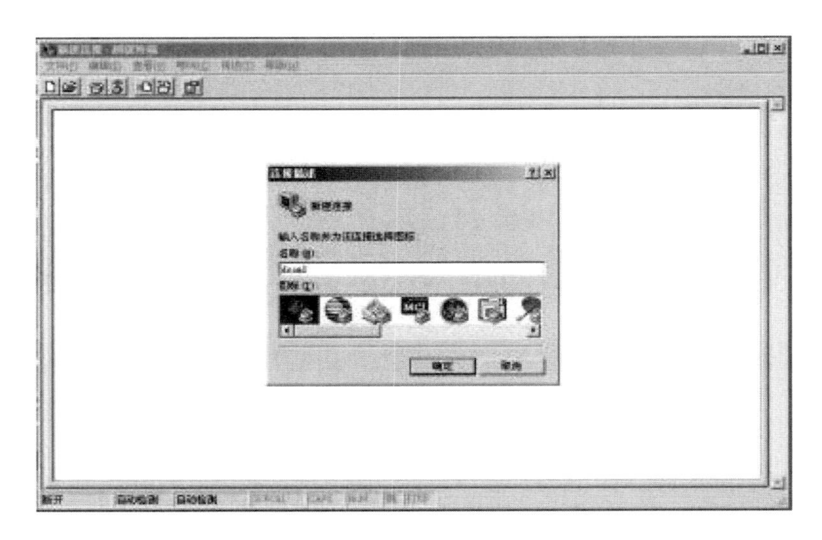

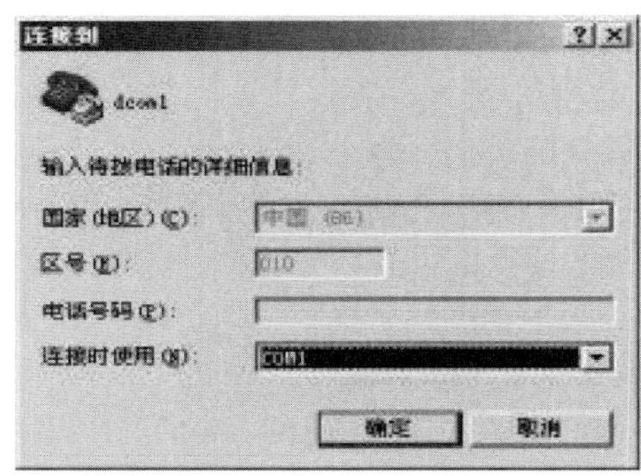

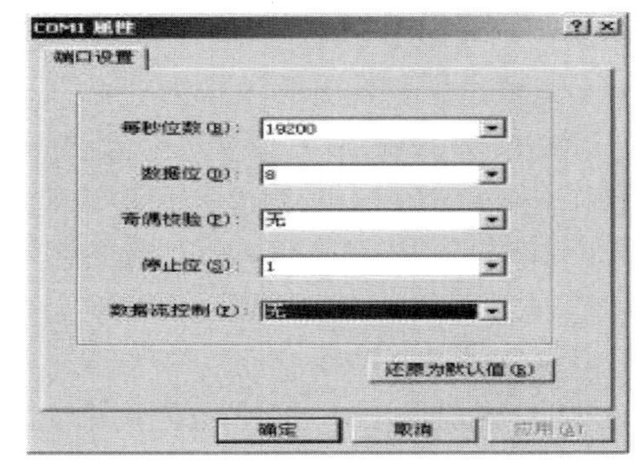

图 2-32（二） 串口连接过程

```
CONFIGURE

1.  Add a new rule
2.  Delete one rule
3.  View all rules
4.  Delete all rules
5.  Save
6.  Save and Quit
7.  Not Save and Quit
8 .  Backup rule file
9 .  Restore rule file

Enter the number of your choice and press return:
```

图 2-33 菜单提示

超级终端连接成功以后，输入命令：[root@fel8xx:/root]# rulemgr[回车]，会出现图 2-33 的菜单提示。

图 2-33 的菜单显示了 CLI 管理器提供的功能的选择，具体含义如下。

1——Add a new rule，即添加一条新规则；

2——Delete one rule，即删除一条规则；

3——View all rules，即查看所有规则；

4——Delete all rules，即删除所有规则；

5——Save，即储存设定数据；

6——Save and Quit，即储存数据退出；

7——Not Save and Quit，即不储存退出；

8——Backup rule file，即备份规则文件；

9——Restore rule file，即恢复规则文件。

储存数据的功能在于用户对访问控制规则的所有操作都是在内存中完成的，只有选择储存设定数据的功能，设置的规则才会真正地被写到配置文件中去，否则，用户的一切操作最后都是无效的。

1）添加一条访问控制规则。在菜单提示中选择1，按照提示完成下列步骤：

首先提示输入要定义的规则名称：

```
Input rule's name:
```

协议选择，询问本链路使用的协议：

```
--- Protocol Selection ---                 (协议选择)
[1] : TCP                                  (TCP/IP 协议)
[2] : UDP                                  (UDP 协议)
[0] : Quit To Configure Menu
Select:_
```

如果选择［1］，即选择TCP/IP协议，那么会出现下列选项：

```
--- Direction Selection ---                                          (方向选择)
[1] : From extra-net to intra-net                                    (从外网到内网)
[2] : From intra-net to extra-net                                    (从内网到外网)
[3] : From extra-net to intra-net && From intra-net to extra-net     (双方向)
[0] : Quit To Configure Menu
Select: _
```

如果选择［1］或者［2］，则询问方向控制的类型：

```
Link direction control?[y/n]:          (询问是否进行TCP连接方向控制)

Data flow direction control?[y/n]:     (询问是否进行数据流向方向控制)
```

如果选择［3］，则询问监听端口位于哪个网络：

```
Which net does the listen-port locate?
[1] : extra-net                            (外网)
[2] : intra-net                            (内网)
Select:_
```

如果刚才选择协议类型的时候选择［2］，即选择UDP，会出现下列选项：

```
--- Data Flow Direction Selection ---                              (数据流方向的选择)
[1] : From extra-net to intra-net                                  (从外网到内网)
[2] : From intra-net to extra-net                                  (从内网到外网)
[3] : From extra-net to intra-net && From intra-net to extra-net   (双方向)
[0] : Quit To Configure Menu
Select:_
```

对于UDP报文，没有连接方向的控制，只有数据流方向的控制。

接下来，询问监听端口位于内网还是外网：

```
Which net does the listen-port locate?
[1] : extra-net                                    (外网)
[2] : intra-net                                    (内网)
Select:_
```

输入外网计算机主机的信息：

```
--- EXTRA NET CONFIG ---                    (外部网络计算机配置)
Input extra-net IP: ______________          (输入 IP 地址)
Input extra-net MAC:______________          (输入 MAC 地址)
Input extra-net port:______________         (输入端口号)
Do you need binding of MAC and IP?[y/n]:    (询问是否将 IP 地址和
MAC 地址绑定)
```

输入内网计算机主机的信息：

```
--- INTRA NET CONFIG ---                    (内部网络计算机配置)
Input intra-net IP:______________           (输入 IP 地址)
Input intra-net MAC:______________          (输入 MAC 地址)
Input intra-net port:______________         (输入端口号)
Do you need binding of MAC and IP?[y/n]:    (询问是否将 IP 地址和
MAC 地址绑定)
```

如果内外网的计算机的 IP 地址不是一个网段，选择 NAT 功能：

```
Do you need net address translate(NAT)?[y/n]:  (询问是否需要做网络
地址转换？)
```

如果选择 y：

```
Input fake extra-net IP: ______________       (输入为外网侧的计算机分
配的虚拟的 IP 地址)
Input fake intra-net IP: ________________     (输入为内网侧的计算机分
配的虚拟的 IP 地址)
```

询问是否记录被拒绝数据报文的信息：

```
Logging denied packet's information?[y/n]:
```

询问是否需要对报文的特殊值进行过滤：

```
Do you need Special Value filter?[y/n]:
```

如果选择 y：

Input value: ________　　(输入允许通过网络安全隔离设备的报文的特殊值)

2）删除一条访问控制规则。在菜单提示中选择 2，按照提示完成下列步骤：列出所有的规则，每一条规则前有一个序号，从 1 开始。系统提示：

Which rule do you want to Delete? _

输入序号后，规则被删除。

3）显示所有访问控制规则。在菜单提示中选择 3，列出所有的规则。

4）删除所有访问控制规则。在菜单提示中选择 4，系统提示：

Do you want to delete all rules?[y/n]:_　(询问是否要删除全部的规则)

输入“y”，则全部规则被删除。

5）储存设定数据。在菜单提示中选择 5，系统将存储于内存中的规则写入磁盘文件。

6）储存设定数据并退出配置工具。在菜单提示中选择 6，系统将存储于内存中的规则写入磁盘文件并退出规则管理工具；在菜单提示中选择 7，系统不会把规则写入磁盘文件，这意味着用户在选择储存数据功能之前对规则的操作全部失效并退出规则管理工具。

(4) GUI 管理器使用说明。

1）管理器登录界面如图 2-34 所示。

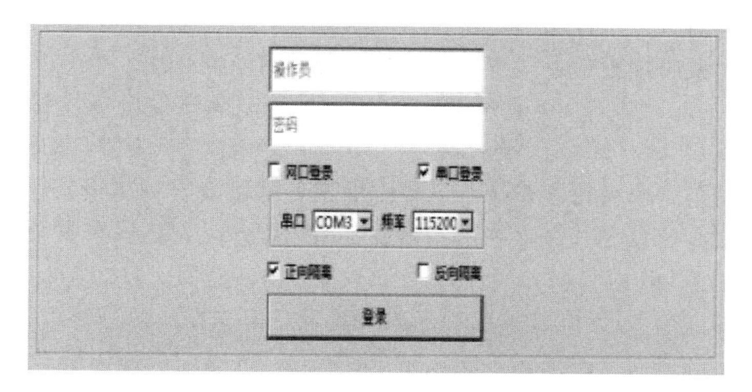

图 2-34　管理器登录界面

在启动 StoneWall-2000 网络安全隔离设备（正向型）管理器时，将首先出现登录界面，管理员的名字为 admin，密码默认值为 111111，请在登录之后尽快修改密码，以防他人盗用。

2）配置。在配置中有设备配置、规则管理、一键备份、用户管理、设备时间选项。

a. 设备配置如图 2-35 所示。

a）基本配置。

设备名称：可以为本地反向网络隔离设备配置一个名称。

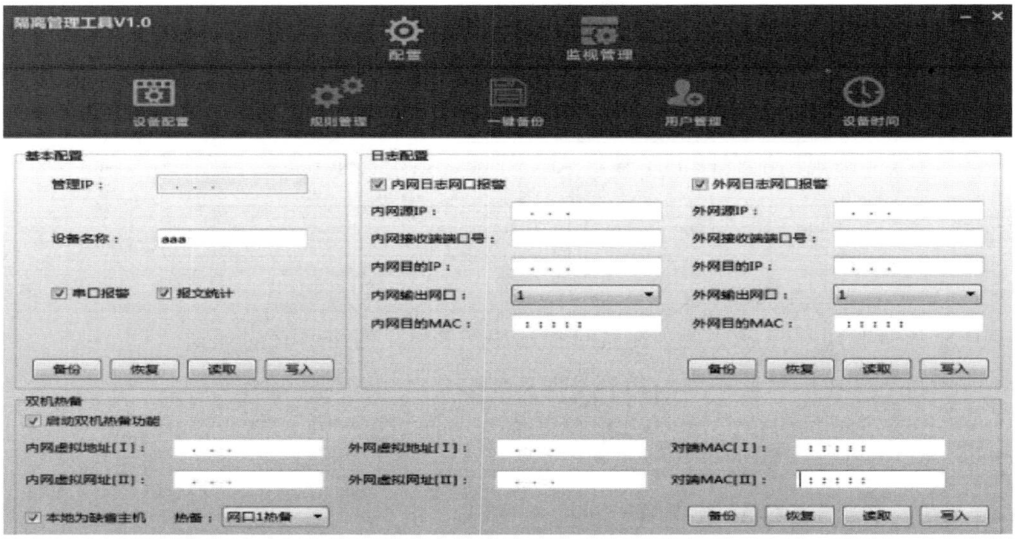

图2-35　设备配置

网口协商IP：为了和发送端软件进行协商会话密钥和密文通信，必须为本设备的网口提供一个可以进行协商的IP地址，这个地址是虚拟IP地址，只进行隧道的协商和建立，不会有其他作用。

加密模式：选择软件加密还是加密卡加密。

串口报警：开启串口报警功能。

报文统计：开启报文统计功能。

配置成功后，要将配置信息写入设备才能使配置信息起作用。

b）日志配置。北京科东StoneWall-2000网络安全隔离设备均支持标准的日志集中管理功能的各项接口。

网络安全产品集中监视管理系统可以集中展现各网络安全隔离设备运行工况、配置信息、日志信息、报警信息等并综合利用，以便于系统维护，保证系统安全稳定运行。

隔离装置采用UDP协议向外发送日志，不接收任何返回。日志接收服务器的IP和端口、隔离装置用的虚拟IP等配置信息由隔离装置管理工具在本地进行配置。

配置内容：给网络安全隔离设备配置一个虚拟的IP地址，作为发送日志信息的源IP地址，并且给网络安全隔离设备配置一个发送端口号码。

配置隔离设备输出日志信息的网口：ETH0或ETH1。

配置网络安全产品集中监视管理系统目的地址和目的物理地址的信息。必须将配置信息文件写入到StoneWall-2000网络安全隔离设备中，重新启动隔离设备后，配置日志才能生效。

c）双机热备。热备实现方式有软件的热备模式和设备的热备模式两种。

软件的热备模式：在软件的发送端，启动文件传输任务后，如果某个传输文件的任务失败或者异常，可以通过软件的任务备份功能自动启动相同的任务，发送文件。通过软件的热备份功能实现任务热备份功能。

设备的热备模式：不用专门的心跳线（设备互联线），实现双机功能。

b. 规则管理如图 2-36 所示。

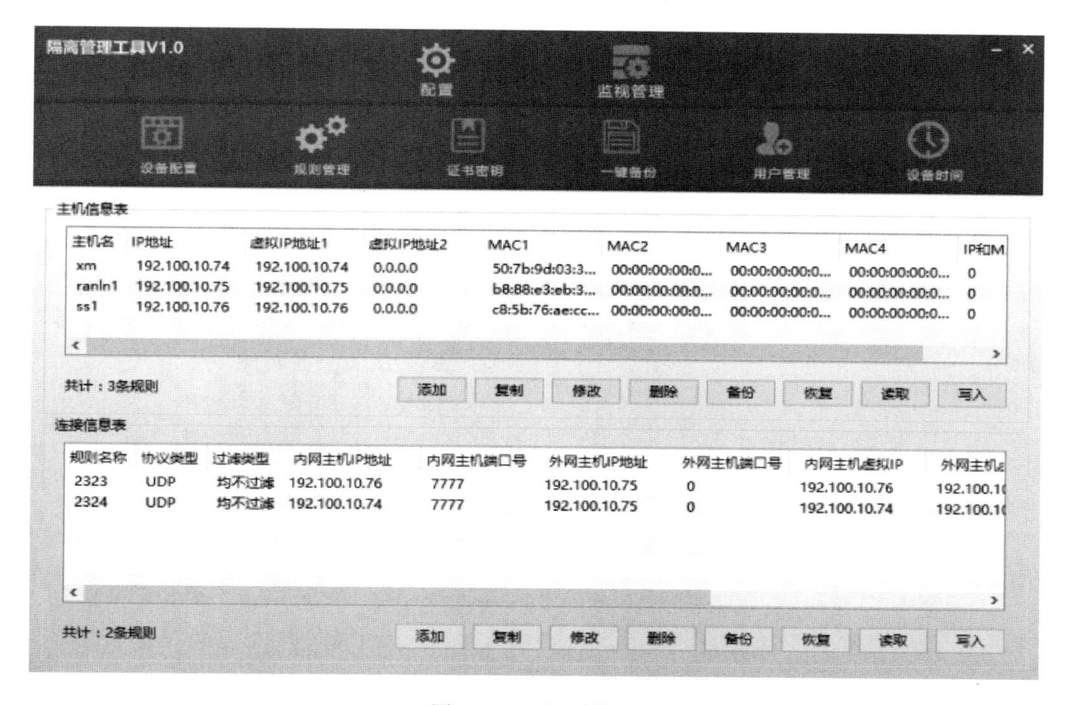

图 2-36 规则管理

在规则管理界面可以有如下操作。

“添加”：添加一条新的主机信息或连接信息。

“修改”：修改选定的主机信息或连接信息。

“复制”：复制一条选定的主机信息或连接信息并粘贴到添加界面。

“删除”：删除选定的主机信息或连接信息。

“备份”：将当前隔离设备上的配置存储在管理主机上的备份文件中。

“恢复”：读取存储于管理主机上的备份文件并覆盖到当前隔离设备里。

“读取”：从隔离设备上读取存储在设备上的主机信息或连接信息文件。

“写入”：将当前主机信息或连接信息的内容写入存储在隔离设备上的配置文件中。

添加主机名称、主机 IP、对应的 MAC 地址和主机的虚拟 IP。当选择 IP 和 MAC 地址绑定时，只能填写一个 MAC 地址，若不选择绑定关系可选择添加 1～4 个 MAC 地址信息。主机信息设置如图 2-37 所示。

添加一条新的连接信息需要输入规则名称，在输入规则名称时，最好是输入一个具有意义的、具有代表性的名称，比如 xx1_ss2，可以代表主机 xx1 和主机 ss2 之间有通信链路。在输入规则名称时，请注意开头字母不要是“- & %”等特殊字母，防止发生不必要的错误。规则名最长为 16 位；特殊值最长为 9 位，最大为 999999999。可以根据具体应用来选择协议类型，隔离设备支持两种标准网络通信协议 TCP/IP、UDP。根据主机信息的配置对内网主机和外网主机 IP 地址、虚拟 IP、端口号和网口号进行配置选择。对非法方

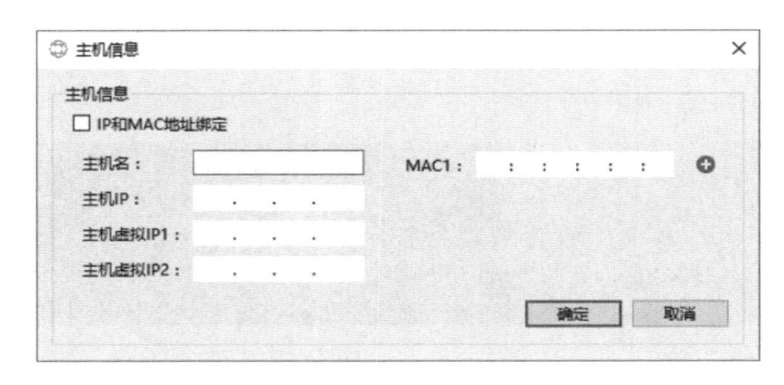

图 2－37　主机信息设置

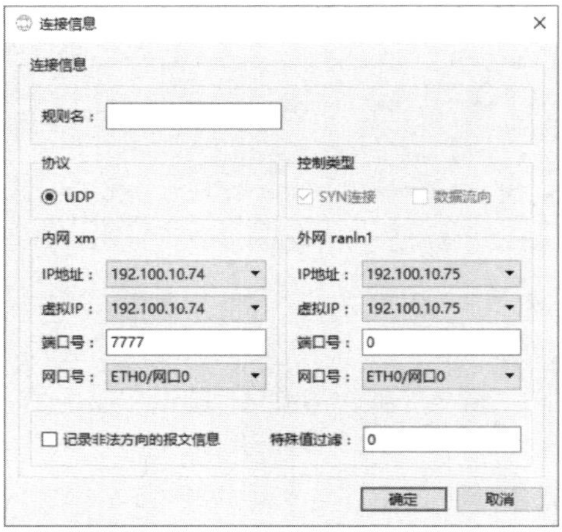

向的报文信息选择记录和不记录，也可对特殊值过滤。连接信息设置如图 2－38 所示。

图 2－38　连接信息设置

c. 证书密钥如图 2－39 所示。

a）导出设备证书文件：将隔离设备的证书文件（不带私钥），导出到 PC 或者管理终端上，这个文件将分发给文件发送端软件，作为加密的密钥。

b）恢复设备证书文件：将设备的证书文件（不带私钥）文件恢复到设备中。

c）生成设备密钥数据：设备将生成带私钥的证书，这个证书是格式为 p12 的证书文件。这个文件是隔离设备本身和文件发送端隧道协商和隧道建立的关键、必需文件。

点击证书后，会返回密钥生成与否的结果。

图 2－39　证书密钥

d）删除设备密钥数据：将设备上带私钥的证书文件删除，可以将已经存在的设备证书删除，设备中就没有密钥文件了。

点击后，会返回密钥删除是否成功信息。

e）导出设备证书请求文件：导出设备的证书请求文件，用于提交给证书颁发机构。

f）恢复设备证书请求文件：将设备的证书请求文件恢复到设备中。

g）备份设备密钥数据：将设备上已经存在的设备证书文件（带私钥的 p12 文件）备份到 PC 或者管理终端上。

h）恢复设备密钥数据：将备份的设备证书文件（带私钥的 p12 文件）恢复到隔离设备中。

图 2-40　发送端证书信息添加

添加发送软件的证书到设备中，需要填写的是发送端软件的 IP 地址、证书标识，然后按发送端证书的存储路径导入证书文件，如图 2-40 所示。

d. 一键备份对配置的总体管理如图 2-41 所示。

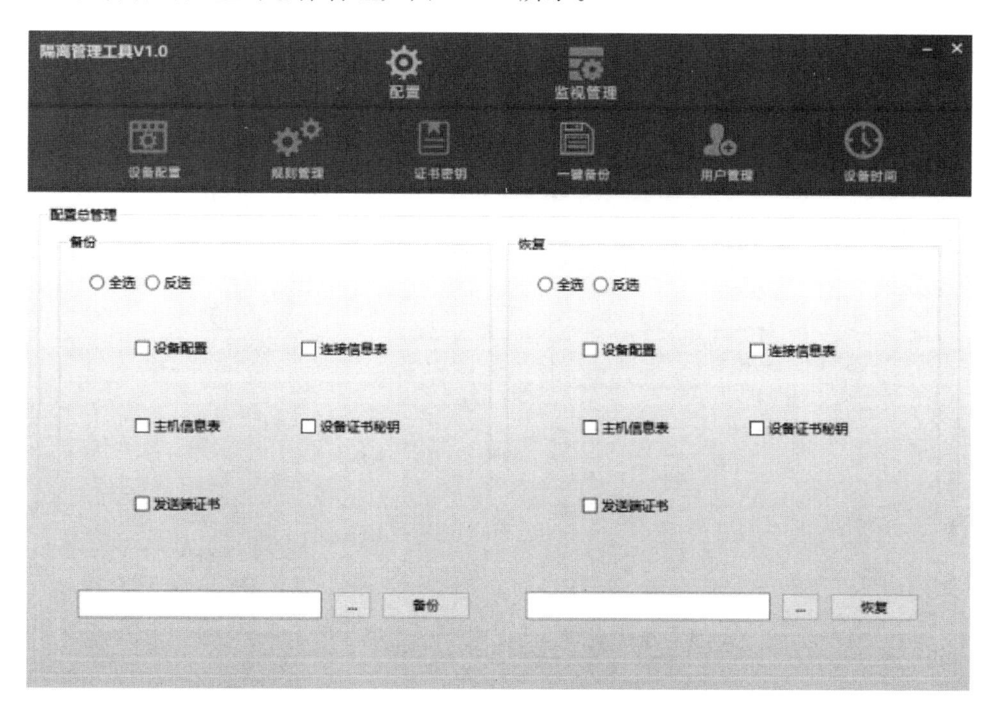

图 2-41　一键备份对配置的总体管理

e. 用户管理如图 2-42 所示。在管理员权限下，可以使用“用户管理”来添加和删除用户，也可以修改当前用户的密码。操作员信息设置如图 2-43 所示。

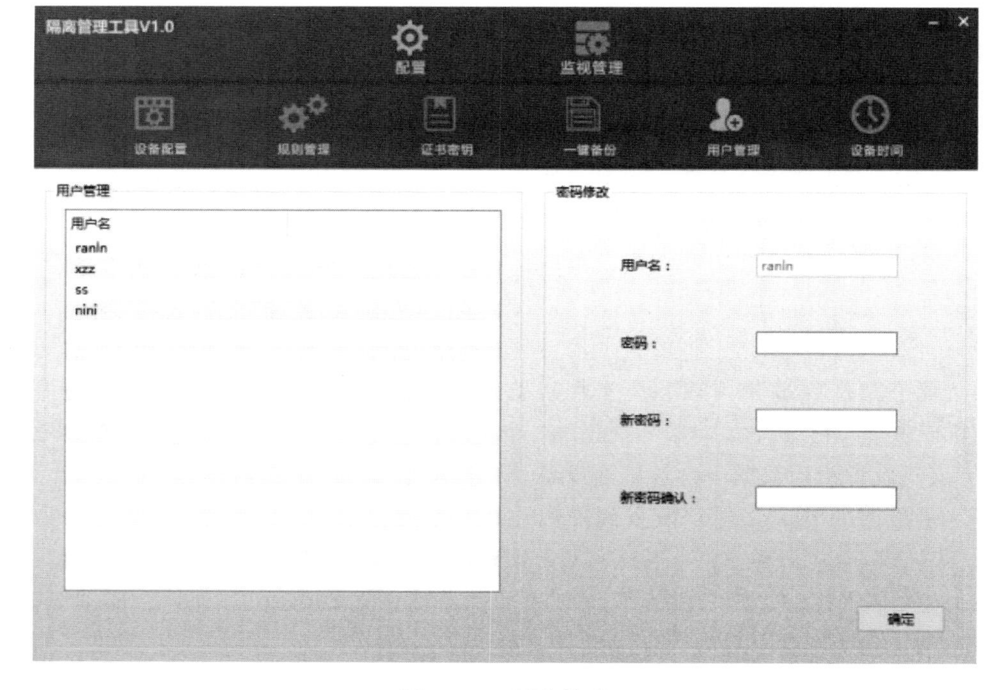

图 2-42　用户管理

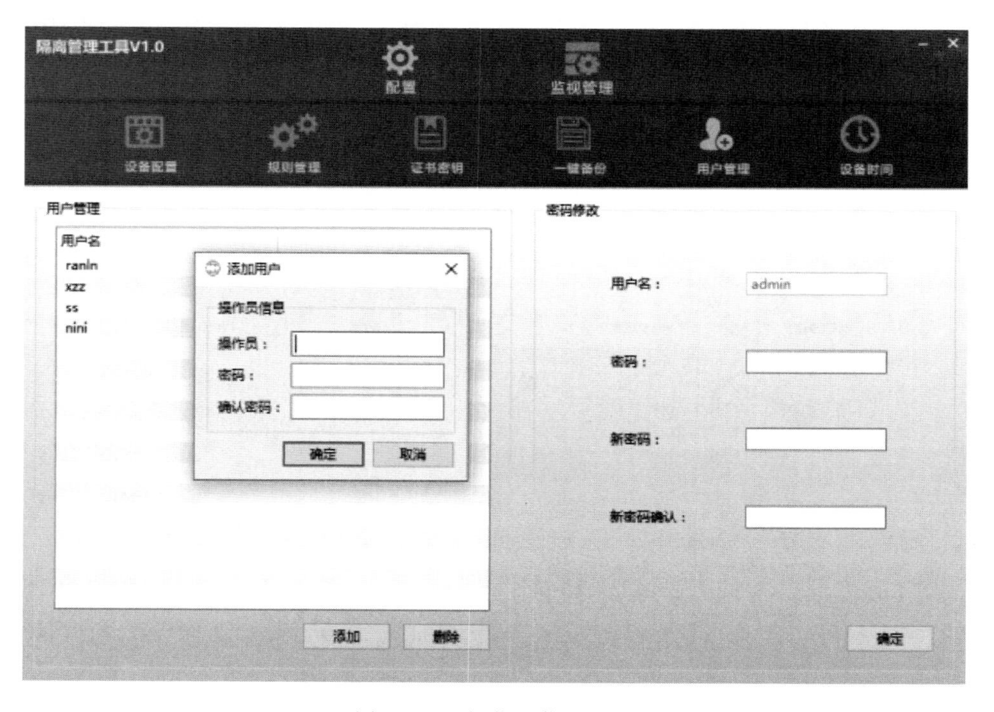

图 2-43　操作员信息设置

f. 设备时间如图 2-44 所示。同步配置时间信息到隔离设备中，需要配置的信息是日期和时间。

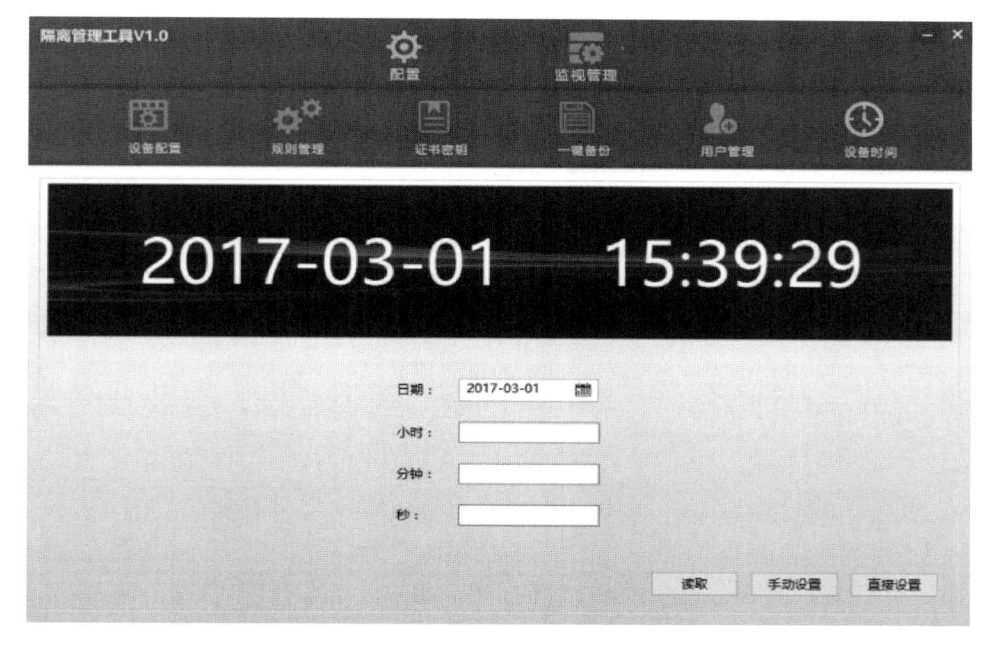

图 2-44 设备时间

3）监视管理。其可以对实时连接、设备状态、日志信息进行监视管理。

a. 实时连接如图 2-45 所示。通过实时连接可以查看隔离设备两端网络里主机之间已经建立起来的 TCP 连接。

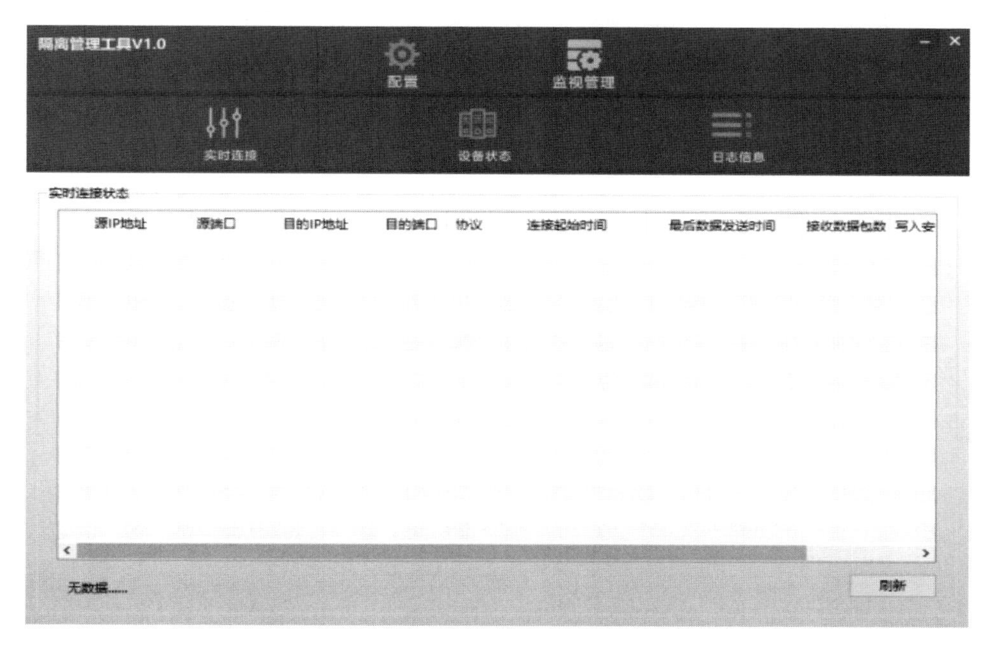

图 2-45 实时连接

b. 设备状态如图 2-46 所示。

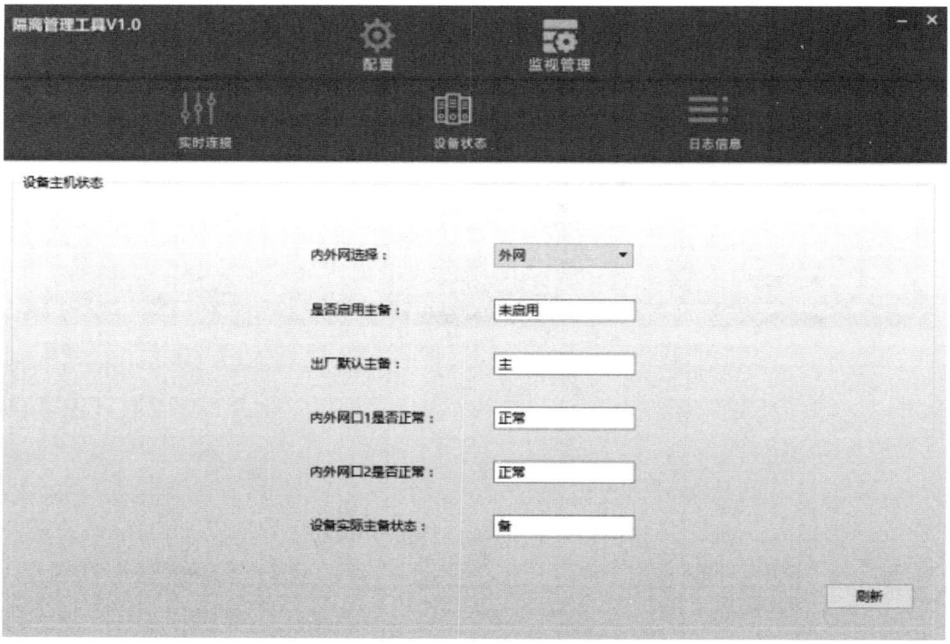

图 2-46　设备状态

c. 日志信息如图 2-47 所示。

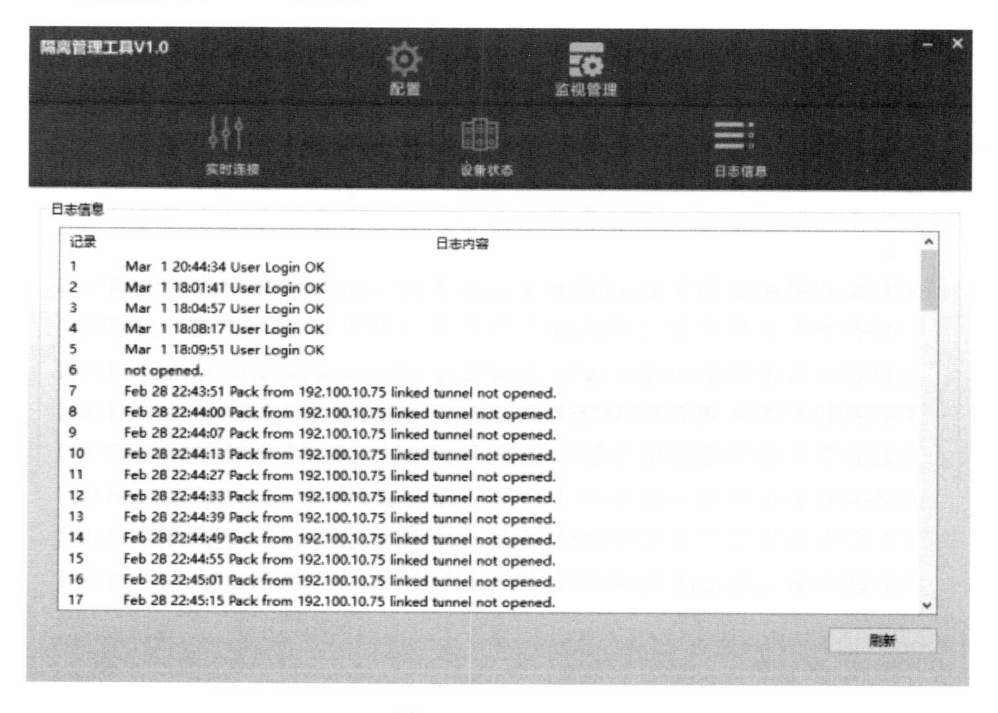

图 2-47　日志信息

（5）网络地址转换原理及具体实例。为了达到让不同网段两个网络通过隔离设备通信的目的，在隔离设备上采用网络地址转换功能模块，当本隔离设备代表内部网络与外部网络建立连接时，它使用自定义的 IP 地址。在受保护的内部网络里，当一个 TCP/IP 请求被送往隔离设备时，NAT 模块将源 IP 地址替换为自定义的 IP 地址。当外部网络的应答返回到隔离设备时，NAT 将应答的目标地址字段替换为最初建立 TCP/IP 请求的内部网络计算机节点的 IP 地址。

因为外部网络的计算机节点有可能主动发送 TCP/IP 连接请求给内部网络，但是内网要隐藏其真正的 IP 地址，所以 NAT 模块为内部网络的计算机节点绑定了一个固定的 IP 地址（虚拟的 IP 地址）。

具体举例：

外网：节点实际 IP 地址为 10.43.1.15。

内网：节点实际 IP 地址为 5.10.8.12。

那么，我们在具体设计中要为外网节点（10.43.1.15）分配一个虚拟的 IP 地址，此地址要与内网节点的 IP 是同属一个网段的，可以分配为 5.10.8.5；要为内网节点（5.10.8.12）分配一个虚拟的 IP 地址，此地址要与外网节点的 IP 是同属一个网段的，可以分配为 10.43.1.12。网络地址转换结构如图 2-48 所示。

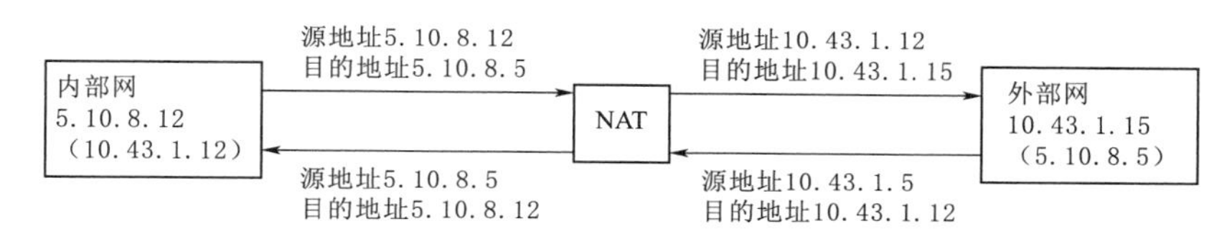

图 2-48 网络地址转换结构

也就是说，假如应用是从外网连接到内网，原先是连接 IP 地址 5.10.8.12，现在要改为连接 IP 地址 10.43.1.12。

CLI 管理器具体配置步骤：

a. 当询问“Do you need net address translate(NAT)? [y/n]:”时，输入：“y”。

b. 显示“Input fake extra-netIP:　”，就可以输入“5.10.8.5”。

c. 显示“Input fake intra-netIP:　”，就可以输入“ 10.43.1.12”。

d. 配置结束。

GUI 管理器配置方法：添加两条主机信息，如图 2-49、图 2-50 所示。

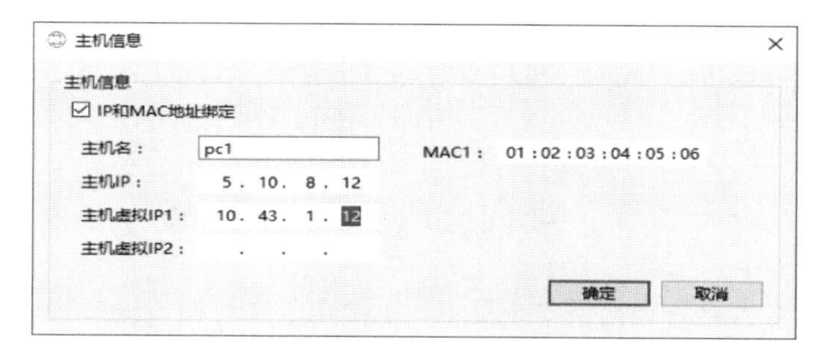

图 2-49 添加主机 1 信息

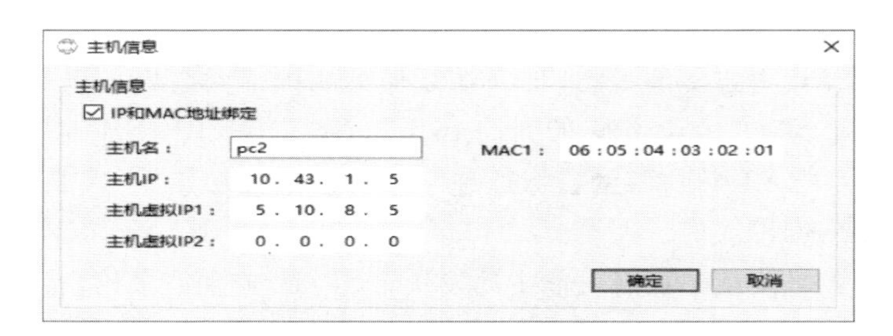

图 2-50　添加主机 2 信息

添加连接信息如图 2-51 所示。

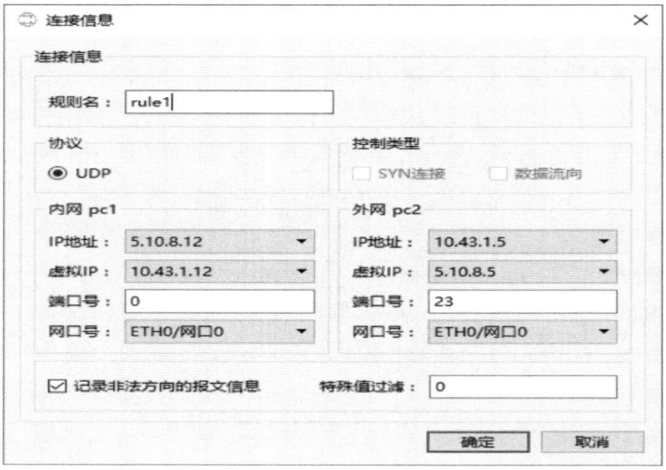

图 2-51　添加连接信息

（6）停止和重新激活网络安全隔离设备。停止方法：关闭网络安全隔离设备电源。

当网络安全隔离设备通电启动的时候，进程将自动启动，无须人为操作，即使进程异常退出，也可以自动重新启动。下面是具体的启动操作：

1）启动 intransid 在网络安全隔离设备连接内部网络一端，系统自动启动/usr/local/bin/intransid。

2）启动 extransid 在网络安全隔离设备连接外部网络一端，系统自动启动/usr/local/bin/extransid。

在内网端，通过使用 ps 命令，可以查看到有两个进程在运行，名字均为“intransid”。在外网端，通过使用 ps 命令，可以查看到有两个进程在运行，名字均为“extransid”。

2.3　纵向加密认证装置

纵向加密认证装置是一种网络安全设备，主要用于在数据传输过程中对数据进行加密和认证，以确保数据的机密性、完整性和真实性。它通过采用先进的加密算法和认证技术对传输的数据进行加密处理，并在接收端进行解密和验证，从而有效地保护数据在传输过程中不被窃取或篡改。

2.3.1 准备工作

1. 硬件准备

纵向加密认证装置硬件准备见表 2-14。

表 2-14 纵向加密认证装置硬件准备

序 号	名 称	数量	图 示
1	专用调试笔记本	1	
2	以太网线	1	
3	console 调试线	1	
4	纵向加密认证装置	1	
5	UsbKey	1	

2. 软件准备

调试软件：纵向加密认证装置调试客户端、SecureCRT 调试软件。

调试证书：主站纵向加密认证装置证书、网络安全监管系统证书。

3. 调试客户端安装与使用

北京科东纵向加密认证装置调试客户端采用绿色免安装模式配发给调试人员，将压缩包解压后即可直接使用。纵向加密认证装置通过 ETH4 口进行设备调试，调试 IP 地址为 169.254.200.200，专用调试笔记本 IP 地址为 169.254.200.201，子网掩码 255.255.255.0。

南瑞信通纵向加密认证装置调试客户端采用安装包模式配发给调试人员，调试人员需自行安装客户端和JAVA环境。纵向加密认证装置通过Mgmt口进行设备调试，调试IP地址为11.22.33.44，专用调试笔记本IP地址为11.22.33.43，子网掩码255.255.0.0。

4. 安全措施

(1) 加强厂家人员现场作业安全管理，开展安全知识考试，提前办理厂家人员“安全准入”手续，工作前工作负责人要对人员进行现场安全教育，交代工作地点、工作内容、安全措施及危险点等事项，履行签字确认手续。

(2) 严格落实作业风险辨识及控制措施，见表2-15。

表2-15　作业风险辨识及控制措施

序号	风险类型	控制措施
1	系统非正常运行	在纵向加密认证装置上工作前，验证原设备、冗余设备及业务系统运行是否正常
2	冗余设备不能正常运行	按“先备后主”的原则开展工作，在冗余系统（双/多机、双/多节点、双/多通道或双/多电源）中将设备切换成非主用状态时，确认其余设备、节点、通道或电源正常运行
3	设备单机运行检修导致业务中断	若无冗余设备，需获得业务管理部门许可后将业务停运或转移，方可开展工作
4	设备故障导致配置丢失	工作前应做好配置备份，防止工作中设备故障导致的配置丢失
5	误告警	工作前根据工作内容向相关调度机构申请网安平台对设备检修挂牌
6	误配置	工作前应向相关调度机构提交网络安全业务申请单，经审批后方可执行。规范执行纵向加密认证装置调试手册或施工检修方案，按照最小化原则配置策略端口及业务IP地址
7	关键、常用、临时账号泄露存在系统入侵及误控风险	用户权限应遵循“实名制”和“最小化”原则，且满足“双签发”机制，认证技术手段应满足“双因子”要求，运维操作纳入关键操作管控
8	数据跳变或中断	涉及影响上级调度机构业务或其他业务数据交互的工作，须得到有关人员许可后，做好数据封锁，方可开工
9	使用不符合安全要求的数字证书或明通隧道和策略	纵向加密认证装置需确认开启支持SM2算法和支持强校验，禁止使用明通隧道和策略。若存在缺省策略处理模式需选择丢弃
10	跨区互联	严禁绕过纵向加密认证装置将两侧网络直连，严禁将设备自身网口短接
11	违规外联	应使用专用的调试计算机和移动存储介质，确认调试计算机经过安全加固和备案，且未接入过互联网
12	人身伤害	拆除旧设备及上架安装新设备时，应做好防人员误伤措施，双人或多人协作上架，防止砸伤
13	静电导致设备损坏	设备接电时应戴绝缘手套，使用绝缘工器具，使用防静电手环，做好设备及屏柜接地，做好防触电措施
14	无人监护擅自调试	相关工作应由工作负责人全程监护，加强对作业人员调试工具和调试行为的现场管控
15	数据、配置参数泄密	设备变更用途或退役应擦除或销毁其中数据
16	默认、临时账号可能泄露，存在被入侵风险	投运前应删除纵向加密认证装置临时账号、临时数据，并修改默认账号、默认口令

（3）编制作业计划，编写标准化作业风险控制卡，办理电力监控工作票，严格执行工作票中所列的各项安全措施。

2.3.2 北京科东纵向加密认证装置操作流程

1. 设备初始化

（1）第一步：将出厂配置的“Ukey”插入设备的 USB 接口，将专用调试设备的网线接入装置配置口 Eth4，同时给专用调试设备的网卡配置一个 169.254.200.0 网段的地址（非 169.254.200.200），然后启动设备管理工具，出现图 2-52 的登录界面。首次登录需输入用户名“init”，密码“×××××××××”，默认 IP 地址 169.254.200.200，点击确定进行登录。

图 2-52 管理工具登录界面

进入主界面后，点击“初始化”菜单的“1. 设备密钥及证书请求”按钮，按照配置软件向导的提示导出 SM2 证书请求。管理工具导航栏如图 2-53 所示。

图 2-53 管理工具导航栏

向导会提示用户填写证书请求文件的信息，如图 2-54 所示。证书类型选择“SM2”，然后填入“PSTunnel-2000 电力专用纵向加密认证装置”所在网省地调度等信息。

点击“下一步”，将生成的设备请求文件保存在指定位置，如图 2-55 所示。

（2）第二步：登录 init 用户之后，需要重新生成操作员证书请求 czy.csr，如图 2-56 所示。

（3）第三步：将设备请求文件和操作员请求文件通过网络安全管理平台（CSM）提交至电力调度控制中心，由电力调度控制中心通过证书签发系统分别签发生成“设备证书”和“操作员证书”。

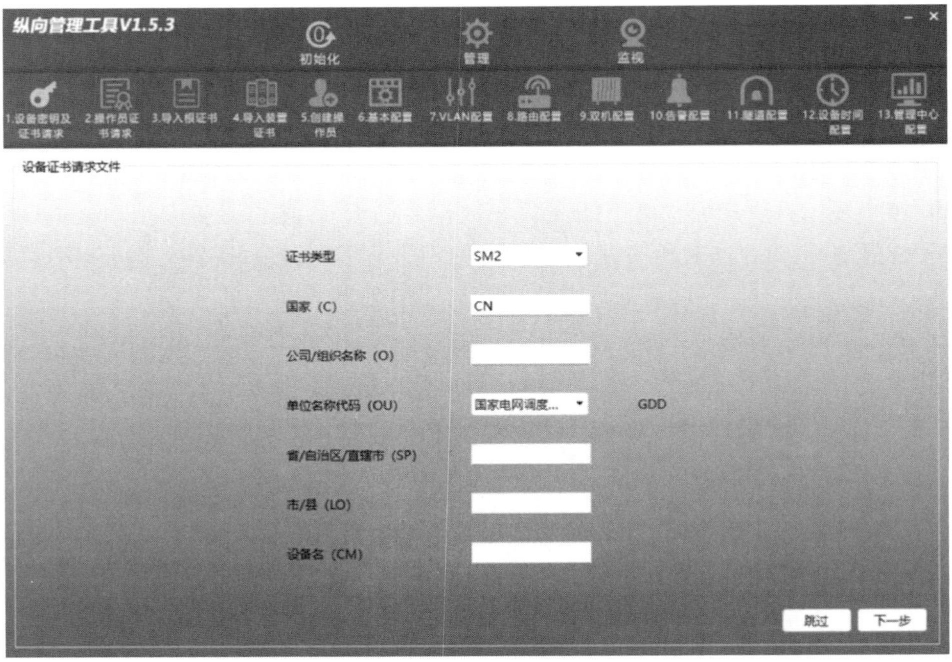

纵向管理工具V1.5.3
初始化
管理
监视
1.设备密钥及证书请求
2.操作员证书请求
3.导入根证书
4.导入装置证书
5.创建操作员
6.基本配置
7.VLAN配置
8.路由配置
9.双机配置
10.告警配置
11.隧道配置
12.设备时间配置
13.管理中心配置
设备证书请求文件
证书类型 SM2
国家（C） CN
公司/组织名称（O）
单位名称代码（OU） 国家电网调度... GDD
省/自治区/直辖市（SP）
市/县（LO）
设备名（CM）
跳过
下一步

图 2-54 设备证书请求文件

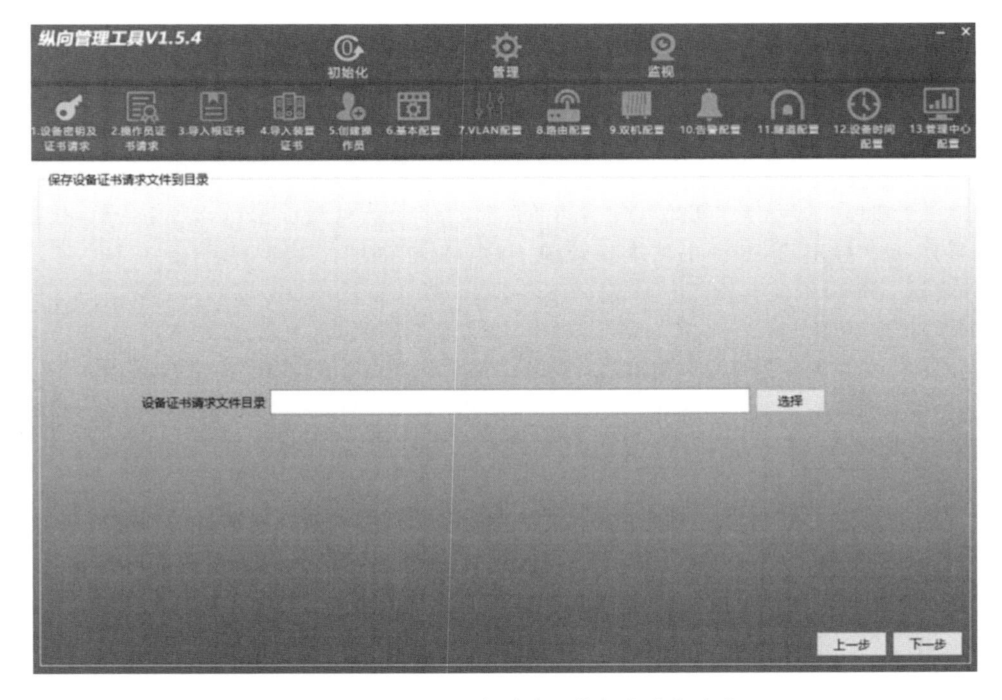

图 2-55 将生成的设备请求文件保存在指定位置

（4）第四步：将“出厂初始化 Ukey”插入 USB 接口，登录装置。创建操作员，同时导入操作员证书，完成退出管理工具，使用操作员重新进行登录。登录后在“5. 创建操作

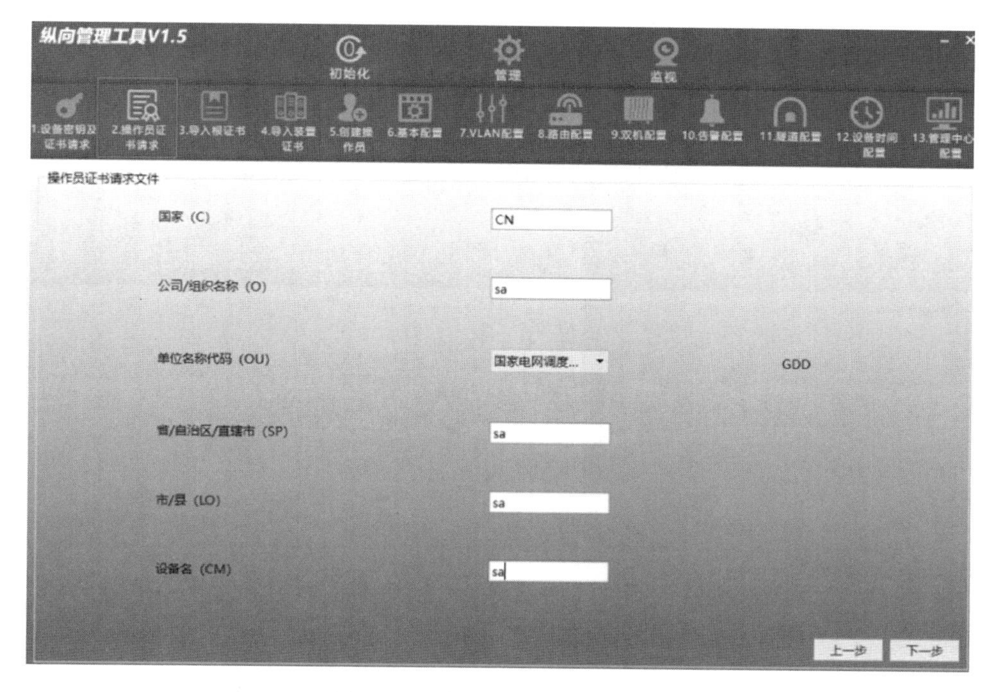

图 2－56　操作员证书请求文件

员”中点击“添加”，填写 Ukey 登录操作员，导入操作员证书。操作员信息管理如图 2－57 所示。

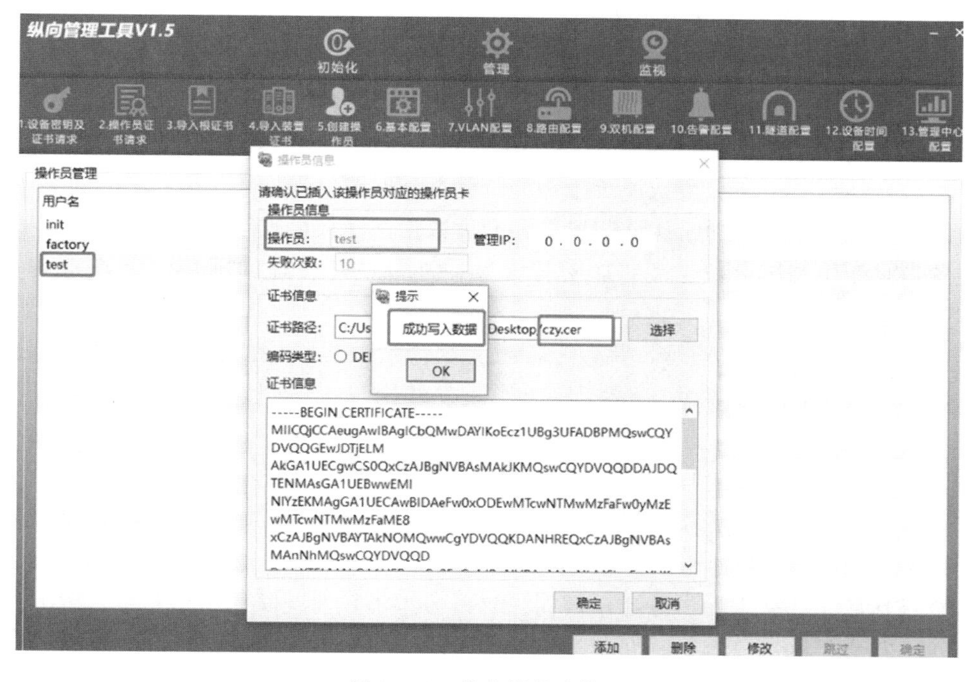

图 2－57　操作员信息管理

(5) 第五步：点击“4. 导入装置证书”，将调度机构签发的SM2证书导入装置，配置软件会自动为这个证书选定证书编号，然后点击“选择”按钮，找到设备证书文件位置，将证书导入设备，如图2-58所示。

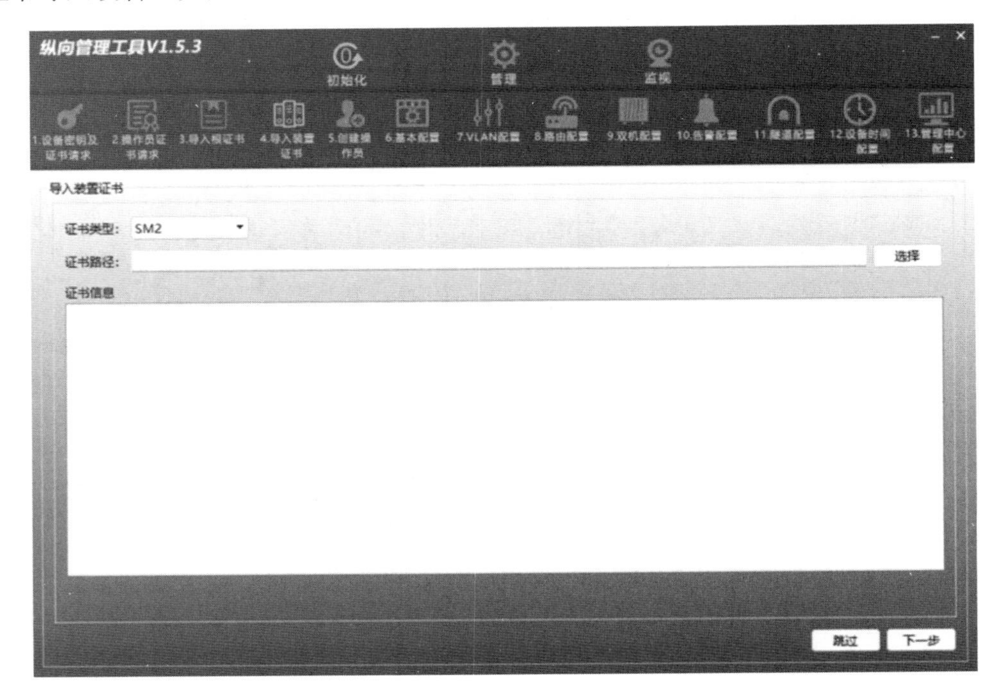

图2-58 导入装置证书

根据现场使用网口情况以及网络实际配置外网侧网口IP地址，全部配置完成后点击“确定”按钮进行下发。其中：Eth0内网口、Eth1外网口被称为第一对接口；Eth2内网口、Eth3外网口被称为第二对接口；Eth4为配网口（默认配置，不需要修改）。

外网口是连接“纵向加密认证装置”和调度数据网路由器连接的网口。

内网口是连接“纵向加密认证装置”和调度数据网交换机连接的网口。

配置口是专用调试设备连接“加密装置”并进行设备管理的网口。设备地址配置如图2-59所示。

外网口IP地址配置完毕后，跳转至授权界面，按照提示导出授权请求文件，把请求文件发给负责人员授权。注意：授权后，若修改外网口IP地址授权将失效，需要重新授权。

用管理工具登录，在管理工具页面点击“管理”→“初始化管理界面”→“导出授权信息”并按照格式填写内容，导出授权请求文件按照授权要求发给负责人员授权。初始化装置如图2-60所示。设备授权如图2-61所示。

设备授权后，现场工程人员在“管理”→“初始化管理界面”→“导入升级文件”中升级程序，升级完成设备会自动重启，提示“导入成功，设备即将重启”，重启成功之后加固程序升级完成，如图2-62所示。

加固程序升级完成后，在“管理”→“初始化管理界面”→“导入授权文件”中进行授

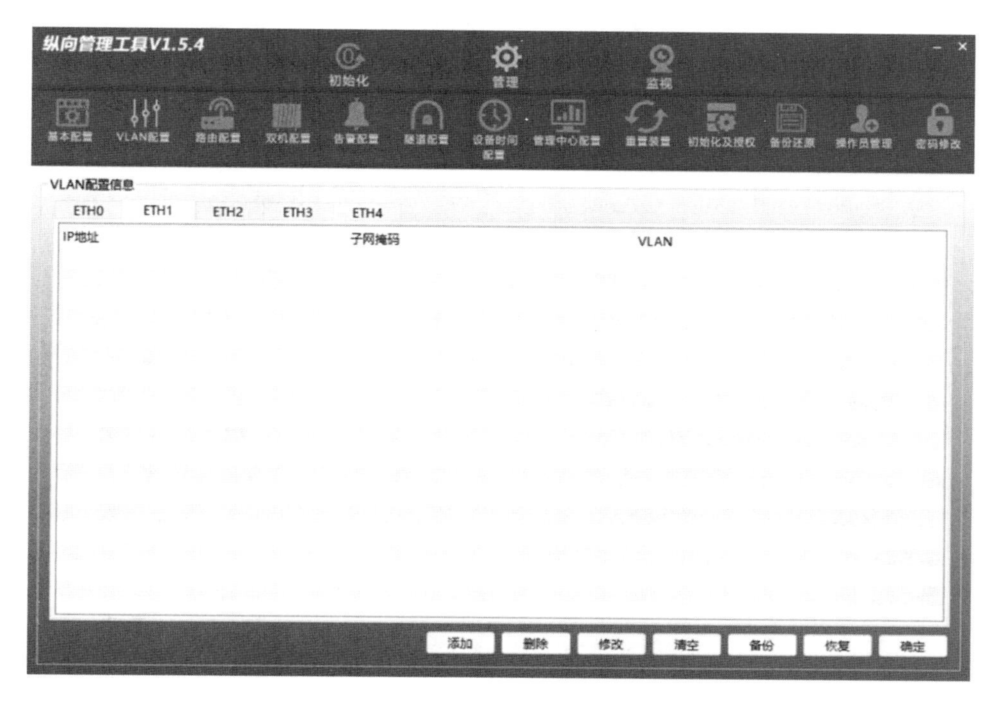

图 2-59 设备地址配置

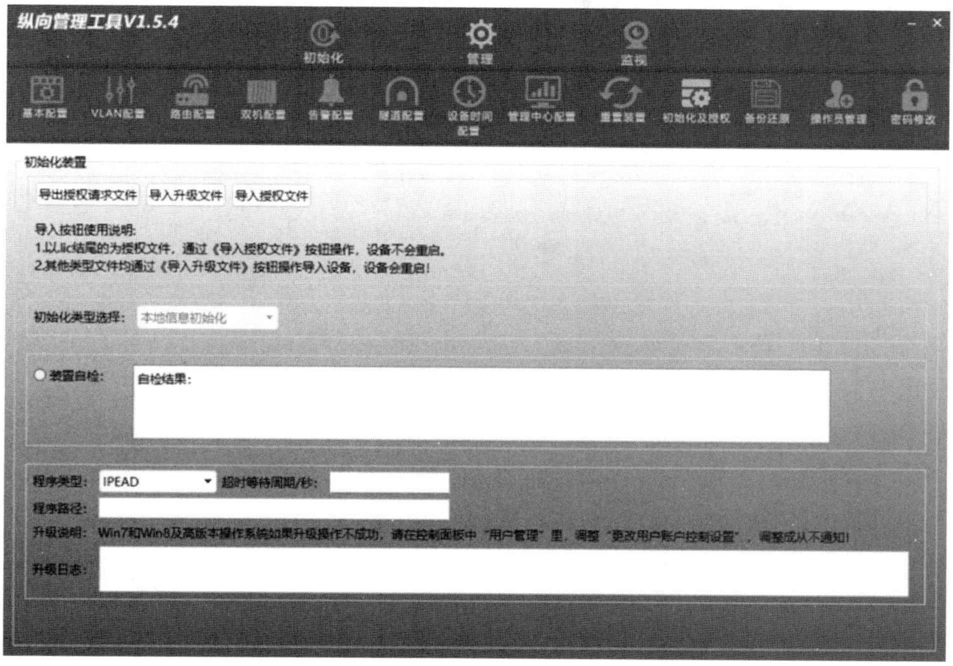

图 2-60 初始化装置

权。授权成功后，设备状态变为“已授权”。至此，设备加固版本升级及授权完成，其状态核查如图 2-63 所示。

图 2－61　设备授权

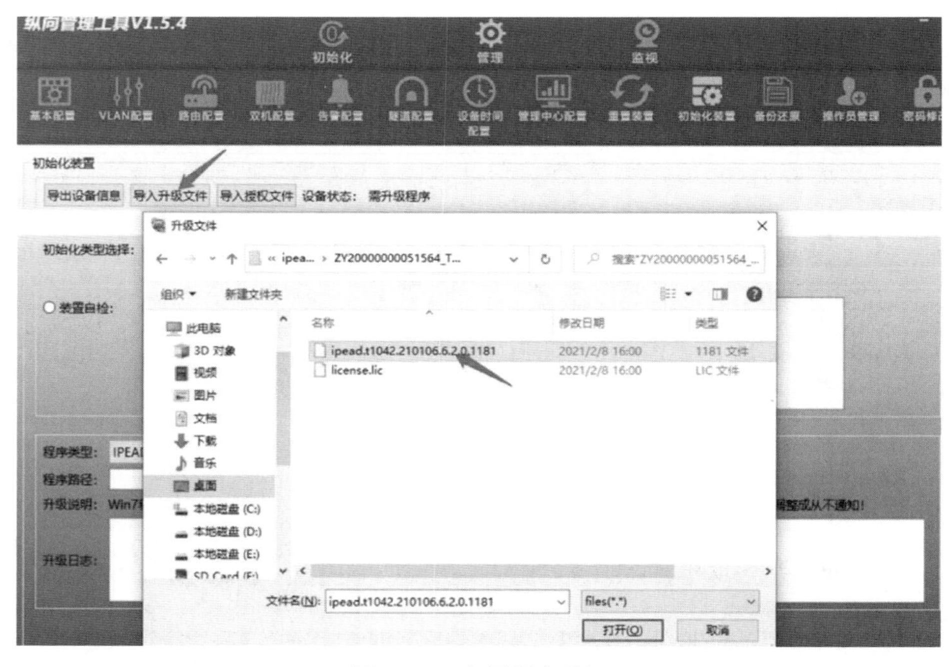

图 2－62　加固程序升级

2. 设备配置

(1) 基本信息配置。点击主界面中的“基本配置”，进入设备基本配置的界面，如图 2－64 所示。

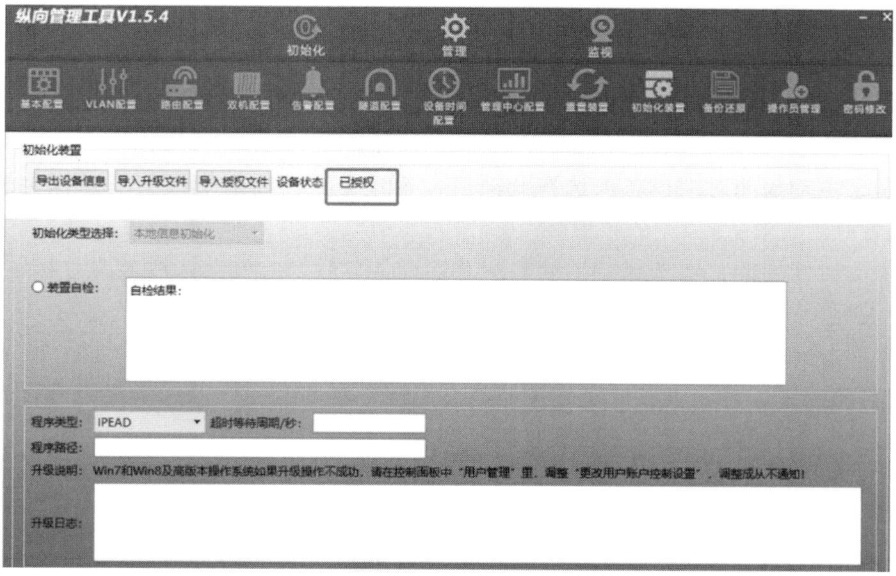

图 2-63 设备授权状态核查

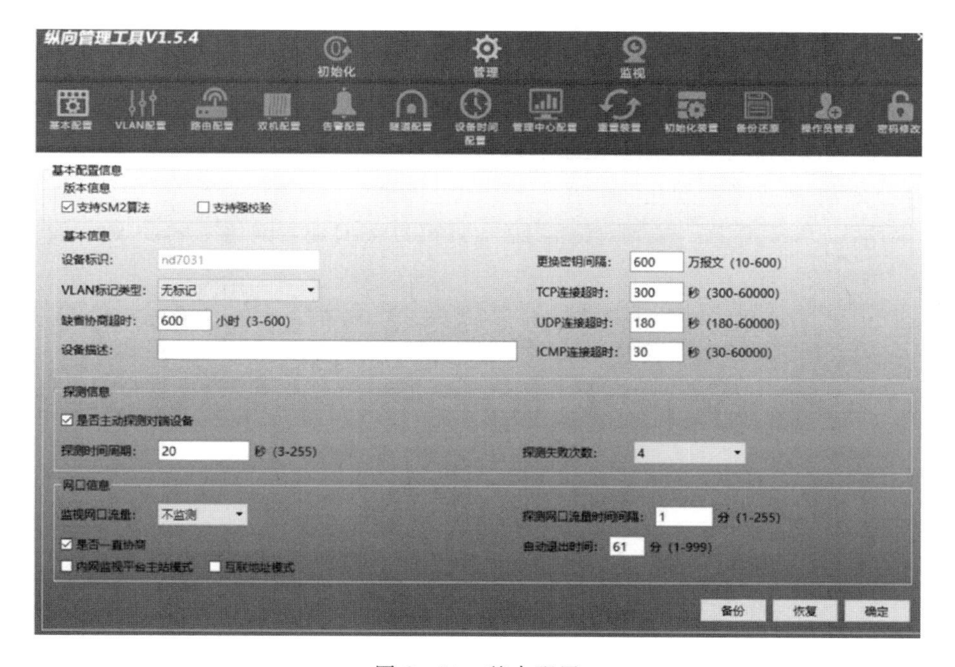

图 2-64 基本配置

基本配置的主要项目有版本信息、基本信息、探测信息和网口信息。具体说明如下：

1）支持 SM2 算法：即过程中支持 SM2 算法。

2）设备标识：管理工具自动后台获取。

3）VLAN 标记类型：如果 VLAN 采用的是 802.1q 标签协议，则选择 802.1q；或者也可以无标记。

4）缺省协商超时：如果在规定时间内隧道没有建立，则认为是协商超时，此处默认填入的时间是3h。

5）设备描述：描述设备的功能，起备忘的作用。

6）更换密钥间隔：为了增强数据保密性、安全性，协商好的密钥要定期更换，每当数据包累积到一定数量时，就要求原有的对称密钥过期，重新进行对称密钥协商。

7）是否主动探测对端设备：选择此项后，装置会主动向对端装置发送探测包，以确定对端装置是否存在。

8）探测时间周期：在选择"主动探测对端设备"后，此处默认填入的时间是20s，建议无特殊情况不改动此值。

9）探测失败次数：在选择"主动探测对端设备"后，此处默认填入的探测次数是2次。

10）监测网口流量：其主要包括不监测、监测外网和监测内外网3种方式。此处默认选择为不监测。

11）是否一直协商：选择该项后，装置上的隧道会一直主动协商对端装置。

12）内网监视平台主站模式：用于内网安全监视的平台位于主站纵向内网侧，将根据主站装置所配置的管理中心地址、告警地址及隧道地址进行校验透传253、254及UDP（514端口）协议报文。

13）互联地址模式：当纵向设备位于两个三层设备之间且三层设备之间依靠互联地址进行通信（该网段仅有两个IP地址）时使用，默认情况下为不使用。

14）TCP连接超时：默认300s。

15）UDP连接超时：默认180s。

16）ICMP连接超时：默认30s。

（2）网络VLAN配置。五个网口的IP地址可以根据现有网络不同的VLAN、不同的IP被配置，如图2-65所示。

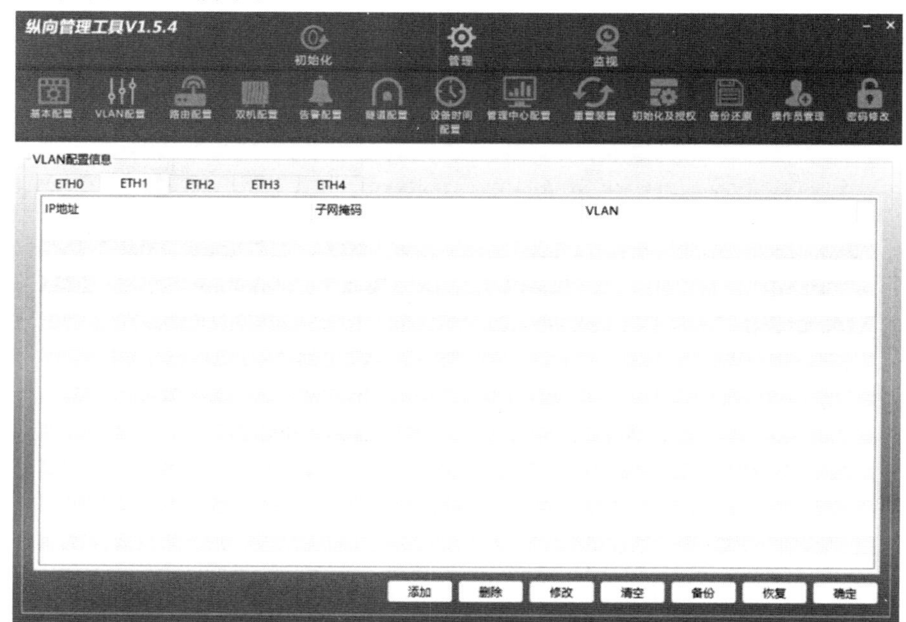

图2-65　VLAN配置

1）点击“添加”按钮，会弹出如图 2－66 所示的对话框，要求填入 IP 地址、子网掩码与对应的 VLAN。

图 2－66 添加 VLAN

2）“删除”：删除选中的一条 VLAN 配置。

3）“修改”：如果选中列表中已经存在的 VLAN 配置，将弹出修改窗口。

4）“清空”：将列表中所有网络 VLAN 配置删除。

5）“备份”：将所有 VLAN 配置信息，保存到本地，备份为 xml 格式的文件。

6）“恢复”：读取 xml 格式文件，将本地备份的 VLAN 配置信息恢复为配置默认信息。

7）“确定”：将添加或修改后的 VLAN 配置写入装置进行保存。

（3）路由配置。配置路由信息时，先要选择对应的网络接口，内网、外网、配网分别对应独立的配置页面，如图 2－67 所示。

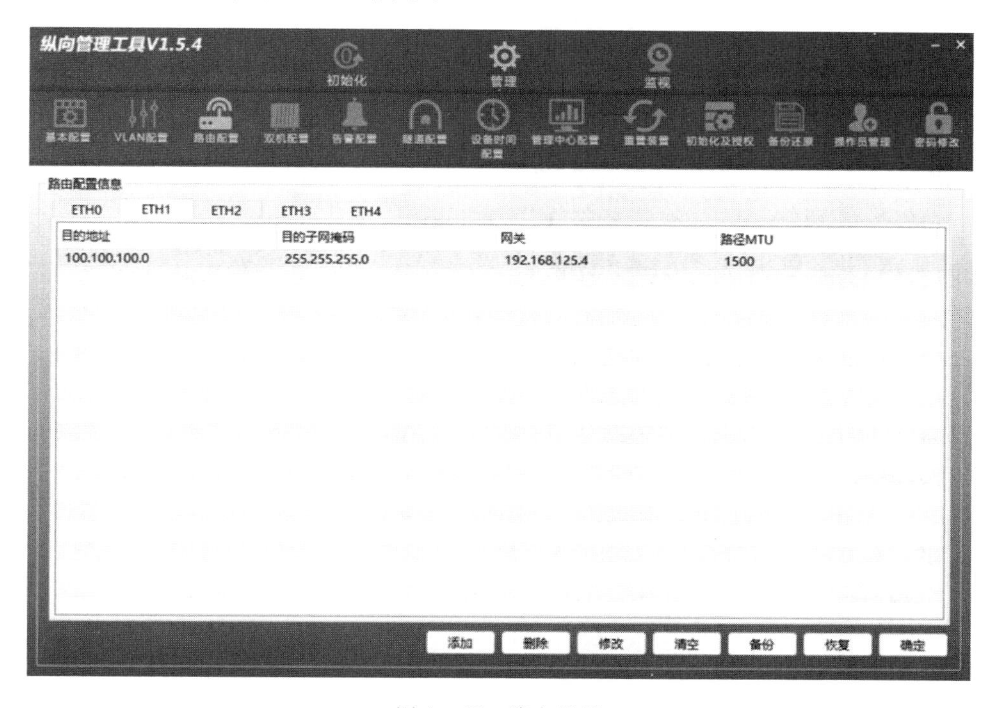

图 2－67 路由配置

图 2－68 添加路由

1）点击“添加”路由信息，会弹出如图 2－68 所示的对话框，填写所在网段的路由信息。

2）“删除”：删除选中的路由信息。

3）“修改”：对选中的路由信息进行修改。

4）“清空”：将路由信息表所有条目清空。

5）“备份”：将路由信息表备份到本地设备。

6）“恢复”：将存储在本地磁盘的路由信息文件恢复为配置默认信息。

7）“确定”：将修改后的路由配置保存到装置上。

（4）隧道配置。按照实际业务要求配置相对应的安全隧道。点击“管理”→“隧道配置”，对设备隧道配置情况进行管理，如图2-69所示。

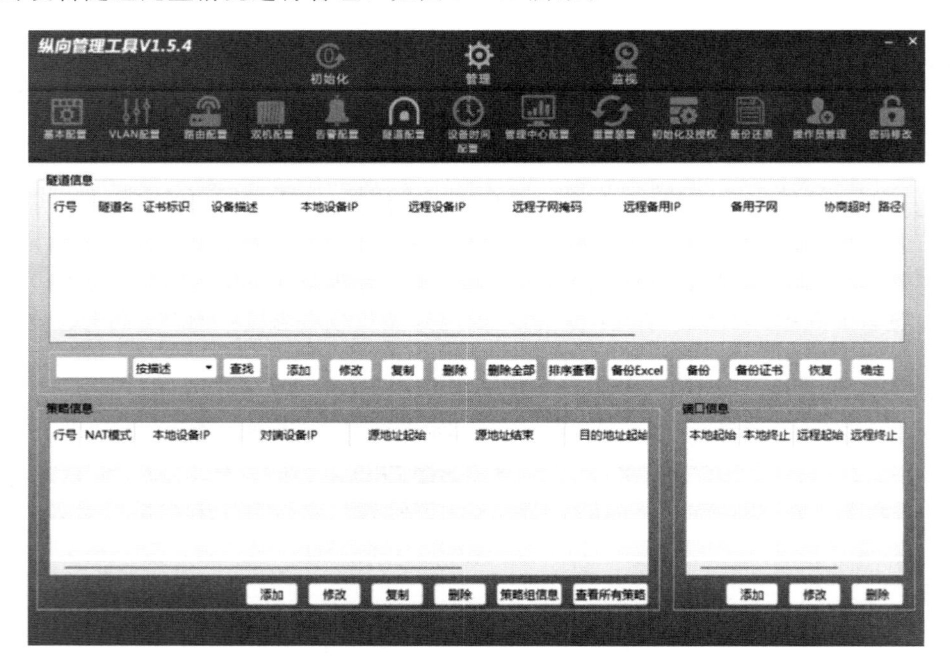

图2-69 隧道配置

1）添加：添加一条新的隧道，导入隧道对端设备的证书信息，如图2-70所示。

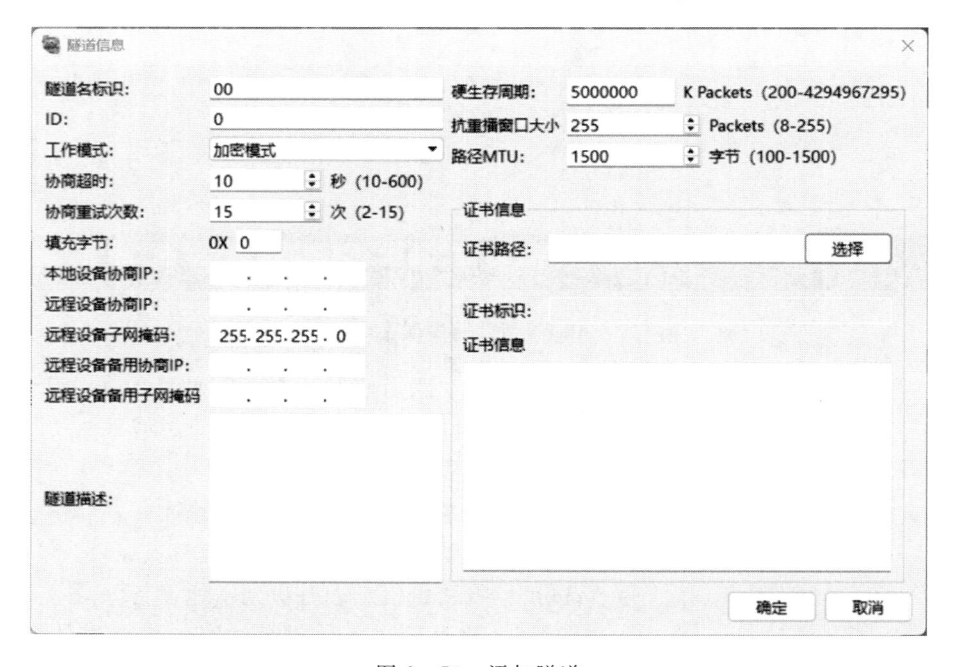

图2-70 添加隧道

隧道名标识：两位数字或者字母的组合，该字段为必填项，在“监视”中进行隧道查询时，会显示此标识。

硬生存周期：保持默认。

ID：系统会自动填充 ID 标识。

抗重播窗口大小：防止网络报文重放攻击的窗口大小设置。

协商超时：隧道的协商超时时间阈值，当超过设置范围内时间的数值时，将被认为该隧道协商时间超时，协商过期。

协商重试次数：向对端设备发送隧道协商报文的次数。当隧道未协商成功时，系统会根据已经配置好的隧道基本信息，自动向对端设备发送“隧道协商报文”，进行隧道协商。

填充字节：保持默认。

本地设备协商 IP：填写本地设备的 IP 地址。

远程设备协商 IP：建立加密隧道时对端主设备的 IP 地址。

远程设备子网掩码：对端主设备的子网掩码。

远程设备备用协商 IP：建立加密隧道时对端主设备的 IP 地址。

远程设备备用子网掩码：对端主设备的子网掩码。

隧道描述：该隧道的简单文本描述信息。

路径 MTU：网络连接路径上可传送报文的最大字节数。

证书信息：建立该隧道的对端设备证书文件。

确定：将新建或修改后的隧道信息进行保存。

取消：不保存修改的隧道信息，恢复到原来状态。

2）修改：选中一条隧道信息后，可以对该隧道信息进行修改。如果需要修改证书信息，导入新证书即可。如果不需要修改证书信息，证书信息为空即可。

3）复制：如果需要配置一条新隧道信息，并且列表中存在比较相似的隧道，可以选中这条隧道，点击“复制”，然后对隧道名称和信息进行修改。这样可以减少配置信息的填写工作。隧道配置信息填写后，需重新导入隧道对端设备的证书。

4）删除：删除选中的隧道及隧道对端设备的证书。

5）删除全部：删除列表中全部的隧道和证书。

6）备份：将显示出的所有隧道信息备份为 Excel 或 txt 格式文件，但不备份证书信息。

7）恢复：对本地备份隧道信息进行恢复，但不恢复隧道证书信息。

（5）策略配置如图 2-71 所示。

1）添加策略/端口：选中一条隧道信息，为该隧道添加一条新的策略。新策略添加成功后默认本地起始端口为 0，本地终止端口为 65535，远程起始端口为 0，远程终止端口为 65535，如图 2-72、图 2-73 所示。

本地设备协商 IP：本地设备的 IP 地址。

远程设备协商 IP：与该设备建立隧道的对端设备的 IP 地址。

本地源起始 IP 地址：本地局域网内部的被防护业务的 IP 地址段的起始地址。

本地源终止 IP 地址：本地局域网内部的被防护业务的 IP 地址段的终止地址。

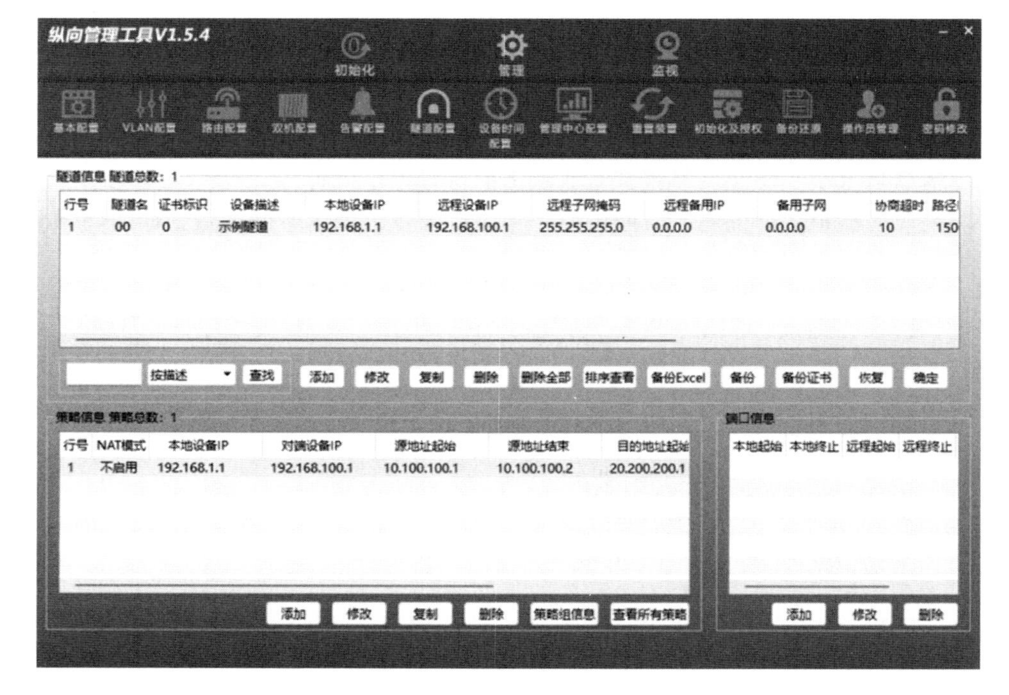

图 2-71 策略配置

远程目的起始 IP 地址：对端局域网内部的被防护业务的 IP 地址段的起始地址。

远程目的终止 IP 地址：本地局域网内部的被防护业务的 IP 地址段的终止地址。

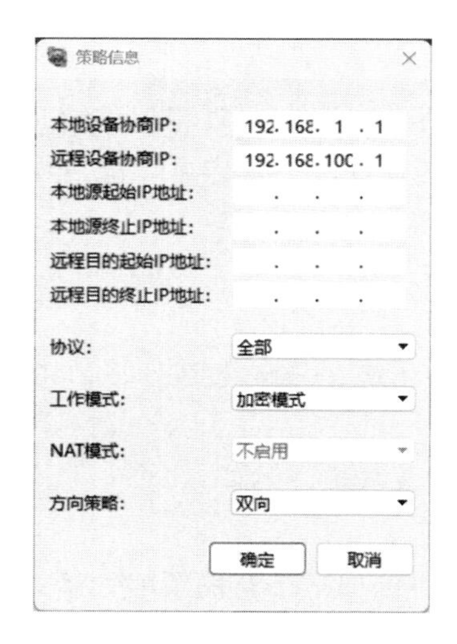

图 2-72 添加策略

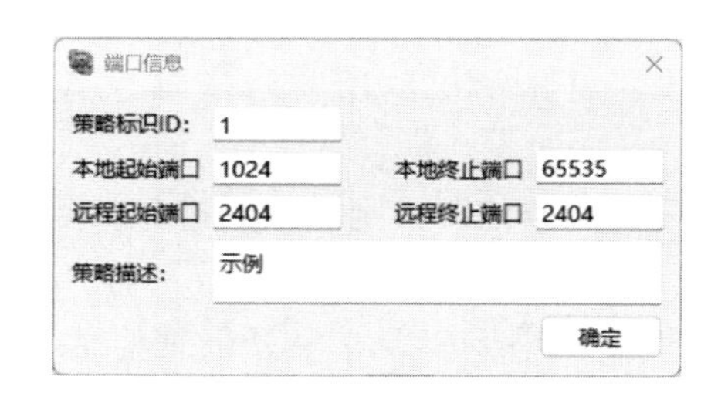

图 2-73 添加端口

协议：可选择“TCP”“UDP”“ICMP”“ALL”。

工作模式：可选择明通、密通、选择加密、丢弃，要求工作模式必须选择密通模式。

NAT 模式：支持内网 NAT、外网 NAT、内外网 NAT。

方向策略：可选择“双向”“正向”“反向”。如仅需要对从本地到远程方向的报文加密，选择“正向”；仅需要对从远程到本地的报文加密，选择“反向”；如果双向都需要加密保护，选择“双向”。

策略标识：字母或者数字的组合，长度为2。

策略描述：百兆设备支持4个字符的策略描述，千兆设备支持汉字。

本地起始端口/本地终止端口/远程起始端口/远程终止端口：本地/远程起始端口至本地/远程终止端口为1～65535。

确定：将修改或添加后的端口配置信息保存到设备上。

取消：不保存修改的信息，恢复到原来状态。

2）修改：选中一条策略信息后可以对该策略信息进行修改。

3）复制：如果需要配置一条新策略信息，并且列表中存在比较相似的策略，可以选中这条策略进行复制，然后对策略名称和策略信息进行修改。

4）删除：删除选中的策略信息及端口信息。

5）查看所有策略：查看本地设备上的所有策略及端口信息。

常见业务策略及端口见表2-16。

表2-16　常见业务策略及端口

业务名称	本地源起始IP地址	本地源终止IP地址	本地起始及终止端口	远程起始及终止端口
数据通信网关	192.168.1.1	192.168.1.2	2404-2404	1024-65535
远动装置	192.168.1.3	192.168.1.3	2501-2510	
PMU	1024-65535	1024-65535		
告警直传	2501-2510			
新能源预测	192.168.1.4	192.168.1.4	3000-3001	1024-65535
电能量	192.168.1.5	192.168.1.6	3000-3000	1024-65535
网络安全监测装置	192.168.1.7	192.168.1.7	9600-9600	1024-65535

（6）告警配置。将纵向加密认证装置的告警信息上送至电力调度控制中心网络安全监视平台，如图2-74所示。

1）是否引出报警信息：根据接入电力调度控制中心网络安全监视平台的数量，选择“报警不输出”“1个报警地址输出”或“2个报警地址输出”。

2）报警输出通信模式设备1：分别可以选择“eth0”“eth1”“eth2”“eth3”网口。

3）报警输出通信模式设备2：分别可以选择“eth2”“eth3”网口。

4）报警输出目的地址1、2：电力调度控制中心网络安全监视平台接收纵向加密认证装置的IP地址。

5）报警输出目的端口1、2：默认使用514端口。

6）日志长度不超过：“纵向加密认证装置”存储的日志文件大小。

7）是否开启阈值告警：勾选后，启用“纵向加密认证装置”阈值告警；当设备的CPU及内存超过所定义的“CPU阈值”和“内存阈值”后，将告警信息上报到内网安全监视平台。

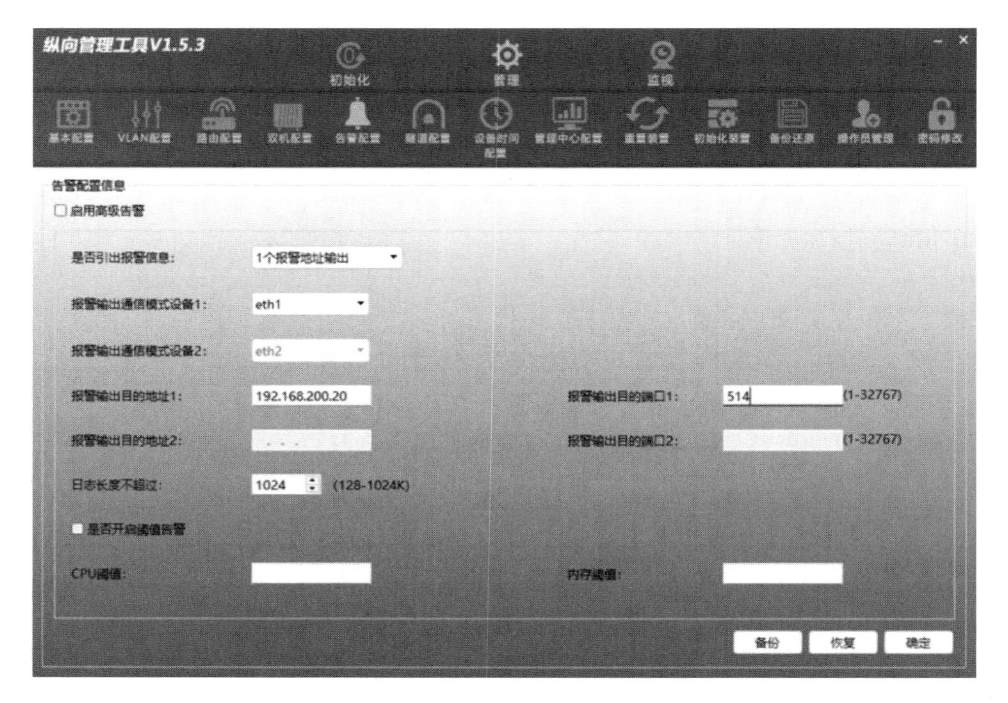

图 2-74　告警配置

（7）管理中心配置。电力调度控制中心网络安全监视平台对本地纵向加密认证装置的隧道、策略、端口等配置进行远程调阅和管理，如图 2-75 所示。

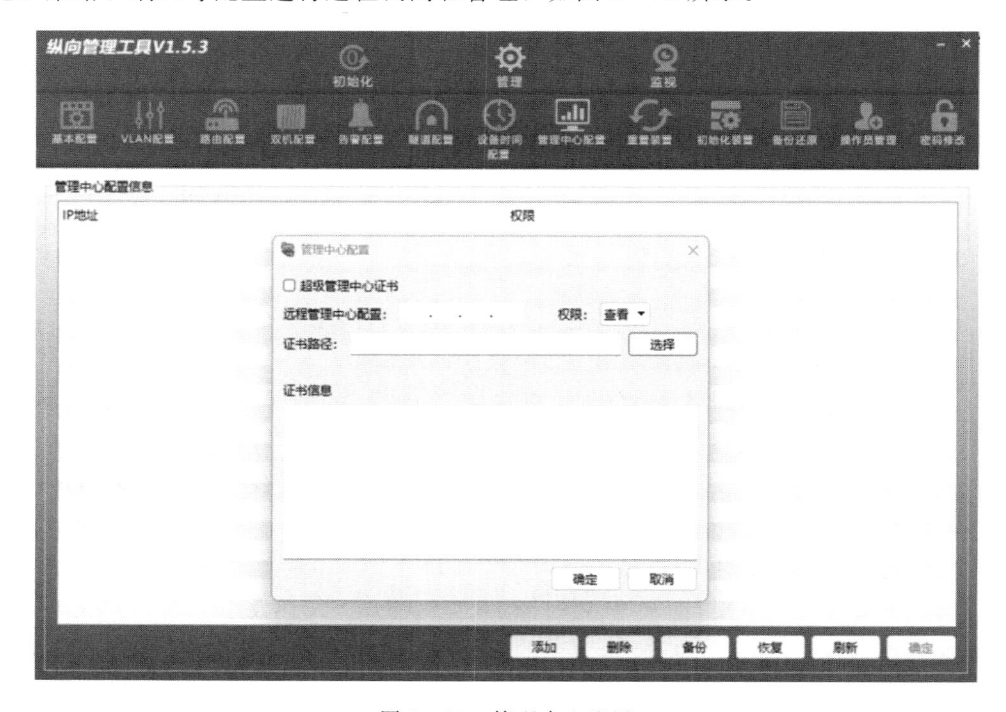

图 2-75　管理中心配置

远程管理中心配置：填写电力调度控制中心用于远程管理本地纵向加密认证装置的网络安全监视平台 IP 地址。

权限：网络安全监视平台对本地纵向加密认证装置配置进行“查看”或“修改”的权限。

证书路径：选择填写电力调度控制中心用于远程管理本地纵向加密认证装置的网络安全监视平台的管理证书。

证书信息：显示管理证书的详细信息。

2.3.3 南瑞信通纵向加密认证装置操作流程

1. 设备调试

（1）登录准备。设置电脑的 IP 地址为 11.22.33.43/24，如图 2－76 所示。

连接设备的“配置口”，电脑 ping 设备配置口的 IP 地址 11.22.33.44。网络测试如图 2－77 所示。

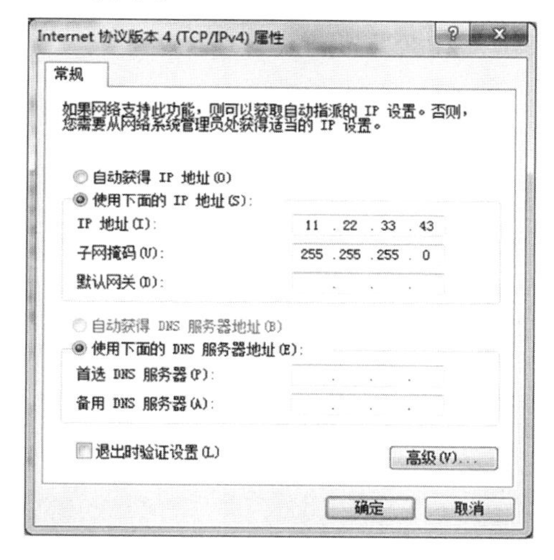

图 2－76 IP 地址设置

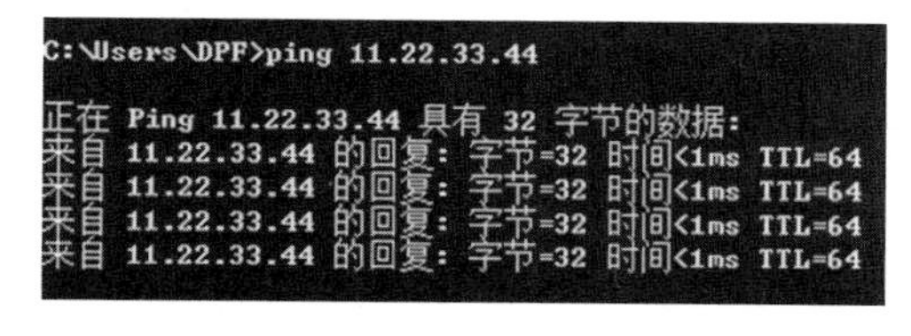

图 2－77 网络测试

打开设备配置软件，如图 2－78 所示。

图 2－78 配置软件

（2）初始化网关。新设备初次登录，会提示“初始化失败，请上传操作员证书”，如图 2－79 所示。

1）主操作员 key 的制作步骤为：

a. 点击“初始化管理”→“初始化网关”，如图 2－80 所示。

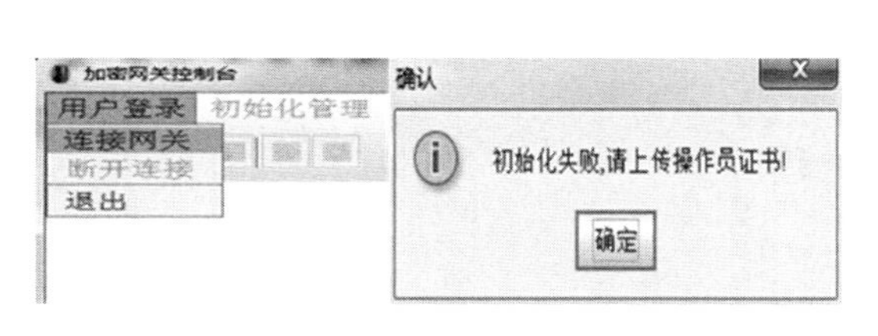

图 2－79 上传操作员证书

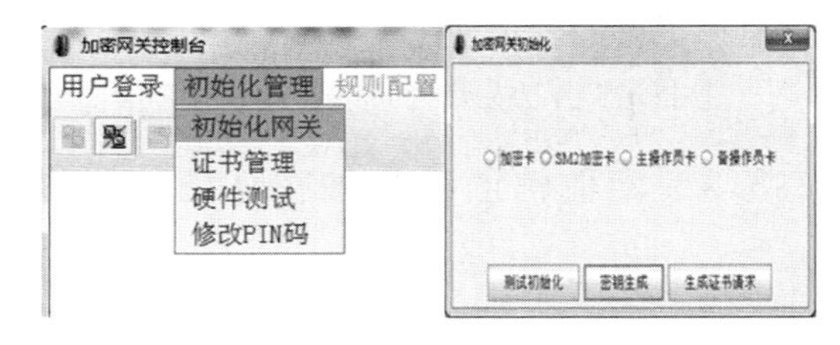

图 2－80 初始化网关

b. 选择“主操作员卡”，点击“密钥生成”，如图 2－81 所示。

c. 点击“生成证书请求”，根据各地规范填写相关信息，导出证书请求，保存至本地，如图 2－82 所示。

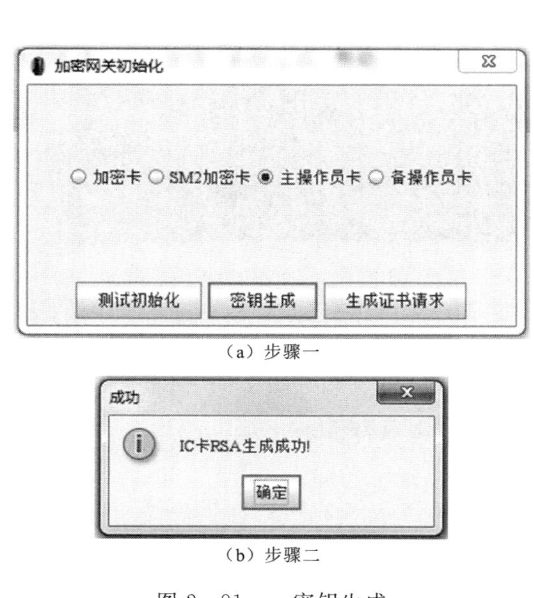

（a）步骤一

（b）步骤二

图 2－81 密钥生成

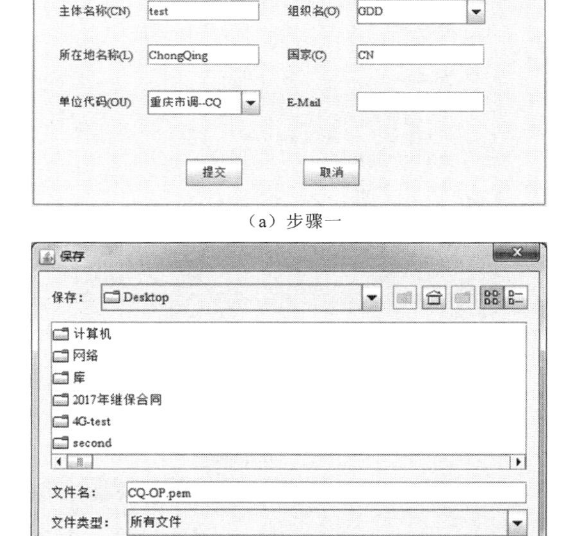

（a）步骤一

（b）步骤二

图 2－82 生成证书请求

2）设备证书请求的导出步骤：

a. 点击“初始化管理”→“初始化网关”，如图 2－83 所示。

b. 选择“加密卡”或者“SM2 加密卡”，点击“密钥生成”，如图 2－84 所示。

c. 点击“生成证书请求”，填写相关信息后将证书请求保存至本地，如图 2－85 所示。

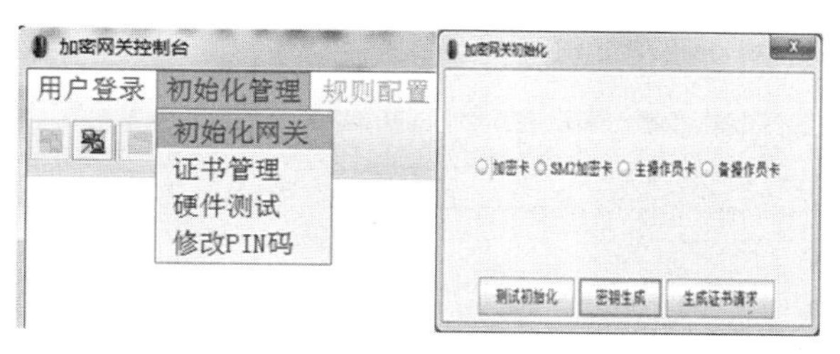

图 2-83 初始化网关

至此初始化网关步骤结束，将保存至本地的主操作员证书请求 test-op. pem 和设备证书请求 CQ-T. pem 发送至调度进行签发。调度会将签发完成的操作员证书和调度侧加密装置、管理装置等证书一起发回。

（3）上传证书。接收到主站发回的证书有：

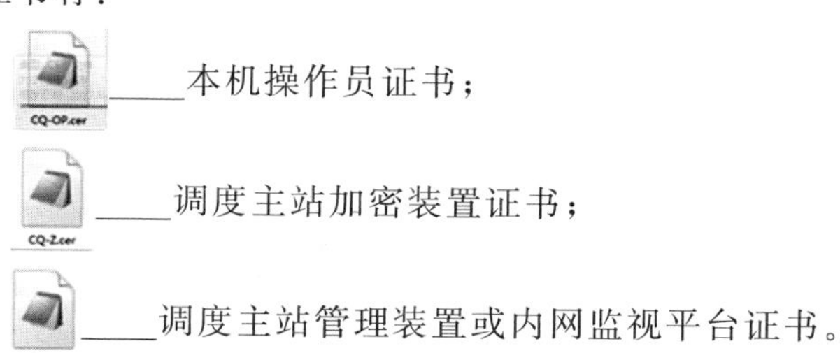

____本机操作员证书；

____调度主站加密装置证书；

____调度主站管理装置或内网监视平台证书。

（a）步骤一

（b）步骤二

图 2-84 密钥生成

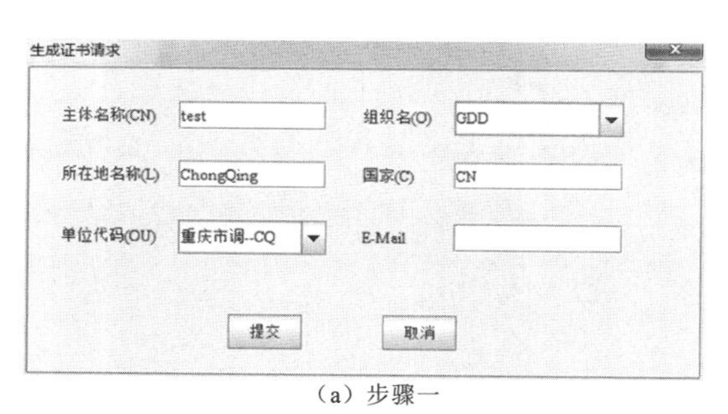

（a）步骤一

（b）步骤二

图 2-85 生成证书请求

证书链验证：一般加密装置需要使用并导入的是对端加密装置证书和装置管理系统证书。但是在南瑞 2015 年之前的加密装置中，是不能随便导入另一台加密装置或装置管理系统的证书的。因为在导入时，本台设备需要验证自己的证书链中是否存在待导入证书的 CA 根证书。如果没有，在导入时会提示“证书验证错误”。由于规范里没有强制要求这一点，因此在 2015 年以后取消了证书链的验证，加密装置可以导入任意一台设备的证书。

点击“初始化管理”→“证书管理”→[icon]，如图2-86所示。

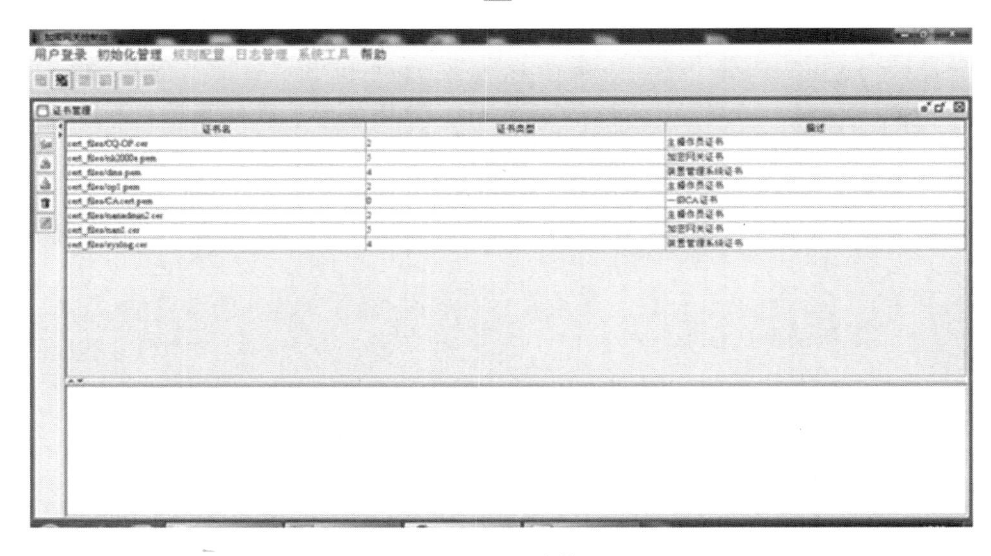

图2-86　证书管理

导入主操作员证书如图2-87所示。

导入主站加密装置证书如图2-88所示。

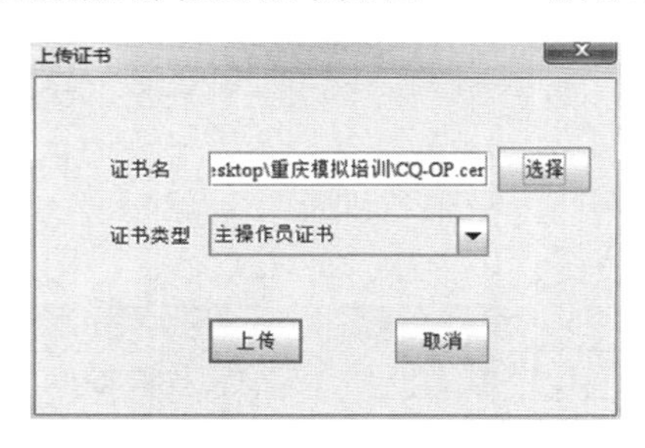

图2-87　导入主操作员证书

图2-88　导入主站加密装置证书

导入主站装置管理证书如图2-89所示。

(4) 设备登录。上传完所有证书后，重新登录设备并点击“用户登录”→“连接网关”→输入操作员pin码，如图2-90所示。

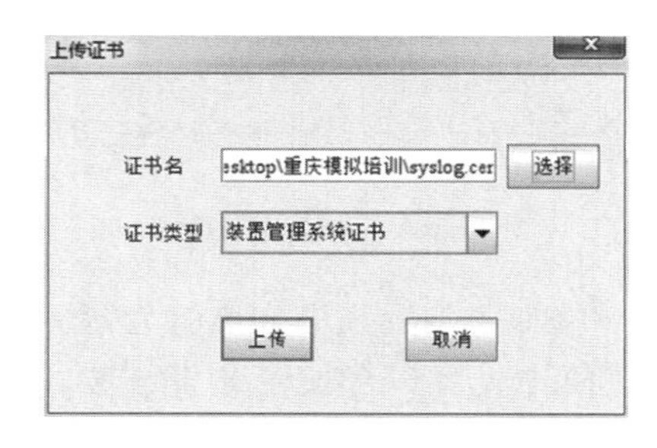

图2-89　导入主站装置管理证书

图2-90　连接网关

设备登录成功如图2-91所示。

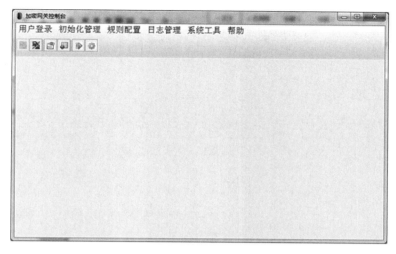

图 2-91 设备登录成功

(5) 规则配置。

1) 远程规则配置如图 2-92 所示。

系统配置

加密网关名称	加密网关地址	远程地址	系统类型	证书
Dms1	172.16.1.251	10.0.0.1	装置管理	syslog.cer
Syslog1	172.16.1.251	10.0.0.1	日志审计	syslog.cer

图 2-92 规则配置

加密网关名称：根据需要进行描述，建议不用中文表示。

加密网关地址：加密装置 IP 地址。

远程地址：装置管理机地址，或者内网监视平台（日志服务）地址。

系统类型：①若选择“装置管理”，则远程地址为主站装置管理机地址；②若选择“日志审计”，则远程地址为内网监视平台地址；③若内网监视平台具备管理和审计功能，则远程地址为同一个。

证书：选择主站装置管理机或者内网监视平台的证书。日志审计这一行证书可任选。

2) 网络配置如图 2-93 所示。

网络配置

网络接口	接口类型	IP地址	子网掩码	接口描述/桥名称	VLAN ID
eth1	PRIVATE	0.0.0.0	0.0.0.0	nei	0
eth2	PUBLIC	0.0.0.0	0.0.0.0	wai	0
BRIDGE	BRIDGE	172.16.1.251	255.255.255.0	br	0

图 2-93 网络配置

配置思路：网络配置即为设备配置一个 IP 地址。加密装置最普遍的为桥接模式，分别选择 eth1 和 eth2 为内网口和外网口（PRIVATE 和 PUBLIC），预先不在物理接口上配置IP地址和掩码。配置一个虚拟网卡，命名为br，定义网络接口，其接口类型为BRIDGE，将分配给加密装置的地址和掩码配置在虚拟网卡br上。VLAN ID的内容取决于加密装置位于交换机与路由器中间的逻辑子链路。如果路由器与交换机间不存在多个逻辑子链路，那此处写0。

3）网接设置如图2-94所示。

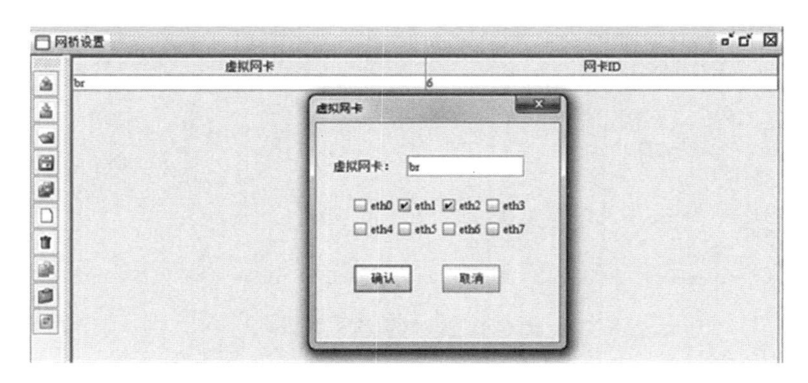

图2-94 网接设置

配置思路：将eth1和eth2勾选，即虚拟成一个网卡，为网络配置中的br。

虚拟网卡：一定是网络配置中的br。

网卡ID：连接eth1和eth2，网卡ID为6；连接eth3和eth4，网卡ID为24。

4）路由配置如图2-95所示。

路由配置

路由名称	网络接口	VLANID	目的网络	目的掩码	网关地址	策略路由ID	源地址网段	源地址掩码
Route1	br	0	10.0.0.0	255.255.255.0	172.16.1.254			

图2-95 路由配置

路由名称：此条路由规则的描述。

网络接口：选择的eth1和eth2都已被连接，因此只能选择br。

VLAN ID：由网络配置中的VLAN ID决定。

目的网络、目的掩码：决定加密装置出去的数据能够通信的网段。

网关地址：一般为路由器地址。

5）隧道配置如图2-96所示。

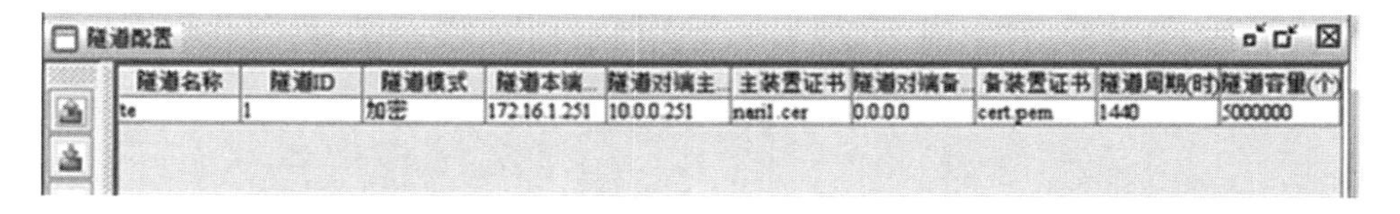

隧道配置

隧道名称	隧道ID	隧道模式	隧道本端...	隧道对端主...	主装置证书	隧道对端备...	备装置证书	隧道周期(时)	隧道容量(个)
te	1	加密	172.16.1.251	10.0.0.251	nan1.cer	0.0.0.0	cert.pem	1440	5000000

图2-96 隧道配置

隧道名称：隧道的描述。

隧道 ID：阿拉伯数字，隧道的序号可以不从 1 开始。

隧道模式：取决隧道为加密还是明通，明通隧道不对数据进行加密。

隧道本端地址：本台加密装置的地址。

隧道对端地址：与本台加密装置建立隧道的对端加密装置的地址。

主装置证书：对端加密装置的证书。

6）策略配置如图 2-97 所示。

图 2-97　策略配置

策略名称：策略的描述

隧道 ID：匹配本条策略的报文，通过隧道进行加密，隧道号不可写错。

内网起始地址、内网终止地址：规定了通信报文中源 IP 地址段。

外网起始地址、外网终止地址：规定了通信报文中目的 IP 地址段。

内网起始端口、内网终止端口：规定了通信报文的源端口范围，或被访问的端口范围。

外网起始端口、外网终止端口：规定了通信报文的目的端口范围，或可以访问的端口范围。

2. 通信报文分析

（1）隧道状态查询：

1）登录设备成功后，点击“系统工具”→“隧道管理”进行隧道状态查询，看热备状态是否为彩色，如图 2-98 所示。

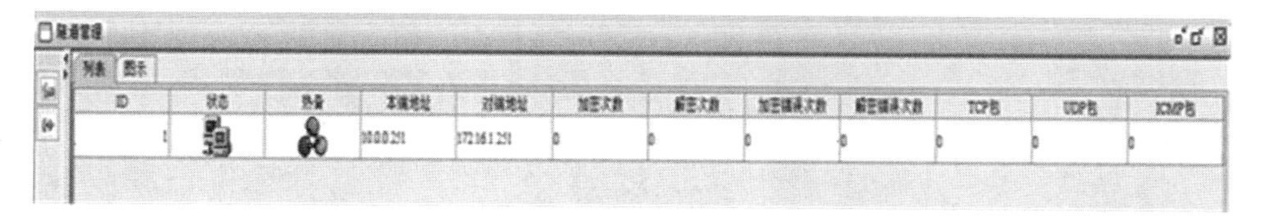

图 2-98　查询热备状态颜色

2）使用 SSH（用户名 11.22.33.44、端口 6702、用户名 nari、密码×××××××）或者串口（南瑞设备波特率为 115200）登录后台，输入 tunnel 命令。

```
[root@netkeeper]#
[root@netkeeper]#tunnel
#TunID state hot? myip dstip en num de num en err tcp udp icmp period quantity
1,3,1,10.0.0.251,172.16.1.251,0,0,0,0,0,0,0,10000,5000000
#key:4A EB D3 2D 80 55 D4 C6 FE A3 E3 4A B7 3E D5 89
#device state:Hot[22]
[root@netkeeper]#
```

查看 state 值是否为 3，如是代表隧道协商成功。

（2）数据链路查询：

1）点击“系统工具”→“隧道管理”进行隧道状态查询，查看加解密次数，如图2-99所示。

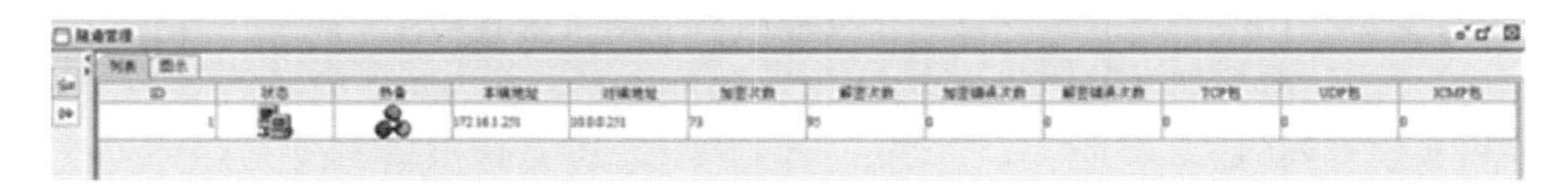

图2-99 查询加解密次数

2）点击“系统工具”→“链路管理”进行报文通信链路的查询，可以看到正在通信报文的源目的地址、源目的端口、进出口数据包的数目。链路管理如图2-100所示。

图2-100 链路管理

3）同样在后台输入cat/proc/netkeeper/device可查看加解密的次数、加解密是否出错以及加解密发送和接收报文大小的总和。

4）在后台输入命令linkstate，也可以查询报文通信链路的信息，同上文的链路管理。

5）在后台输入命令rulelist，可以显示通信报文匹配了哪条策略以及匹配了多少次。

3. 工作状态查询

（1）当有通信报文在通信，并有设备在实现加解密时，设备的Encrypt指示灯正常亮，如图2-101所示。

（2）当配置中指定通信网口的网线掉落或相应的网卡宕掉，设备的告警灯会闪烁，如图2-102所示。

图2-101 设备指示灯正常亮

图2-102 设备告警灯闪烁

4. 后台基本命令操作

（1）后台配置。

使用配置软件界面的规则配置包括远程配置、网络配置、路由配置、隧道配置、策略配置等，都以txt格式文件存放在/log目录下。

通过后台编辑、删除相应的txt文件，同样可以达到更新加密装置配置的目的。

（2）查看网卡IP信息。输入ifconfig命令，可以查看界面配置的IP地址。

（3）查看系统进程。输入ps-ef命令，可查看后台主要进程运行情况。具体命令说明如下。

/netkeeper/sbin/secgate：此为加密装置进行隧道协商，即数据加密的主进程，若此进程无法正常运行，加密装置会自动重启系统，以便重启此进程。

/netkeeper/sbin/tcpserver_ssl：此为加密装置JAVA配置客户端软件连接系统的服务端进程，若此进程不在，配置软件连接装置失败，则无法进行界面配置。

（4）查看路由表。输入 route－n 命令，查看设备生成的路由表，以此来判断网络可达的情况。

（5）快速清空配置。在后台粘贴以下命令，即可迅速删除配置。

```
cd /log
ture >dms. txt
ture >IP. txt
ture >route. txt
ture >tunnel. txt
ture >rule. txt
ture >bridge. txt
ture >certlist. txt
rm - rf cert_files/op1. crt
```

2.4 防 火 墙

防火墙指的是指由软件和硬件设备组合而成的，在内部网和外部网之间以及专用网与公共网之间的边界上构造的保护屏障，它是一种计算机硬件和软件的结合，使网络与网络之间建立起一个安全网关，从而保护内部网免受外部非法用户的侵入。

2.4.1 准备工作

1. 硬件准备

防火墙硬件准备见表2－17。

表2－17　　防火墙硬件准备

序号	名称	数量	图示
1	专用调试笔记本	1	
2	以太网线	1	

续表

序 号	名 称	数量	图 示
3	console调试线	1	

2. 软件准备

调试软件需要准备SecureCRT调试软件；IE6.0或以上版本的浏览器、Google浏览器等。

3. 管理软件安装与使用

在调试被电脑上安装好相应版本浏览器，即可通过Web登录方式对防火墙进行配置。以某防火墙为例，其管理口的IP地址是192.168.0.1，子网掩码为255.255.255.0。

4. 安全措施

（1）加强厂家人员现场作业安全管理，开展安全知识考试，提前办理厂家人员“安全准入”手续，工作前工作负责人要对人员进行现场安全教育，交代工作地点、工作内容、安全措施及危险点等事项，履行签字确认手续。

（2）严格落实作业风险辨识及控制措施，见表2-18。

表2-18 作风险辨识及控制措施

序号	风险类型	控 制 措 施
1	系统非正常运行	在纵向加密认证装置上工作前，验证原设备、冗余设备及业务系统运行是否正常
2	冗余设备不能正常运行	按“先备后主”的原则开展工作，在冗余系统（双/多机、双/多节点、双/多通道或双/多电源）中将设备切换成非主用状态时，确认其余设备、节点、通道或电源正常运行
3	设备单机运行检修导致业务中断	若无冗余设备，需获得业务管理部门许可后将业务停运或转移，方可开展工作
4	设备故障导致配置丢失	工作前应做好配置备份，防止工作中设备故障导致的配置丢失
5	误告警	工作前根据工作内容向相关调度机构申请网安平台对设备检修挂牌
6	误配置	工作前应向相关调度机构提交网络安全业务申请单，经审批后方可执行。规范执行纵向加密认证装置调试手册或施工检修方案，按照最小化原则配置策略端口及业务IP地址
7	关键、常用、临时账号泄露存在系统入侵及误控风险	用户权限应遵循“实名制”和“最小化”原则，且满足“双签发”机制，认证技术手段应满足“双因子”要求，运维操作纳入关键操作管控
8	数据跳变或中断	涉及影响上级调度机构业务或其他业务数据交互的工作，须得到有关人员许可后，做好数据封锁，方可开工
9	使用不符合安全要求的数字证书或明通隧道和策略	纵向加密认证装置需确认开启支持SM2算法和支持强校验，禁止使用明通隧道和策略。若存在缺省策略处理模式需选择丢弃

续表

序号	风险类型	控 制 措 施
10	跨区互联	严禁绕过纵向加密认证装置将两侧网络直连，严禁将设备自身网口短接
11	违规外联	应使用专用的调试计算机和移动存储介质，确认调试计算机经过安全加固和备案，且未接入过互联网
12	人身伤害	拆除旧设备及上架安装新设备时，应做好防人员误伤措施，双人或多人协作上架时应防止砸伤
13	静电导致设备损坏	设备接电时应戴绝缘手套，使用绝缘工器具，使用防静电手环，做好设备及屏柜接地，做好防触电措施
14	无人监护擅自调试	相关工作应由工作负责人全程监护，加强对作业人员调试工具和调试行为的现场管控
15	数据、配置参数泄密	设备变更用途或退役应擦除或销毁其中数据
16	默认、临时账号可能泄露，存在被入侵风险	投运前应删除纵向加密认证装置临时账号、临时数据，并修改默认账号、默认口令

（3）组织开展调研工作，确认现场安全防护设备、网络设备、主机设备、数据通信网关机、电能量采集终端等设备的厂家型号，了解变电站内各业务系统、监控对象具体操作系统版本以及与各业务厂商情况，制定完整设备清单的厂家联系人登记表。

（4）为网络安全监测装置申请并分配 IP 地址，包括变电站内各系统 A、B 网地址以及调度数据网 IP 地址。

（5）分配机柜空间及电源。Ⅱ型网络安全监测装置为1U 整层机箱，支持双路交、直流电源独立供电；监测装置工作站可以部署在机房或运维间，便于日常维护。

（6）组织人员进行现场勘察，编写标准化作业风险控制卡，办理电力监控工作票，严格执行工作票中所列的各项安全措施。

2.4.2 操作流程

1. 防火墙 Web 管理

确认被调试电脑同防火墙管理口通信正常，打开浏览器，用 HTTP 或 HTTPS 方式连接防火墙的管理 IP 地址，如 https：//192.168.0.1，在弹出的界面输入用户名和密码，管理员用户首次登录后创建一个普通操作员用户。防火墙 Web 界面如图 2-103 所示。

2. 网络接口配置

（1）在接口管理—组网模式中将 tengige0_0、tengige0_1 两个接口（后文称作 0 口和 1 口）的工作模式设置成二层接口，类型为 access，分别接内网和外网，提交保存，如图 2-104 所示。

（2）在 VLAN 模式-VLAN 接口中可以看到，0 口和 1 口均归属于默认的 VLAN1。在 VLAN 模式-VLAN 接口中配置 VLAN1 的接口 IP，如图 2-105 所示。

3. 对象规则策略配置

（1）对象管理—安全域。规则配置前先设置安全域，设置Ⅰ区、Ⅱ区两个安全域，分别关联 0 口、1 口，如图 2-106 所示。

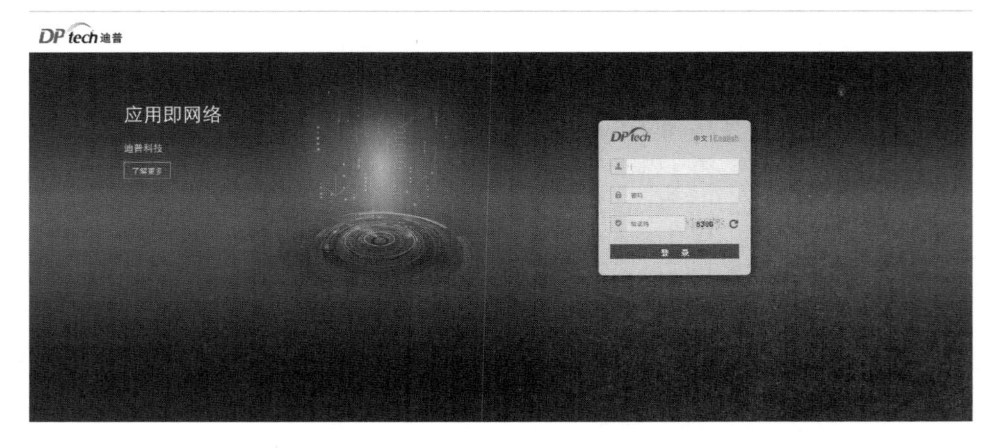

图 2-103　防火墙 Web 界面

DPtech FW1000-TS-A

2024年06月27日 14:31:57

名称	描述	工作模式	[illegible]	IP设置	VLAN设置	管理状态	全局IP/MAC地址
tengige0_0	tengige0_0	三层接口	LAN	无	无	禁用	IP：无 MAC：00:24:ac:43:dd:ed
tengige0_1	tengige0_1	三层接口	LAN	无	无	禁用	IP：无 MAC：00:24:ac:43:dd:ee
tengige0_2	tengige0_2	三层接口	LAN	无	无	禁用	IP：无 MAC：00:24:ac:43:dd:ef
tengige0_3	tengige0_3	三层接口	LAN	无	无	禁用	IP：无 MAC：00:24:ac:43:dd:f0
gige0_4	gige0_4	三层接口	LAN	无	无	禁用	IP：无 MAC：00:24:ac:43:dd:f1
gige0_5	gige0_5	三层接口	LAN	无	无	禁用	IP：无 MAC：00:24:ac:43:dd:f2
gige0_6	gige0_6	三层接口	LAN	无	无	禁用	IP：无 MAC：00:24:ac:43:dd:f3
gige0_7	gige0_7	三层接口	LAN	无	无	禁用	IP：无 MAC：00:24:ac:43:dd:f4
gige0_8	gige0_8	三层接口	LAN	无	无	禁用	IP：无 MAC：00:24:ac:43:dd:f5
gige0_9	gige0_9	三层接口	LAN	无	无	禁用	IP：无 MAC：00:24:ac:43:dd:f6
gige0_10	gige0_10	三层接口	LAN	无	无	禁用	IP：无 MAC：00:24:ac:43:dd:f7
gige0_11	gige0_11	三层接口	LAN	无	无	禁用	IP：无 MAC：00:24:ac:43:dd:f8
gige0_12	gige0_12	三层接口	LAN	静态IP 主地址(IPv4)：192.160.10.200/24	无	禁用	IP：192.160.10.200/24 MAC：00:24:ac:43:dd:f9

共：1页　21条数据

图 2-104　网络接口配置

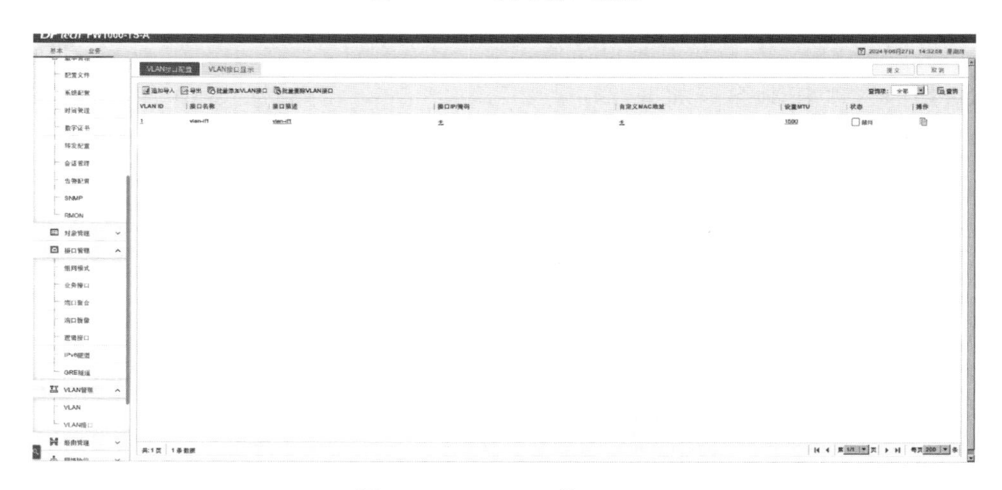

图 2-105　VLAN 接口配置

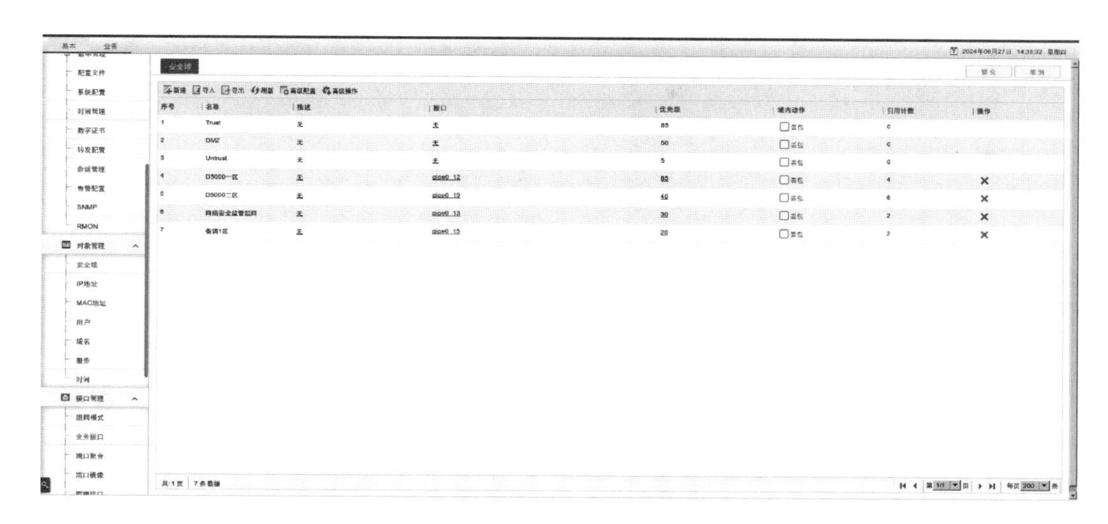

图 2-106 安全域设置

(2) 对象管理—IP 地址。将网安装置、Ⅰ区交换机、后台代理 agent、ntp 时钟、组播地址等防火墙管理对象的 IP 地址一一录入，如图 2-107 所示。

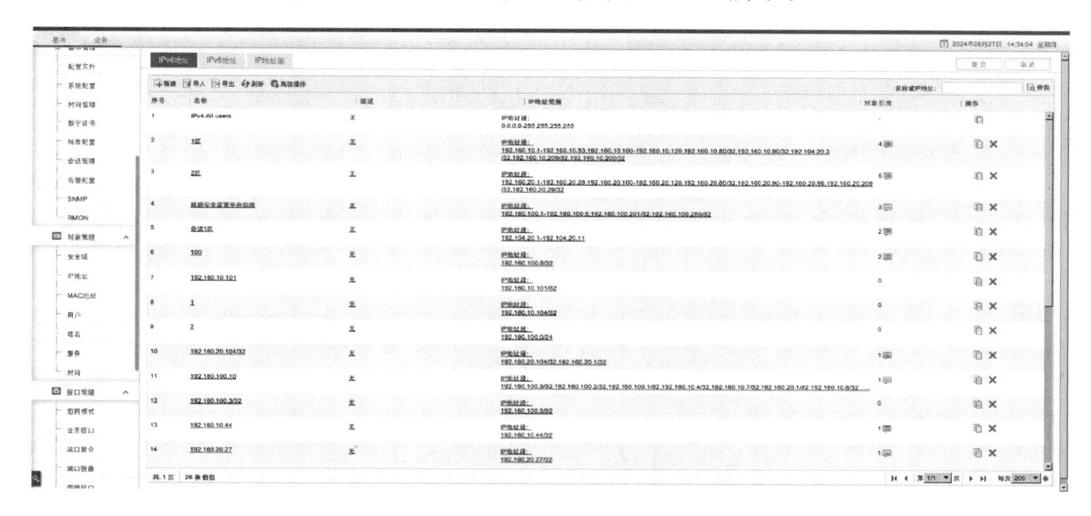

图 2-107 IP 地址录入

完成上述准备，即可进行规则配置，规则策略配置是防火墙配置的核心。

(3) 业务—安全策略—IPV4 包过滤。新建包过滤策略，填写源地址对象、目的地址对象，根据业务要求服务和端口，在最后加一条不符合策略全都丢弃的策略。具体需要添加的策略有 ping、网络安全装置至Ⅰ区交换机、Ⅰ区交换机至网络安全装置、ntp 对时、保信子站的业务、后台机 agent 代理服务到网络安全装置、网络安全装置到后台机 agent 代理服务、组播业务等，如图 2-108 所示。

(4) 系统日志配置。点击“日志管理”→“国网日志配置”，勾选“网监装置”，根据数据网反馈单填写服务器 trap 日志接收地址，如图 2-109 所示。

图 2 - 108　包过滤策略

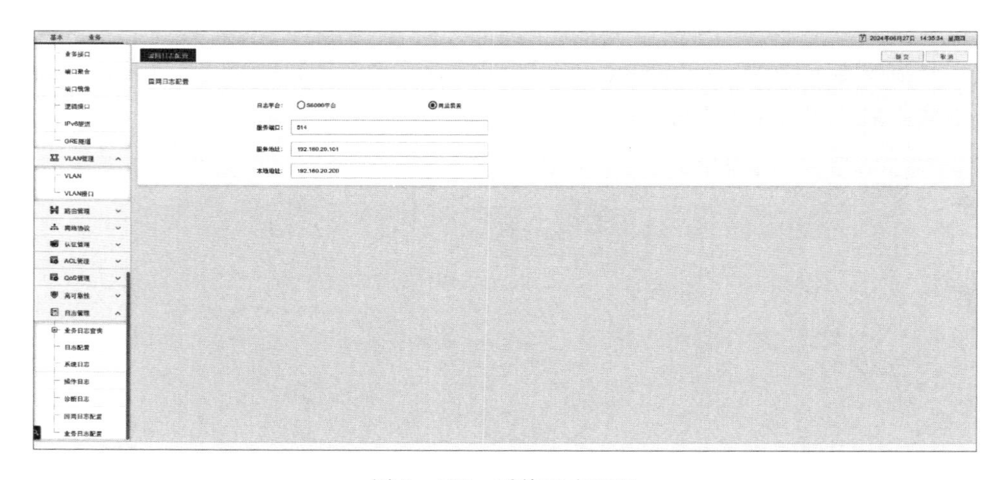

图 2 - 109　系统日志配置

2.5　网络安全监测装置

网络安全监测装置按照“监测对象自身感知、网络安全监测装置分布采集、网络安全管理平台统一管控”的原则，采集网络设备（如数据网交换机、工控交换机等）、主机设备（服务器和工作站）、安防设备（如防火墙，正、反向隔离装置等）以及监测装置自身的运行信息和安全事件，将运行信息和安全事件实时或归并成告警信息上报给主站平台，并执行主站平台下发的各类管控命令。本节针对网络安全监测装置的调试进行了详细介绍。

2.5.1　准备工作

1. 硬件准备

网络安全监测装置硬件准备见表 2 - 19。

表 2-19 网络安全监测装置硬件准备

序号	名称	数量	图示
1	专用调试笔记本	1	
2	以太网线	1	
3	console 调试线	1	
4	网络安全监测装置	1	
5	UsbKey	1	

2. 软件准备

(1) 调试软件：纵向加密认证装置调试客户端、SecureCRT 调试软件。

(2) 调试证书：主站纵向加密认证装置证书、网络安全监管系统证书。

3. 调试客户端安装与使用

北京科东网络安全监测装置调试客户端采用绿色免安装模式配发给调试人员，将压缩包解压后即可直接使用。网络安全监测装置通过 ETH8 口进行设备调试，调试 IP 地址为 192.168.8.100，专用调试笔记本 IP 地址为 192.168.8.200，子网掩码 255.255.255.0。

4. 安全措施

(1) 加强厂家人员现场作业安全管理，开展安全知识考试，提前办理厂家人员“安全准入”手续，工作前工作负责人要对人员进行现场安全教育，交代工作地点、工作内容、安全措施及危险点等事项，履行签字确认手续。

(2) 严格落实作业风险辨识及控制措施，见表 2-18。

(3) 组织开展调研工作，确认现场安全防护设备、网络设备、主机设备、数据通信网关机、电能量采集终端等设备的厂家型号，了解变电站内各业务系统、监控对象具体操作系统版本以及与各业务厂商情况，制定完整设备清单的厂家联系人登记表。

(4) 为网络安全监测装置申请并分配 IP 地址，包括变电站内各系统 A、B 网地址以及调度数据网 IP 地址。

(5) 分配机柜空间及电源。Ⅱ型网络安全监测装置为 1U 整层机箱，支持双路交、直流电源独立供电；监测装置工作站可以部署在机房或运维间，便于日常维护。

(6) 组织人员进行现场勘察，编写标准化作业风险控制卡，办理电力监控工作票，严格执行工作票中所列的各项安全措施。

2.5.2 操作流程

1. 通用配置

(1) 设备登录。当监管平台启动时，首先进入登录界面，登录界面为整个监管平台的入口，支持装置 IP 用户名和密码字段的校验。当输入的用户名和密码不正确的时候，会有错误提示；当用户名和密码正确时进入监管平台的管理界面，如图 2-110 所示。

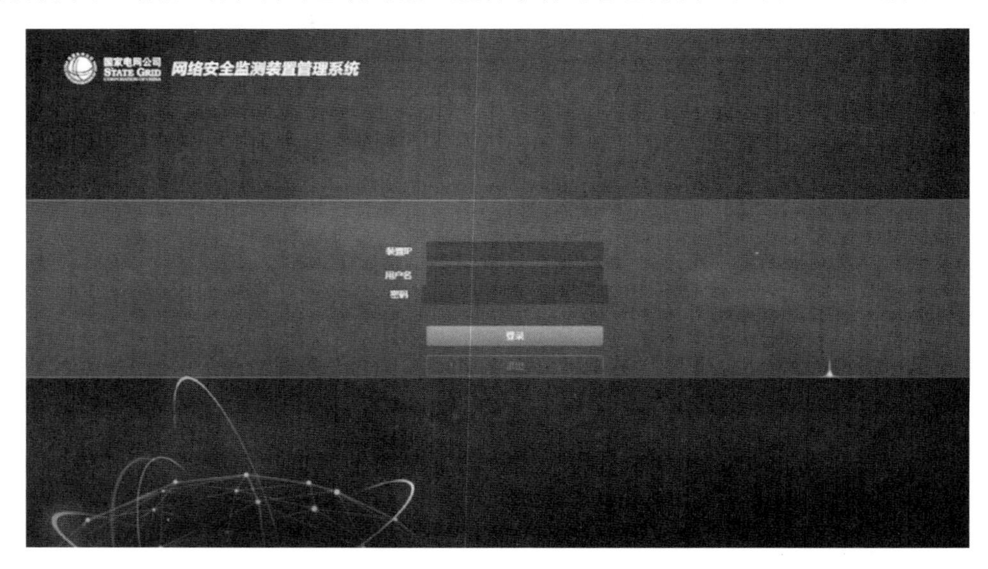

图 2-110 网络安全监测装置登录界面

网络安全监测装置分成三种用户登录，每一种登录的权限不同。用户名分别为 p2000、sysp2000、psssp2000，密码相同。

1) p2000 用户名登录。导航栏是方便用户对系统常用功能操作提供的快捷方式，当用户名为 p2000 时，导航栏分成自诊断、采集信息、上传事件、基线核查、命令控制、配置管理、监控对象 7 个部分，如图 2-111 所示。

2) sysp2000 用户名登录。当用户名为 admin 时，导航栏分成配置管理、软件升级、用户管理三个部分。当鼠标悬浮在配置管理上时会弹出配置管理的五个二级导航，分别是

图 2-111　P2000 用户登录

网卡配置、路由配置、NTP 配置、通信配置、事件处理配置，如图 2-112 所示。

图 2-112　SYSP2000 用户登录

3）psssp2000 用户名登录。

当用户名为 psssp2000 时，导航栏分成日志管理、用户管理两个部分，如图 2-113 所示。

图 2-113　psssp2000 用户登录

2. 自诊断

（1）功能概述。自诊断功能，具有拟人“自诊断”功能，能够自动诊断和排除系统中的故障，维护系统的正常工作状态。当鼠标悬浮在自诊断标签上时会弹出自诊断的两个二级导航，分别是系统诊断、设备诊断；当鼠标悬浮在配置管理上时会弹出配置管理的一个二级导航，即资产配置。

（2）系统诊断。当用 p2000 用户名登录时，选择自诊断标签中的系统诊断，将进入图 2-114 的界面。进入页面可以查看类型、总数、已使用、平均值、状态、名称等信息。

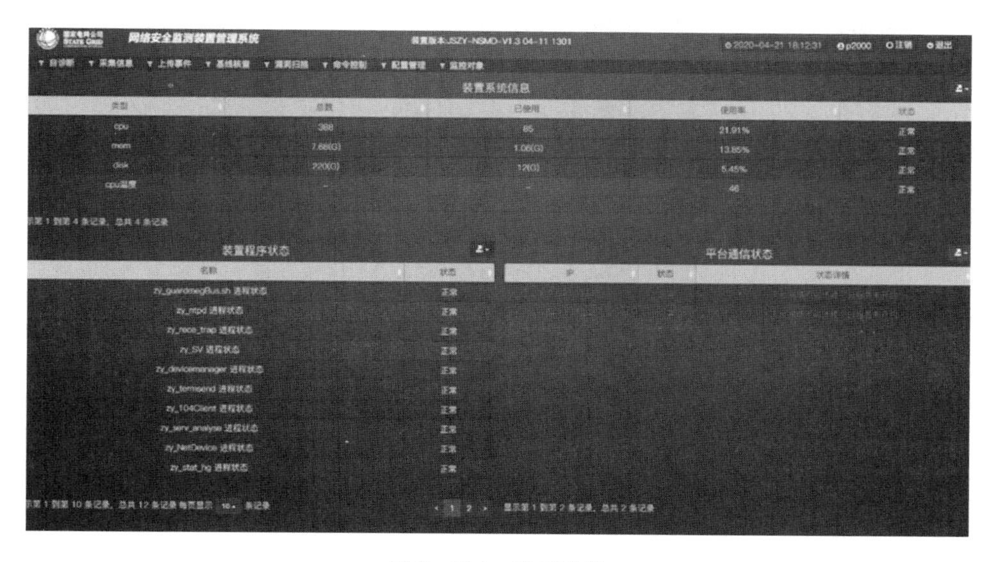

图 2-114　系统诊断

（3）设备诊断。当用 p2000 用户名登录时，选择自诊断中的设备诊断，将进入图 2-115 的界面。进入界面可以查看设备名称、设备 IP 设备类型、设备状态的信息。

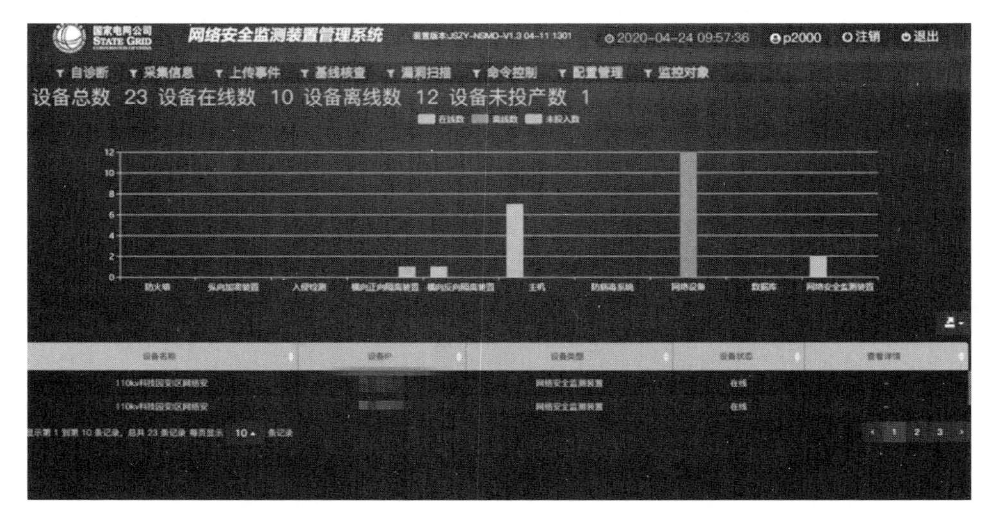

图2-115 设备诊断

3．采集信息

网络安全监测装置通过采集信息调阅来查看网络安全监测可以装置的采集信息，可通过记录条数、设备类型、事件等级、记录起止时间等一个或多个条件的组合进行查询。点击采集信息进入图2-116的界面。

图2-116 采集信息

通过选择开始时间、结束时间、事件等级、设备类型、事件条数点击查询，查询出采集信息。点击重置，已选择的类型将清空重置。

4．上传事件

网络安全监测装置通过上传信息调阅来查看网络安全监测装置的上传信息，可通过记录条数、设备类型、事件等级、记录起止时间等一个或多个条件的组合进行查询，如图2-117所示。

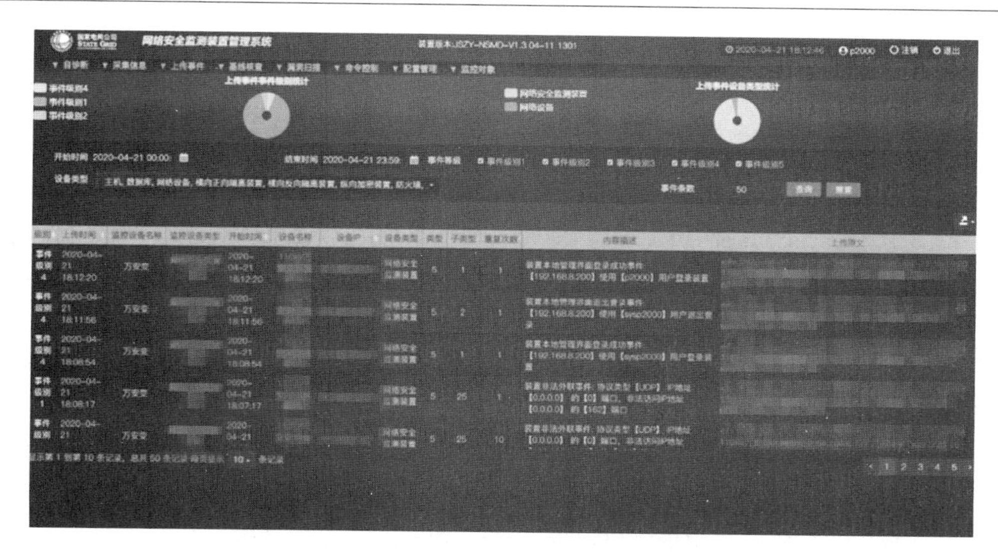

图 2-117 上传事件

通过选择开始时间、结束时间、事件等级、设备类型、事件条数点击查询，查询出上传事件。点击重置，已选择的类型将清空重置。

5. 基线核查

网络安全监测装置通过基线核查来调用网络安全监测装置对厂站内设备进行安全基线核查。点击基线核查将进入图 2-118 的界面。点击基线核查，可以查询出设备名称、设备 IP、设备类型、MAC 地址、厂站装置、核查设备、核查进度、操作等信息。选择点击新增任务，进行添加。选中某一条信息后，选择点击删除任务可以进行删除操作。

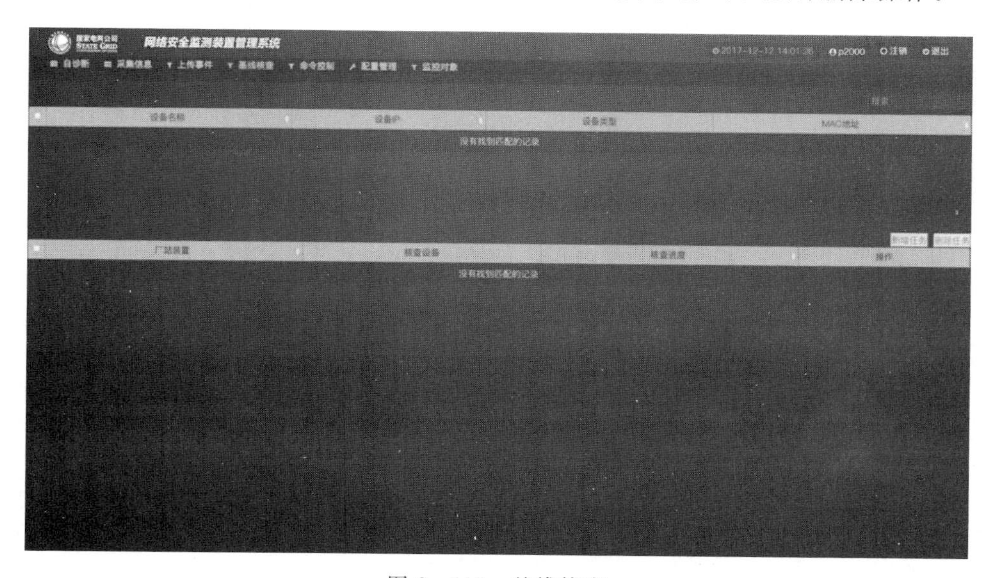

图 2-118 基线核查

6. 命令控制

网络安全监测装置通过命令控制来调用网络安全监测装置对厂站内设备进行命令控制

调用。点击命令控制，将进入图 2 - 119 的界面。选择子类型，将查询出设备名称、设备IP、设备类型、MAC 地址等信息。

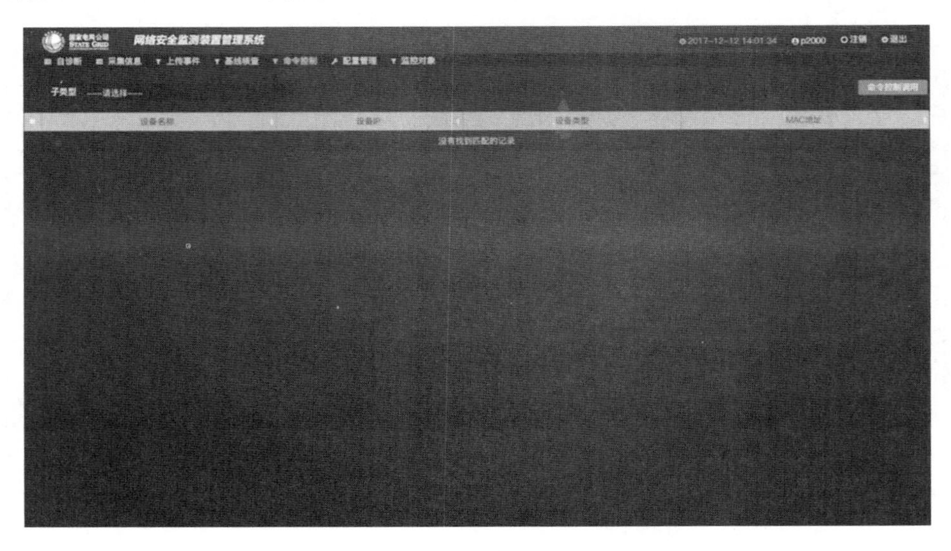

图 2 - 119 命令控制

7. 配置管理

该模块从设备、区域和厂商三种维度展示和管理平台所有的设备，当配置某一设备时必须配置该设备所属的区域和厂商，配置区域时可通过设置区域节点的属性来决定该区域是否能关联设备，而配置生产厂商时需要关联到某一具体的设备类型。因此，三种模型密切相连。三种模型添加的顺序为：第一步添加区域，第二步添加设备，第三步添加厂商。

（1）资产配置。网络安全监测装置通过配置管理功能对网络安全监测装置进行配置的查看、修改等。点击配置管理中的资产配置，可以查看设备名称、设备 IP、设备 IP2、设备厂商、设备类型、MAC 地址、MAC2 地址、序列号、系统版本、snmp 版本，如图 2 - 120 所示。

图 2 - 120 资产配置

点击“添加”按钮将出现图 2-121 的界面，此界面可以添加资产配置。点击“查看”按钮，可以进行查询。当页面信息查询成功时，“删除”和“编辑”按钮将不被禁用，选中一条信息点击“删除”按钮，可以进行删除，选中一条信息点击“修改”按钮，可以进行修改。

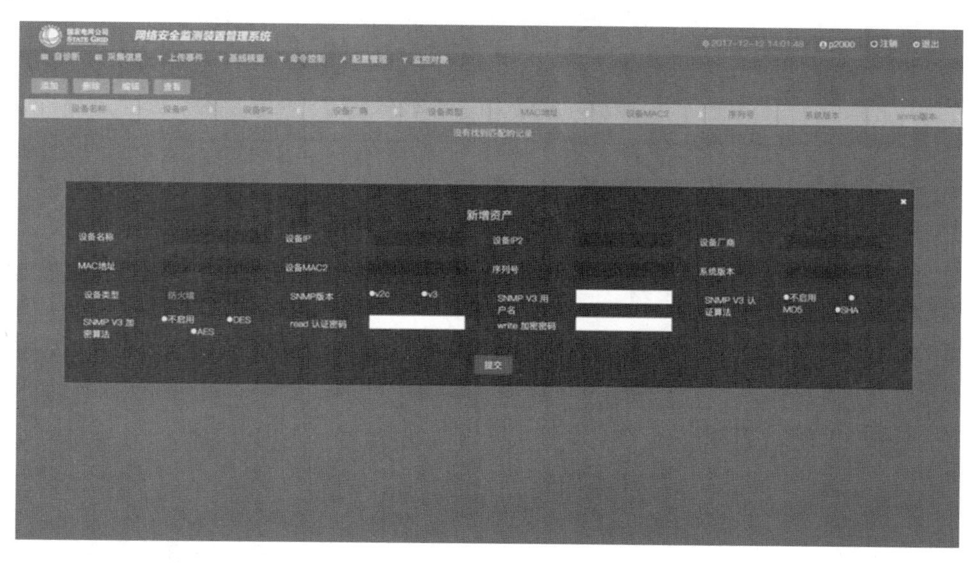

图 2-121　新增资产

（2）网卡配置。网络安全监测装置通过配置管理功能对网络安全监测装置进行配置的查看、修改等。点击配置管理中的资产配置，可以查看网卡名称、网卡 IP 地址、网卡子掩码，如图 2-122 所示。

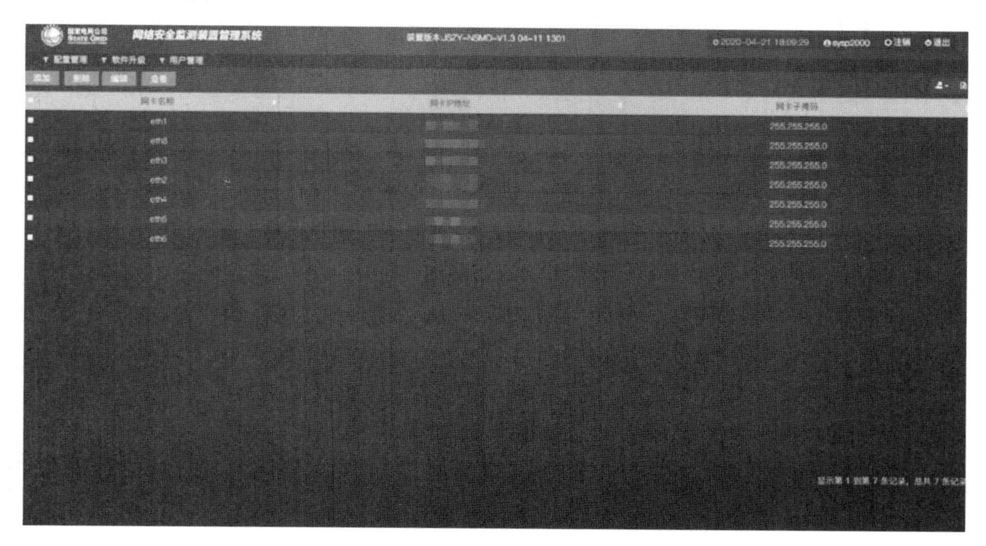

图 2-122　网卡配置

点击左上角的“添加”按钮，将出现图 2-123 的界面，此界面可以添加网卡配置。点击“查看”按钮，可以进行查询。当页面信息查询成功时，“删除”和“编辑”按钮将不被禁用，选中一条信息点击“删除”按钮，可以进行删除，选中一条信息点击“修改”按钮，可以进行修改。

图 2-123　新增网卡

（3）路由配置。网络安全监测装置通过配置管理功能对网络安全监测装置进行配置的查看、修改等。可选择配置管理中的路由配置、目的网段、目的网段掩码、网关地址。路由配置如图 2-124 所示。

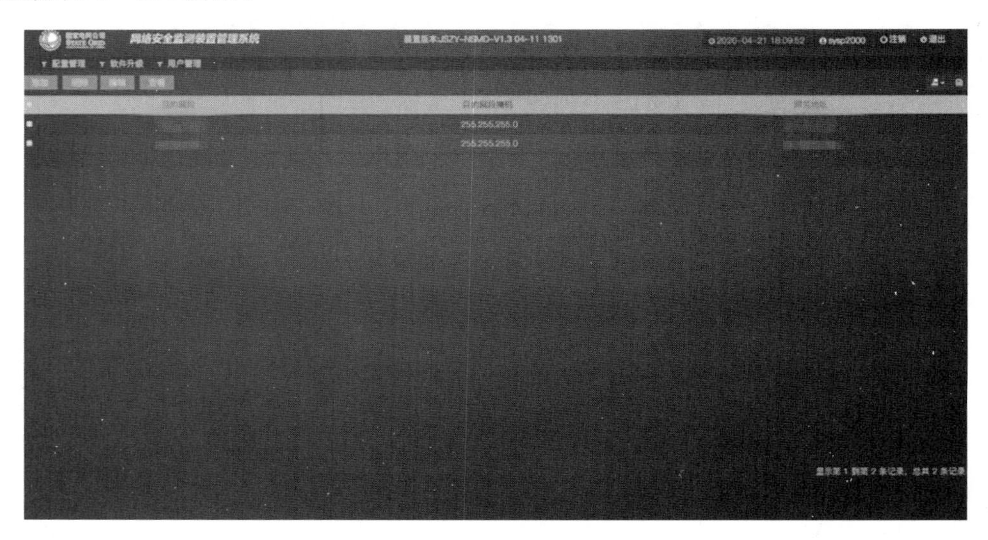

图 2-124　路由配置

点击左上角的“添加”按钮将出现图 2-125 的界面，此界面可以添加路由配置。点击“查看”按钮，可以进行查询。当页面信息查询成功时，“删除”和“编辑”按钮将不被禁用，选中一条信息点击“删除”按钮，可以进行删除，选中一条信息点击“修改”按钮，可以进行修改。

图 2-125　新增路由

（4）NTP 配置。网络安全监测装置通过配置管理功能对网络安全监测装置进行配置的查看、修改等。点击配置管理中的 NTP 配置，点击“查看”按钮可以查看主时钟主网

IP 地址、主时钟备网 IP 地址、备时钟主网 IP 地址、备时钟备网 IP 地址、NTP 端口号、NTP 对时周期、采用广播/点对点，如图 2-126 所示。当信息查询成功时，“编辑”按钮将不再禁用，此时选择一条信息，点击“编辑”按钮，可以进行编辑。

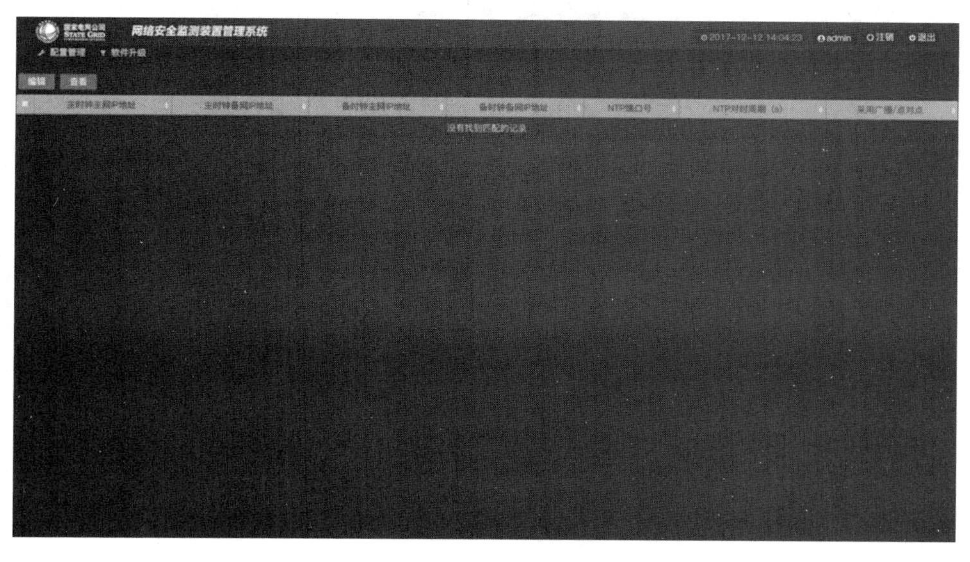

图 2-126 NTP 配置

（5）通信配置。网络安全监测装置通过配置管理功能对网络安全监测装置进行配置的查看、修改等。点击配置管理中的通信配置，点击“查看”按钮可以查看服务器、工作站数据采集的服务端口、安全防护设备数据采集的服务端口、网络设备 SNMPTRAP 端口、装置服务代理端口，如图 2-127 所示。当信息查询成功时，“编辑”按钮将不再禁用，此时选择一条信息，点击“编辑”按钮，可以进行编辑。

图 2-127 通信配置

点击“添加”按钮，将出现图 2-128 的界面。添加完数据后点击“保存”按钮，进行保存操作，再次点击“查看”按钮，可以查看到新添加的信息。

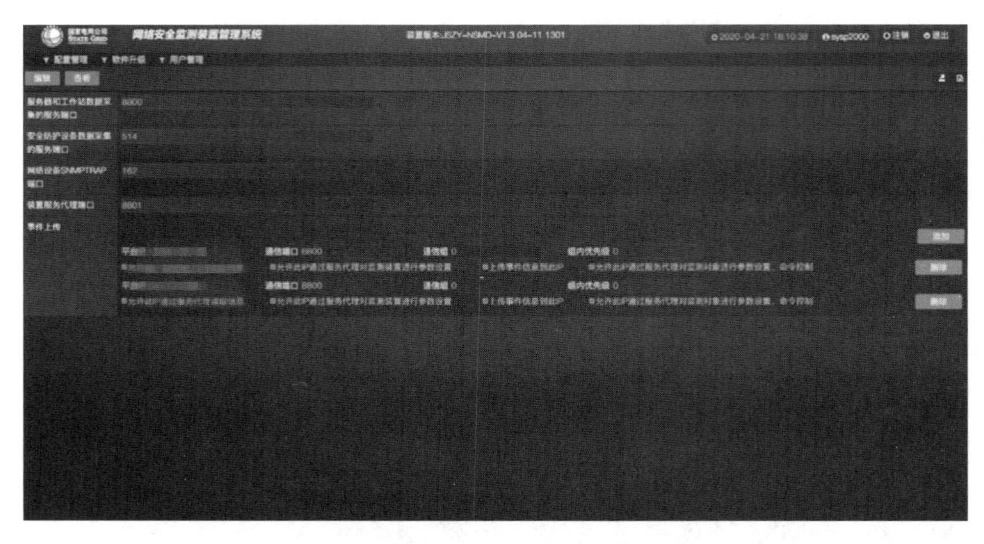

图 2-128　通信地址配置

(6) 事件处理配置。网络安全监测装置通过配置管理功能对网络安全监测装置进行配置的查看、修改等。点击配置管理中的事件处理配置，点击“查看”按钮可以查看 CPU 利用率上限阈值、内存使用率上限阈值、网口流量越限阈值、连续登录失败阈值、归并事件归并周期，如图 2-129 所示。当信息查询成功时，“编辑”按钮将不再禁用，此时选择一条信息，点击“编辑”按钮，可以进行编辑。

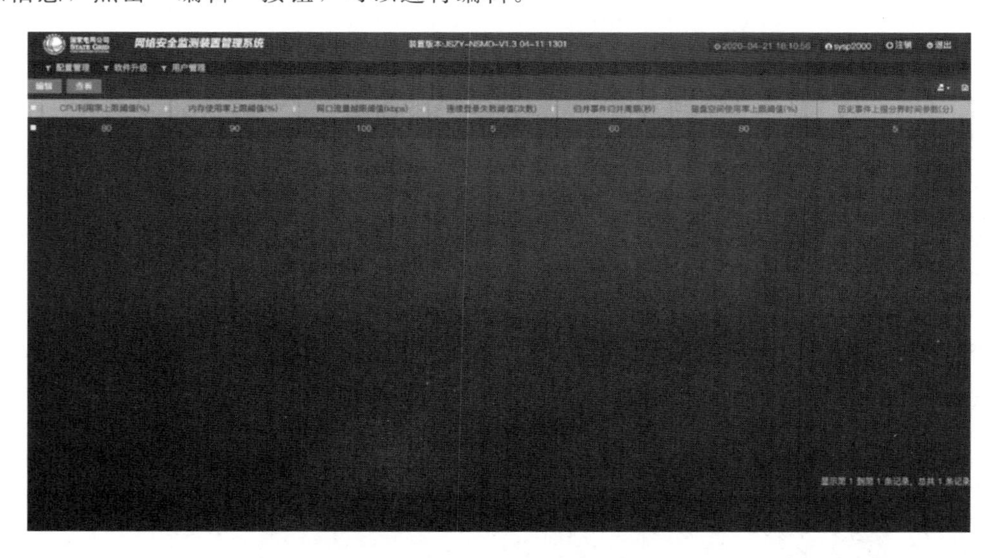

图 2-129　事件处理配置

8. 监控对象

选择类型后，点击“查看”按钮可以查看设备名称、设备 IP、设备类型、查询结果，如图 2-130 所示。

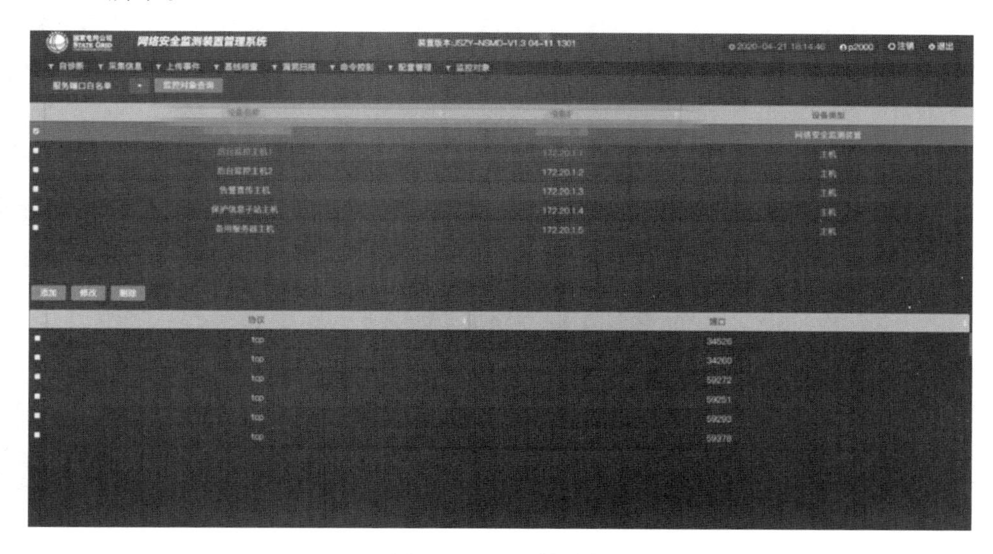

图 2-130 监控对象

9. 日志管理

点击“日志管理”，选择日志时间、日志级别、日志类型；点击“查询”，可以查询出用户名称、日志内容、日志类型、操作结果、日志级别、日志时间等信息，如图 2-131 所示。点击“重置”按钮，日志时间、日志级别、日志类型将清空、重置。

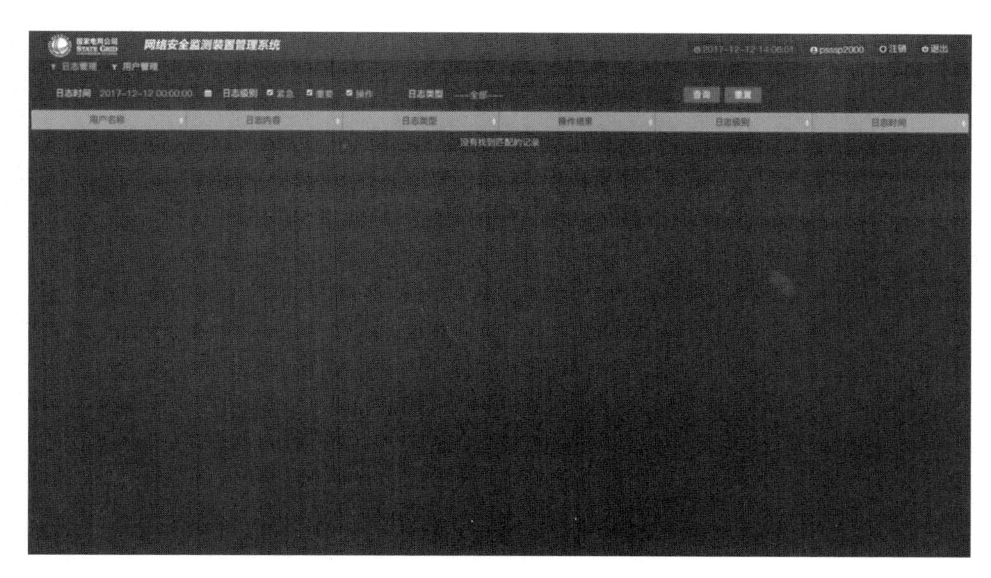

图 2-131 日志管理

10. 用户管理

点击“用户管理”，可以查询出用户名、权限身份、密码修改时间等信息，如图 2-132 所示。

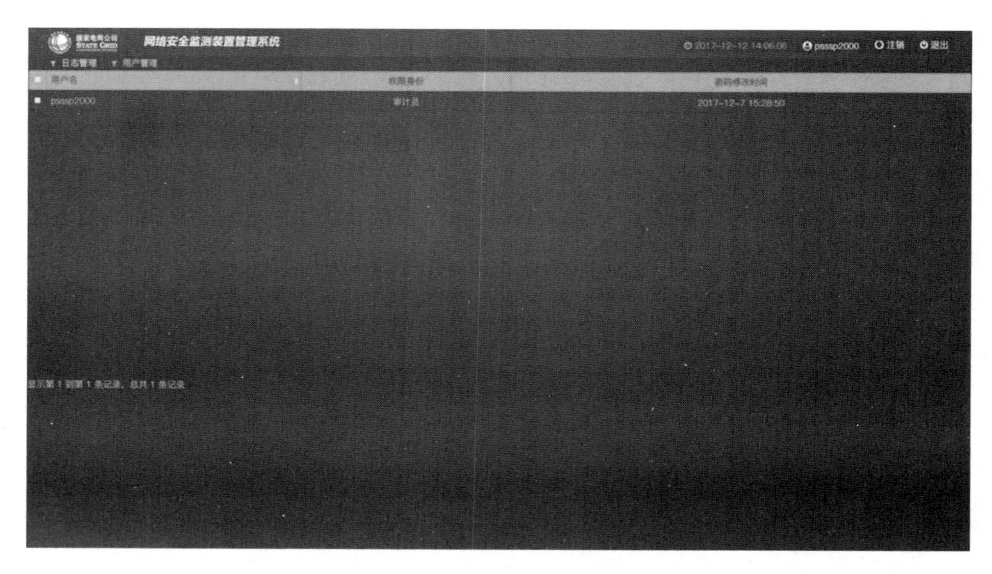

图2-132 用户管理

11. 白名单管理

(1) 网络白名单配置举例：

TCP 10.100.100.1，1024-8079

TCP 10.100.100.1，8081-65535

UDP 10.100.100.1，1024-8079

UDP 10.100.100.1，8081-65535

TCP 10.100.100.3，102

说明：10.100.100.1为后台监控服务器地址，10.100.100.3为保护装置IP地址，使用61850进行通信，监测装置报102端口的非法访问，故将IP地址和102端口加入白名单，如主机和调度进行通信，还需根据监测装置告警的IP地址和端口加入白名单。IP地址加入白名单时需要分开明细加入，端口可以使用1024-8079和8081-65535进行分段加入白名单，小于1024的端口号需要以明细的方式加入白名单，如对时使用123端口。

(2) 端口白名单配置举例：

1024-8079，TCP

8081-65535，TCP

1024-8079，UDP

8081-65535，UDP

102-102，TCP

(3) 关键目录配置举例：

C：\Program Files\termsensor

C：\Windows\System32\conf

C：\Windows\System32

/etc/termsensor/term_sensor_conf/

后台监控系统组态工具所在目录

后台监控图形编辑工具所在目录及图形文件目录

（4）危险操作命令配置举例

1）Linux 危险命令：

系统启动类命令：^poweroff．*、^reboot．*、^shutdown．*、^halt．*、^restart．*、^init[\s]+0．*。

操作类系统命令：rm /*、rm -rf /*、^format．*、^mount[\s]+．*、^umount[\s]+．*、^kill[\s]+．*、pkill *、^mkfs*．*。

用户权限类命令：chmod *、chown *、userdel *、usermod *、useradd *、chgrp *。

2）Windows 危险命令：

系统启动类命令：shutdown -r*、shutdown -s*。

操作类系统命令：del*、^rd\/s\/q[\s]+.*、^taskkill[\s]+.*、^reg delete[\s]+.*、^net start[\s]+.*、^net use[\s]+.*。

用户权限类命令：^net user[\s]+.*、runas /user：administrator*、^net localgroup[\s]+.*。

2.6 数字证书系统

电力调度数字证书系统是面向电力调度相关业务提供数字证书、安全标签的签发及管理服务的信息安全基础设施，主要用于数字证书和安全标签的申请、审核、签发、撤销、发布及管理，同时具备密钥管理、系统安全管理等功能。证书系统为电力监控系统及电力调度数据网上的各个应用、所有用户和关键设备提供数字证书服务，主要用于生产控制大区。

2.6.1 签发设备证书

签发设备证书需要准备设备证书请求文件、经安全认证的 U 盘、录入 Ukey、审核 Ukey、签发 Ukey。

2.6.2 签发流程

（1）申请获得电力调度数字证书系统“系统录入操作员”“系统审核操作员”“系统签发操作员”角色 USBkey。

（2）把需要签发的证书请求（.req、.csr）文件放入经安全认证的移动存储介质待用。

（3）打开电力调度数字证书系统登录界面，选择用 sysadmin 用户登录到系统主界面。

（4）插入装有证书请求文件的移动存储介质，将证书请求文件拷贝到系统相关目录下。

（5）双击打开“电力调度数字证书系统”。

（6）将“录入操作员”的 USBkey 插入电力调度数字证书系统 USB 口，操作员类型选择“系统录入操作员”，读卡器的端口默认选择“KEY1”，输入密码，点击“确认”登录。

(7) 首先点击“设备申请”，录入设备名称、设备编号、名称要求：按照调度数据网所属区域规则命名，SD代表省调，DD代表地调，RT代表实时，NRT代表非实时，RSA/SM2代表证书算法。例如HH站地调接入网实时纵向加密SM2证书申请名称为HHDDRTSM2，录入完成后执行下一步，如图2-133所示。

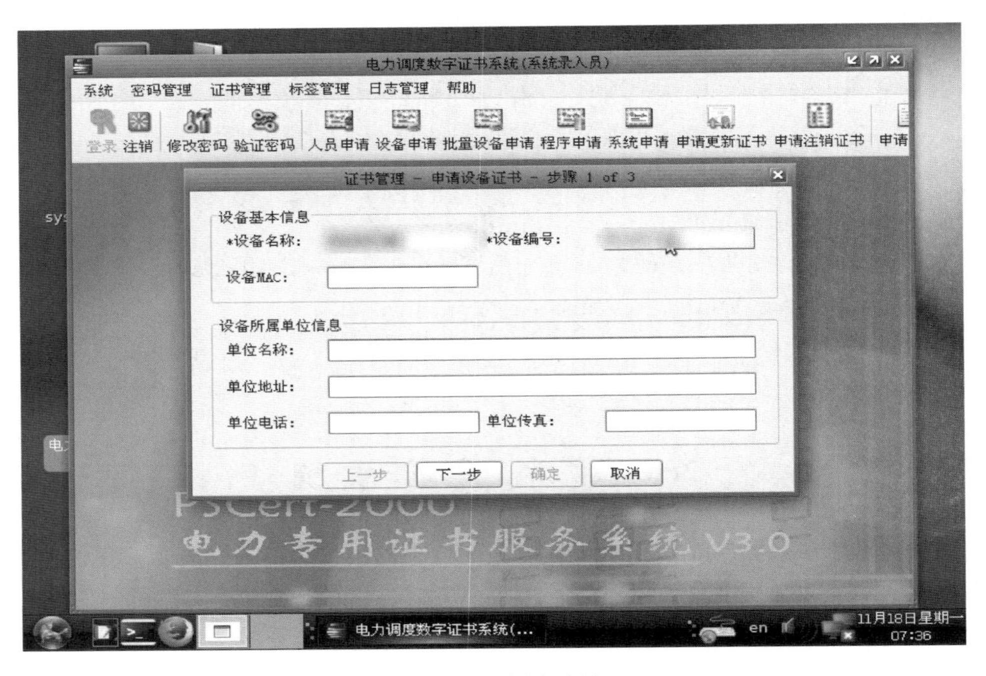

图2-133 设备申请

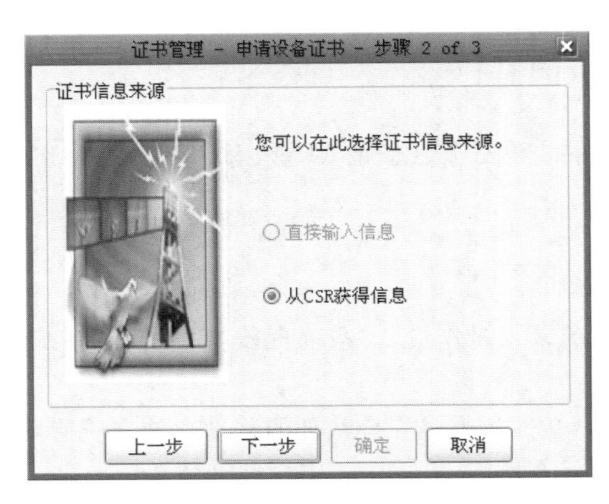

图2-134 从CSR获得信息

然后安装默认选择“从CSR获得信息”，执行“下一步”，如图2-134所示。

最后点击“...”选择证书请求文件目录下的证书请求文件，点击“确定”，如图2-135所示。

(8) 点击“系统”子目录中的“注销”，拔出录入操作员的USBkey，插入审核操作员的USBkey，再次点击“登录”按钮，弹出登录界面，将操作员类型选择“系统审核操作员”，读卡器的端口默认选择“KEY1”，输入密码，点击“确认”登录。

(9) 选择“审核证书申请”，如图2-136所示。在弹出的窗口点击“设备证书”，选择刚才录入的证书信息，再选中左下角的“审核通过”，点击“确定”完成证书审核。

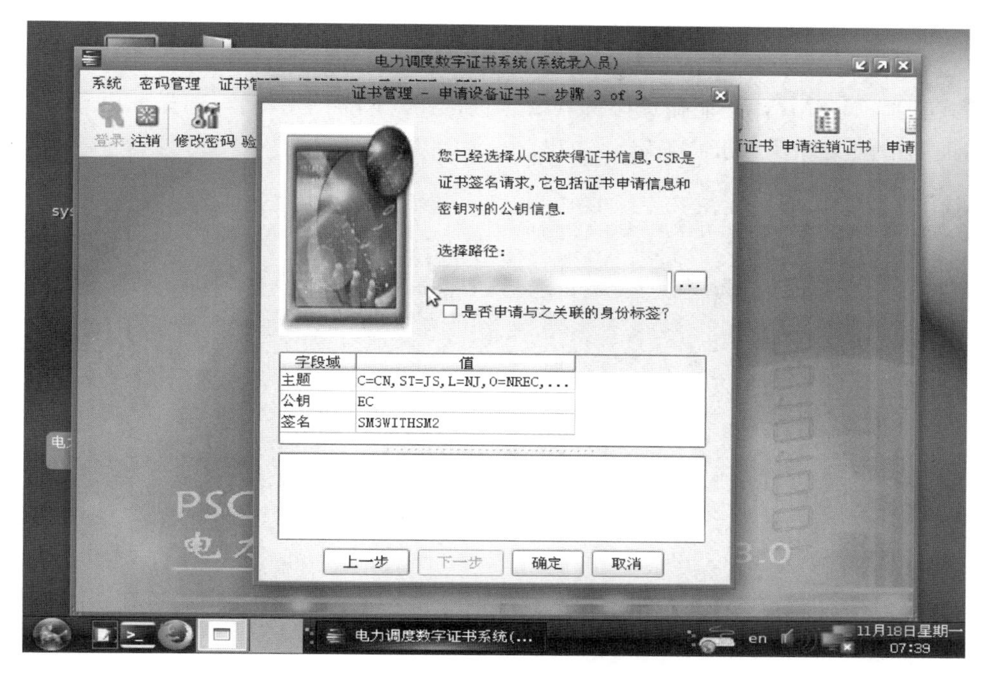

图 2-135 选择证书请求文件

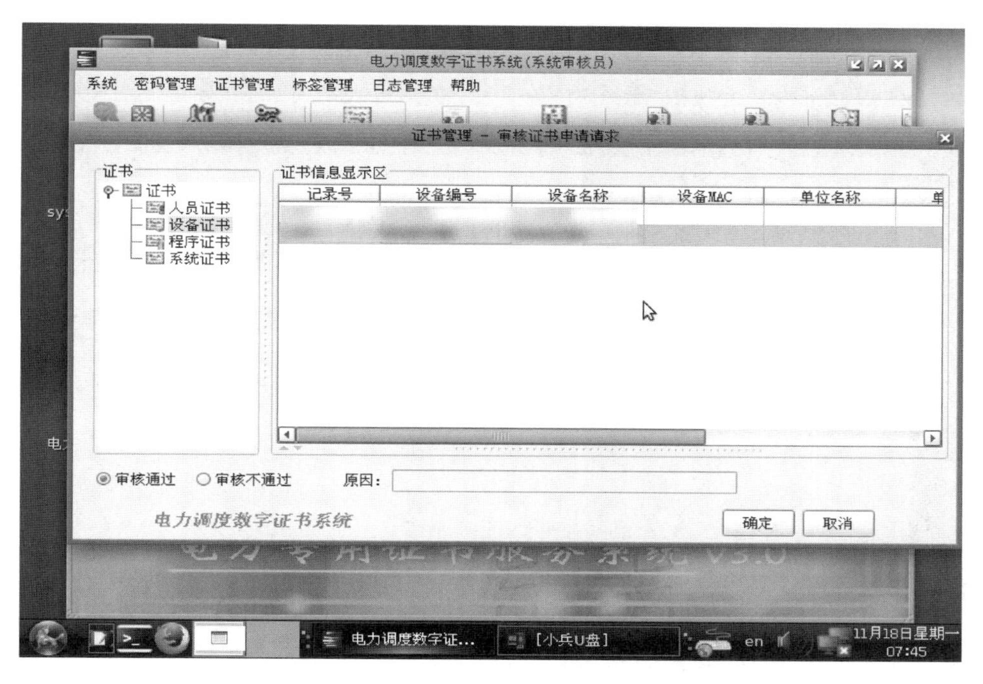

图 2-136 审核证书申请

（10）点击“系统”子目录中的“注销”，拔出审核操作员的USBkey，插入签发操作员的USBkey，再次点击“登录”按钮，弹出登录界面，将操作员类型选择“系统签发操作员”，操作员密码默认“123456”，读卡器的端口默认选择“KEY1”，输入密码，点击

“确认”登录。

（11）点击“签发证书”，输入加密卡使用口令，弹出证书签发窗口，勾选左下角方框，格式选择“PEM”，其他配置保持默认，点击路径右侧“...”，选择证书请求文件目录下的证书请求文件，点击“确定”，如图2-137所示。

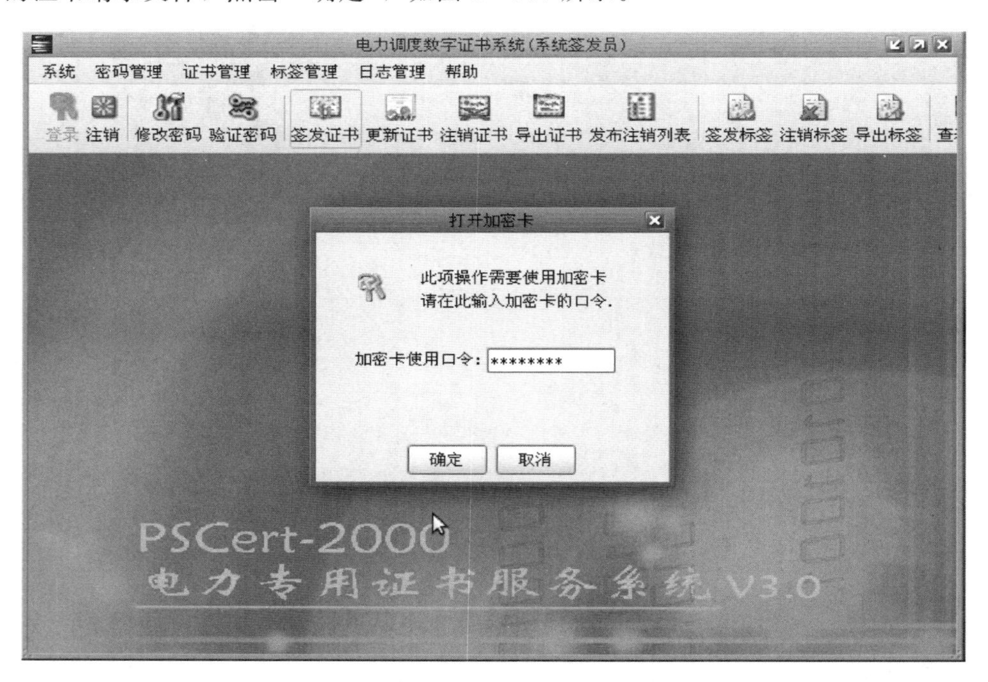

图2-137（一）　签发证书

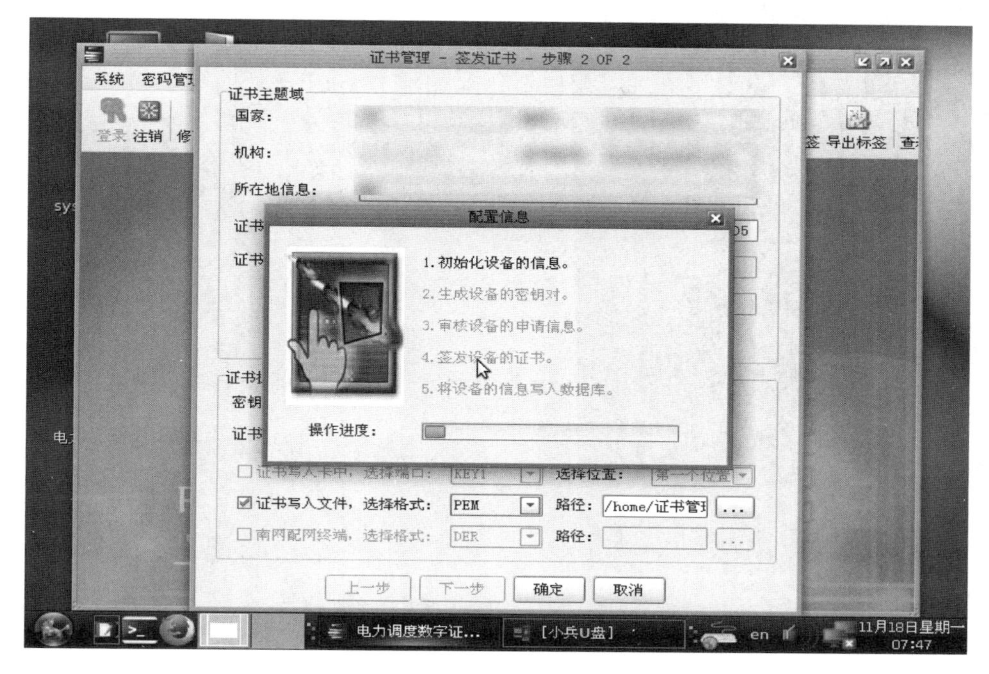

图 2-137（二） 签发证书

（12）完成证书签发工作。

2.6.3 已签发证书的备份与导出

（1）生成的证书文件会自动保存到证书请求文件目录下。

（2）插入U盘，将整个证书文件夹复制到U盘，安全退出U盘。

（3）签发好的证书文件可以在证书系统中备份，也可以拷贝至网络安全管理平台UI工作站进行异地备份。

2.6.4 人员证书

1. 录入人员证书

步骤一：录入管理员登录证书系统

启动证书系统后，插入录入管理员电子钥匙，操作员类型选择“录入操作员”。操作员密码填写正确后，点击“确定”，录入管理员登录证书系统，如图 2-138 所示。

步骤二：人员申请

进入录入管理员登录证书系统后出现如图 2-139 所示的界面，点击“人员申请”按钮。

步骤三：填写人员证书基本信息

填写的用户姓名为在证书系统中的名称。此处不做过多约束，具备一定的可读性即可，其余信息根据现场状况填写，如图 2-140 所示。填写完后点击“下一步”。

步骤四：填写证书信息

此处证书名字（CN）需要准确填写，比如D5000系统中的人员名称为张三，此处证

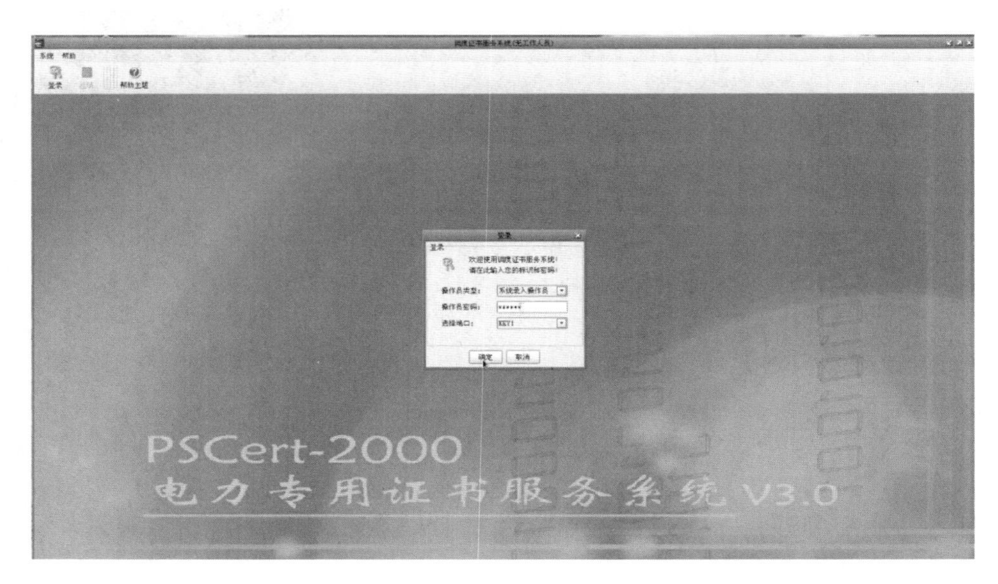

图 2-138 录入管理员登录证书系统

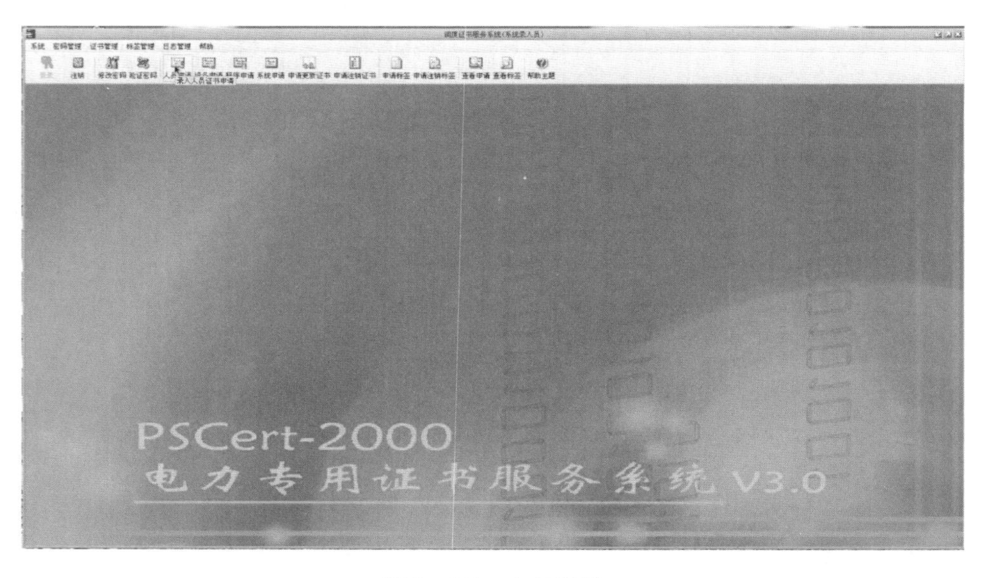

图 2-139 人员申请

书名字（CN）应填写“name”，必须严格保持一致。组织及所在地信息根据现场实际情况填写。

填写完以上信息后，选中“申请与之相关联的身份标签”，点击“确定”按钮，如图 2-141 所示。

步骤五：申请标签

在左侧的证书申请中选中“人员证书申请”。在证书显示区中选中刚刚申请的人员证书（本例中为“name”），选中刚刚签发的证书后点击“下一步”，如图 2-142 所示。

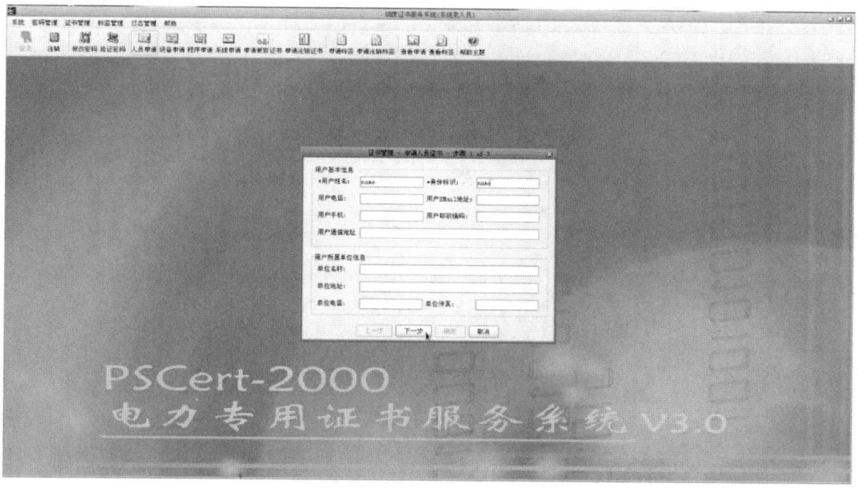

图 2-140 基本信息配置

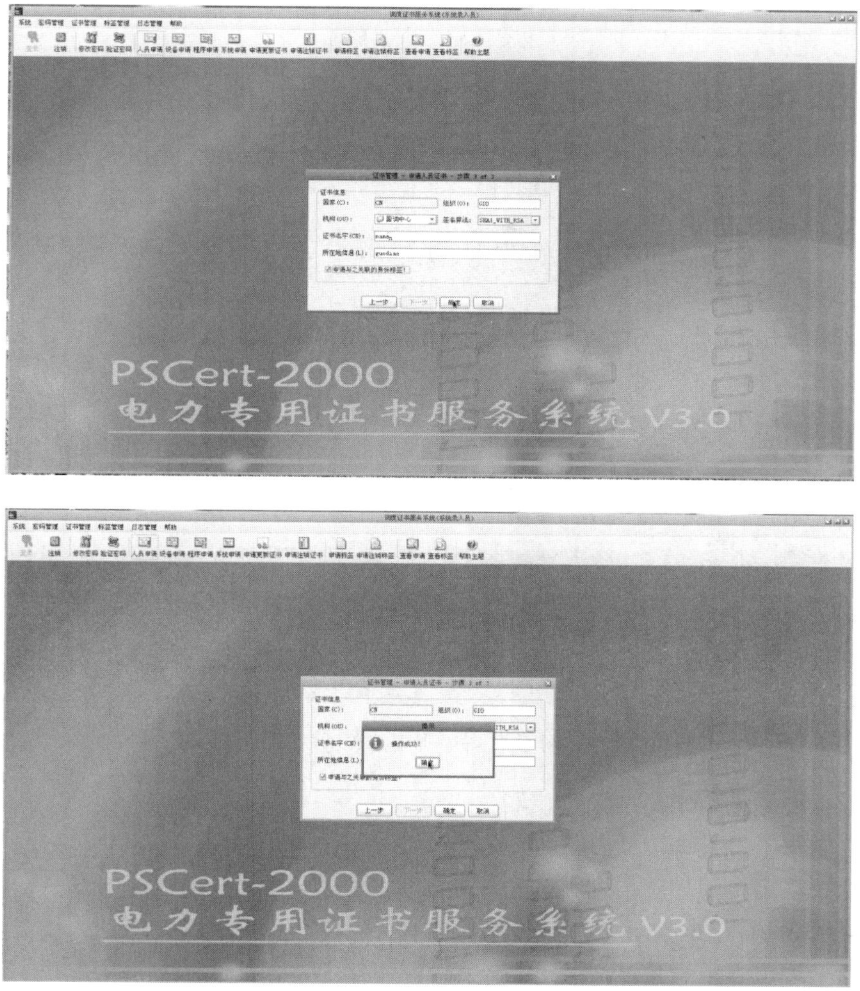

图 2-141 填写证书信息

图 2-142 申请标签

步骤六：选择标签的应用编码

应用编码中选择全部权限，如图 2-143 所示。

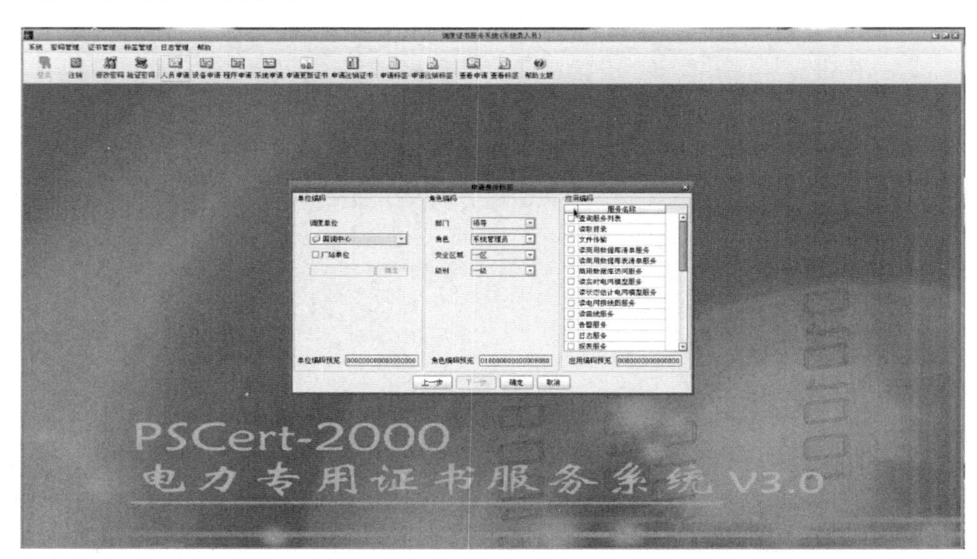

图 2-143 应用编码选择

步骤七：检查应用编码的远程控制权限

远程控制权限检查如图 2-144 所示。

步骤八：确定申请标签

确定申请标签如图 2-145 所示。提示操作成功。

步骤九：退出人员申请

退出人员申请如图 2-146 所示。点击“注销”退出。

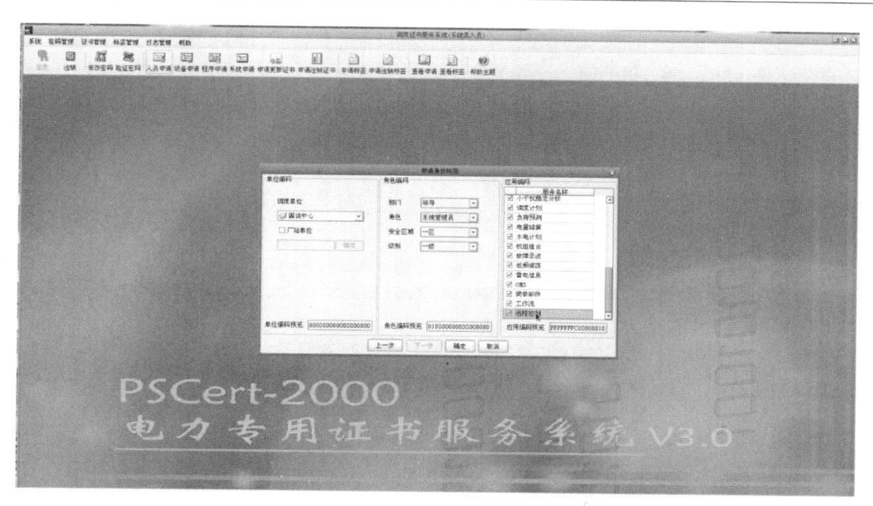

图 2-144　远程控制权限检查

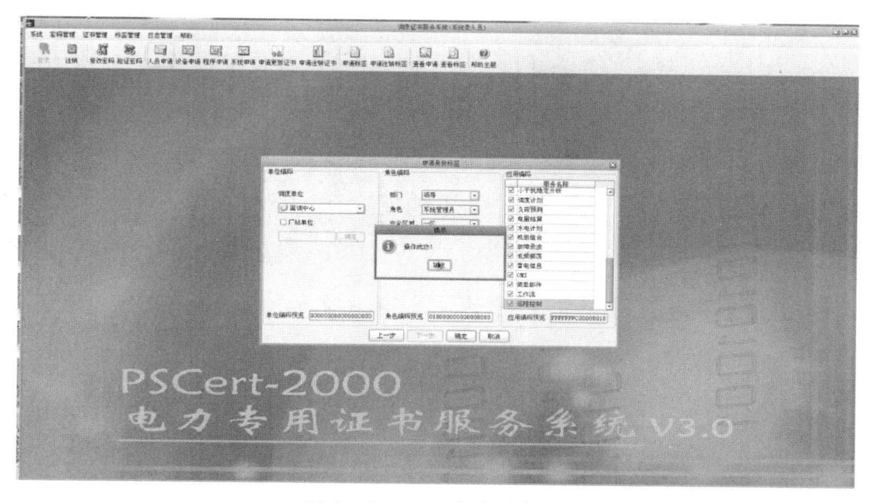

图 2-145　确定申请标签

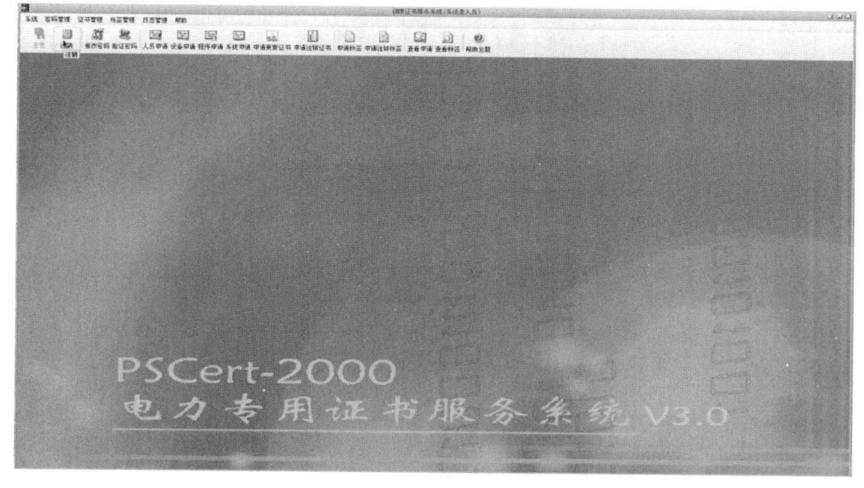

图 2-146　退出人员申请

说明：若需要签发多个电子钥匙，可以再次从步骤一开始执行，申请多个用户。当申请完毕后开始进行电子钥匙的审核。

2. 审核人员申请

步骤一：以审核管理员身份登录证书系统。

操作员类型选择“系统审核操作员”，输入操作员密码后点击“确定”，如图 2 - 147 所示。

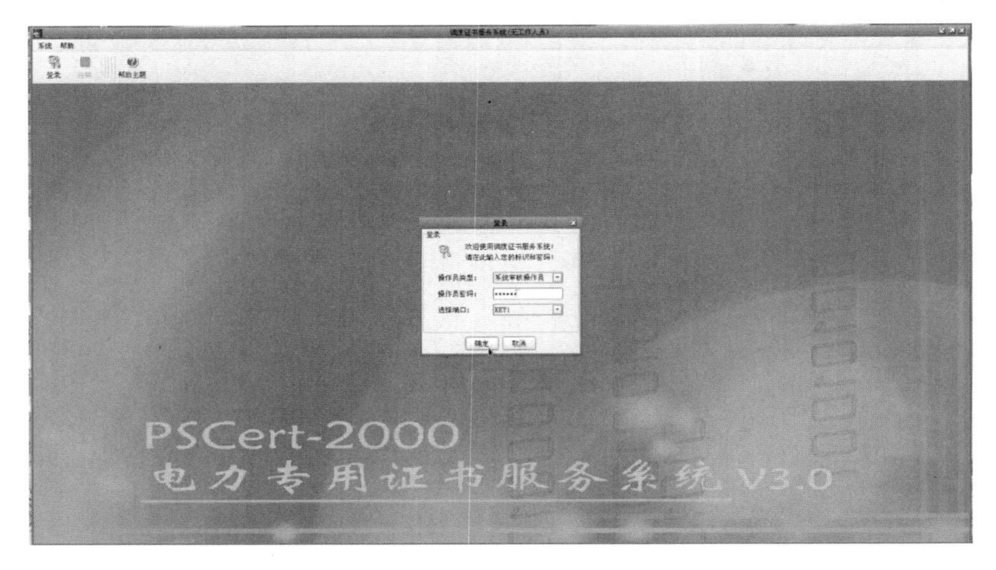

图 2 - 147　审核管理员登录证书系统

步骤二：审核证书申请。

点击“审核证书申请”按钮，如图 2 - 148 所示。

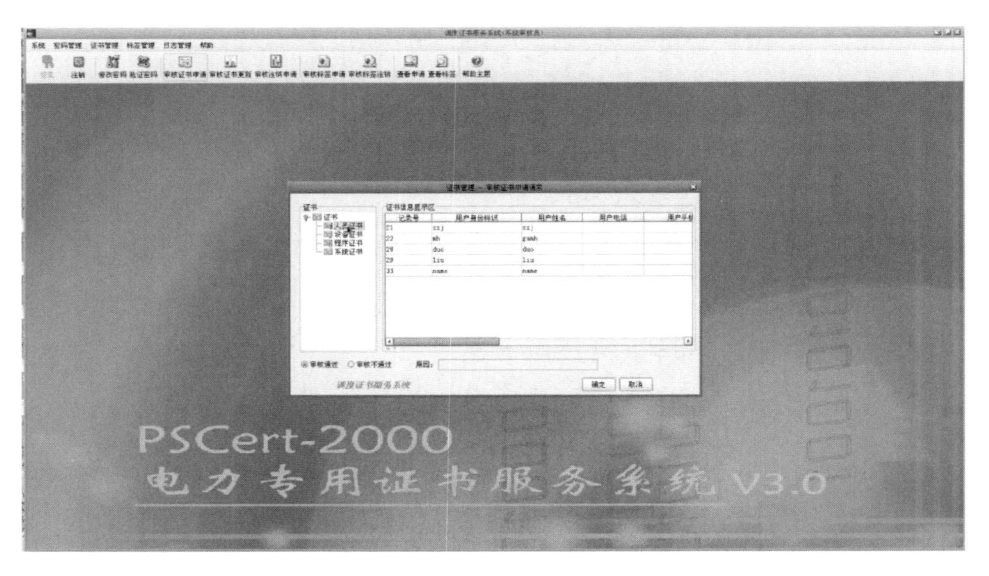

图 2 - 148　审核证书申请

在左侧“证书”栏中选择人员证书，如图 2-149 所示。

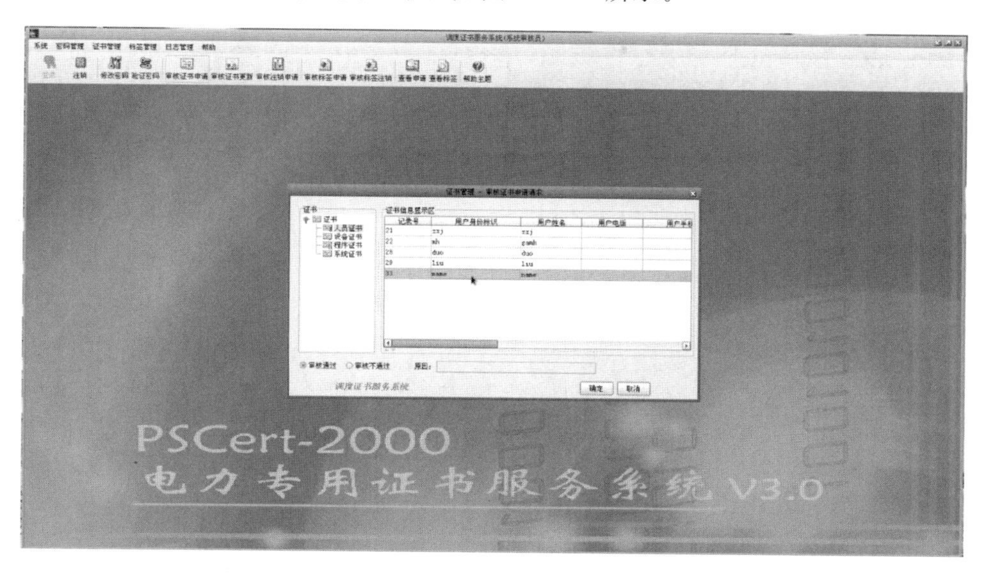

图 2-149 选择人员证书

在右侧“证书信息显示区”选中刚刚申请的证书，如图 2-150 所示。

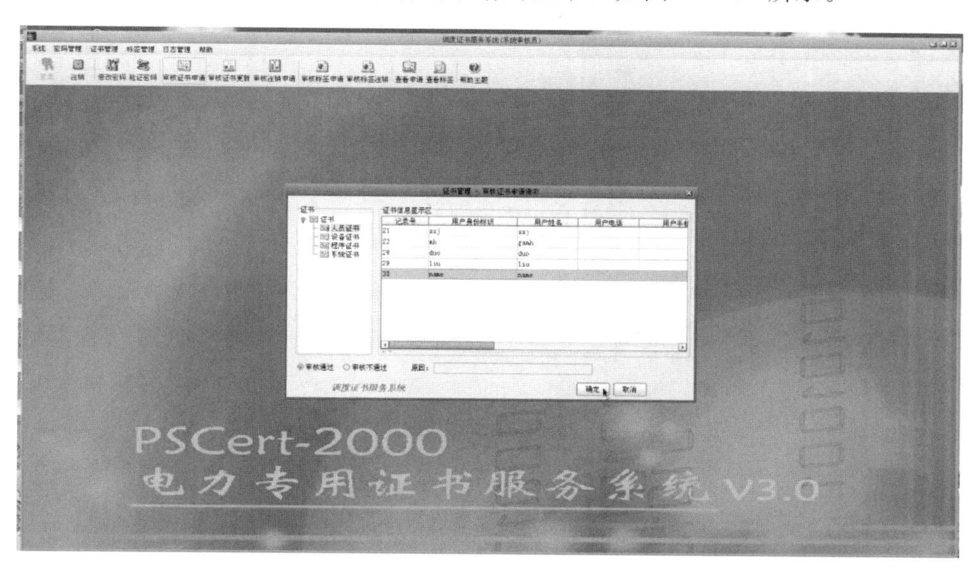

图 2-150 选中申请证书

左下方选择审核通过，如图 2-151 所示。

点击“确定”按钮审核通过。

出现提示“操作成功”，表示证书申请审核通过，点击“确定”。

步骤三：审核标签申请。

审核标签申请如图 2-152 所示。

点击“确定”后提示“此证书请求有尚未审核的安全标签申请，是否立即审核安全标

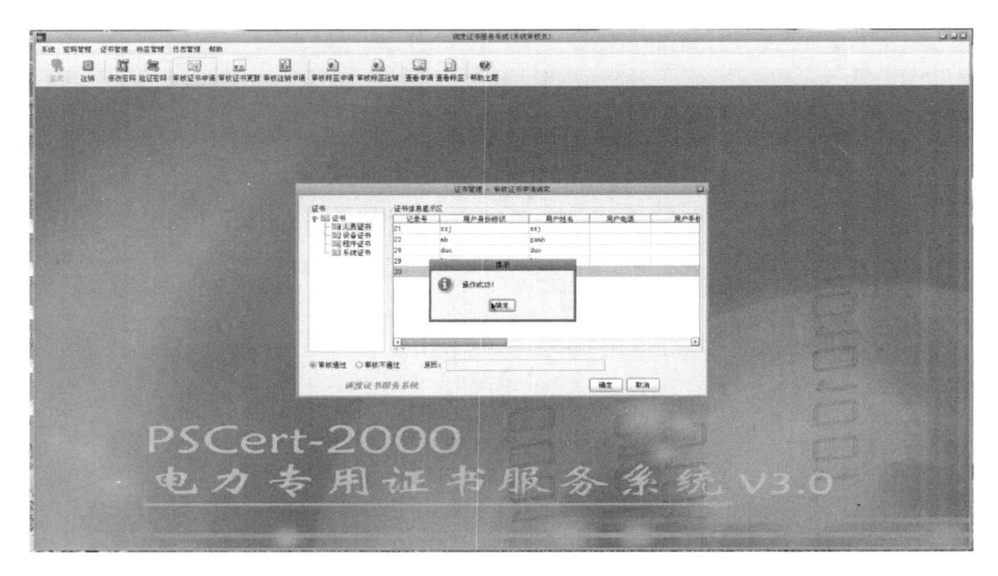

图 2-151 选择审核通过

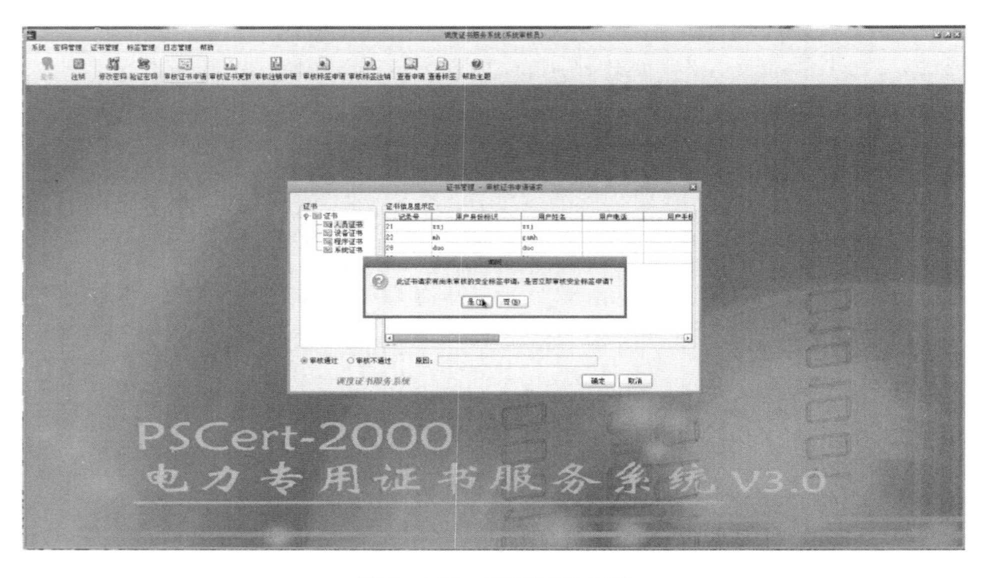

图 2-152 审核标签申请

签申请”，选择“是”。若未弹出此窗口，则说明证书没有申请该用户的安全标签，需要重新以录入管理员登录申请标签。

点击“是”按钮，选中刚刚录入的人员标签，点击“确定”按钮（图 2-153），提示操作成功后，说明审核通过。

点击提示信息的“确定”按钮，关闭审核标签申请请求窗口，如图 2-154 所示。

注销审核操作员的登录。

3. 签发人员电子钥匙

步骤一：以系统签发操作员登录证书系统。

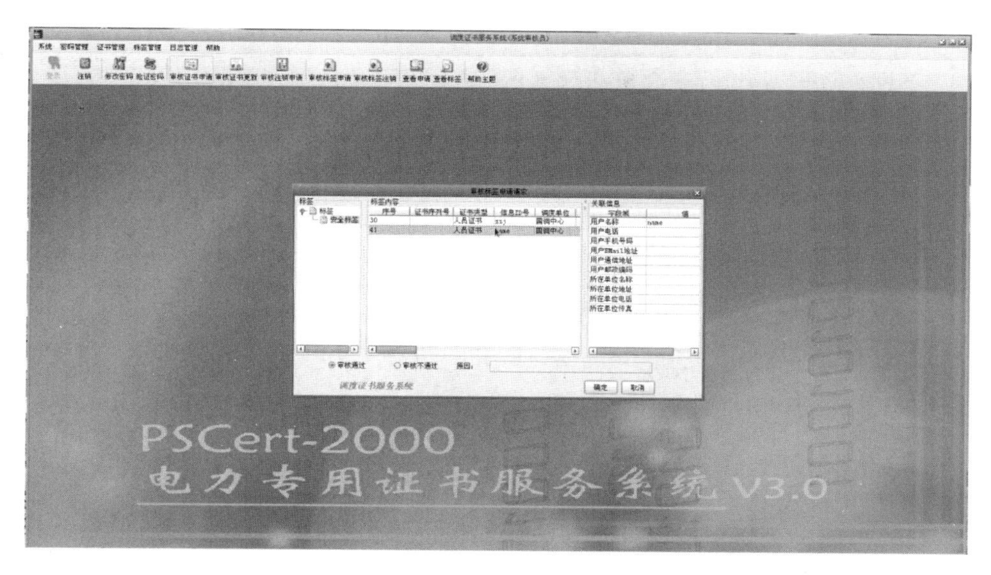

图 2-153 选择人员标签

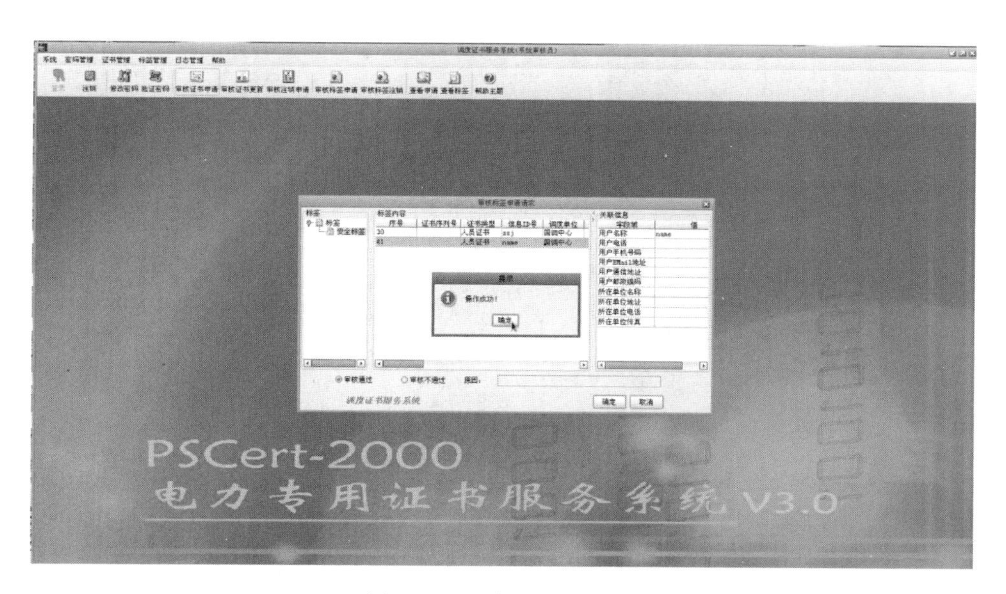

图 2-154 标签审核成功

操作员类型选择“系统签发操作员”，正确输入操作员密码后点击确定，如图 2-155 所示。

步骤二：选择签发证书。

点击签发证书，如图 2-156 所示。

步骤三：打开加密卡。

输入加密卡口令，默认密码为“123456”，如图 2-157 所示。

步骤四：选择需要签发的证书。

选择签发证书如图 2-158 所示。

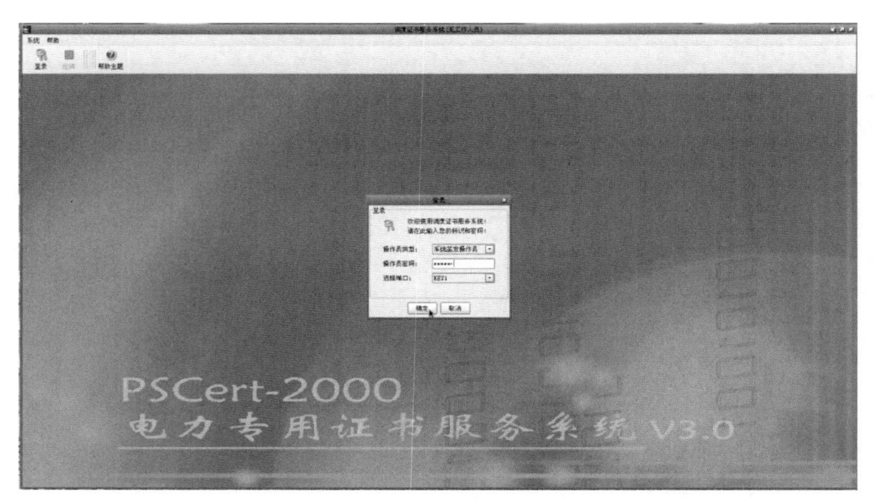

图 2-155 系统签发操作员登录证书系统

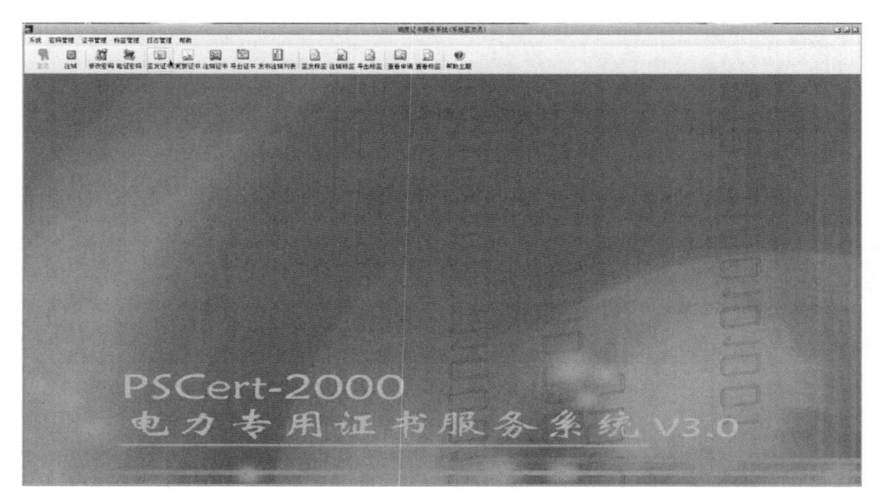

图 2-156 点击签发证书

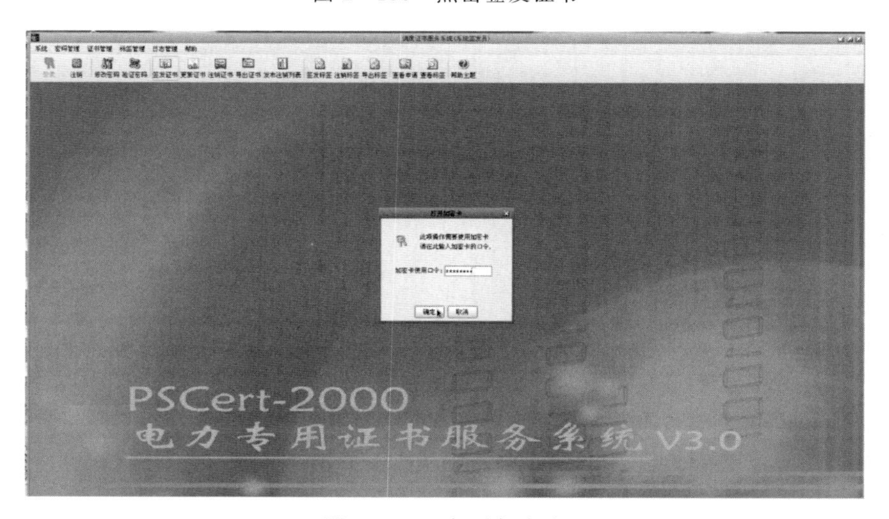

图 2-157 打开加密卡

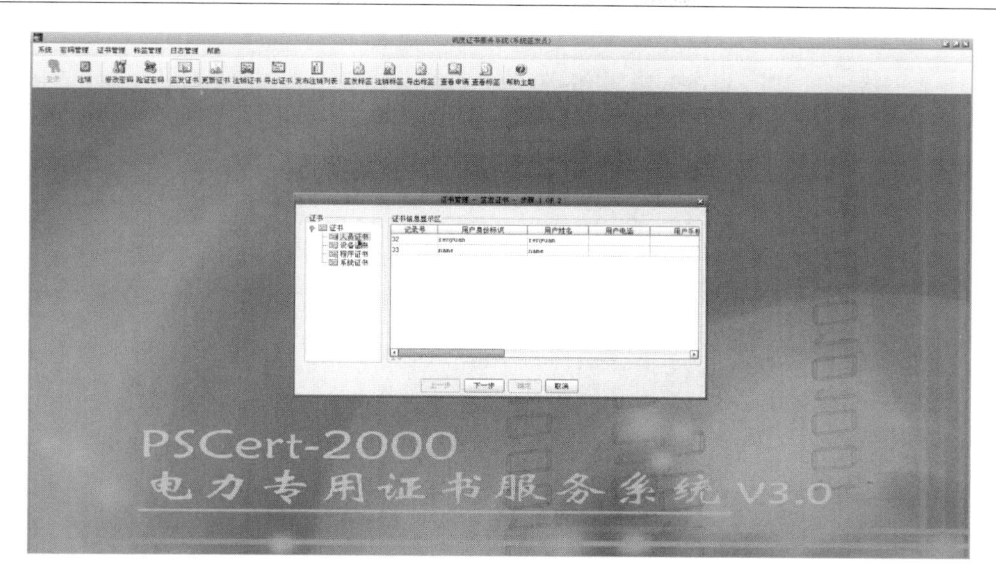

图 2-158　选择签发证书

左侧“证书”栏中选择人员证书。

右侧证书信息显示区中，选择刚刚审核通过的证书名称，如图 2-159 所示。

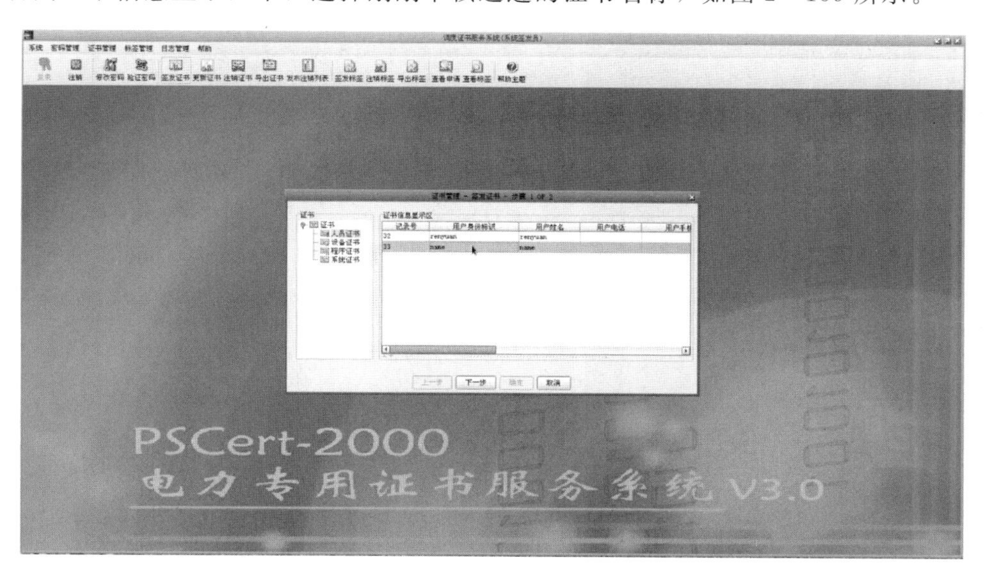

图 2-159　选择审核通过证书

点击“下一步”如图 2-160 所示。

点击“确定”，如图 2-161 所示。

再次确定如图 2-162 所示。

此时需要将签发管理员电子钥匙拔出，将新的电子钥匙插入。

步骤五：签发电子钥匙。

签发电子钥匙如图 2-163 所示。

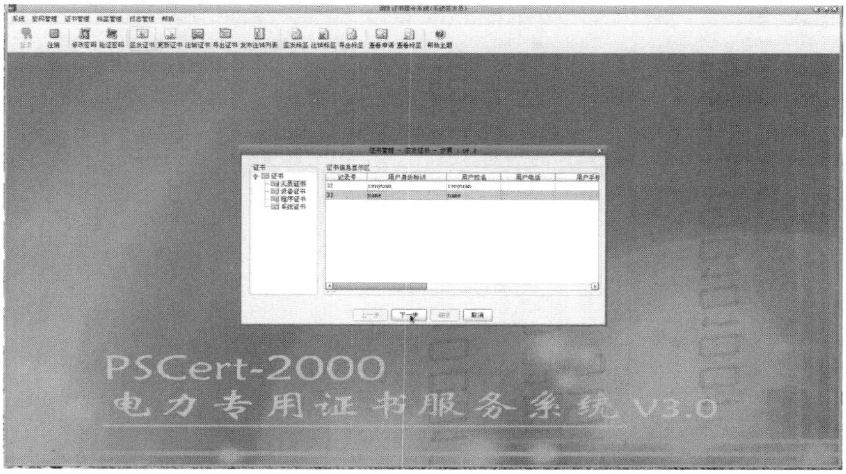

图 2-160 点击“下一步”

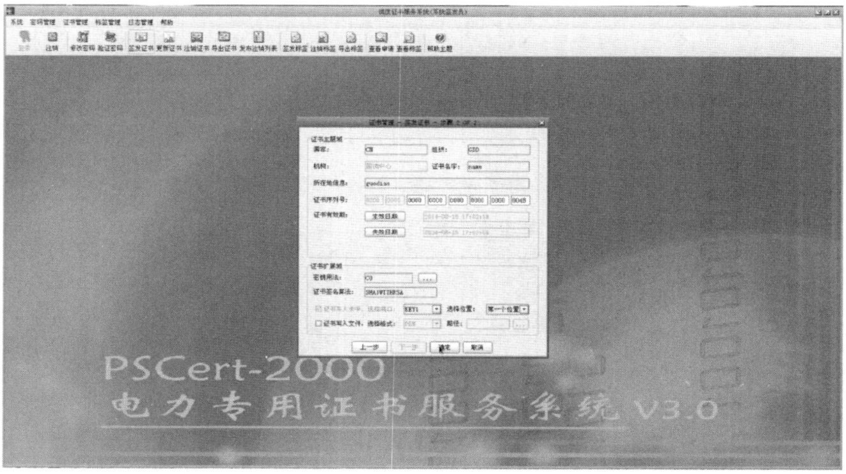

图 2-161 点击“确定”

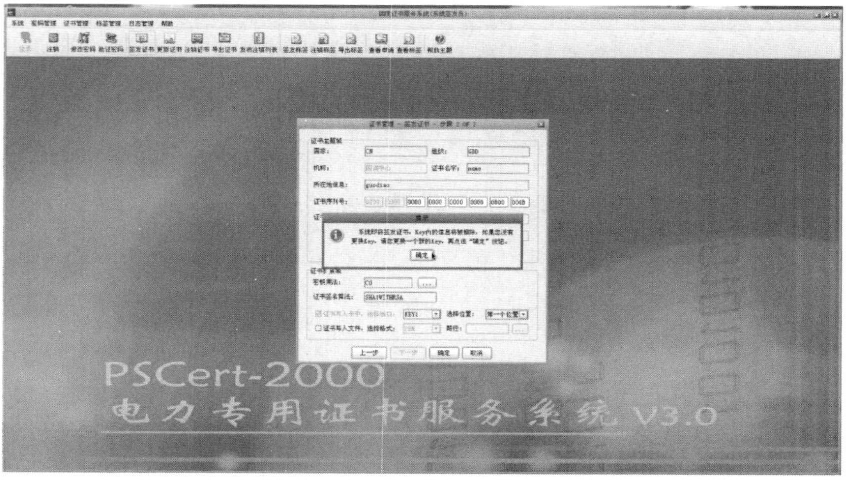

图 2-162 再次确定

图 2-163 签发电子钥匙

等待片刻后，电子钥匙的证书签发完毕。

步骤六：签发标签。

弹出签发标签界面以签发标签，若未弹出，则问题可能是此用户没有申请标签或此用户标签申请没有审核，如图 2-164 所示。

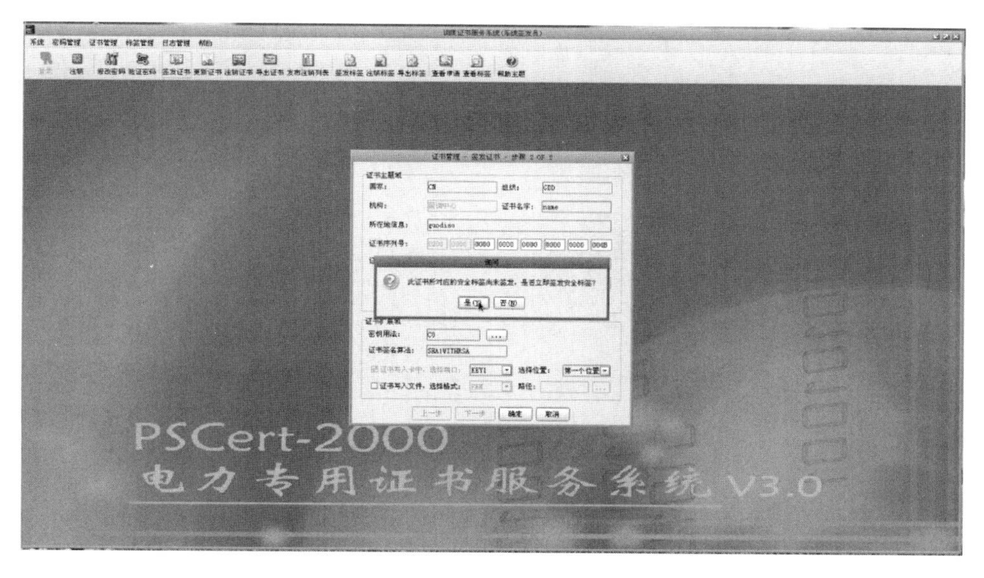

图 2-164 签发标签

选择开始签发安全标签，如图 2-165 所示。

证书内容中选择刚刚签发证书对应的标签，以关联信息中的用户名称作为标示，如图 2-166 所示。

选择将标签写入卡中，电子钥匙密码默认“123456”，签名算法为“MD5_WITH_

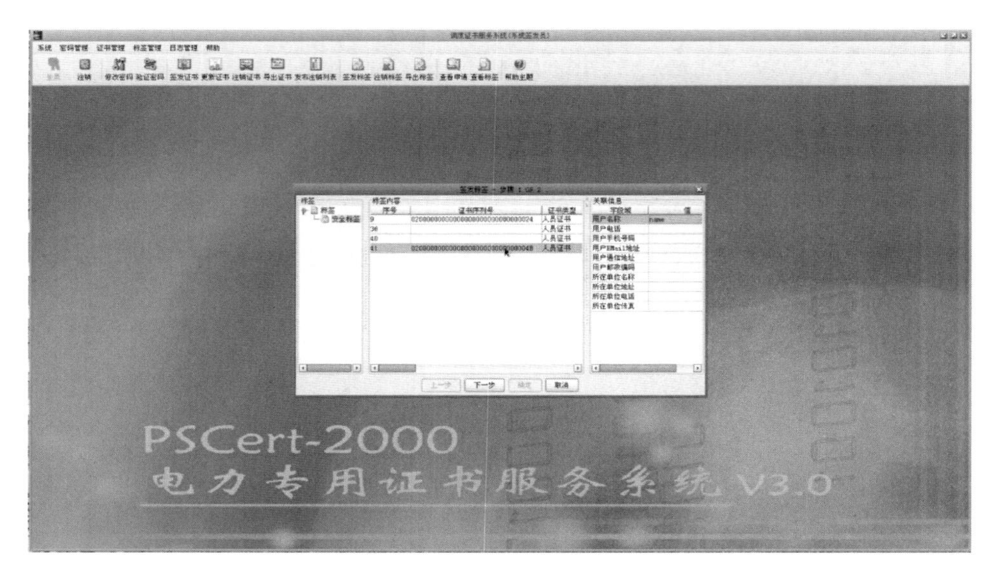

图 2-165　签发安全标签

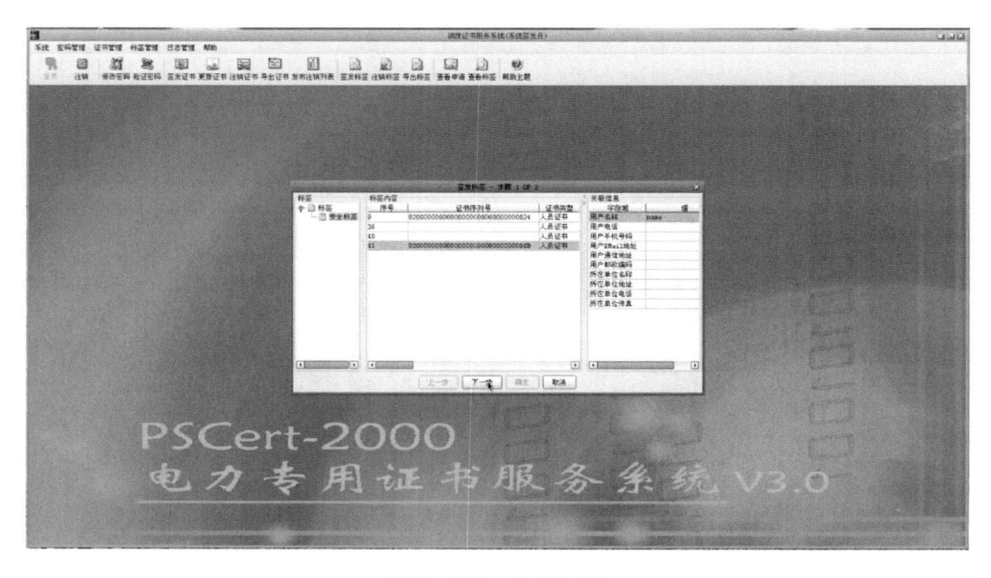

图 2-166　选择标签

RSA”，之后点击“确定”，如图 2-167 所示。

点击“确定”后开始签发标签。等待片刻，提示“操作成功”表示标签签发成功。点击“确定”，如图 2-168 所示。

若还有没签发完的人员证书，返回步骤四重新执行。否则执行步骤七。

步骤七：导出人员证书。

关闭签发证书窗口后，点击导出证书（图 2-169）。点击导出证书后弹出导出证书窗口。

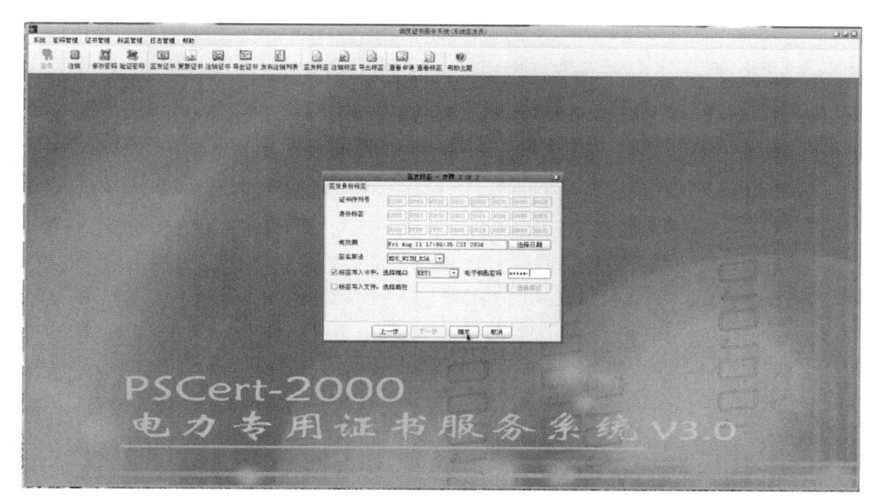

图 2-167 点击“确定”

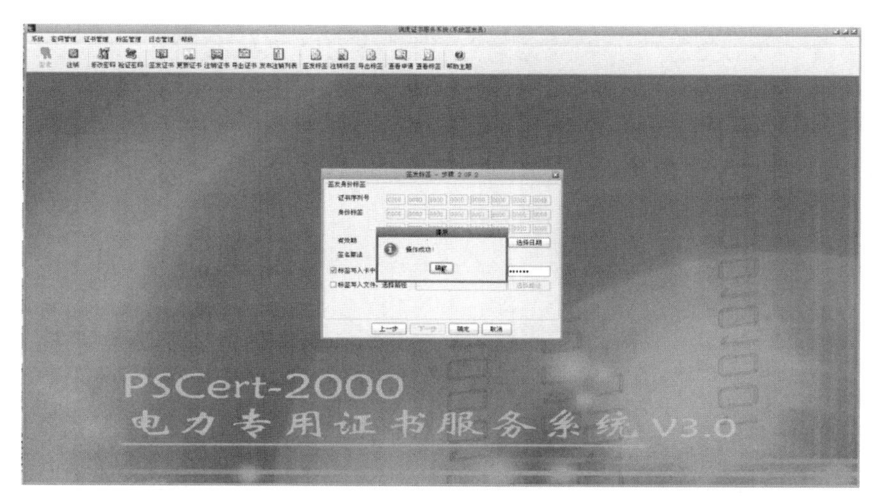

图 2-168 标签签发成功

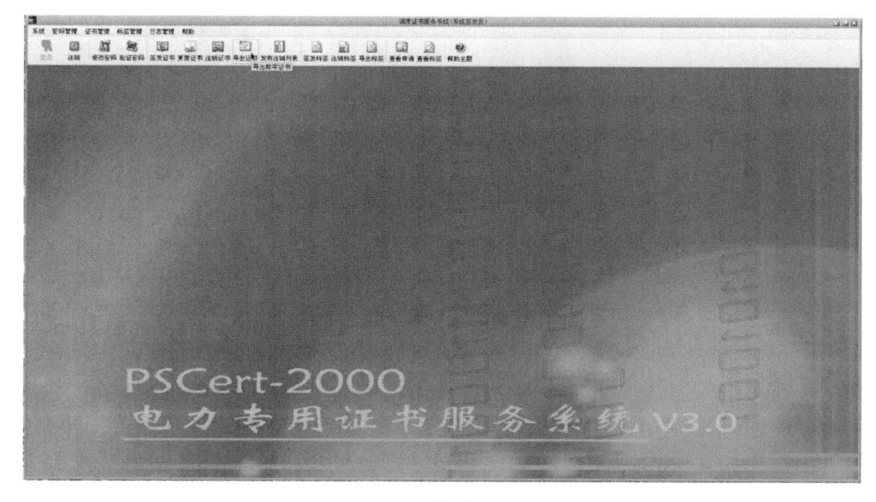

图 2-169 导出人员证书

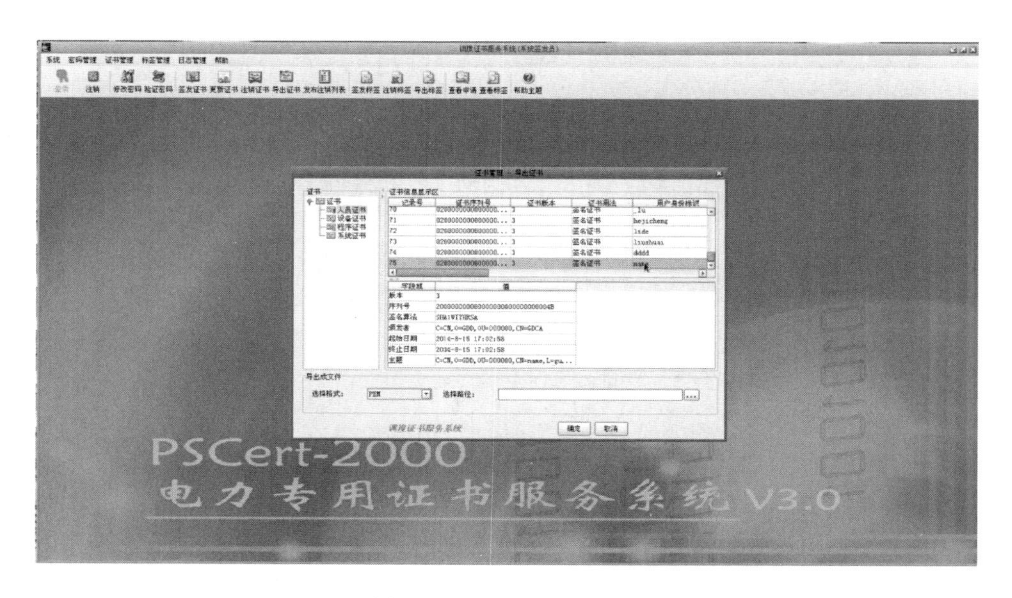

图 2-170 选择人员证书

左侧证书中选择人员证书，如图 2-170 所示。

在右侧证书信息显示区中选择刚刚签发的证书。

选择路径后，点击“确定”即可导出人员证书，如图 2-171 所示。

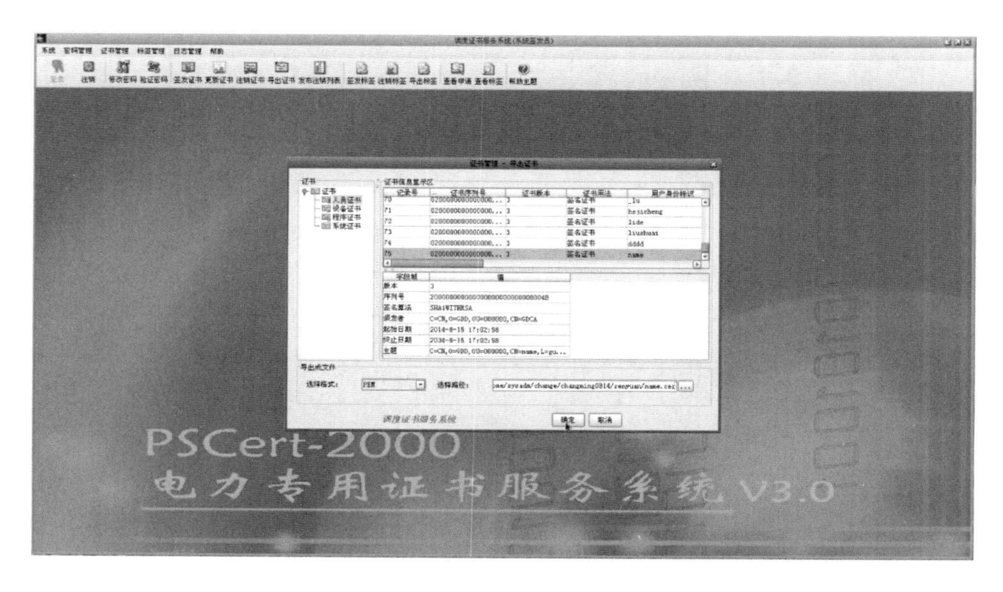

图 2-171 导出人员证书

提示本次操作成功后人员证书即成功导出，如图 2-172 所示。路径为刚刚保存的路径。

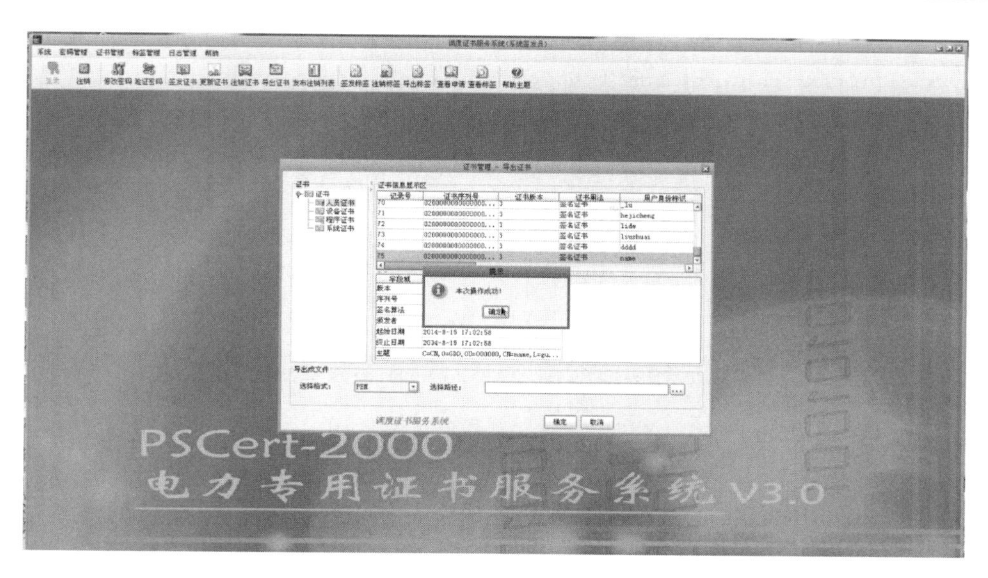

图 2-172 人员证书成功导出

2.7 安全配置加固

2.7.1 主机加固

操作安全加固作为实现电力监控系统安全的关键环节，主要针对服务器操作系统、数据库及应用中间件等软件系统，通过强化账号安全、加固服务、修改安全配置、优化访问控制策略、增加安全访问机制、打补丁等方法，堵塞系统漏洞及“后门”，提高其安全性，提升系统安全防范水平，其优点主要体现在以下几个方面：

(1) 提高安全性：增强操作系统的抵御能力，降低系统遭受恶意攻击的风险。主机加固主要包括对系统漏洞的修复、设置强大的密码策略和访问控制机制等，有效防止黑客入侵和病毒传播。

(2) 保护数据安全：能更有效地保护计算机中的敏感数据，防止数据泄露、篡改或被勒索，确保用户隐私和机密信息的安全，满足法律法规和合规性要求。

(3) 提高性能和稳定性：关闭不必要的服务和网络端口，减少系统资源的占用，提高系统的响应速度和稳定性。同时，减少操作系统故障发生频率，提高运维效率。

(4) 降低运维成本：可以避免系统崩溃或被攻击引起数据丢失和业务中断，为企业节省大量因数据恢复和系统修复而产生的成本。

(5) 增强合规性：符合各种安全标准和管理法规规定，有助于企业提高合规性，树立良好的信誉和声誉。

2.7.1.1 Linux 系统

1. 检查操作系统版本信息并记录

(1) uname -a：查看系统名、节点名称等信。

（2） cat/etc/issue：查看操作系统版本。

（3） cat/proc/version：查看正在运行的内核版本信息。

检查操作系统版本信息命令如图2-173所示。

```
Mate Terminal
文件(F) 编辑(E) 查看(V) 搜索(S) 终端(T) 帮助(H)
[root@localhost etc]# uname -a
Linux localhost.localdomain 3.10.0-514.ky3.kb3.x86_64 #1 SMP Thu Dec 29 21:29:54 EST 2016 x86_6
4 x86_64 x86_64 GNU/Linux
[root@localhost etc]# cat /etc/issue
\nKylin 3.3
Kernel \r on an \m
\KRelease (Trial)

[root@localhost etc]# cat /proc/version
Linux version 3.10.0-514.ky3.kb3.x86_64 (mockbuild@kojibuilder101.kylinos.com.cn) (gcc version
4.8.5 20150623 (Red Hat 4.8.5-11) (GCC) ) #1 SMP Thu Dec 29 21:29:54 EST 2016
[root@localhost etc]#
```

图2-173　检查操作系统版本信息命令

2. 禁用无用账户

加固说明：删除、禁用或锁定与设备运行、维护等工作无关的用户，避免无关用户被黑客利用。

加固步骤：首先在系统管理员账号下，使用vi etc/passwd命令打开passwd用户管理文件，将不使用的用户通过“#”进行注释，若在多余用户后存在“/nologin”字样，则表示该用户已经被禁止登录，不需要用#进行注释。同时使用命令passwd -l ＜用户名＞对不必要的用户进行锁定。禁用无用用户命令如图2-174所示。

```
Mate Terminal
文件(F) 编辑(E) 查看(V) 搜索(S) 终端(T) 帮助(H)
halt:x:7:0:halt:/sbin:/sbin/halt
mail:x:8:12:mail:/var/spool/mail:/sbin/nologin
operator:x:11:0:operator:/root:/sbin/nologin
games:x:12:100:games:/usr/games:/sbin/nologin
ftp:x:14:50:FTP User:/var/ftp:/sbin/nologin
nobody:x:99:99:Nobody:/:/sbin/nologin
systemd-bus-proxy:x:999:997:systemd Bus Proxy:/:/sbin/nologin
systemd-network:x:192:192:systemd Network Management:/:/sbin/nologin
dbus:x:81:81:System message bus:/:/sbin/nologin
polkitd:x:998:996:User for polkitd:/:/sbin/nologin
sssd:x:997:995:User for sssd:/:/sbin/nologin
usbmuxd:x:113:113:usbmuxd user:/:/sbin/nologin
libstoragemgmt:x:996:993:daemon account for libstoragemgmt:/var/run/lsm:/sbin/nologin
rpc:x:32:32:Rpcbind Daemon:/var/lib/rpcbind:/sbin/nologin
colord:x:995:992:User for colord:/var/lib/colord:/sbin/nologin
tss:x:59:59:Account used by the trousers package to sandbox the tcsd daemon:/dev/null:/sbin/nol
ogin
geoclue:x:994:991:User for geoclue:/var/lib/geoclue:/sbin/nologin
rtkit:x:172:172:RealtimeKit:/proc:/sbin/nologin
pulse:x:171:171:PulseAudio System Daemon:/var/run/pulse:/sbin/nologin
chrony:x:993:988::/var/lib/chrony:/sbin/nologin
rpcuser:x:29:29:RPC Service User:/var/lib/nfs:/sbin/nologin
nfsnobody:x:65534:65534:Anonymous NFS User:/var/lib/nfs:/sbin/nologin
setroubleshoot:x:992:987::/var/lib/setroubleshoot:/sbin/nologin
ntp:x:38:38::/etc/ntp:/sbin/nologin
gdm:x:42:42::/var/lib/gdm:/sbin/nologin
nm-openconnect:x:991:986:NetworkManager user for OpenConnect:/:/sbin/nologin
postfix:x:89:89::/var/spool/postfix:/sbin/nologin
sshd:x:74:74:Privilege-separated SSH:/var/empty/sshd:/sbin/nologin
tcpdump:x:72:72::/:/sbin/nologin
redhat:x:1000:1000:redhat:/home/redhat:/bin/bash
[root@localhost etc]# 
```

图2-174　禁用无用用户命令

3. 检查是否存在空口令用户

加固说明：

不允许存在口令为空或 UID 为 0 的多个用户。

加固步骤：

（1）使用命令 `awk -F ":" '($2=="")(print $1)' /etc/shadow` 查看空口令用户。

（2）使用命令 `awk -F ":" '($3==0)(print $1)' /etc/passwd` 查看 UID 为 0 的用户。

（3）使用 passwd <用户名>命令对空口令用户设置访问口令。

检查是否存在空口令用户命令如图 2-175 所示。

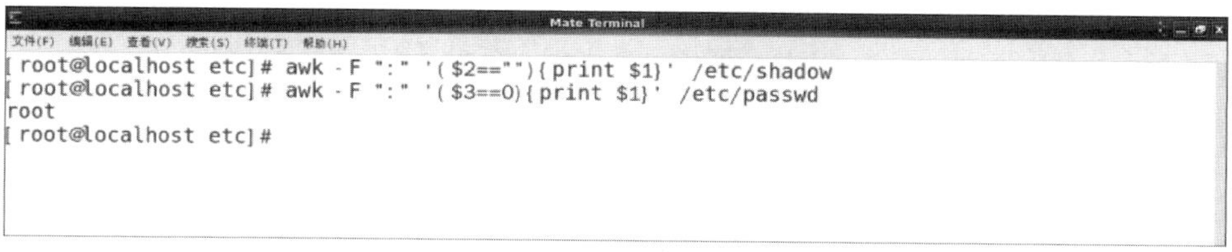

```
Mate Terminal
文件(F) 编辑(E) 查看(V) 搜索(S) 终端(T) 帮助(H)
[root@localhost etc]# awk -F ":" '($2=="")(print $1)' /etc/shadow
[root@localhost etc]# awk -F ":" '($3==0)(print $1)' /etc/passwd
root
[root@localhost etc]#
```

图 2-175 检查是否存在空口令用户命令

4. 更改用户口令

加固说明：不允许存在空口令、默认口令和密码复杂度不满足口令强度要求的用户。

加固步骤：在系统管理员账号模式下，使用 passwd<用户名>命令修改用户命令，如图 2-176 所示。

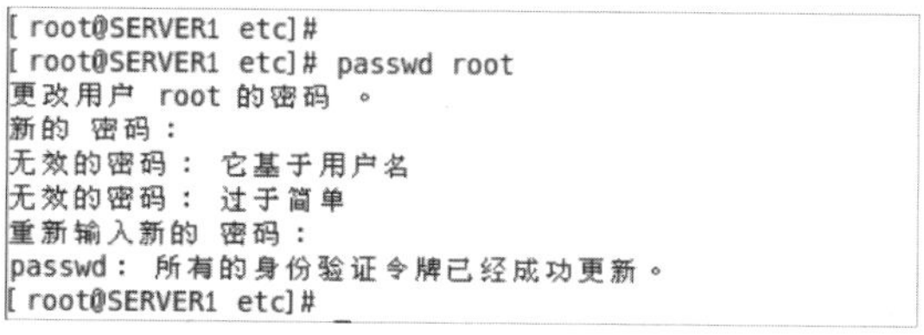

```
[root@SERVER1 etc]#
[root@SERVER1 etc]# passwd root
更改用户 root 的密码 。
新的 密码：
无效的密码： 它基于用户名
无效的密码： 过于简单
重新输入新的 密码：
passwd： 所有的身份验证令牌已经成功更新。
[root@SERVER1 etc]#
```

图 2-176 更改用户命令

5. 用户口令复杂度策略配置

加固说明：口令长度不小于 8 位，由字母、数字和特殊字符组成，不得与用户名相同，避免口令被暴力破解。

加固步骤：使用 vi etc/pam.d/system-auth 命令，添加以下参数：

password requisite pam_cracklib.so retry =3 minlen=8 ucredit=1 lcredit=1 dcredit=2 ocredit=1

其中，retry 为用户登录口令错误重试次数；minlen 为最小密码长度；ucredit 为大写字母最少数量；lcredit 为小写字母最少数量；dcredit 为数字最少数量；ocredit 为其他特殊字符最少数量。

用户口令复杂度策略配置命令如图 2-177 所示。

6. 用户登录失败锁定

加固说明：当前用户连续认证失败次数超过 5 次，锁定该用户使用的账号 10min，避免账号被恶意用户暴力破解。

加固步骤：使用 vi etc/pam.d/system-auth 命令，添加以下参数：

auth required pam_tally.so onerr=fail deny=5 unlock_time=300 even_deny_root root_unlock_time=600

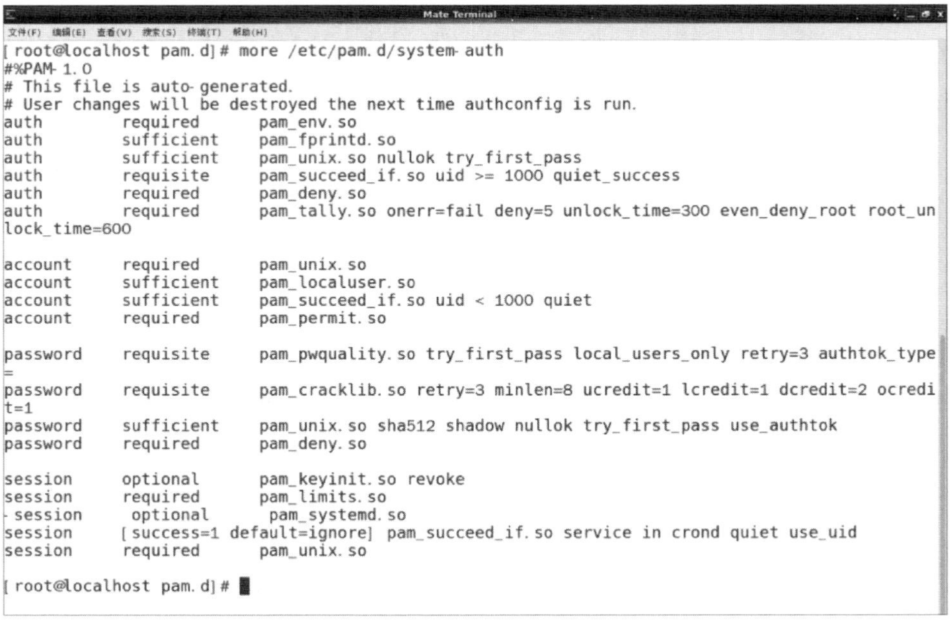

```
Mate Terminal
文件(F) 编辑(E) 查看(V) 搜索(S) 终端(T) 帮助(H)
[root@localhost pam.d]# more /etc/pam.d/system-auth
#%PAM-1.0
# This file is auto-generated.
# User changes will be destroyed the next time authconfig is run.
auth        required      pam_env.so
auth        sufficient    pam_fprintd.so
auth        sufficient    pam_unix.so nullok try_first_pass
auth        requisite     pam_succeed_if.so uid >= 1000 quiet_success
auth        required      pam_deny.so
auth        required      pam_tally.so onerr=fail deny=5 unlock_time=300 even_deny_root root_un
lock_time=600

account     required      pam_unix.so
account     sufficient    pam_localuser.so
account     sufficient    pam_succeed_if.so uid < 1000 quiet
account     required      pam_permit.so

password    requisite     pam_pwquality.so try_first_pass local_users_only retry=3 authtok_type
=
password    requisite     pam_cracklib.so retry=3 minlen=8 ucredit=1 lcredit=1 dcredit=2 ocredi
t=1
password    sufficient    pam_unix.so sha512 shadow nullok try_first_pass use_authtok
password    required      pam_deny.so

session     optional      pam_keyinit.so revoke
session     required      pam_limits.so
-session     optional      pam_systemd.so
session     [success=1 default=ignore] pam_succeed_if.so service in crond quiet use_uid
session     required      pam_unix.so

[root@localhost pam.d]#
```

图 2-177 用户口令复杂度策略配置命令

用户登录失败锁定命令如图 2-178 所示。

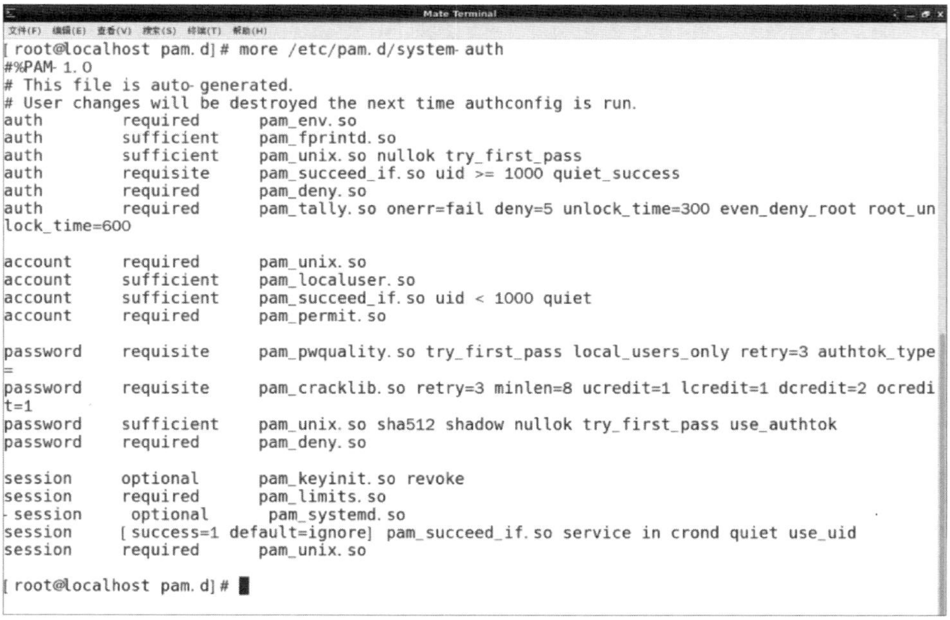

```
Mate Terminal
文件(F) 编辑(E) 查看(V) 搜索(S) 终端(T) 帮助(H)
[root@localhost pam.d]# more /etc/pam.d/system-auth
#%PAM-1.0
# This file is auto-generated.
# User changes will be destroyed the next time authconfig is run.
auth        required      pam_env.so
auth        sufficient    pam_fprintd.so
auth        sufficient    pam_unix.so nullok try_first_pass
auth        requisite     pam_succeed_if.so uid >= 1000 quiet_success
auth        required      pam_deny.so
auth        required      pam_tally.so onerr=fail deny=5 unlock_time=300 even_deny_root root_un
lock_time=600

account     required      pam_unix.so
account     sufficient    pam_localuser.so
account     sufficient    pam_succeed_if.so uid < 1000 quiet
account     required      pam_permit.so

password    requisite     pam_pwquality.so try_first_pass local_users_only retry=3 authtok_type
=
password    requisite     pam_cracklib.so retry=3 minlen=8 ucredit=1 lcredit=1 dcredit=2 ocredi
t=1
password    sufficient    pam_unix.so sha512 shadow nullok try_first_pass use_authtok
password    required      pam_deny.so

session     optional      pam_keyinit.so revoke
session     required      pam_limits.so
-session     optional      pam_systemd.so
session     [success=1 default=ignore] pam_succeed_if.so service in crond quiet use_uid
session     required      pam_unix.so

[root@localhost pam.d]#
```

图 2-178 用户登录失败锁定命令

7. 用户口令周期策略

加固说明：设置账号口令的生存期不长于 90 天，密码到期前提示用户更改密码，避免密码泄露及用户因遗忘更换密码而导致账号失效。

加固步骤：使用 vi etc/login. defs 命令，可修改以下参数

PASS_MAX_DAYS 90 //密码最大有效天数

PASS_MIN_DAYS 1 //密码修改之间最小天数

PASS_MIN_LEN 8 //密码最小长度

PASS_WARN_AGE 28 //密码失效前提前多少天告警

用户口令周期策略命令如图 2-179 所示。

```
Mate Terminal
文件(F) 编辑(E) 查看(V) 搜索(S) 终端(T) 帮助(H)
#
# Please note that the parameters in this configuration file control the
# behavior of the tools from the shadow-utils component. None of these
# tools uses the PAM mechanism, and the utilities that use PAM (such as the
# passwd command) should therefore be configured elsewhere. Refer to
# /etc/pam.d/system-auth for more information.
#

# *REQUIRED*
#   Directory where mailboxes reside, _or_ name of file, relative to the
#   home directory.  If you _do_ define both, MAIL_DIR takes precedence.
#   QMAIL_DIR is for Qmail
#
#QMAIL_DIR      Maildir
MAIL_DIR        /var/spool/mail
#MAIL_FILE      .mail

# Password aging controls:
#
#       PASS_MAX_DAYS   Maximum number of days a password may be used.
#       PASS_MIN_DAYS   Minimum number of days allowed between password changes.
#       PASS_MIN_LEN    Minimum acceptable password length.
#       PASS_WARN_AGE   Number of days warning given before a password expires.
#
PASS_MAX_DAYS   90
PASS_MIN_DAYS   0
PASS_MIN_LEN    8
PASS_WARN_AGE   20

#
# Min/max values for automatic uid selection in useradd
--More--(49%)
```

图 2-179 用户口令周期策略命令

8. 限制用户登录超时时间

加固说明：设置桌面服务在某个活动或空闲会话超时后自动终止，防止被非法用户利用。

加固步骤：

(1) 使用 vi etc/profile 命令，在文件中加入 TMOUT=300。

(2) 使用 source /etc/profile 命令重启服务，确认配置生效。

限制用户登录超时时间命令如图 2-180 所示。

9. 限制终端远程登录地址

加固说明：仅限于指定 IP 地址范围主机远程登录，防止非法主机的远程访问。

加固步骤：

(1) 使用 vi /etc/hosts. allow 命令，将允许远程登录的主机 IP 地址增加到配置文件中，如 sshd：192. 168. 1. 1/255. 255. 255. 0：allow，如图 2-181 所示。

(2) 使用 vi /etc/hosts. deny 命令，添加 sshd：all：deny 配置，禁止未在 hosts. allow 文件中配置的主机 IP 地址进行远程登录，如图 2-182 所示。

```
Mate Terminal
文件(F) 编辑(E) 查看(V) 搜索(S) 终端(T) 帮助(H)
else
    export HISTCONTROL=ignoredups
fi

export PATH USER LOGNAME MAIL HOSTNAME HISTSIZE HISTCONTROL

# By default, we want umask to get set. This sets it for login shell
# Current threshold for system reserved uid/gids is 200
# You could check uidgid reservation validity in
# /usr/share/doc/setup-*/uidgid file
if [ $UID -gt 199 ] && [ "`/usr/bin/id -gn`" = "`/usr/bin/id -un`" ]; then
    umask 002
else
    umask 022
fi

for i in /etc/profile.d/*.sh ; do
    if [ -r "$i" ]; then
        if [ "${-#*i}" != "$-" ]; then
            . "$i"
        else
            . "$i" >/dev/null
        fi
    fi
done

unset i
unset -f pathmunge

TMOUT=300
umask 027
[root@localhost etc]#
```

图 2-180 限制用户登录超时时间命令

```
Mate Terminal
文件(F) 编辑(E) 查看(V) 搜索(S) 终端(T) 帮助(H)
[root@localhost etc]# more hosts.allow
#
# hosts.allow   This file contains access rules which are used to
#               allow or deny connections to network services that
#               either use the tcp_wrappers library or that have been
#               started through a tcp_wrappers-enabled xinetd.
#
#               See 'man 5 hosts_options' and 'man 5 hosts_access'
#               for information on rule syntax.
#               See 'man tcpd' for information on tcp_wrappers
#
sshd:192.168.1.1/255.255.255.0:allow
sshd:192.168.1.2/255.255.255.0:allow
[root@localhost etc]#
```

图 2-181 限制终端远程登录地址命令 1

10. 设置屏幕保护程序

加固说明：操作系统设置开启屏幕保护，并将时间设定为5min，避免非法用户使用系统。

加固步骤：在控制中心→硬件中心中打开屏幕保护程序配置，设置屏幕保护程序时间为5min，勾选计算机空闲时激活屏幕保护程序的选择框，如图 2-183 所示。

11. 设置文件缺省权限

加固说明：控制用户缺省访问权限，当在创建新文件或目录时，应屏蔽掉新文件或目录不应有的访问允许权限，防止同属于该组的其他用户及其他组的用户修改该用户的文件或建立更大限制，如图 2-184 所示。

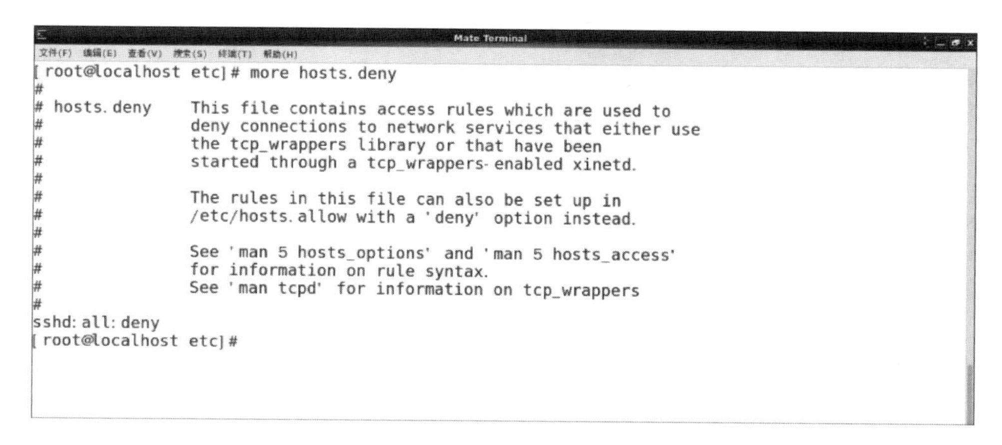

图 2-182　限制终端远程登录地址命令 2

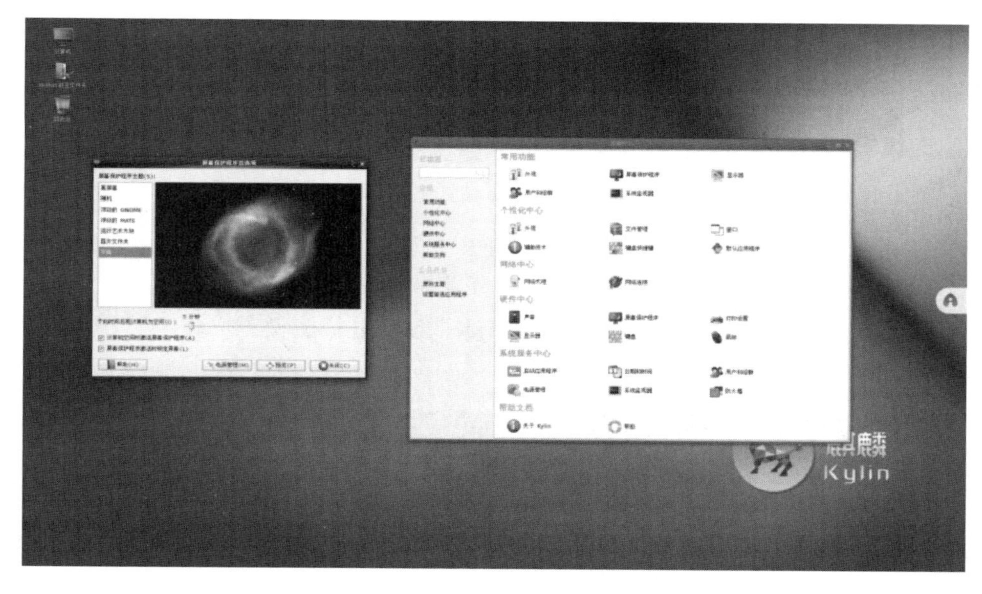

图 2-183　设置屏幕保护程序

加固步骤：

（1）使用 vi etc/profile 命令，添加配置：umask 027。

（2）使用 source /etc/profile 命令重启服务，确认配置生效。

12. 禁用系统多余服务

加固说明：应遵循最小安装的原则，仅安装和开启必需的服务，避免系统中存在不必要的服务。

加固步骤：需要禁用的服务有 ftp、telnet、rsh、rlogin 等，其他服务应根据各厂家实际情况对确实不使用的多余服务进行禁用，禁用方法主要有：

（1）使用 chkconfig -list 查看是否存在蓝牙、ntp、samba、proftpd、inetd、nfs、vs-ftpd、bind、E-Mail、Web、FTP、telnet、rlogin、NetBIOS、DHCP、SNMP V3 以下版本、SMB 等通用网络服务或功能。

```
Mate Terminal
文件(F) 编辑(E) 查看(V) 搜索(S) 终端(T) 帮助(H)
else
    export HISTCONTROL=ignoredups
fi

export PATH USER LOGNAME MAIL HOSTNAME HISTSIZE HISTCONTROL

# By default, we want umask to get set. This sets it for login shell
# Current threshold for system reserved uid/gids is 200
# You could check uidgid reservation validity in
# /usr/share/doc/setup-*/uidgid file
if [ $UID -gt 199 ] && [ "`/usr/bin/id -gn`" = "`/usr/bin/id -un`" ]; then
    umask 002
else
    umask 022
fi

for i in /etc/profile.d/*.sh ; do
    if [ -r "$i" ]; then
        if [ "${-#*i}" != "$-" ]; then
            . "$i"
        else
            . "$i" >/dev/null
        fi
    fi
done

unset i
unset -f pathmunge

TMOUT=300
umask 027
[root@localhost etc]#
```

图 2-184 设置文件缺省权限

(2) 使用 service<服务名>stop 命令停止正在运行的服务。

(3) 使用 chkconfig<服务名>off 命令关闭服务或功能。

(4) 在 etc/xinetd.d 文件中将不使用的服务通过#进行注释。

禁用系统多余服务如图 2-185 所示。

```
Mate Terminal
文件(F) 编辑(E) 查看(V) 搜索(S) 终端(T) 帮助(H)
[root@localhost etc]# lsof -i:22
COMMAND   PID USER   FD   TYPE DEVICE SIZE/OFF NODE NAME
sshd    51973 root    3u  IPv4  88287      0t0  TCP *:ssh (LISTEN)
sshd    51973 root    4u  IPv6  88289      0t0  TCP *:ssh (LISTEN)
[root@localhost etc]#
[root@localhost etc]#
[root@localhost etc]# service sshd stop
Redirecting to /bin/systemctl stop  sshd.service
[root@localhost etc]#
[root@localhost etc]#
[root@localhost etc]# lsof -i:22
[root@localhost etc]#
[root@localhost etc]#
[root@localhost etc]#
```

图 2-185 禁用系统多余服务

13. 关闭不必要的端口

加固说明：遵循白名单的原则，仅开放系统应用所需的专用端口，避免系统中存在不必要的端口。

加固步骤：

关闭 21 端口：通过关闭 ftp 服务实现（使用 service vsftpd stop 和 chkconfig vsftpd off 操作命令）。

关闭22端口：通过关闭ssh服务实现（使用service sshd stop和chkconfig sshd stop操作命令）。

关闭23端口：通过关闭telnet服务实现。

关闭177端口：进入cd/etc/gdm下，编辑文件custom. conf。

操作命令：vi custom. conf。

将［xdmcp］Enable＝true修改为Enable＝false。

将port＝177端口号更改为其他端口号。

保存重启。

关闭不必要的端口如图2－186所示。

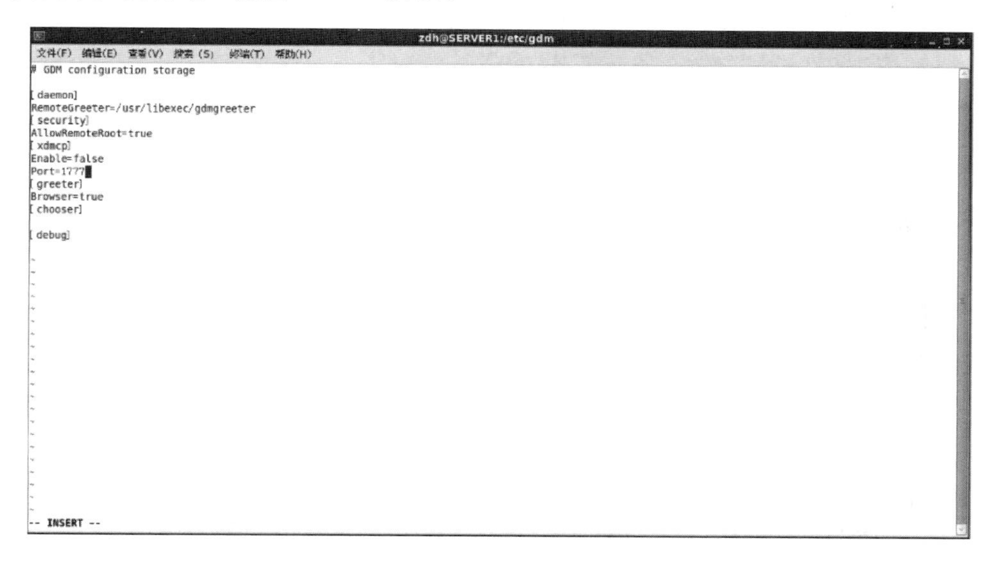

图2－186 关闭不必要的端口

14. 修改SNMP团体字

加固说明：防止非法用户利用默认团体名实现SNMP网络管理员访问SNMP管理代理。

加固步骤：使用vi/etc/snmp/snmpd. conf命令编辑配置文件，设定复杂的Community控制字段，禁止使用PUBLIC、PRIVATE等默认字段，如图2－187所示。

15. 禁用root远程ssh登录

加固说明：限制具备超级管理员权限的用户远程登录，远程执行管理员权限操作。

加固步骤：使用vi/etc/ssh/sshd_config命令，删除PermitRootLogin前的#，并将yes改为no，可以通过service sshd restart命令重启ssh服务。

禁用root远程ssh登录如图2－188所示。

16. 检查SSH安全服务配置

加固说明：强制openssh服务使用更加安全的V2版本协议。

加固步骤：使用vi/etc/ssh/sshd_config命令，将protocol后面的参数修改为2，并删除该项前面的#。

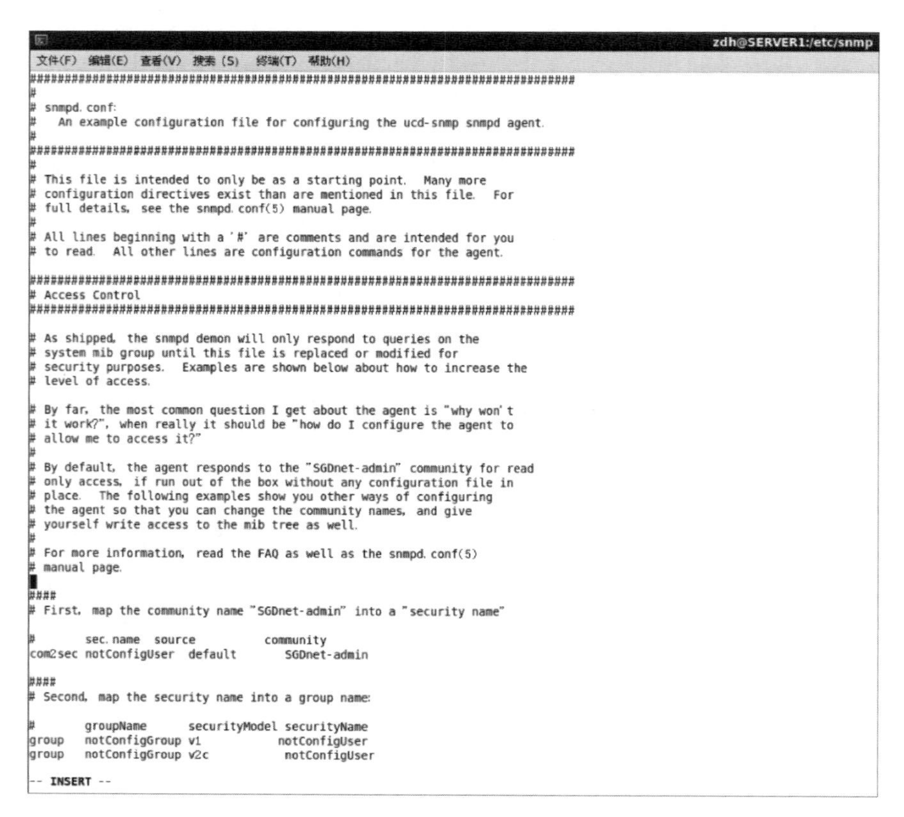

```
zdh@SERVER1:/etc/snmp
文件(F) 编辑(E) 查看(V) 搜索(S) 终端(T) 帮助(H)
###########################################################################
#
# snmpd.conf:
#   An example configuration file for configuring the ucd-snmp snmpd agent.
#
###########################################################################
#
# This file is intended to only be as a starting point.  Many more
# configuration directives exist than are mentioned in this file.  For
# full details, see the snmpd.conf(5) manual page.
#
# All lines beginning with a '#' are comments and are intended for you
# to read.  All other lines are configuration commands for the agent.

###########################################################################
# Access Control
###########################################################################

# As shipped, the snmpd demon will only respond to queries on the
# system mib group until this file is replaced or modified for
# security purposes.  Examples are shown below about how to increase the
# level of access.

# By far, the most common question I get about the agent is "why won't
# it work?", when really it should be "how do I configure the agent to
# allow me to access it?"
#
# By default, the agent responds to the "SGDnet-admin" community for read
# only access, if run out of the box without any configuration file in
# place.  The following examples show you other ways of configuring
# the agent so that you can change the community names, and give
# yourself write access to the mib tree as well.
#
# For more information, read the FAQ as well as the snmpd.conf(5)
# manual page.

####
# First, map the community name "SGDnet-admin" into a "security name"

#       sec.name  source          community
com2sec notConfigUser  default       SGDnet-admin

####
# Second, map the security name into a group name:

#       groupName      securityModel securityName
group   notConfigGroup v1           notConfigUser
group   notConfigGroup v2c           notConfigUser
-- INSERT --
```

图 2-187 修改 SNMP 团体字

```
Mate Terminal
文件(F) 编辑(E) 查看(V) 搜索(S) 终端(T) 帮助(H)
#ServerKeyBits 1024

# Ciphers and keying
#RekeyLimit default none

# Logging
# obsoletes QuietMode and FascistLogging
#SyslogFacility AUTH
SyslogFacility AUTHPRIV
#LogLevel INFO

# Authentication:

#LoginGraceTime 2m
PermitRootLogin no
#StrictModes yes
MaxAuthTries 3
#MaxSessions 10

#RSAAuthentication yes
#PubkeyAuthentication yes

# The default is to check both .ssh/authorized_keys and .ssh/authorized_keys2
# but this is overridden so installations will only check .ssh/authorized_keys
AuthorizedKeysFile      .ssh/authorized_keys

#AuthorizedPrincipalsFile none

#AuthorizedKeysCommand none
#AuthorizedKeysCommandUser nobody

--More--(38%)
```

图 2-188 禁用 root 远程 ssh 登录

检查 SSH 安全服务配置如图 2-189 所示。

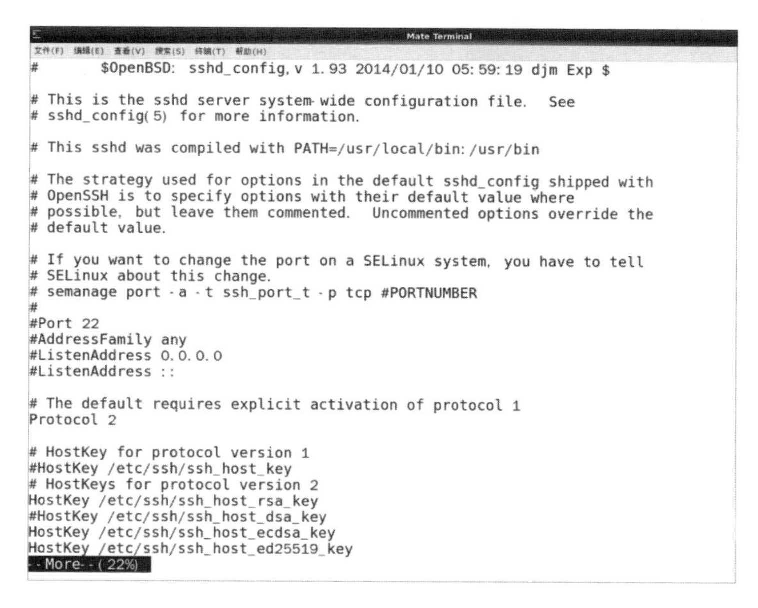

```
#       $OpenBSD: sshd_config,v 1.93 2014/01/10 05:59:19 djm Exp $

# This is the sshd server system-wide configuration file.  See
# sshd_config(5) for more information.

# This sshd was compiled with PATH=/usr/local/bin:/usr/bin

# The strategy used for options in the default sshd_config shipped with
# OpenSSH is to specify options with their default value where
# possible, but leave them commented.  Uncommented options override the
# default value.

# If you want to change the port on a SELinux system, you have to tell
# SELinux about this change.
# semanage port -a -t ssh_port_t -p tcp #PORTNUMBER
#
#Port 22
#AddressFamily any
#ListenAddress 0.0.0.0
#ListenAddress ::

# The default requires explicit activation of protocol 1
Protocol 2

# HostKey for protocol version 1
#HostKey /etc/ssh/ssh_host_key
# HostKeys for protocol version 2
HostKey /etc/ssh/ssh_host_rsa_key
#HostKey /etc/ssh/ssh_host_dsa_key
HostKey /etc/ssh/ssh_host_ecdsa_key
HostKey /etc/ssh/ssh_host_ed25519_key
--More--(22%)
```

图 2-189 检查 SSH 安全服务配置

17. 修改 SSH 允许密码错误尝试登录的次数

加固说明：限制用户通过 SSH 错误口令尝试远程登录的次数。

加固步骤：使用 vi/etc/ssh/sshd_config 命令，将 MaxAuthTries 后面的参数修改为 3，并删除该项前面的#，如图 2-190 所示。

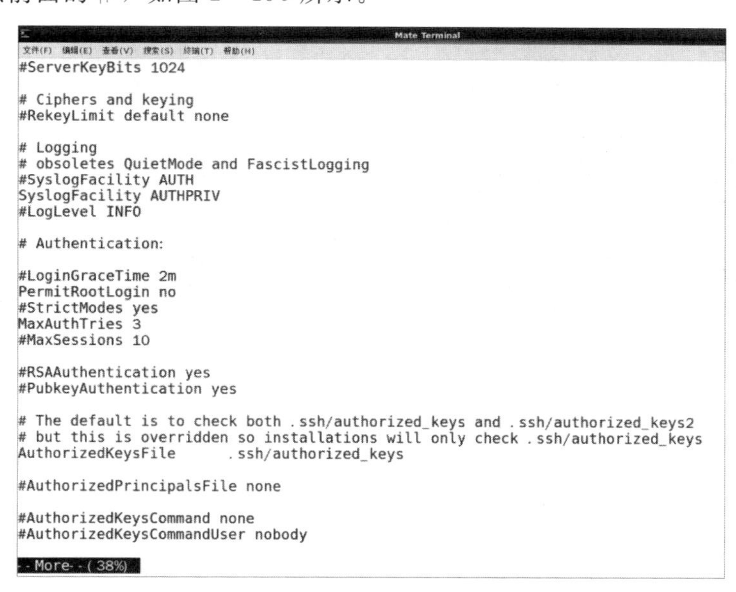

```
#ServerKeyBits 1024

# Ciphers and keying
#RekeyLimit default none

# Logging
# obsoletes QuietMode and FascistLogging
#SyslogFacility AUTH
SyslogFacility AUTHPRIV
#LogLevel INFO

# Authentication:

#LoginGraceTime 2m
PermitRootLogin no
#StrictModes yes
MaxAuthTries 3
#MaxSessions 10

#RSAAuthentication yes
#PubkeyAuthentication yes

# The default is to check both .ssh/authorized_keys and .ssh/authorized_keys2
# but this is overridden so installations will only check .ssh/authorized_keys
AuthorizedKeysFile      .ssh/authorized_keys

#AuthorizedPrincipalsFile none

#AuthorizedKeysCommand none
#AuthorizedKeysCommandUser nobody

--More--(38%)
```

图 2-190 修改 ssh 允许密码错误尝试登录的次数

18. 修改 SSH 的 Banner 信息

加固说明：修改 SSH 的 Banner 信息。

加固步骤：使用 vi/etc/ssh/sshd_config 命令，将 Banner 后面参数修改为 none，并删除该项前面的#，如图 2-191 所示。

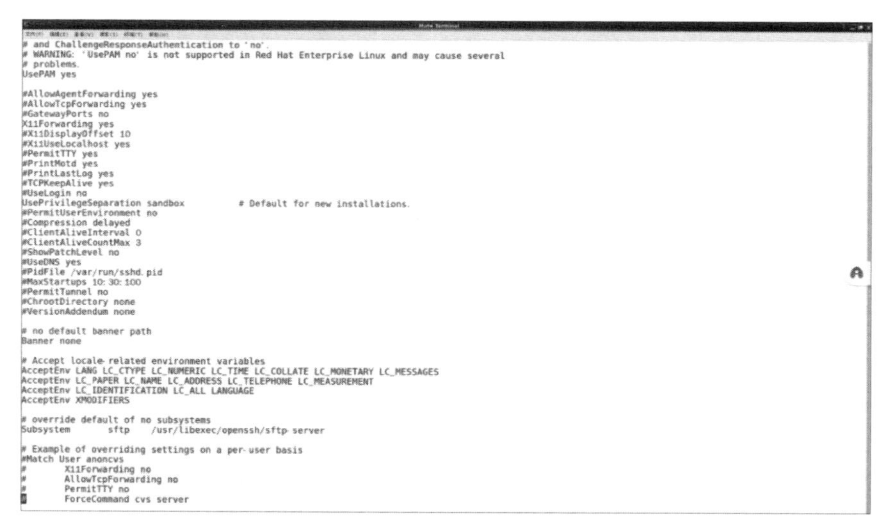

图 2-191　修改 SSH 的 Banner 信息

19. 修改系统日志保存周期

加固说明：记录电力监控系统网络运行状态、网络安全事件的日志应保存不少于 6 个月。

加固步骤：

1）修改系统日志保存周期，将全局的 weekly 下的 rotate 4 改为 rotate 24，表示 6 个月；系统默认日志保存时间为 4 周，如图 2-192 所示。

```
[root@localhost ~]# cat /etc/logrotate.conf
# see "man logrotate" for details
# rotate log files weekly
weekly

# keep 4 weeks worth of backlogs
rotate 24    将这里改为24，表示6个月

# create new (empty) log files after rotating old ones
create

# use date as a suffix of the rotated file
```

图 2-192　修改系统日志保存周期 1

2）将 logrotate 下指定文件的 monthly 下的 rotate 1 改为 rotate 6，表示 6 个月；/var/log/btmp 记录登录失败的信息，可以使用 lastb 命令查看；/var/log/wtmp 永久记录所有用户的登录、注销、系统启动、重启、关机事件，同样这个文件也是一个二进制文件，可以使用 last 命令查看，如图 2-193 所示。

3）对于特定服务的日志，可以在/etc/logrotate.d/目录下设置 syslog 的日志保存周期；/var/log/cron #记录了系统定时任务相关的日志；/var/log/cups #记录打印信息的日志；var/log/mailog #记录邮件信息；/var/log/message #记录系统重要信息的日志，这个日志文件会记录 linux 系统绝大多数重要信息。如果系统出现问题，首先检查这个日

```
# no packages own wtmp and btmp -- we'll rotate them here
/var/log/wtmp {
    monthly
    create 0664 root utmp
        minsize 1M
    rotate 6
}

/var/log/btmp {
    missingok
    monthly
    create 0600 root utmp
    rotate 6
```

将这里改为6，表示6个月

图 2-193 修改系统日志保存周期 2

志文件。/var/log/secure #记录验证和授权方面的信息，只要涉及账户和密码的程序都会记录，例如系统登录、SSH 登录、su 切换用户、sudo 授权、添加用户、修改密码。如图 2-194 所示。

```
[root@bogon logrotate.d]# more /etc/logrotate.d/syslog
/var/log/cron
/var/log/maillog
/var/log/messages
/var/log/secure
/var/log/spooler
{
    rotate 6
    monthly
    missingok
    sharedscripts
    postrotate
        /bin/kill -HUP `cat /var/run/syslogd.pid 2> /dev/null` 2> /dev/null || true
    endscript
}
```

将syslog日志设置为6个月

图 2-194 修改系统日志保存周期 3

20. 修改系统日志审计

加固说明：应将系统日志、cron 日志和安全日志纳入日志审计范畴，为后续问题追溯提供依据。

加固步骤：使用 vi /etc/rsyslog. conf 命令添加配置，即①系统日志：/var/log/messages；②cron 日志：/var/log/cron；③安全日志：/var/log/secure。

修改系统日志审计如图 2-195 所示。

21. 历史命令设置

加固说明：保存较少的命令条数，减少安全隐患。

加固步骤：使用 vi /etc/profile 命令，将 HISTSIZE 后面的参数修改为 5，若无改配置参数，则添加 HISTSIZE=5，如图 2-196 所示。

22. 删除默认路由

加固说明：防止默认路由对外转发。

加固步骤：

1）在 root 用户下输入 route 并点击回车显示路由表。删除默认路由：在 root 用户下输入“route del - net 目标地址 netmask 子网掩码”，回车。

```
Mate Terminal
文件(F) 编辑(E) 查看(V) 搜索(S) 终端(T) 帮助(H)

# Log all kernel messages to the console.
# Logging much else clutters up the screen.
#kern.*                                                 /dev/console

# Log anything (except mail) of level info or higher.
# Don't log private authentication messages!
*.info;mail.none;authpriv.none;cron.none                /var/log/messages

# The authpriv file has restricted access.
authpriv.*                                              /var/log/secure

# Log all the mail messages in one place.
mail.*                                                  -/var/log/maillog


# Log cron stuff
cron.*                                                  /var/log/cron

# Everybody gets emergency messages
*.emerg                                                 :omusrmsg:*

# Save news errors of level crit and higher in a special file.
uucp,news.crit                                          /var/log/spooler

# Save boot messages also to boot.log
local7.*                                                /var/log/boot.log


# ### begin forwarding rule ###
# The statement between the begin ... end define a SINGLE forwarding
--More--(76%)
```

图 2-195 修改系统日志审计

```
    MAIL="/var/spool/mail/$USER"
fi

# Path manipulation
if [ "$EUID" = "0" ]; then
    pathmunge /usr/sbin
    pathmunge /usr/local/sbin
else
    pathmunge /usr/local/sbin after
    pathmunge /usr/sbin after
fi

HOSTNAME=`/usr/bin/hostname 2>/dev/null`

HISTSIZE=5

if [ "$HISTCONTROL" = "ignorespace" ] ; then
    export HISTCONTROL=ignoreboth
else
    export HISTCONTROL=ignoredups
fi

export PATH USER LOGNAME MAIL HOSTNAME HISTSIZE HISTCONTROL

# By default, we want umask to get set. This sets it for login shell
# Current threshold for system reserved uid/gids is 200
# You could check uidgid reservation validity in
# /usr/share/doc/setup-*/uidgid file
if [ $UID -gt 199 ] && [ "`/usr/bin/id -gn`" = "`/usr/bin/id -un`" ]; then
    umask 002
else
    umask 022
fi

for i in /etc/profile.d/*.sh ; do
    if [ -r "$i" ]; then
        if [ "${-#*i}" != "$-" ]; then
            . "$i"
        else
            . "$i" >/dev/null
        fi
    fi
done

unset i
unset -f pathmunge
```

图 2-196 历史命令设置

2）细化路由表，如后台机 IP 地址为 10.100.100.1，则路由应细化为 10.100.100.0，路由 10.100.0.0 属于未进行细化的路由，应进行修改。

删除默认路由如图 2-197 所示。

```
[root@SERVER1 etc]#
[root@SERVER1 etc]# route
Kernel IP routing table
Destination     Gateway         Genmask         Flags Metric Ref    Use Iface
10.100.100.0    *               255.255.255.0   U     0      0        0 eth0
192.168.122.0   *               255.255.255.0   U     0      0        0 virbr0
link-local      *               255.255.0.0     U     1002   0        0 eth0
[root@SERVER1 etc]# _
```

图 2-197　删除默认路由

23. 特殊文件权限

加固说明：只有指定权限的用户能够对 shadow、passwd 和 group 三个关键用户权限文件进行编辑。三者对应的加固步骤分别为 chmod 400/etc/shadow、chmod 644 /etc/passwd、chmod 644 /etc/group。

特殊文件权限如图 2-198 所示。

```
Mate Terminal
文件(F) 编辑(E) 查看(V) 搜索(S) 终端(T) 帮助(H)
[root@localhost etc]# ls -l /etc/shadow
----------. 1 root root 1120 3月  20 20:40 /etc/shadow
[root@localhost etc]#
[root@localhost etc]# chmod 400 /etc/shadow
[root@localhost etc]#
[root@localhost etc]# ls -l /etc/shadow
-r--------. 1 root root 1120 3月  20 20:40 /etc/shadow
[root@localhost etc]#
[root@localhost etc]# chmod 644 /etc/passwd
[root@localhost etc]#
[root@localhost etc]# ls -l /etc/passwd
-rw-r--r--. 1 root root 1920 3月  20 20:40 /etc/passwd
[root@localhost etc]#
[root@localhost etc]# chmod 644 /etc/group
[root@localhost etc]#
[root@localhost etc]# ls -l /etc/group
-rw-r--r--. 1 root root 854 3月  20 20:40 /etc/group
[root@localhost etc]#
[root@localhost etc]#
```

图 2-198　特殊文件权限

24. 限制单个用户对系统资源的使用

加固说明：设置用户对系统资源访问的进程数限制。

加固步骤：使用 vi/etc/security/limits.conf 命令，根据系统实际用户及该用户对系统进程的使用情况添加如下参数：

＜用户名＞hard nproc ＜进程数量＞

＜用户名＞soft nproc ＜进程数量＞

限制单个用户对系统资源的使用如图 2-199 所示。

25. 删除系统默认 NFS 共享文件

加固说明：禁止系统共享文件或文件夹。

加固步骤：使用 vi /etc/exports 命令查看是否存在 NFS 输出的共享文件或目录，并删除不必要的共享文件或目录，如图 2-200 所示。

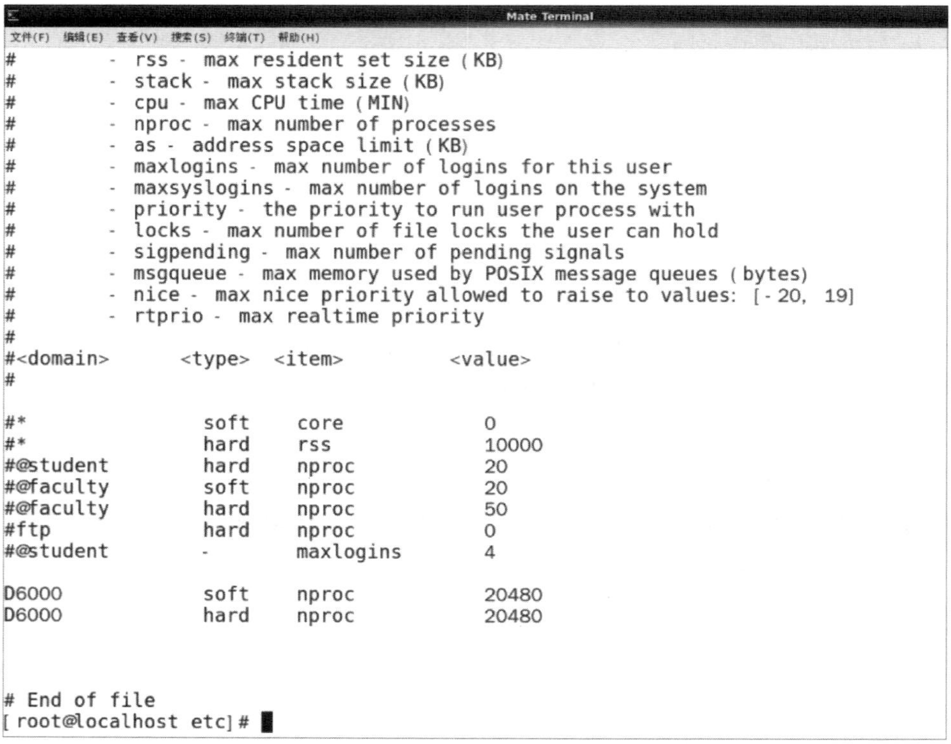

```
Mate Terminal
文件(F) 编辑(E) 查看(V) 搜索(S) 终端(T) 帮助(H)
#        - rss - max resident set size (KB)
#        - stack - max stack size (KB)
#        - cpu - max CPU time (MIN)
#        - nproc - max number of processes
#        - as - address space limit (KB)
#        - maxlogins - max number of logins for this user
#        - maxsyslogins - max number of logins on the system
#        - priority - the priority to run user process with
#        - locks - max number of file locks the user can hold
#        - sigpending - max number of pending signals
#        - msgqueue - max memory used by POSIX message queues (bytes)
#        - nice - max nice priority allowed to raise to values: [-20, 19]
#        - rtprio - max realtime priority
#
#<domain>      <type>  <item>         <value>
#

#*             soft    core           0
#*             hard    rss            10000
#@student      hard    nproc          20
#@faculty      soft    nproc          20
#@faculty      hard    nproc          50
#ftp           hard    nproc          0
#@student      -       maxlogins      4

D6000          soft    nproc          20480
D6000          hard    nproc          20480


# End of file
[root@localhost etc]#
```

图 2-199 限制单个用户对系统资源的使用

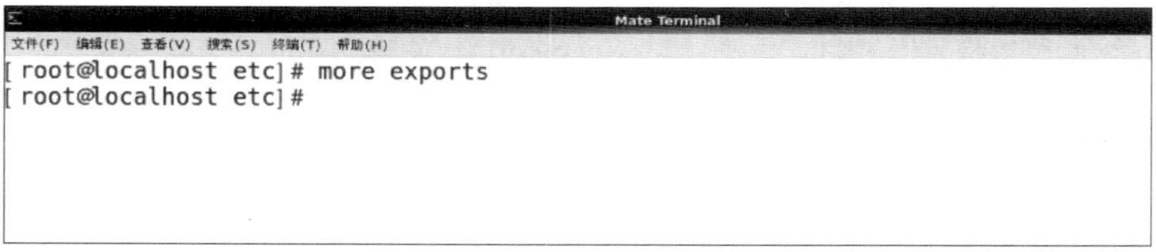

```
Mate Terminal
文件(F) 编辑(E) 查看(V) 搜索(S) 终端(T) 帮助(H)
[root@localhost etc]# more exports
[root@localhost etc]#
```

图 2-200 删除系统默认 NFS 共享文件

26. 开启防火墙

加固说明：通过使用防火墙实现访问控制，增加系统抵御网络攻击的能力。

加固步骤：通过 IPTables 限制指定端口的访问（只允许 172.21.1.1、172.21.1.2、172.21.1.3），其他 IP 都禁止访问

IPTables -AINPUT -p tcp --dport 3306 -j DROP

IPTables -AINPUT -s 172.21.1.1 -p tcp --dport 3306 -j ACCEPT

IPTables -AINPUT -s 172.21.1.2 -p tcp --dport 3306 -j ACCEPT

IPTables -AINPUT -s 172.21.1.3 -p tcp --dport 3306 -j ACCEPT

开放指定的端口：IPTables -AINPUT -p tcp --dport 445 -j ACCEPT

禁止指定的端口：IPTables -AINPUT -p tcp --dport 445 -j DROP

配置完之后需要保存，否则 IPTables 重启之后以上设置就会失效。

serviceIPTables save

IPTables 对应的配置文件为/etc/sysconfig/IPTables

注意操作命令的顺序不能反，建议禁用端口放在后面。

开启防火墙如图 2-201 所示。

```
Chain OUTPUT (policy ACCEPT)
target     prot opt source               destination
[root@scada3 sysconfig]# iptables -AINPUT -p tcp --dport 1521 -j DROP
[root@scada3 sysconfig]# iptables -AINPUT -p tcp --dport 139 -j DROP
[root@scada3 sysconfig]# iptables -AINPUT -p tcp --dport 514 -j DROP
[root@scada3 sysconfig]# iptables -AINPUT -p tcp --dport 445 -j DROP
[root@scada3 sysconfig]# iptables -AINPUT -p tcp --dport 137 -j DROP
[root@scada3 sysconfig]# iptables -AINPUT -p tcp --dport 138 -j DROP
[root@scada3 sysconfig]# iptables -AINPUT -p tcp --dport 6000 -j DROP
[root@scada3 sysconfig]# iptables -AINPUT -s 172.20.1.1 -p tcp --dport 1521 -j ACCEPT
[root@scada3 sysconfig]# iptables -AINPUT -s 172.21.1.1 -p tcp --dport 1521 -j ACCEPT
[root@scada3 sysconfig]# iptables -AINPUT -s 172.21.1.2 -p tcp --dport 1521 -j ACCEPT
[root@scada3 sysconfig]# iptables -AINPUT -s 172.20.1.2 -p tcp --dport 1321 -j ACCEPT
[root@scada3 sysconfig]# iptables -AINPUT -s 172.20.1.3 -p tcp --dport 1521 -j ACCEPT
[root@scada3 sysconfig]# iptables -AINPUT -s 172.21.1.3 -p tcp --dport 1521 -j ACCEPT
[root@scada3 sysconfig]# iptables --list
Chain INPUT (policy ACCEPT)
target     prot opt source               destination
DROP       tcp  --  anywhere             anywhere            tcp dpt:ncube-lm
DROP       tcp  --  anywhere             anywhere            tcp dpt:netbios-ssn
DROP       tcp  --  anywhere             anywhere            tcp dpt:shell
DROP       tcp  --  anywhere             anywhere            tcp dpt:microsoft-ds
DROP       tcp  --  anywhere             anywhere            tcp dpt:netbios-ns
DROP       tcp  --  anywhere             anywhere            tcp dpt:netbios-dgm
DROP       tcp  --  anywhere             anywhere            tcp dpt:x11
ACCEPT     tcp  --  172.20.1.1           anywhere            tcp dpt:ncube-lm
ACCEPT     tcp  --  172.21.1.1           anywhere            tcp dpt:ncube-lm
ACCEPT     tcp  --  172.21.1.2           anywhere            tcp dpt:ncube-lm
ACCEPT     tcp  --  172.20.1.2           anywhere            tcp dpt:ncube-lm
ACCEPT     tcp  --  scada3               anywhere            tcp dpt:ncube-lm
ACCEPT     tcp  --  scada3               anywhere            tcp dpt:ncube-lm
```

图 2-201 开启防火墙

27. 禁用大容量存储介质（USB 存储设备）

加固说明：禁用 USB 存储设备，防止利用 USB 接口非法接入。

加固步骤：对于 Linux 系统，禁用 USB。

（1）find/lib/-name “storage”，查找驱动所在目录。

（2）mv/lib/modules/$(uname -r)/kernel/drivers/usb/storage/usb-storage.ko/opt，把 usb 文件转移。

（3）保存文件后重新启动系统。

28. 卸载无用的软件

加固说明：按照最小安装的原则，删除操作系统中与业务无关的软件。

加固步骤：在系统管理员账户下打开终端命令行。

（1）rpm -qa | grep 软件名称//查看安装软件。

（2）rpm -e<软件包名>//卸载软件。

例如，卸载 vsftpd 软件包，通过 rpm -qa | grep vsftpd 查看系统是否已经安装了 vsftpd 包，执行 rpm -e vsftpd 进行卸载。

29. 查看系统更新补丁

加固说明：安装官方补丁，严禁安装第三方补丁，避免黑客或恶意代码利用已知的安全漏洞进行攻击。

加固步骤：通过 rpm -qa 命令查看软件包是否有低版本的漏洞软件，及时修复系统存在的重要安全漏洞，形成稳定可靠的升级补丁包，并且提供补丁升级安装的自动化脚本和对应的升级说明。

2.7.1.2　Windows 系统

1. 检查操作系统版本信息并记录

加固步骤：按下 win＋R，输入框输入“winver”，显示操作系统版本信息，如图 2－202 所示。

2. 用户权限策略配置

步骤一：创建用户。

按下 win＋R，输入框输入“compmgmt.msc”，进入“计算机管理”→“本地用户和组”→“用户”→“新建用户”，分别创建安全管理员（secadmin）、审计管理员（audadmin）和系统管理员（sysadmin）账户，如图 2－203 所示。

步骤二：安全管理员权限配置。

选择用户“secadmin”，右击“属性”，进入“隶属于”→“添加”→“选择组”→“高级”→“立即查找”，同时选择 Backup Operators 和 Power Users 组，点击“确定”，如图 2－204 所示。

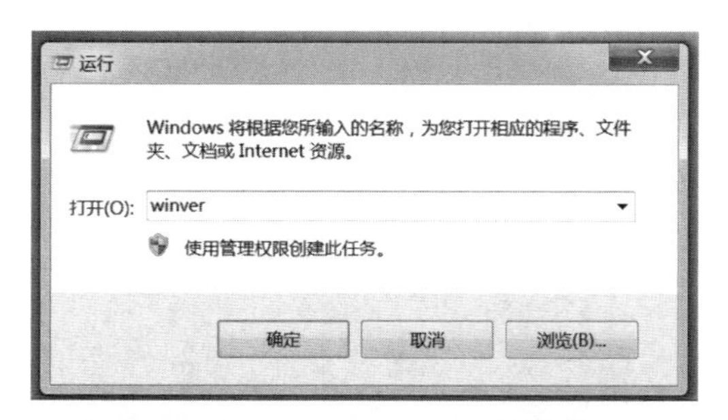

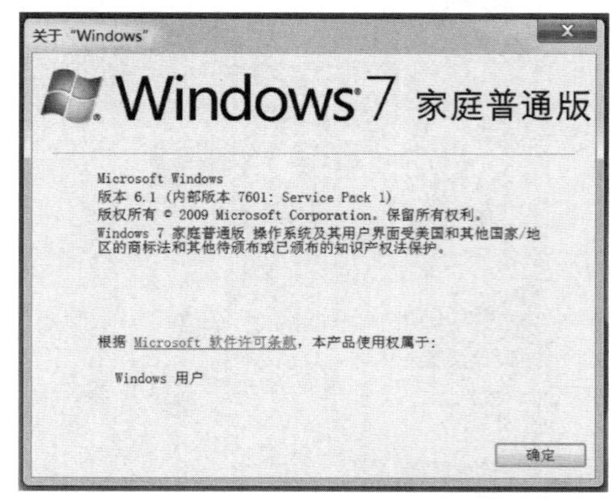

图 2－202　检查操作系统版本信息

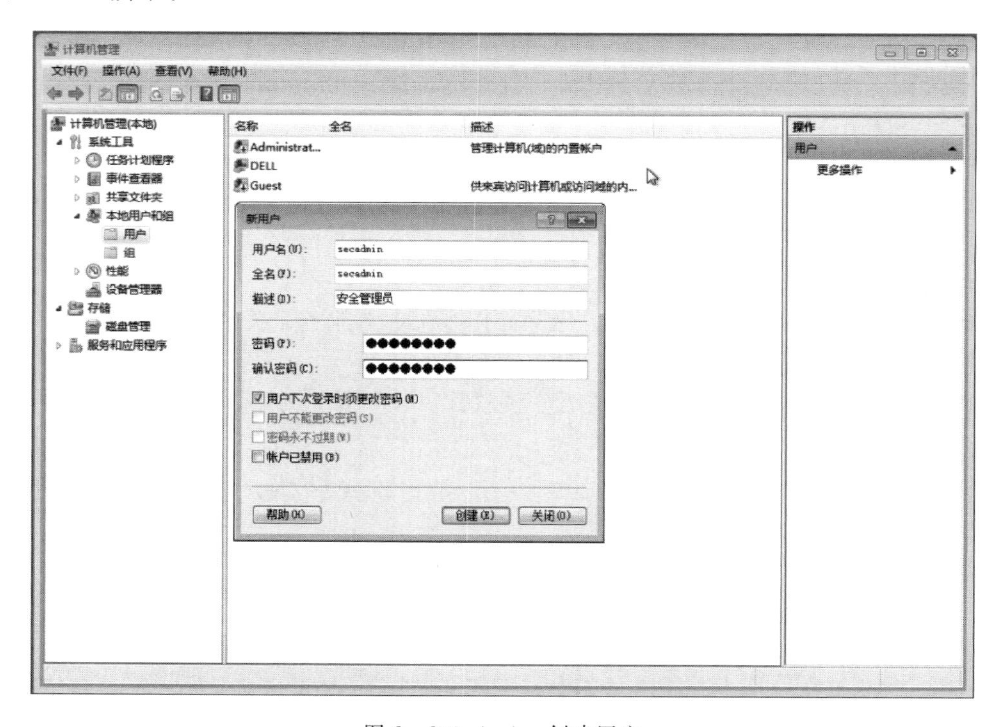

图 2－203（一）　创建用户

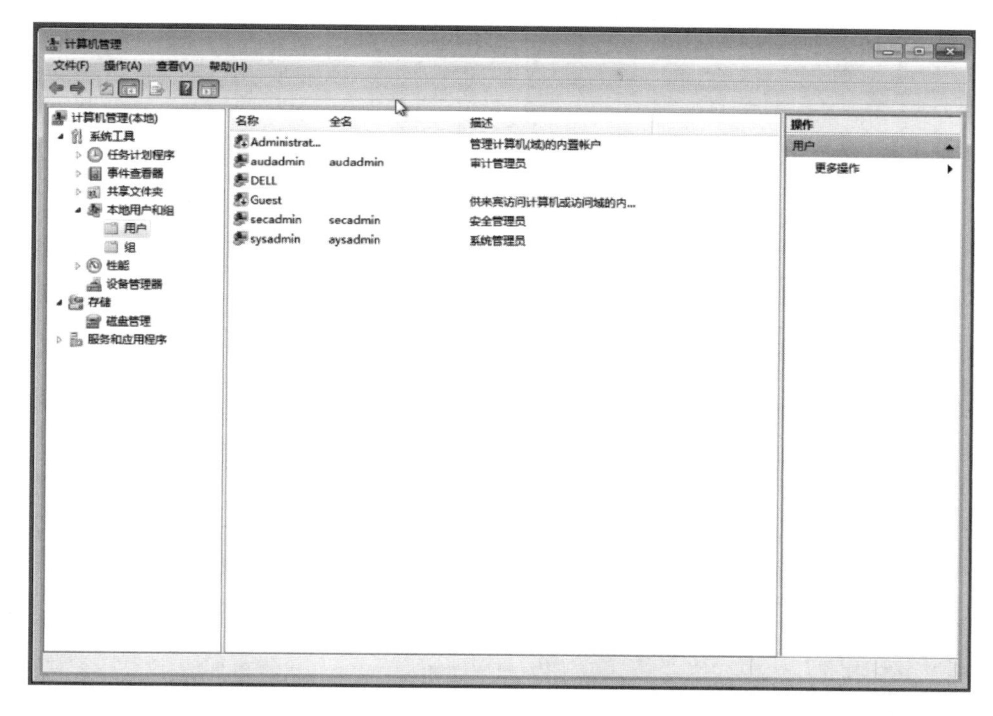

图 2-203（二） 创建用户

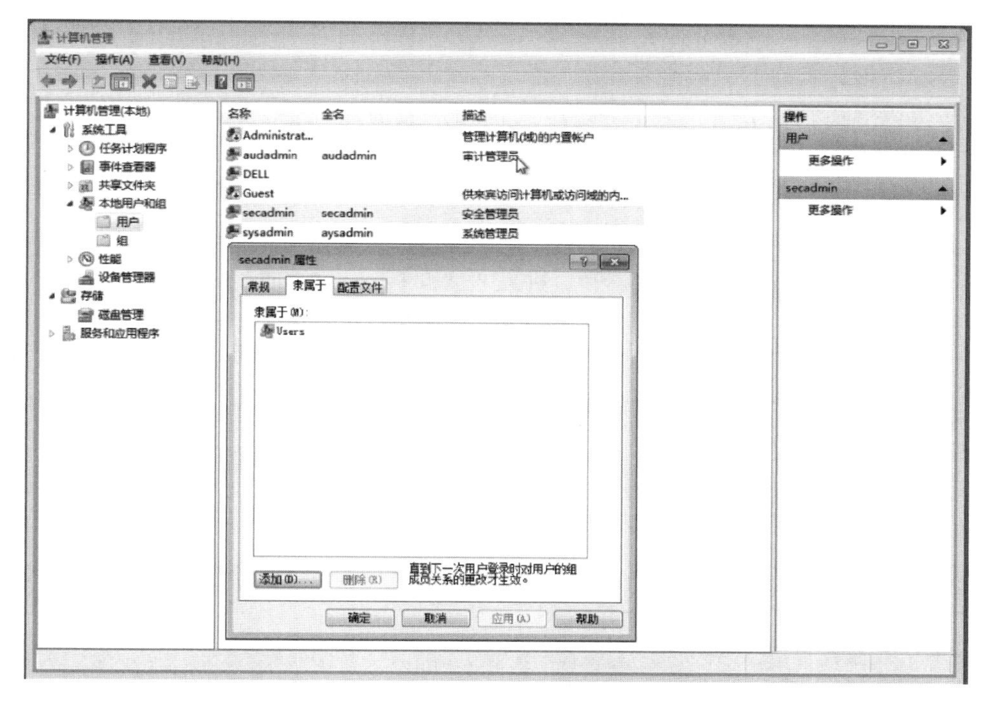

图 2-204（一） 安全管理员权限配置

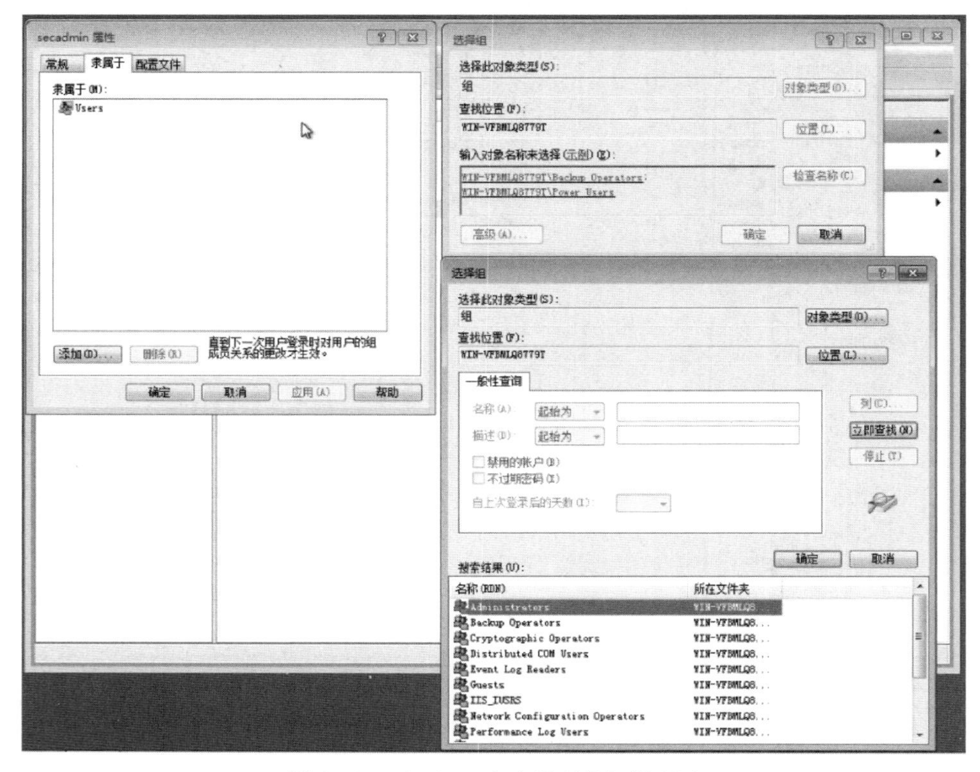

图 2-204（二）　安全管理员权限配置

步骤三：审计管理员权限配置。

选择用户“audadmin”，右击“属性”，进入“隶属于”→“添加”→“选择组”→“高级”→“立即查找”，同时选择 Event Log Readers 和 Performance Log User 组，点击确定，如图 2-205 所示。

步骤四：系统管理员权限配置。

选择用户“sysadmin”，右击“属性”，进入“隶属于”→“添加”→“选择组”→“高级”→“立即查找”，选择 Network Configuration Operators 组，点击确定，如图 2-206 所示。

进入“控制面板”→“管理工具”→“本地安全策略”→“本地策略”→“用户权限分配（用户权利指派）”→“取得文件或其他对象的所有权”，添加用户“sysadmin”，点击确定，如图 2-207 所示。

步骤五：Administrator 用户改名。

进入“控制面板”→“管理工具”→“本地安全策略”→“本地策略”→“安全选项”，双击“账[1]户：重命名系统管理员账号”，将 Administrator 用户的名称修改为 SGD-net-admin，如图 2-208 所示。

3. 删除或禁用系统无关用户

步骤一：按下 win+R，输入框输入“compmgmt.msc”，如图 2-209 所示。

[1] 截图中均为“帐户”，是由于软件设计时采用“账户”；现多用“账户”，故在正文中用“账户”。

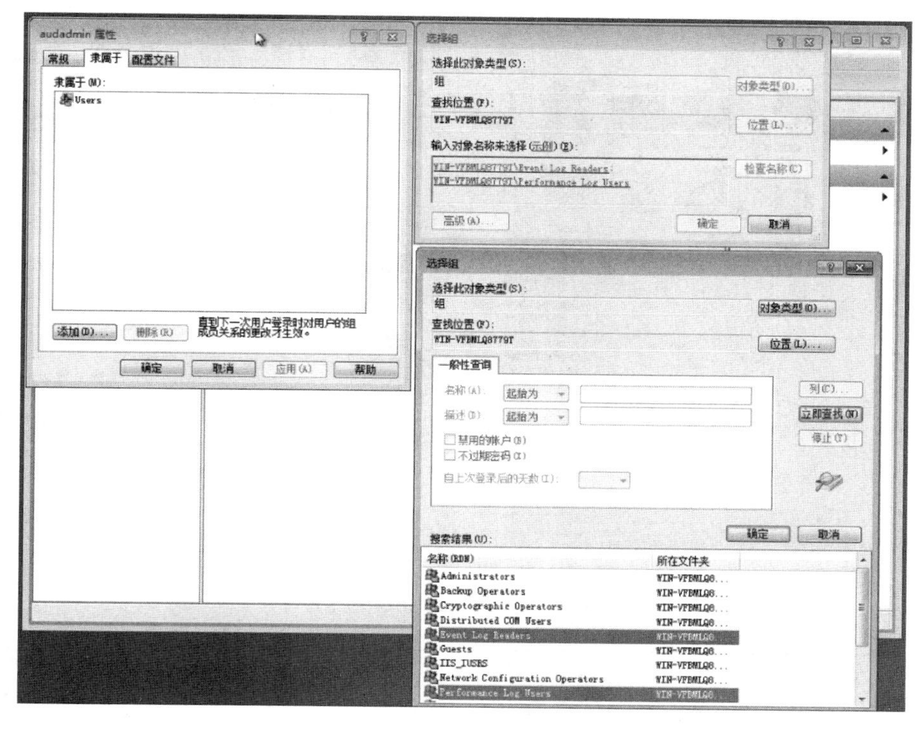

图 2-205 审计管理员权限配置

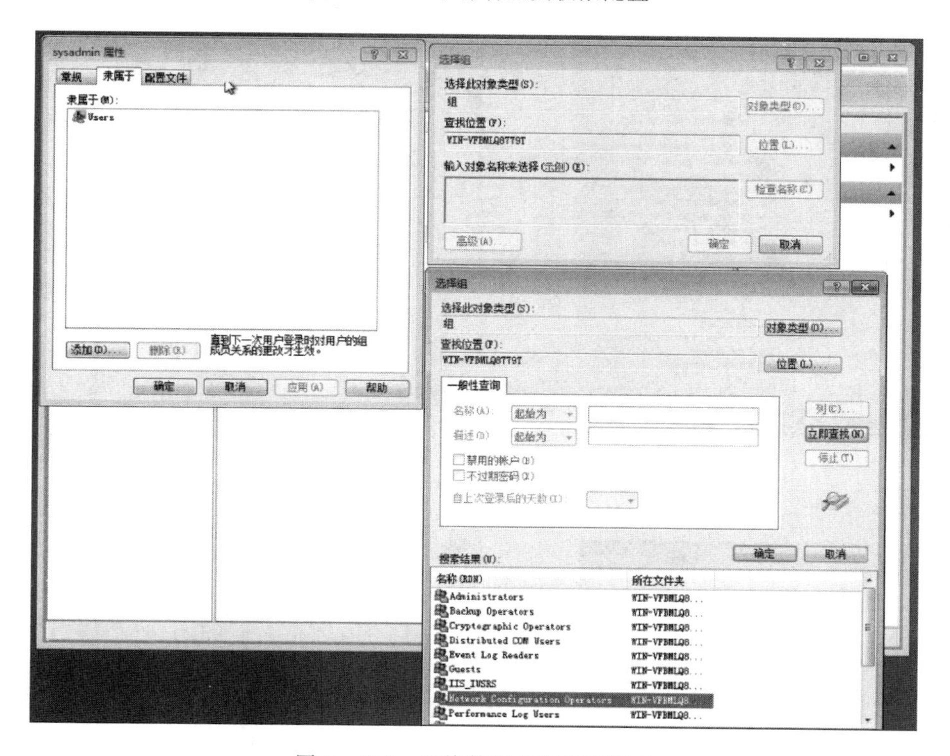

图 2-206 系统管理员权限配置 1

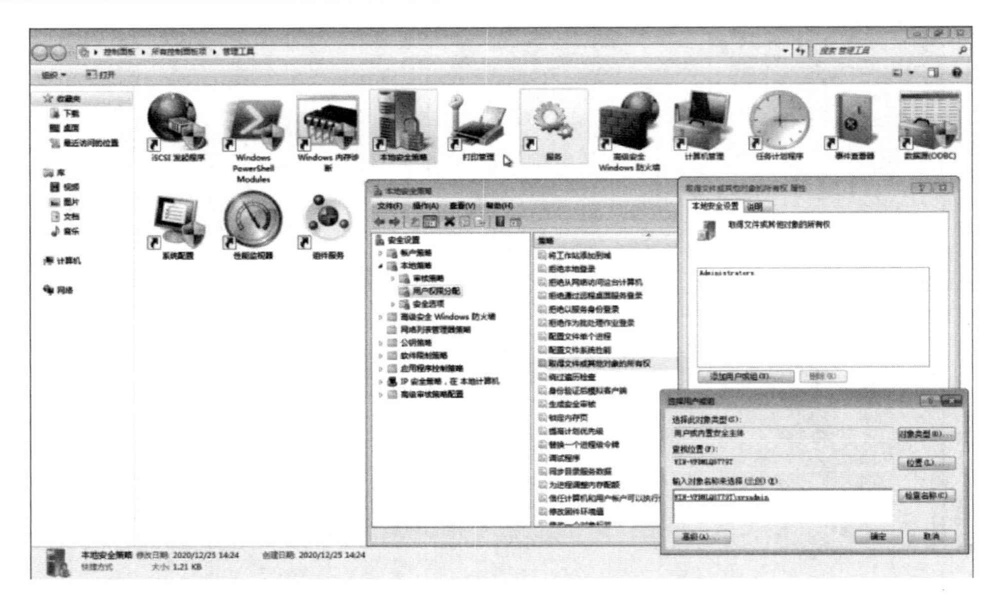

图 2－207　系统管理员权限配置 2

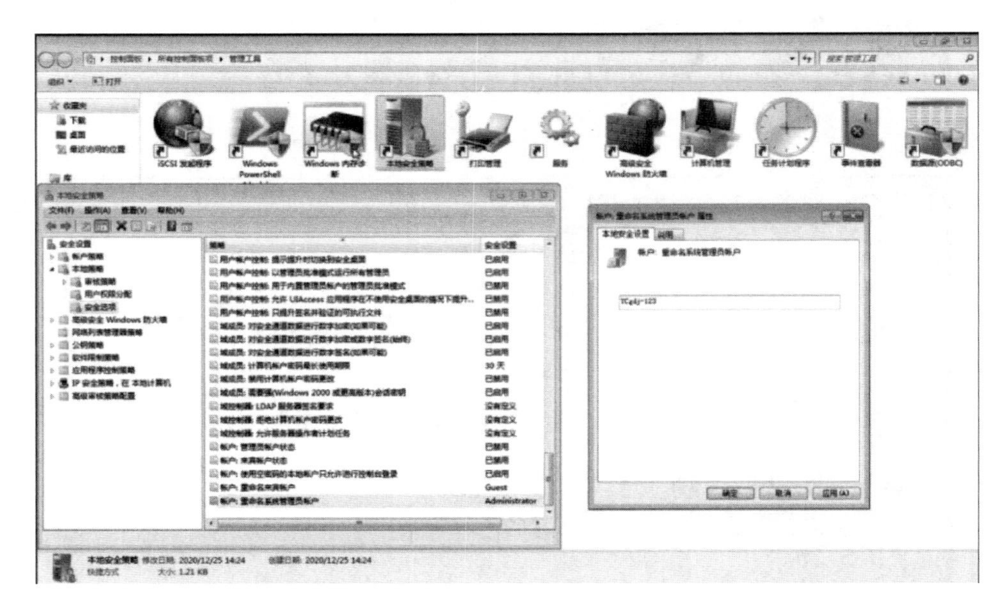

图 2－208　Administrator 用户改名

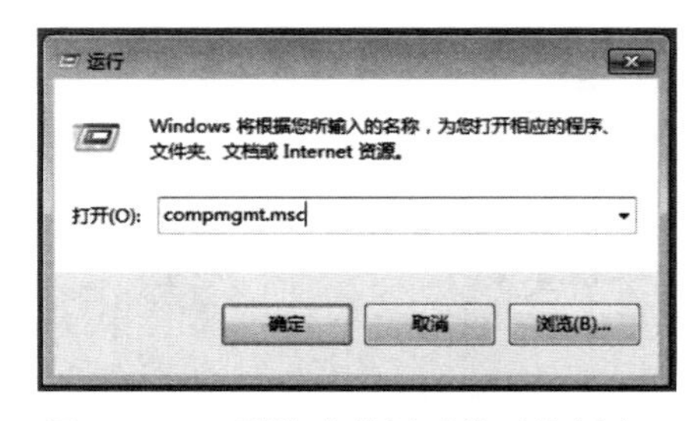

图 2－209　删除或禁用系统无关用户 1

步骤二：进入“计算机管理”→“系统工具”→“本地用户和组”→“用户”，如图 2－210 所示。

步骤三：查看窗口右侧的用户信息栏目，查找与设备运行、维护等工作无关的用户账户，右击“删除”。

步骤四：右击 Guest 用户，点击“属性”，勾选“账户已禁用”，点击“确定”，如图 2－211 所示。

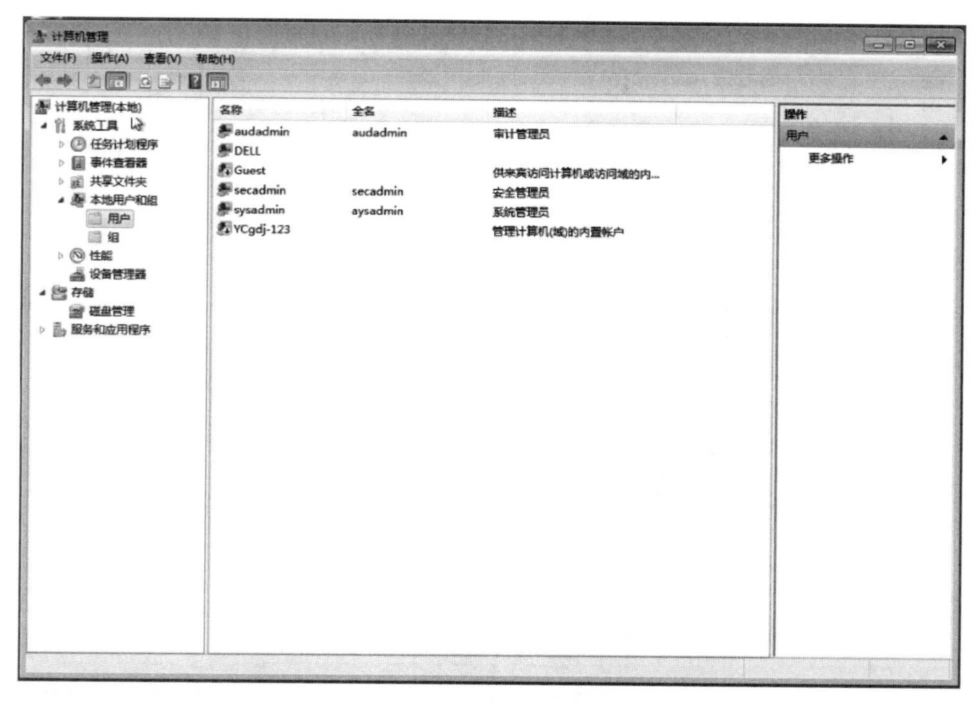

图 2-210　删除或禁用系统无关用户 2

图 2-211　删除或禁用系统无关用户 3

步骤五：禁用 administrator 用户（Win 2000 不适用），右击 administrator 用户，点击“属性”，勾选“账户已禁用”，点击“确定”，如图 2-212 所示。

图 2-212　删除或禁用系统无关用户 4

4. 开启屏幕保护程序

进入“控制面板”→“显示”→“个性化”→“屏幕保护程序”，选择屏幕保护程序界面，设置“等待”值为 5，点击“确定”，如图 2-213 所示。

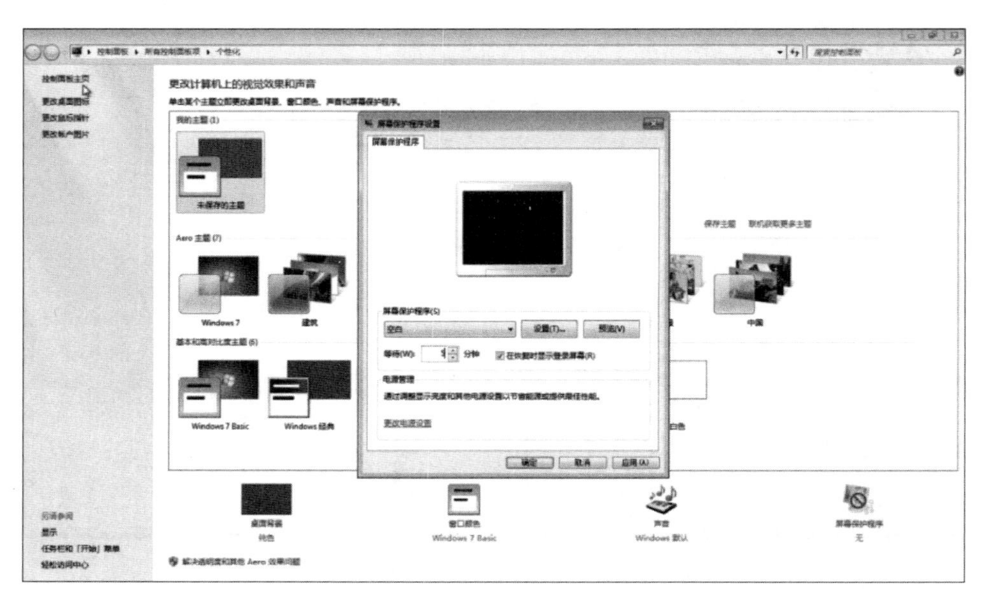

图 2-213　开启屏幕保护程序

5. 系统重要数据访问控制

进入“工具”→“文件夹选项”→“查看”，取消勾选“使用简单文件共享”选项，点击“确定”。

6. 用户口令复杂度策略

步骤一：进入“控制面板”→“管理工具”→“本地安全策略”→“账户策略”→“密码策略”，如图 2-214 所示。

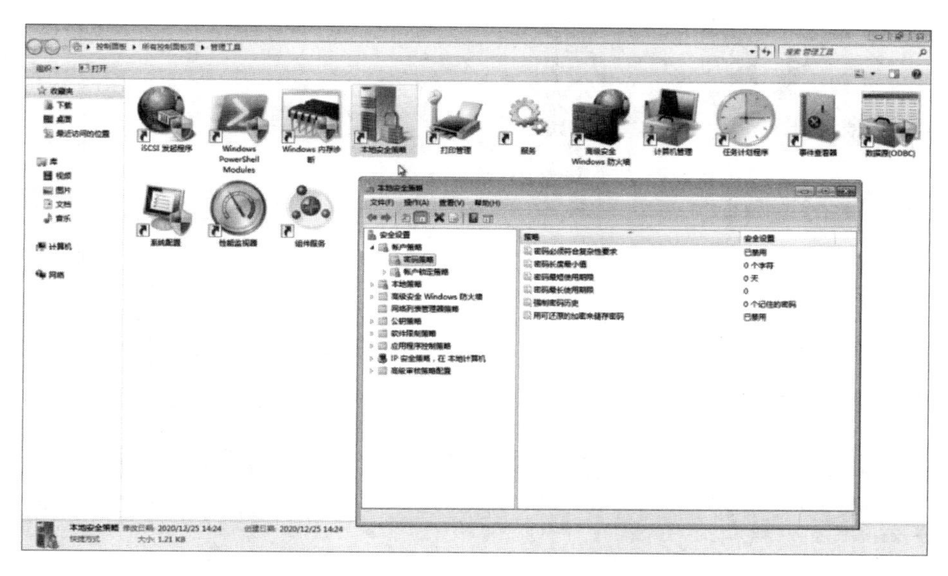

图 2-214　用户口令复杂度策略 1

步骤二：双击“密码长度最小值”，设置“密码长度最小值”为 8 个字符，点击确定，如图 2-215 所示。

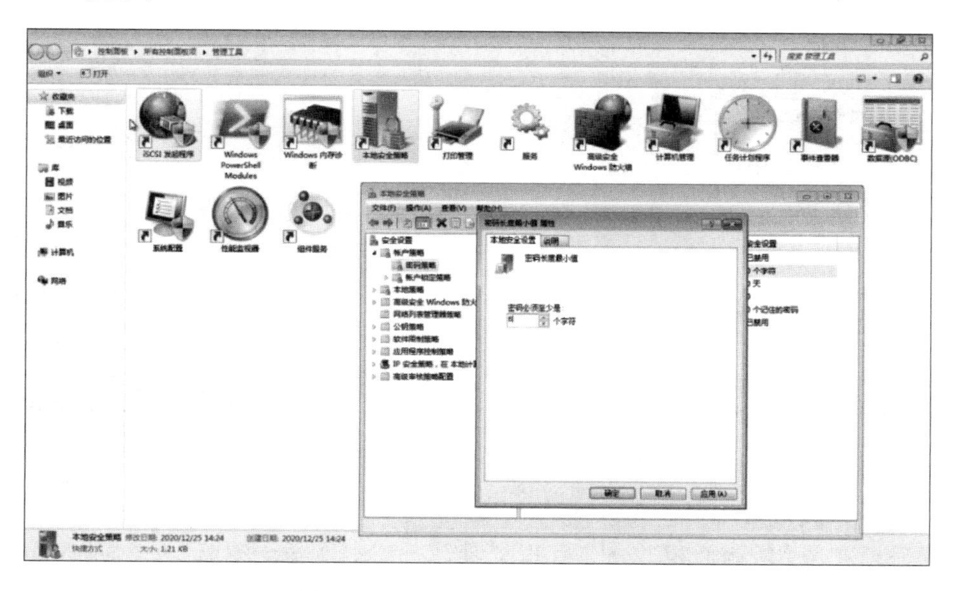

图 2-215　用户口令复杂度策略 2

步骤三：双击“密码必须符合复杂性要求”，勾选已启用，点击“确定”，如图 2-216 所示。

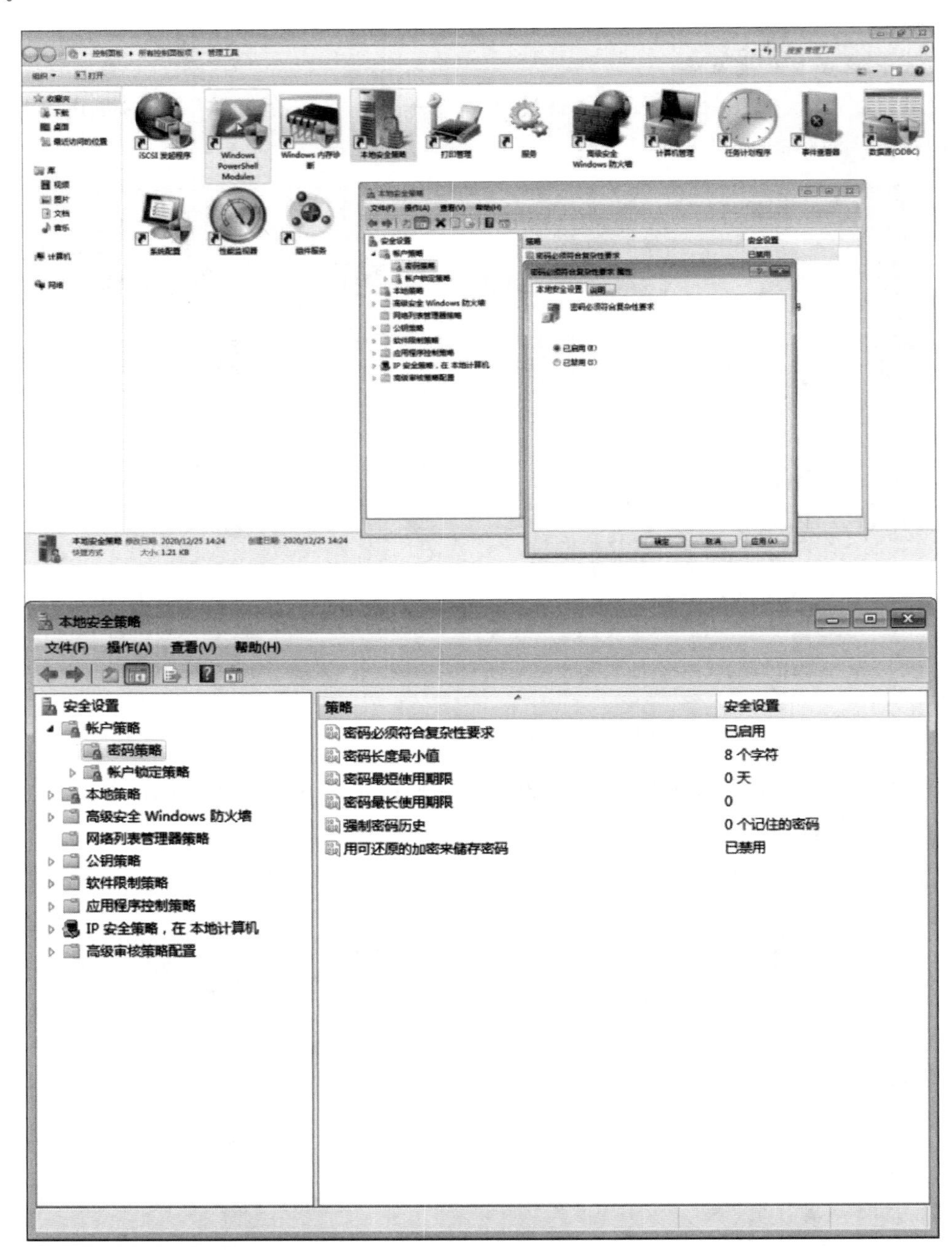

图 2-216　用户口令复杂度策略 3

7. 用户登录失败锁定

步骤一：进入“控制面板”→“管理工具”→“本地安全策略”→“账户策略”→“账户锁定策略”，如图 2-217 所示。

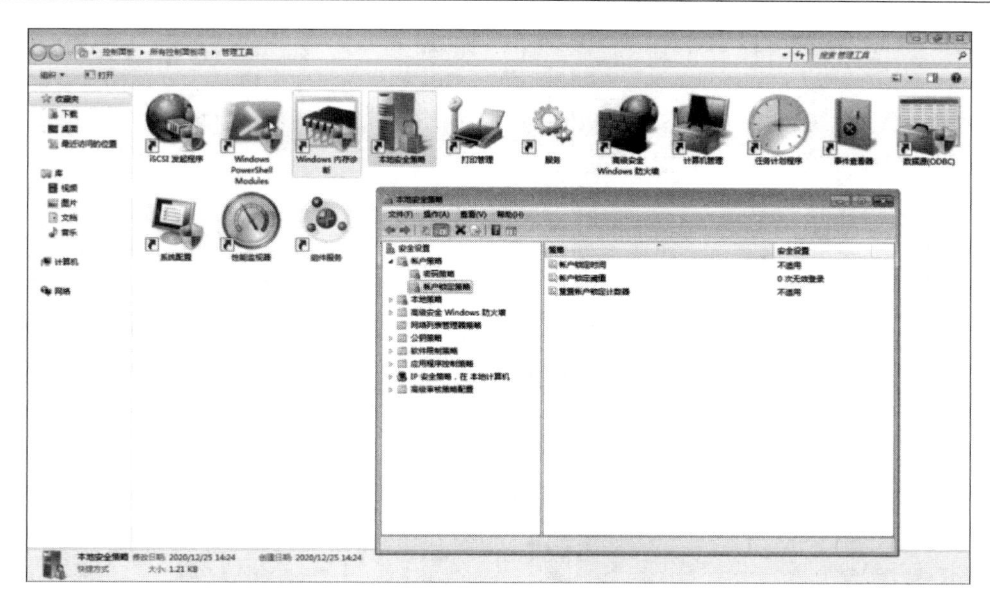

图 2-217 用户登录失败锁定 1

步骤二：双击“账户锁定阈值”，设置无效登录次数为 5 次，点击“确定”，如图 2-218 所示。

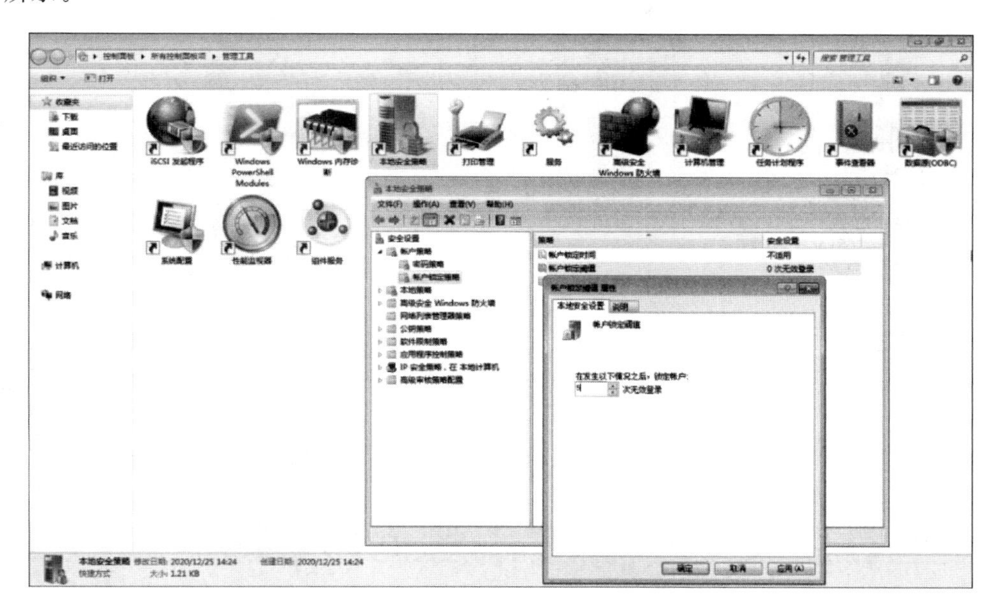

图 2-218 用户登录失败锁定 2

步骤三：双击“账户锁定时间”设置，设置锁定时间 10min，点击“确定”，如图 2-219 所示。

8. 用户口令周期策略

步骤一：进入“控制面板”→“管理工具”→“本地安全策略”→“账户策略”→“密码策略”，如图 2-220 所示。

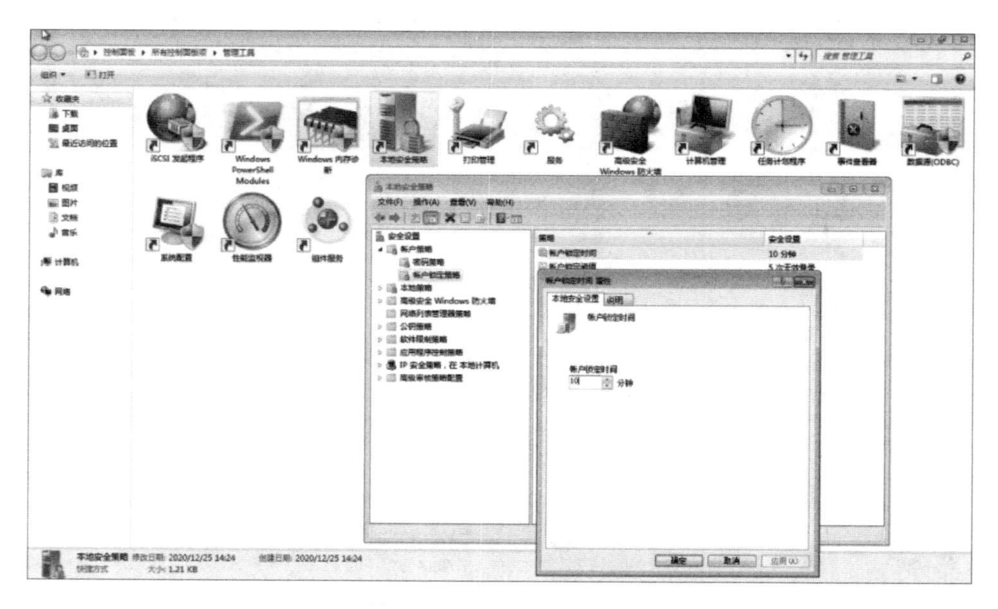

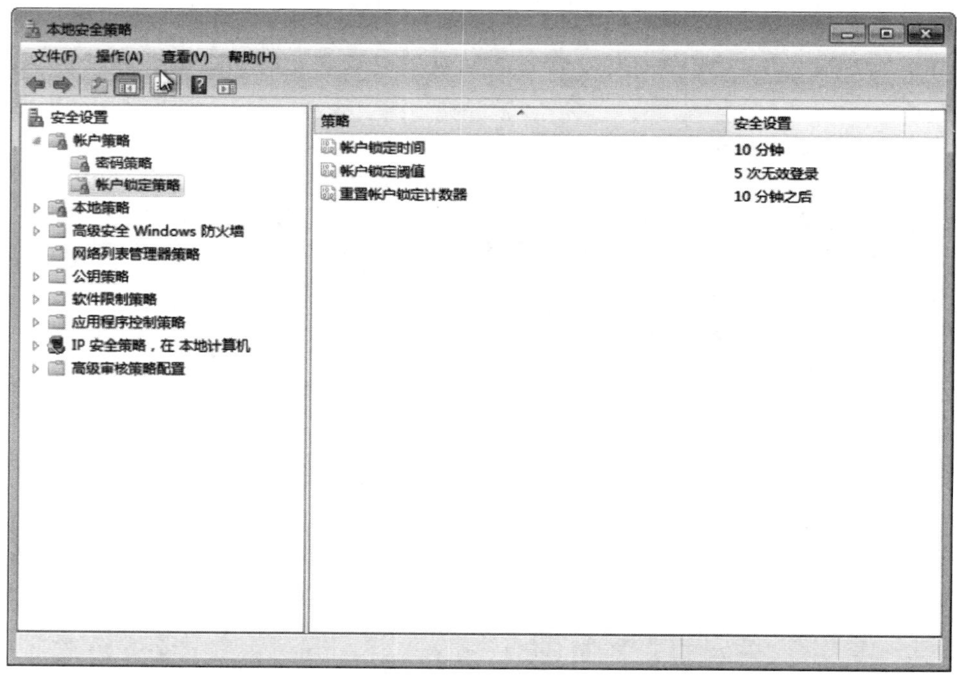

图 2－219　用户登录失败锁定 3

步骤二：双击“密码最长使用期限（密码最长存留期）”，设置“密码最长使用期限”为 90 天，点击“确定”，如图 2－221 所示。

9. 用户口令过期提醒

步骤一：进入“控制面板”→“管理工具”→“本地安全策略”→“本地策略”→“安全选项”，如图 2－222 所示。

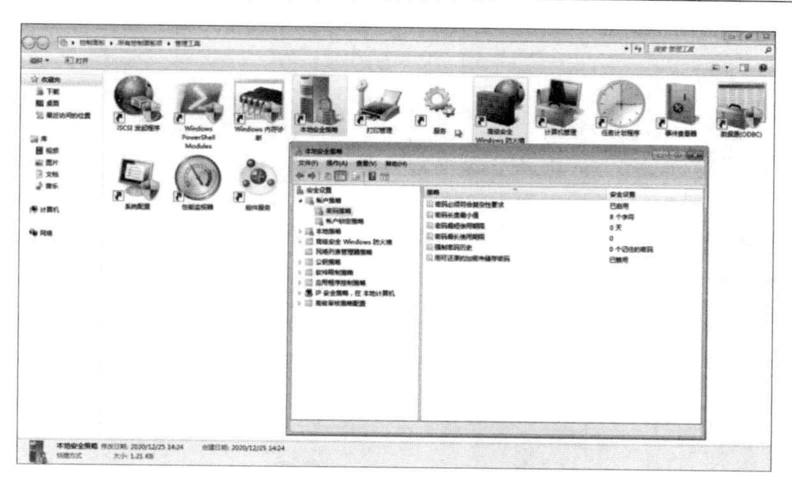

图 2-220 用户口令周期策略 1

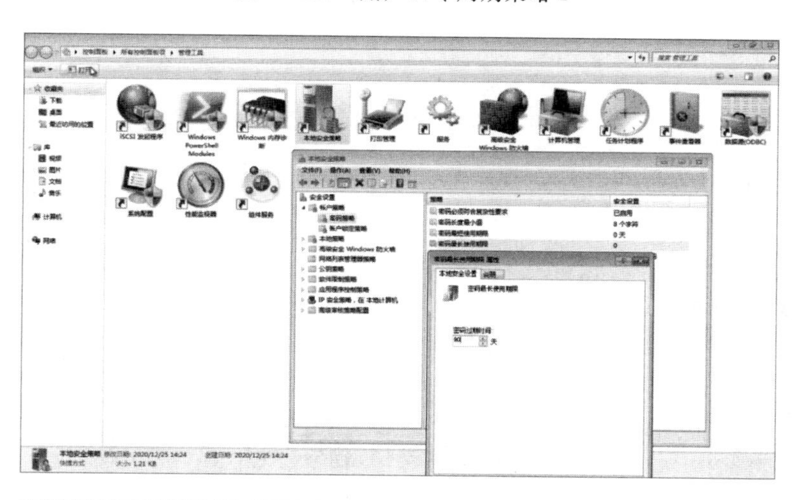

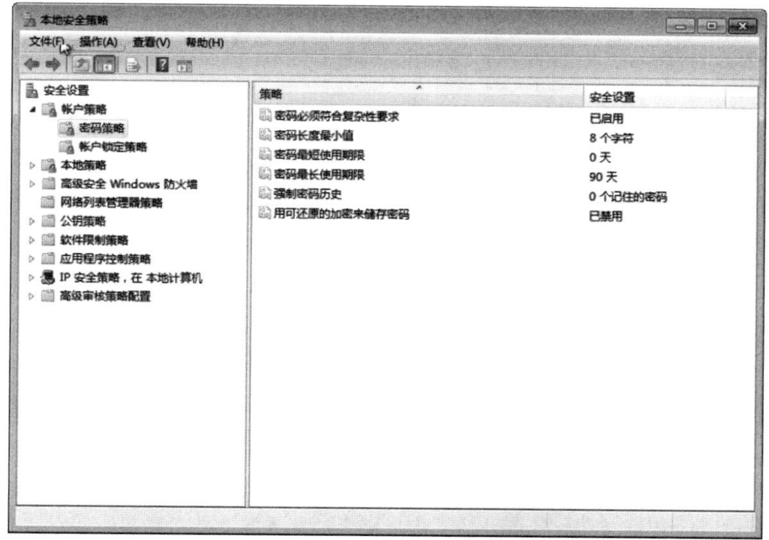

图 2-221 用户口令周期策略

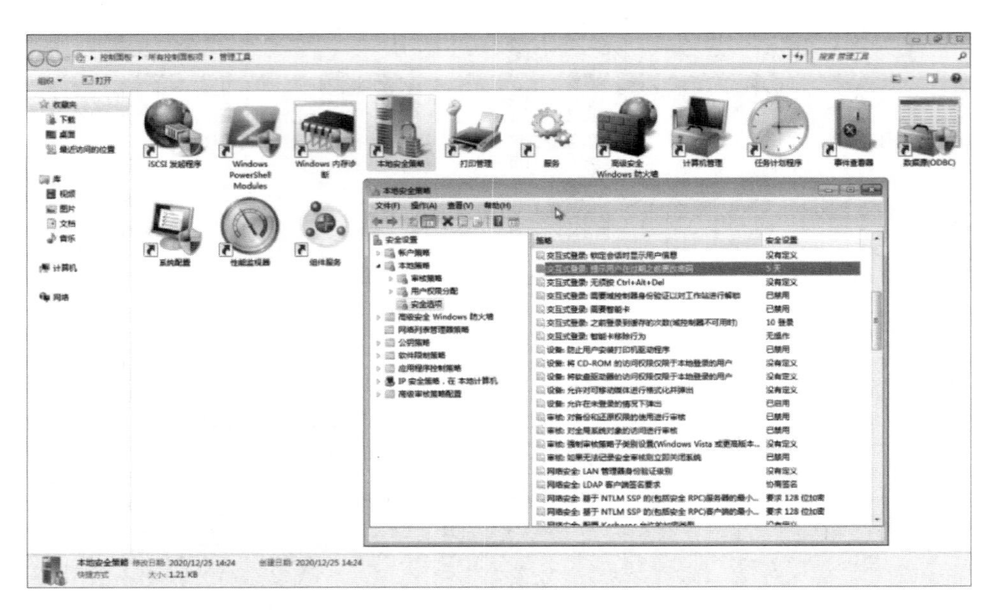

图 2－222　用户口令过期提醒 1

步骤二：双击“交互式登录：提示用户在过期之前更改密码”，设置为 10 天，点击“确定”，如图 2－223 所示。

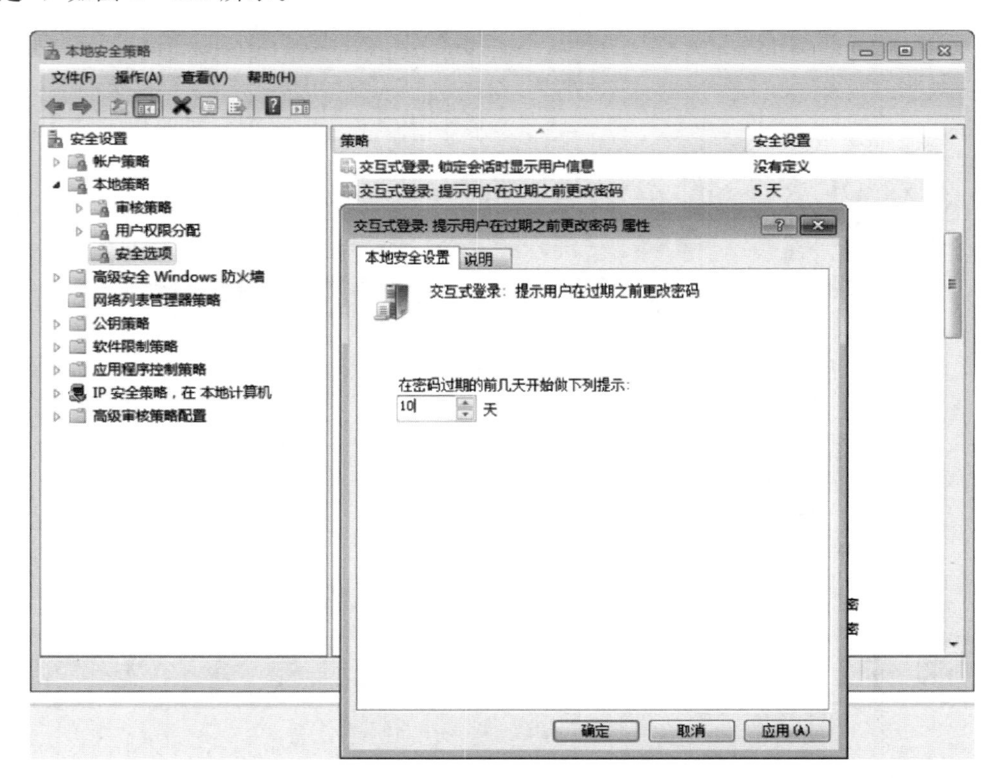

图 2－223　用户口令过期提醒 2

10. 系统不显示上次登录用户名

步骤一：进入“控制面板”→“管理工具”→“本地安全策略”→“本地策略”→“安全选项”，如图 2－224 所示。

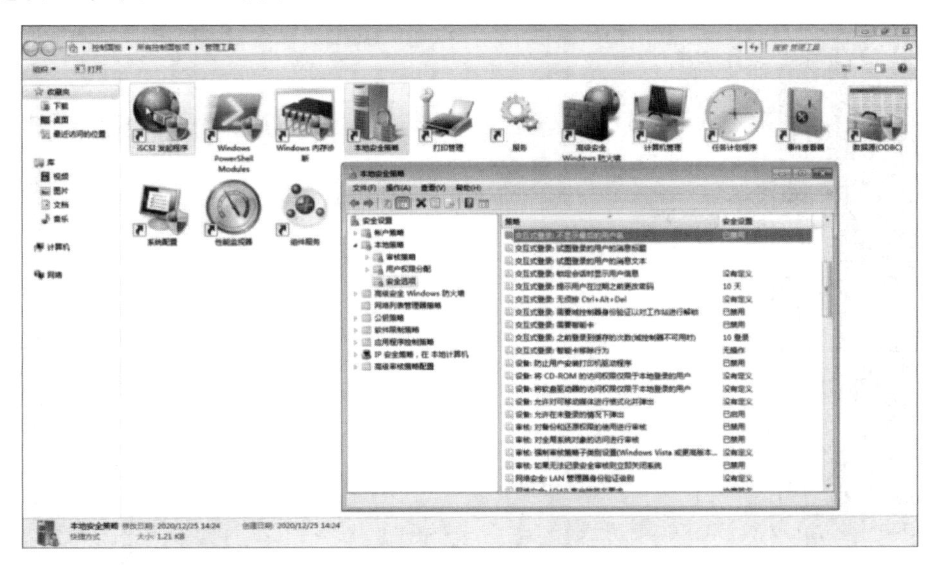

图 2－224 安全选项

步骤二：双击“交互式登录：不显示最后的用户名”，选择“已启用”，点击“确定”，如图 2－225 所示。

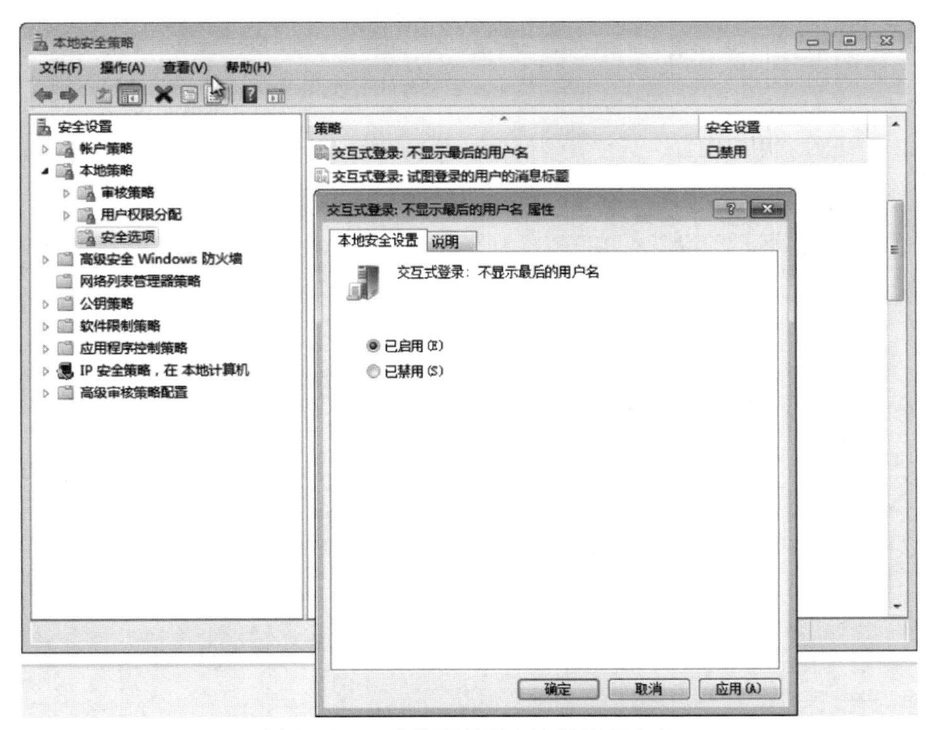

图 2－225 系统不显示上次登录用户名

11. 禁止用户修改 IP

步骤一：按下 win+R，输入框输入“gpedit. msc”，打开“本地组策略编辑器”，如图 2-226 所示。

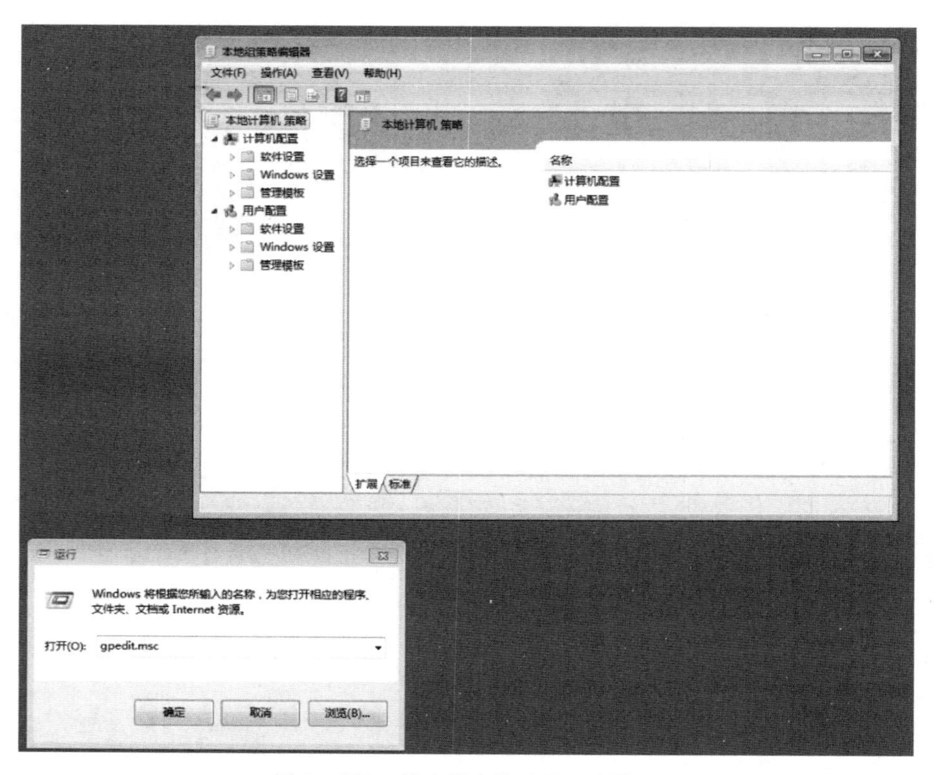

图 2-226 禁止用户修改 IP-步骤一

步骤二：进入“用户配置”→“管理模板”→“网络”→“网络连接”，如图 2-227 所示。

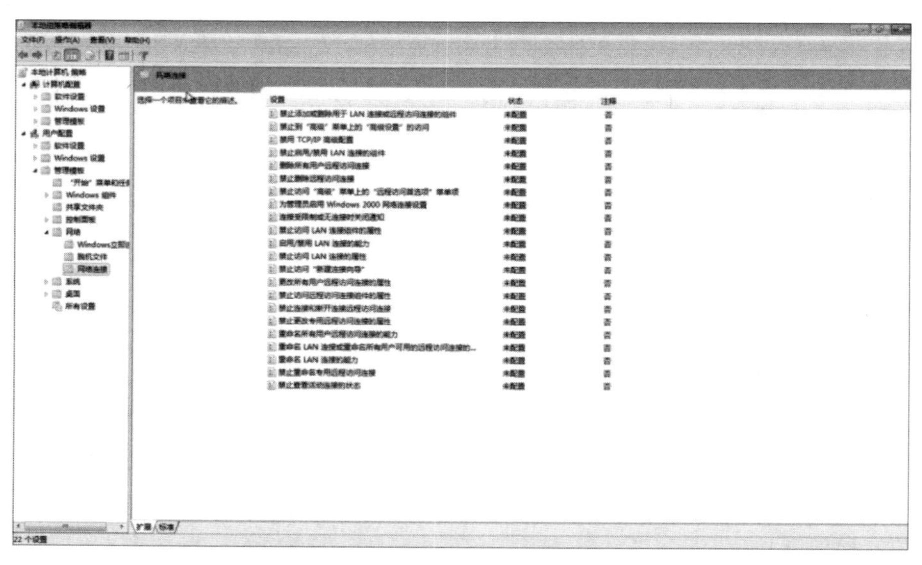

图 2-227 禁止用户修改 IP-步骤二

步骤三：双击“禁止访问 LAN 连接组件的属性”，设置为已启用，点击“确定”，如图 2-228 所示。

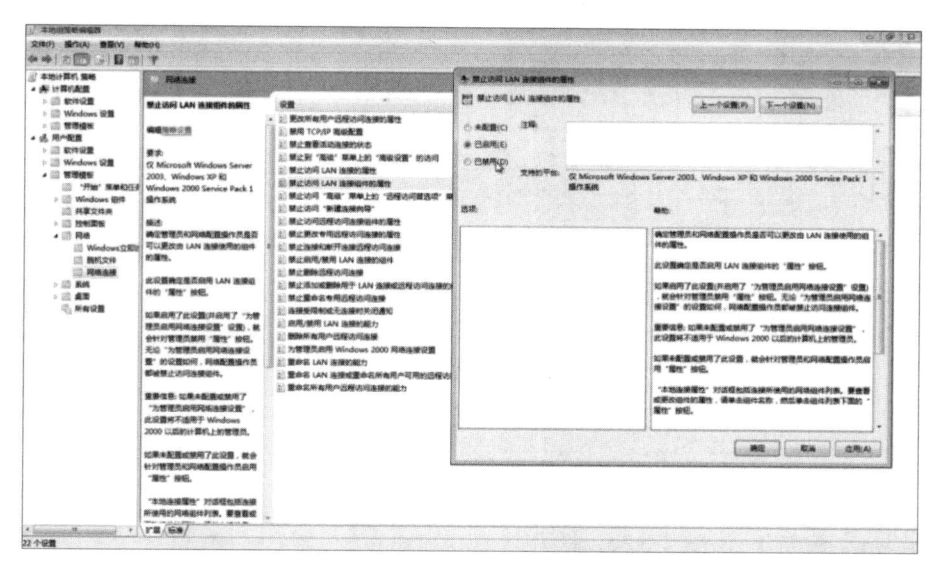

图 2-228　禁止用户修改 IP-步骤三

步骤四：双击“禁止访问 LAN 连接的属性”，设置为已启用，点击“确定”，如图 2-229 所示。

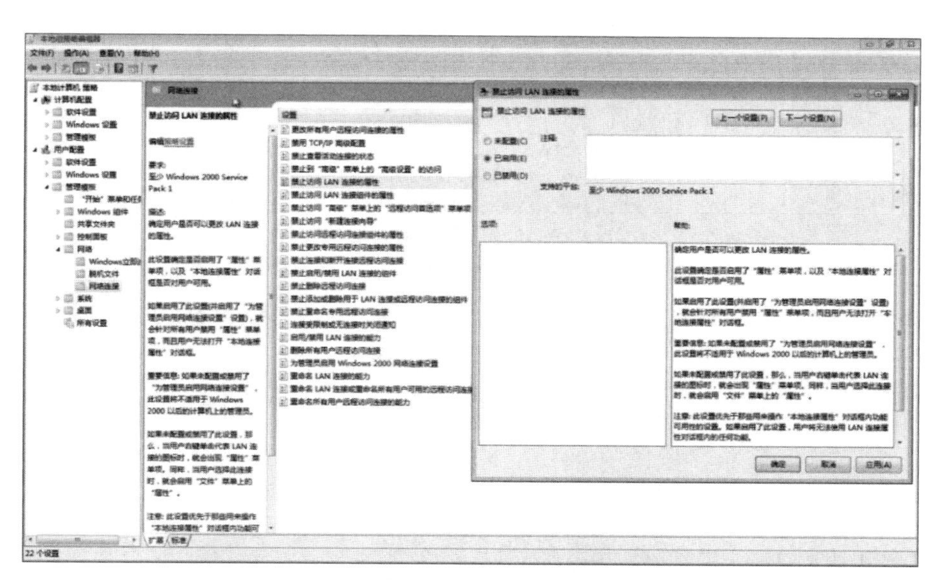

图 2-229　禁止用户修改 IP-步骤四

步骤五：双击“禁用 TCP/IP 高级配置”，设置为已启用，点击“确定”，如图 2-230 所示。

12. 关闭远程主机 RDP 服务（Win XP、Win 2003、Win 7、Win 2008）

步骤一：右击“计算机”，选择“属性”，点击左侧菜单栏中的“远程设置”。

步骤二：选择“不允许连接到这台计算机”，取消勾选“允许远程协助连接到这台计

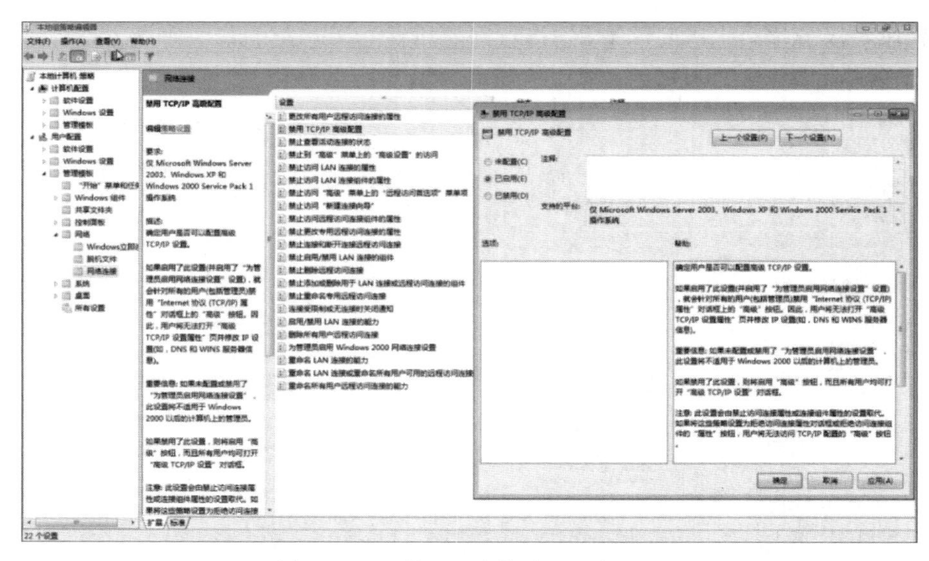

图 2－230　禁止用户修改 IP－步骤五

算机”，点击“确定”，如图 2－231 所示。

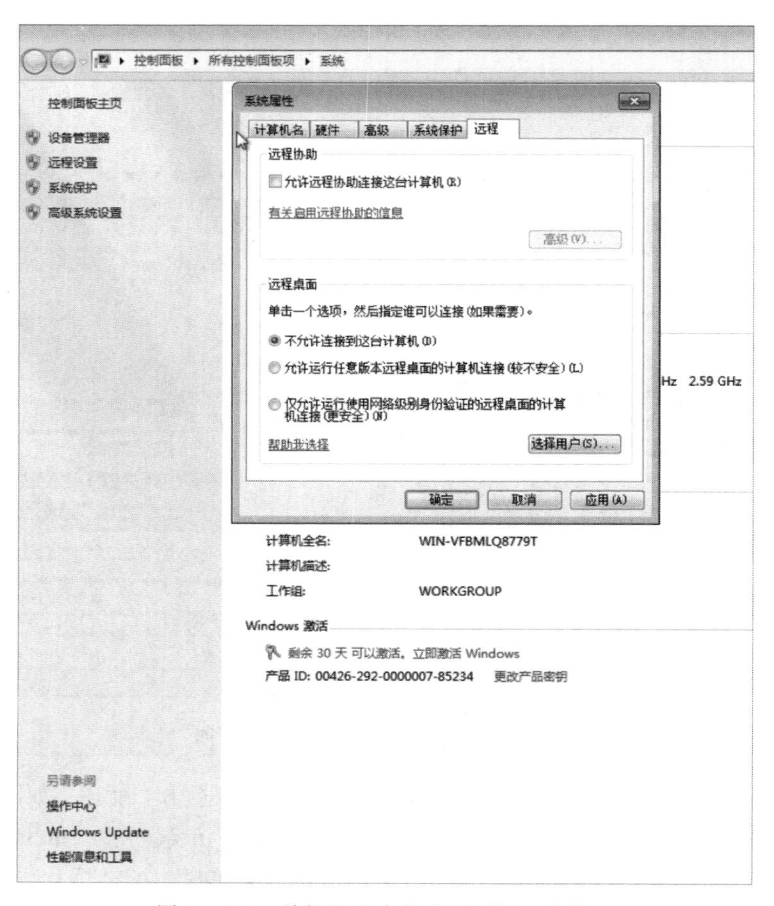

图 2－231　关闭远程主机 RDP 服务－步骤二

13. 禁止用户修改计算机名

步骤一：按下 win+R，在输入框中输入“gpedit. msc”，打开“本地组策略编辑器”，如图 2-232 所示。

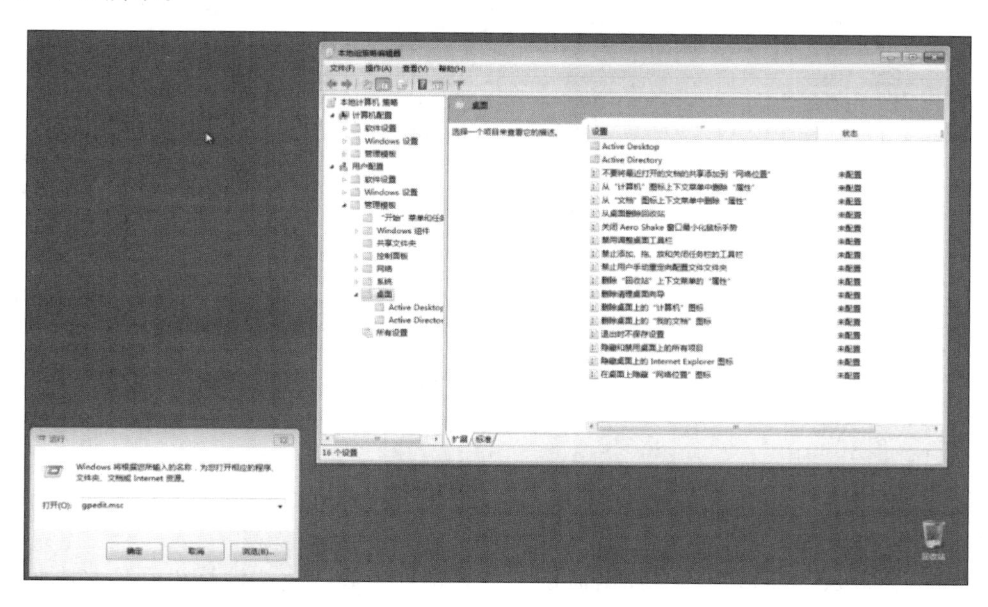

图 2-232 禁止用户修改计算机名-步骤一

步骤二：进入“用户配置”→“管理模板”→“桌面”，如图 2-233 所示。

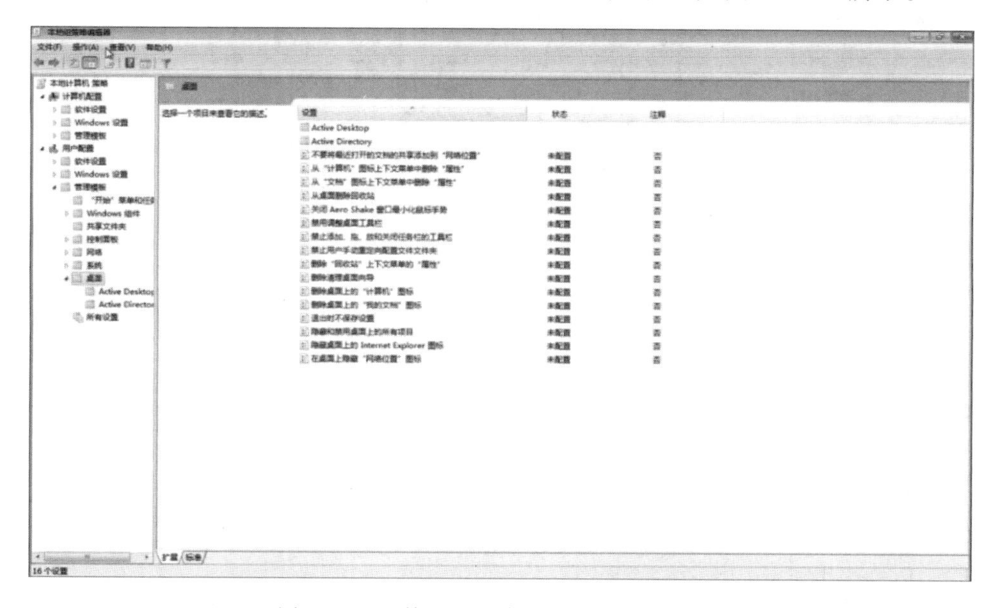

图 2-233 禁止用户修改计算机名-步骤二

步骤三：双击“从‘计算机（我的电脑）’图标上下文菜单中删除属性”，设置为“已启用”，点击“确定”，如图 2-234 所示。

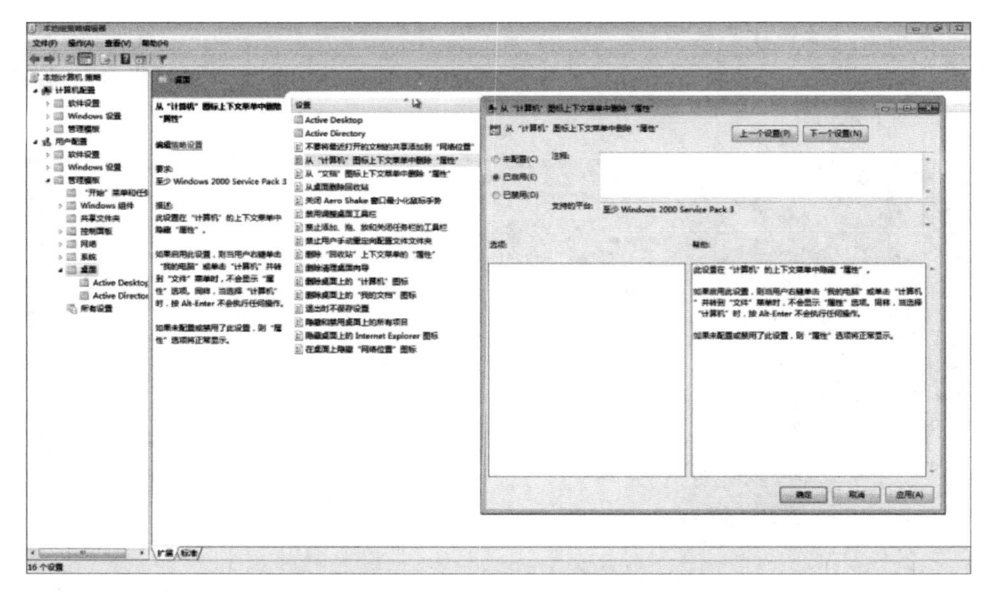

图 2 - 234　禁止用户修改计算机名-步骤三

14. 关闭默认共享

步骤一：进入“开始”→“控制面板”→“管理工具”→“计算机管理（本地）”→“共享文件夹”→“共享”，如图 2 - 235 所示。

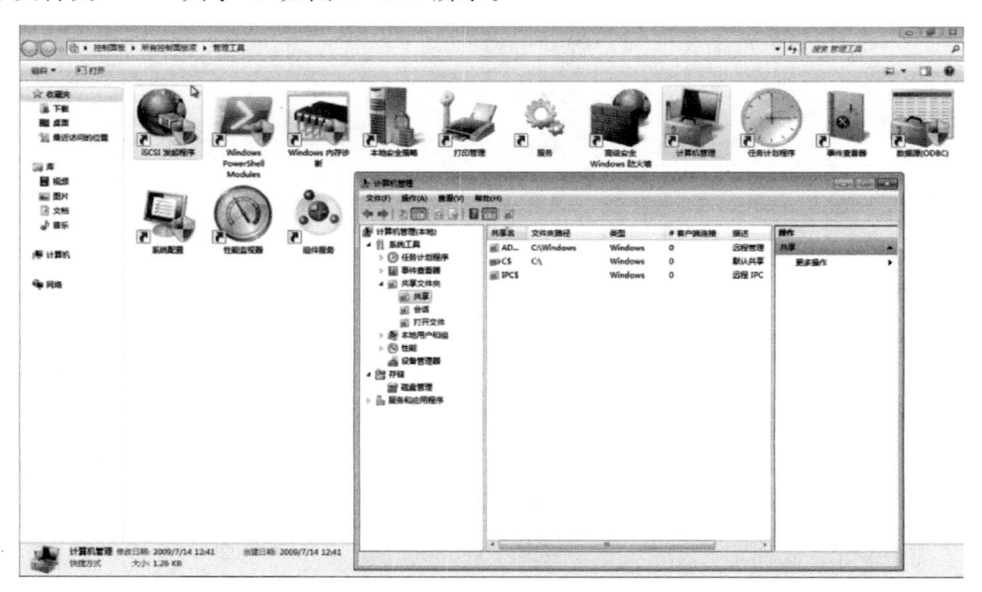

图 2 - 235　关闭默认共享-步骤一

步骤二：查看右侧窗口，选择对应的共享文件夹（例如 C＄、D＄、ADMIN＄，IPC＄等），右击停止共享，如图 2 - 236 所示。

15. 删除默认路由配置

步骤一：按下 win＋R，在输入框中输入“cmd”，如图 2 - 237 所示。

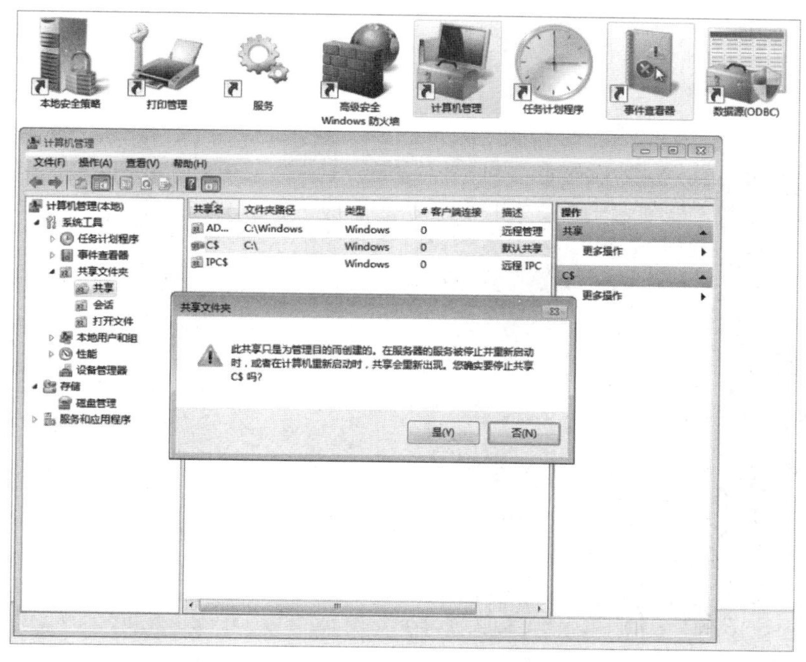

图 2-236　关闭默认共享-步骤二

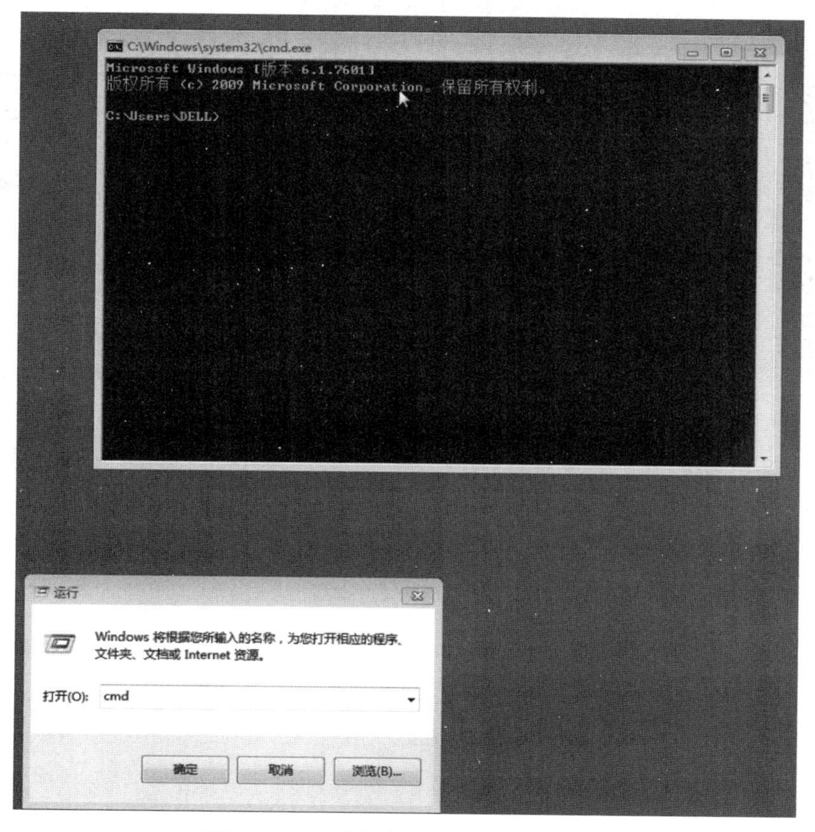

图 2-237　删除默认路由配置-步骤一

步骤二：在命令提示符中输入“route print”，查看是否有缺省路由，如图 2－238 所示。

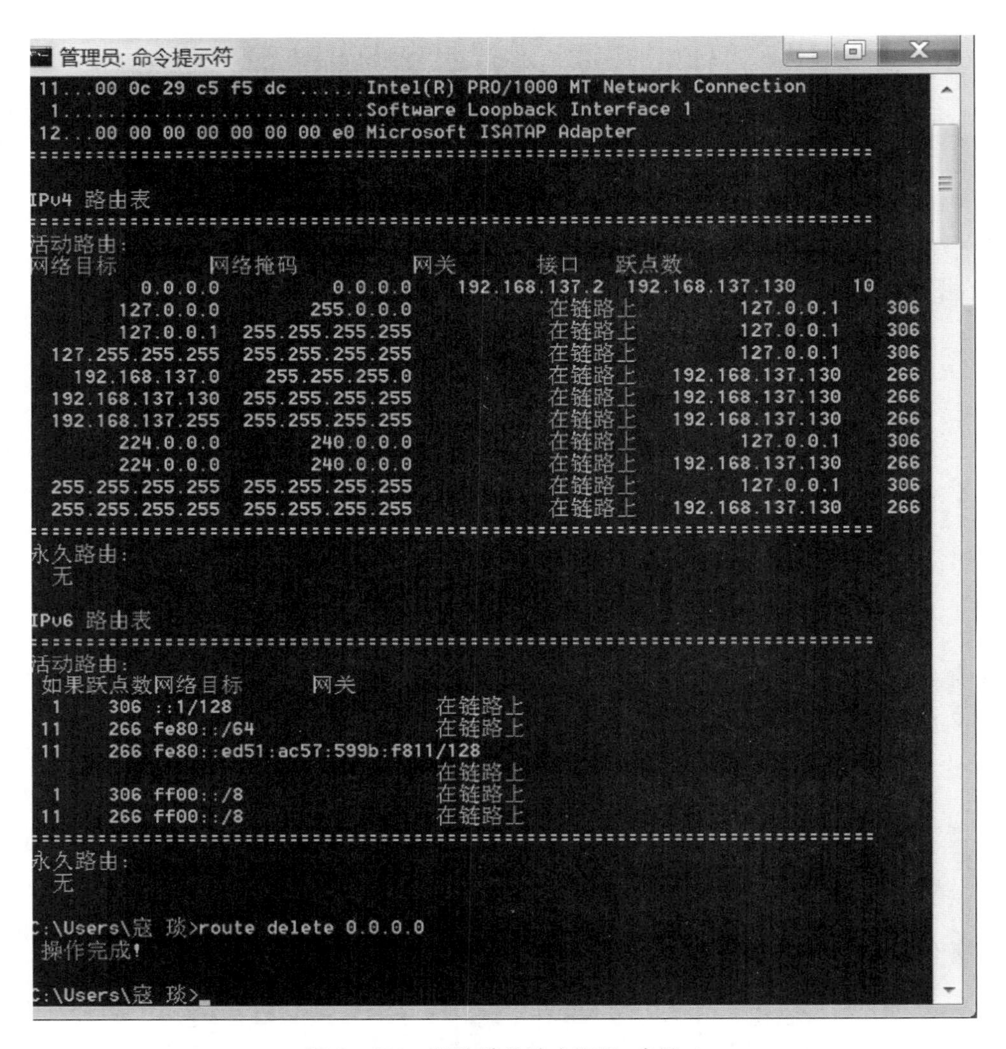

图 2－238　删除默认路由配置-步骤二

步骤三：以管理员身份打开命令提示符，输入“route delete 0.0.0.0”，删除默认路由，如图 2－239 所示。

步骤四：细化路由表，如后台机 IP 地址为 192.168.1.1，则路由应细化为 192.168.1.0，路由 192.168.0.0 属于未进行细化的路由，应进行修改。

16. 开启 UAC 用户账户控制设置

步骤一：进入“开始”→“控制面板”→“用户账户和家庭安全”→“用户账户”，如图 2－240 所示。

步骤二：更改“用户账户控制设置”，设置为“默认”，点击“确定”，如图 2－241 所示。

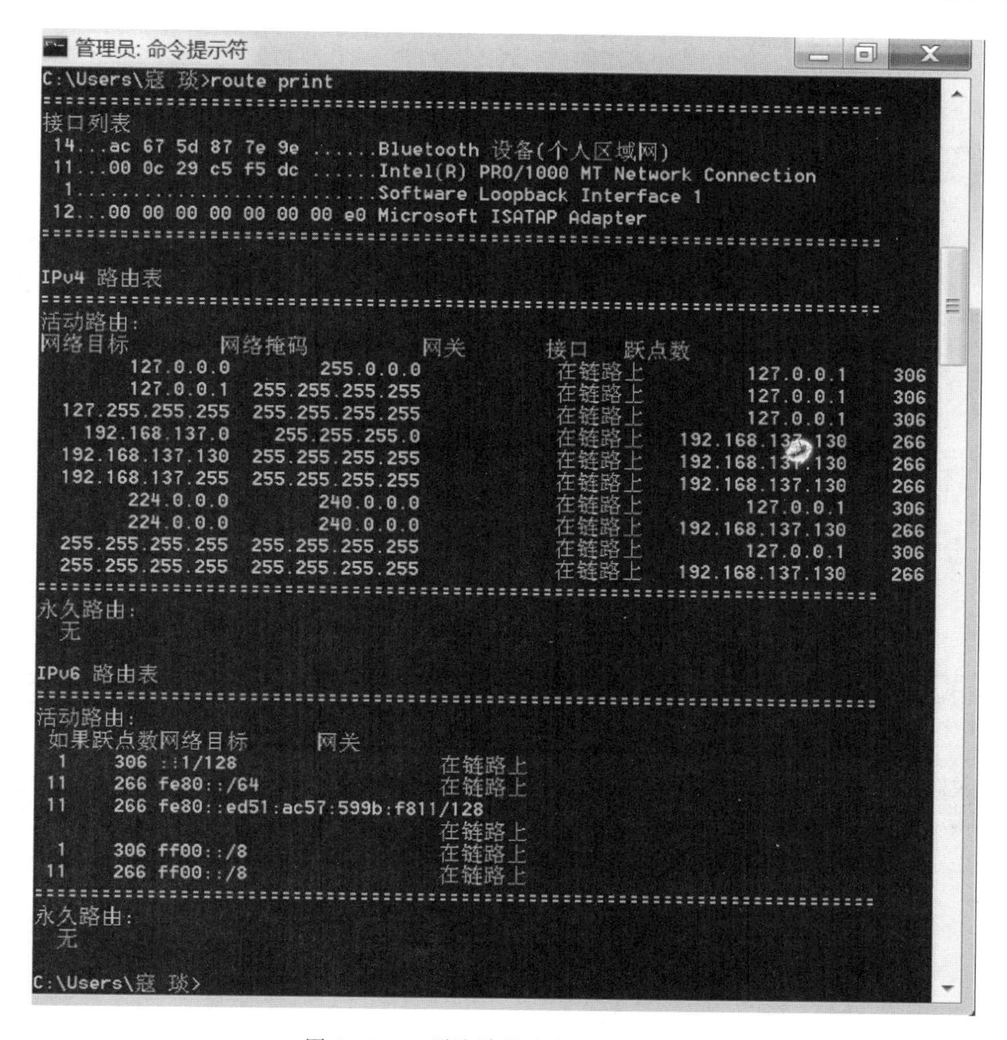

图 2-239 删除默认路由配置-步骤三

17. 禁止未登录关机

步骤一：进入“控制面板”→“管理工具”→“本地安全策略”→“本地策略”→“安全选项”，如图 2-242 所示。

步骤二：双击“关机：允许系统在未登录的情况下关闭”，设置属性为“已禁用”，点击“确定”，如图 2-243 所示。

18. 关机时清除虚拟内存页面文件

步骤一：进入“开始”→“控制面板”→“管理工具”→“本地安全策略”。

步骤二：进入“安全设置”→“本地策略”→“安全选项”，如图 2-244 所示。

步骤三：双击“关机：清除虚拟内存页面文件”，属性设置为“已启用”，点击“确定”，如图 2-245 所示。

19. 禁止非管理员关机

步骤一：进入“开始”→“控制面板”→“管理工具”→“本地安全策略”→“本地

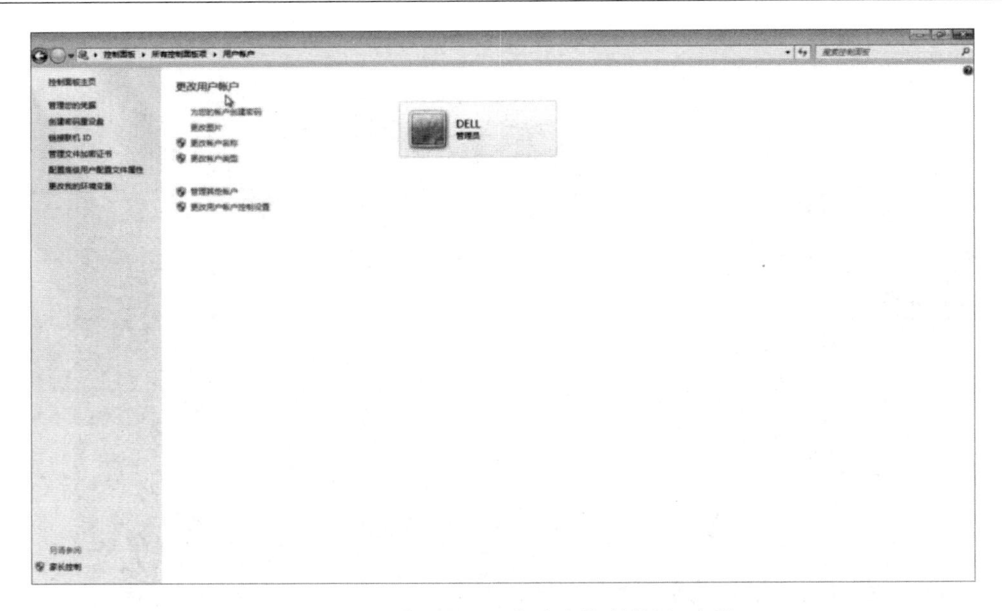

图 2-240　开启 UAC 用户账户控制设置-步骤一

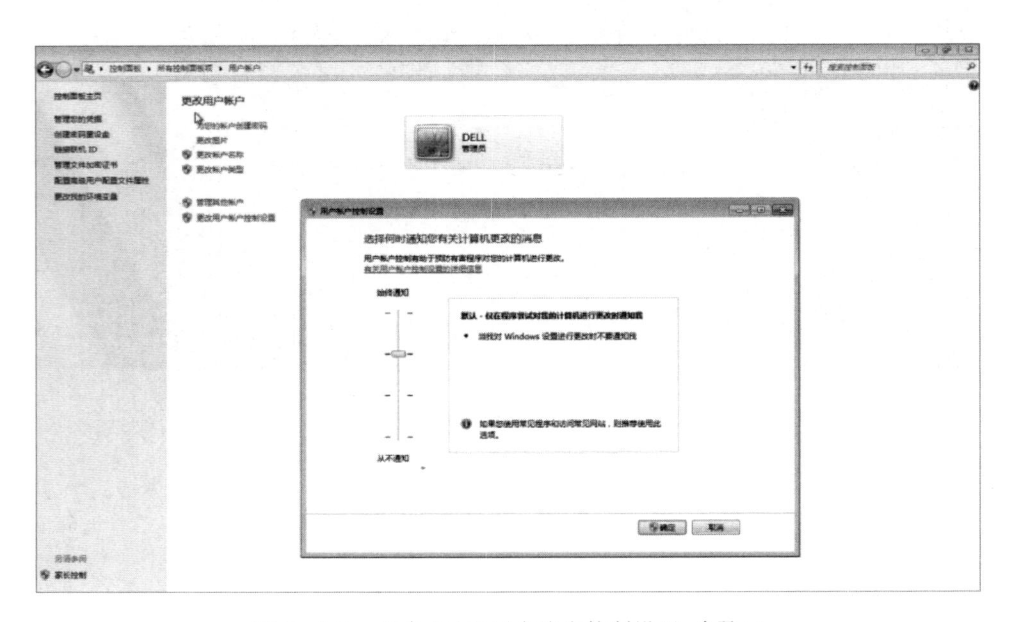

图 2-241　开启 UAC 用户账户控制设置-步骤二

策略”→“用户权限分配”，如图 2-246 所示。

步骤二：分别双击“关闭系统”和“从远程系统强制关机”选项，仅配置系统管理员（sysadmin）用户，如图 2-247 所示。

20. *卸载无用软件*

卸载无用软件如图 2-248 所示。

（1）工作站：仅安装系统客户端的基础运行环境和文档编辑、解压缩、SSH 客户端等应用软件。

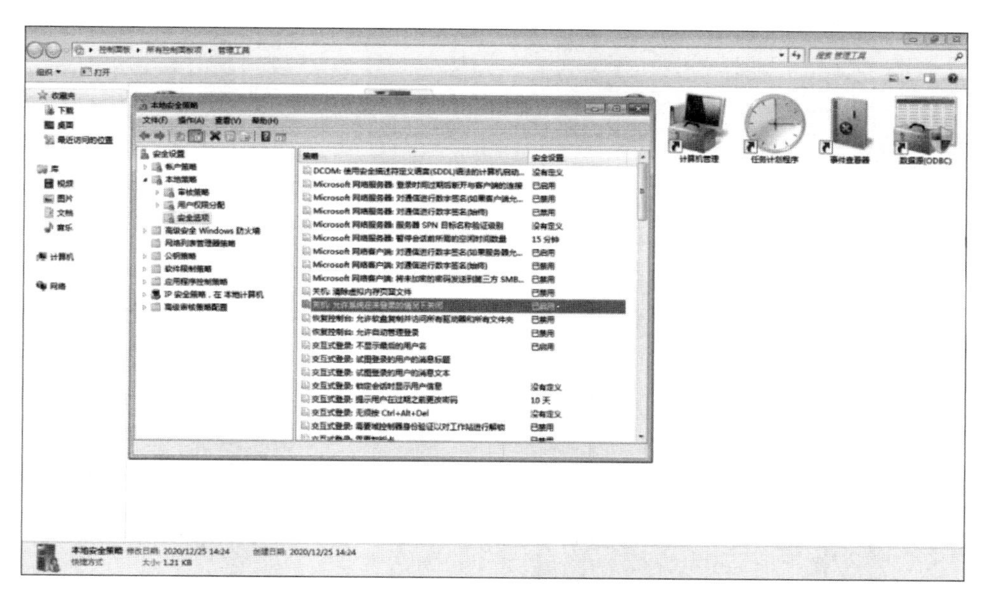

图 2-242 禁止未登陆关机-步骤一

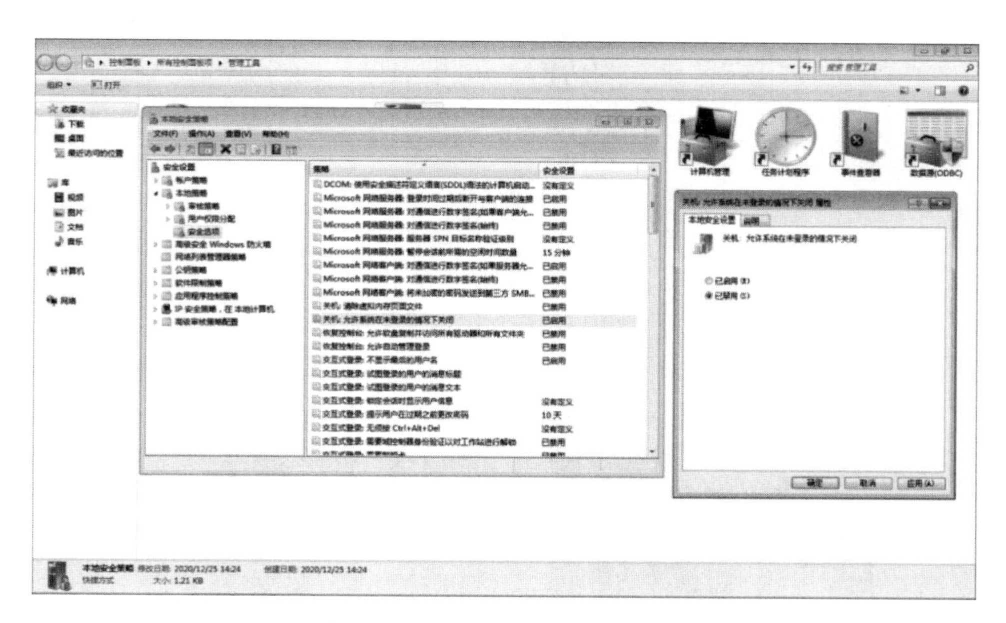

图 2-243 禁止未登录关机-步骤二

(2) 服务器：仅安装承载业务系统运行的基础软件环境。

21. 关闭不必要的服务

步骤一：确认系统应用需要使用的服务。

步骤二：按下 win+R，输入框中输入“services. msc”命令，如图 2-249 所示。

步骤三：双击需要关闭的服务，点击“停止”按钮以停止当前正在运行的服务。

步骤四：将启动类型设置为禁用，点击“确定”，如图 2-250 所示。

图 2－244　关机时清除虚拟内存页面文件-步骤二

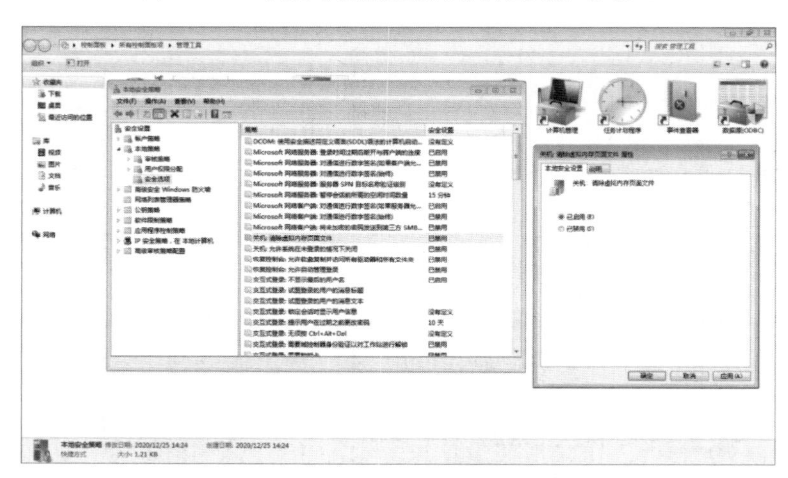

图 2－245　关机时清除虚拟内存页面文件-步骤三

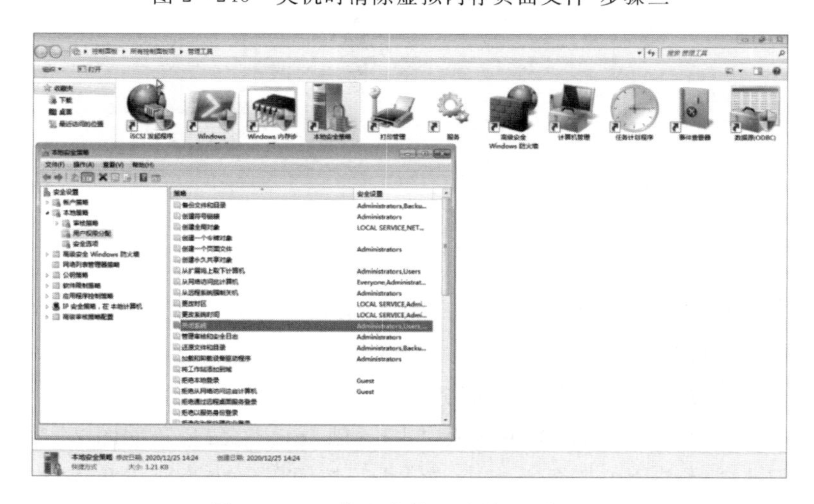

图 2－246　禁止非管理员关机-步骤一

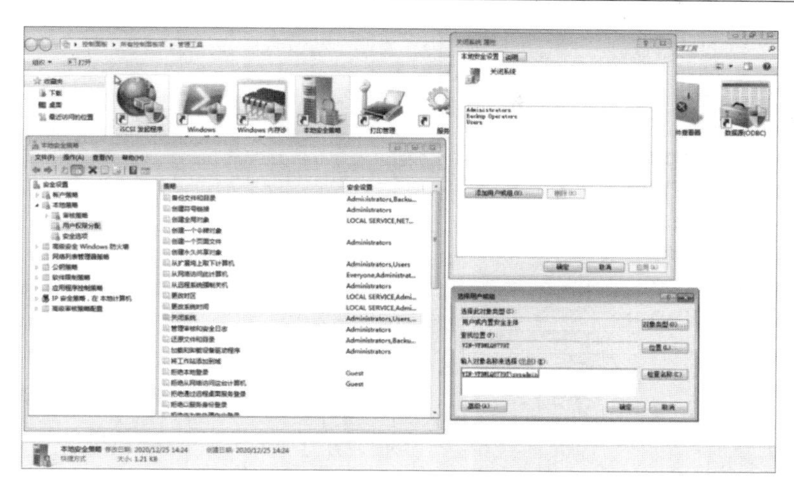

图 2-247 禁止非管理员关机-步骤二

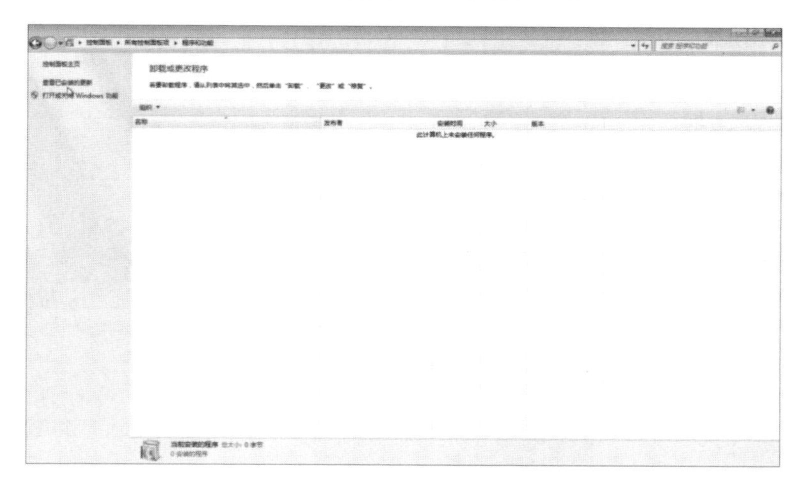

图 2-248 卸载无用软件

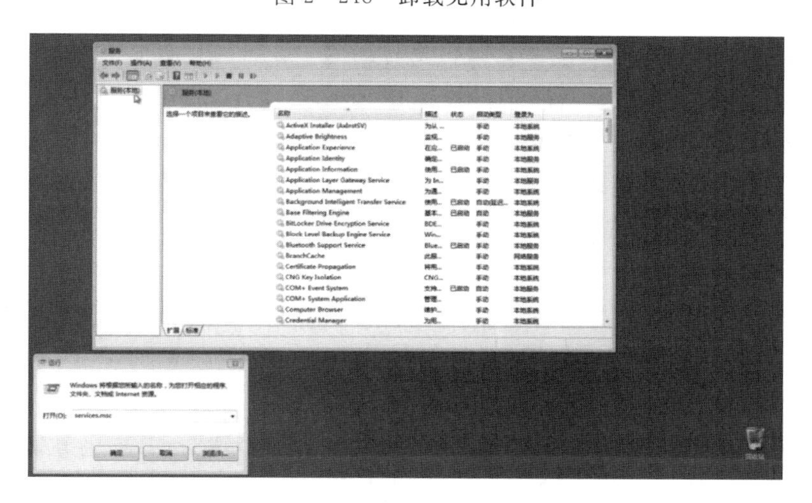

图 2-249 关闭不必要的服务-步骤二

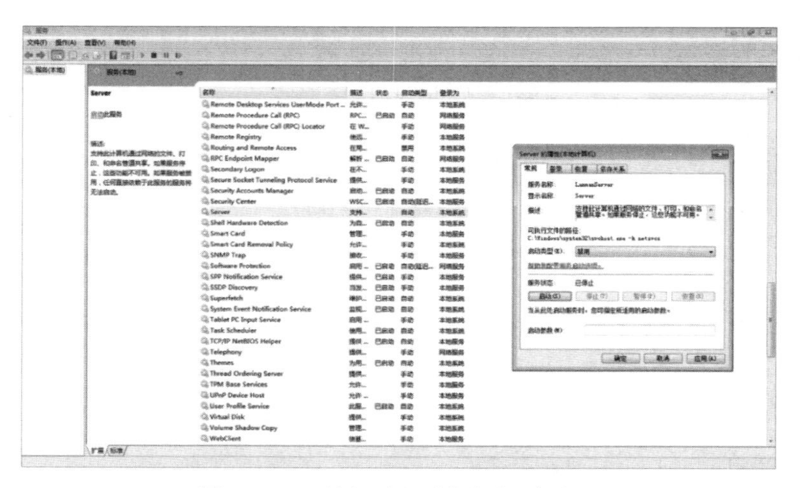

图 2-250 关闭不必要的服务-步骤四

建议关闭以下服务：

Server

Computer Browser

DHCP Client

Routing and Remote Access

Print Spooler

Terminal Service

Task Scheduler

Messenger net send

remote Registry

SSDPDiscovery

DNSClient

22. 关闭不必要的系统端口

步骤一：使用 zenmap 软件对主机端口进行扫描，并使用专用工具关闭不安全端口。

1）禁止开放端口：TCP21、TCP23、TCP/UDP135、TCP/UDP137、TCP/UDP138、TCP/UDP139、TCP/UDP445、TCP/UDP177。

2）危险端口说明列表见表 2-20。

表 2-20　　危险端口说明列表

序号	端口号	端 口 说 明
1	69	TFTP 简单文件传输协议的端口号，该协议端口的开放很容易被攻击者利用。一般要求其关闭，若必须开启要求做源地址访问控制
2	135	微软 RPC 远程过程调用使用的端口号，该协议端口的开放很容易被攻击者执行远程代码。一般要求其关闭，若必须开启要求做源地址访问控制
3	137、138、139	NetBIOS 名称服务（NetBIOS Name Service）使用的端口号，用于局域网中提供计算机的名字或 IP 地址查询服务以及文件共享服务，该协议端口的开放很容易被攻击者获取到很多敏感信息，容易被攻击者执行远程代码。一般要求其关闭，若必须开启要求做源地址访问控制

续表

序号	端口号	端口说明
4	445	微软服务器系统用于文件共享服务，该协议端口的开放很容易被攻击者获取到很多敏感信息，容易被攻击者执行远程代码。一般要求其关闭，若必须开启要求做源地址访问控制
5	593	DCOM 分布式组件对象模型协议使用的端口号，它允许 C/S 结构的应用通过 DCOM 使用 RPC over HTTP service，该协议端口的开放很容易被攻击者执行远程代码。一般要求其关闭，若必须开启要求做源地址访问控制
6	3333、4433、4444、6112	病毒木马利用端口，要求在防火墙上做阻断
7	3306	MySQL 数据库通信的默认端口，该端口的开放使得攻击者可以猜解密码、远程执行代码以及 DDOS 攻击，会影响业务使用
8	1433、1434	MS-SQL 数据库通信的默认端口，该端口的开放使得攻击者可以猜解密码、远程执行代码以及 DDOS 攻击，会影响业务使用
9	2638、5000、4100	Sybase 数据库通信的默认端口，该端口的开放使得攻击者可以猜解密码、远程执行代码以及 DDOS 攻击，会影响业务使用
10	1521	Oracle 数据库通信的默认端口，该端口的开放使得攻击者可以猜解密码、远程执行代码以及 DDOS 攻击，会影响业务使用
11	22	SSH 远程管理的默认端口，该端口的开放使得攻击者可以猜解密码、远程执行代码以及 DDOS 攻击，会影响业务使用。建议保持 SSH 版本为最新版本
12	23	Telnet 远程管理默认端口，该端口的开放使得攻击者可以猜解密码，远程执行代码，且该端口为明文传输，易被嗅探泄露敏感信息。要求禁用 telnet 服务，关闭该端口
13	3389	微软 RDP 远程桌面通信端口，该端口的开放使得攻击者可以猜解密码。建议增强账户登录密码强度，设置登录失败锁定时间，更改成其他端口号，做源地址访问控制
14	4899	Radmin 软件远程管理通信端口，该端口的开放使得攻击者可以猜解密码
15	5631	pcanywhere 软件远程管理通信端口，该端口的开放使得攻击者可以猜解密码
16	5900、5901	VNC 软件远程管理通信端口，该端口的开放使得攻击者可以猜解密码
17	6000	X-windows 软件远程管理通信端口，该端口的开放使得攻击者可以猜解密码
18	21	用于 FTP 服务端口，该端口的开放使得攻击者可以猜解密码，执行远程代码。建议增强账户登录密码强度，禁用匿名登录
19	80、8000、8080、7001	用于提供 Web 服务的端口。建议梳理业务是否需要对外开放，加强 Web 应用系统自身安全性，考虑部署 Web 应用防护手段
20	110	用于 POP3 邮件服务器使用端口
21	161/UDP（服务端）和 162/UDP（客户端）	SNMP 默认通信端口，该端口的开放使得攻击者可以捕获服务的密码，并获取有关操作系统和网络资源的重要信息。要求使用安全的 SNMPv3 协议通信，修改默认的“Community Strings”团体名称
22	177	X Display 管理控制协议

步骤二：在端口关闭后，再次使用 zenmap 软件对主机端口进行扫描，确认所有端口均已关闭

常见危险端口关闭方法：

（1）关闭 135 端口。

第一步：运行 dcomcnfg，打开“组件服务”→“计算机”，在“我的电脑”上右键点

击，选“属性”；然后点默认属性，把“在此计算机上启用分布式 COM（E）”的钩去掉，接着返回到“默认协议”，移除“面向连接的 TCP/IP”协议（这个操作也可以通过注册表进行，效果是一样的，打开左下角开始菜单→运行→输入 regedit，定位到 HKEY_LOCAL_MACHINE \ SOFTWARE \ Microsoft \ Ole \ EnableDCOM，然后双击把值改为“N”），如图 2-251 所示。

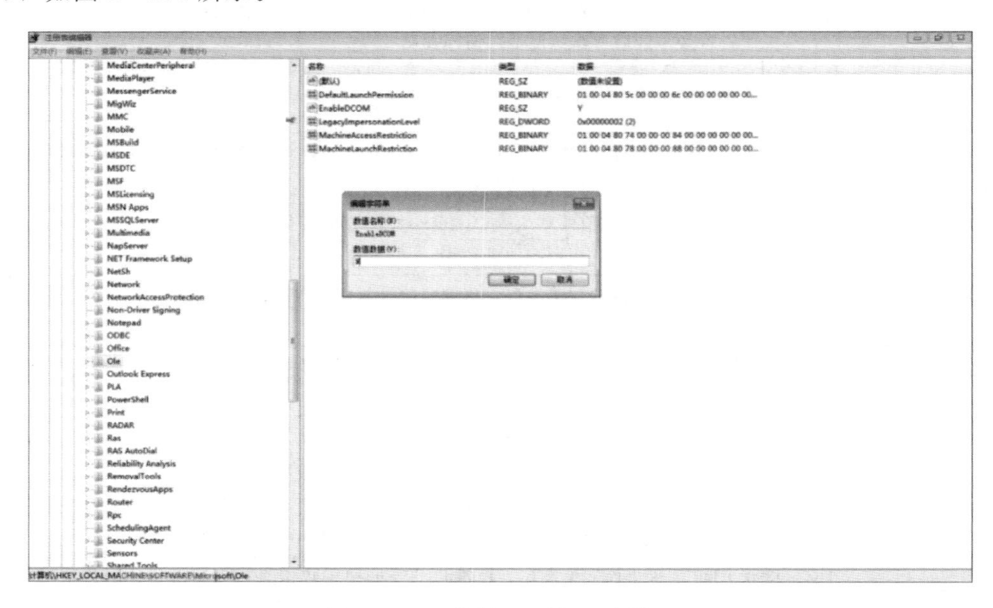

图 2-251　关闭 135 端口-步骤一

定位 HKEY_LOCAL_MACHINE \ SOFTWARE \ Microsoft \ Rpc \ DCOM Protocols，然后双击删除“ncacn_IP_tcp”，如图 2-252 所示。

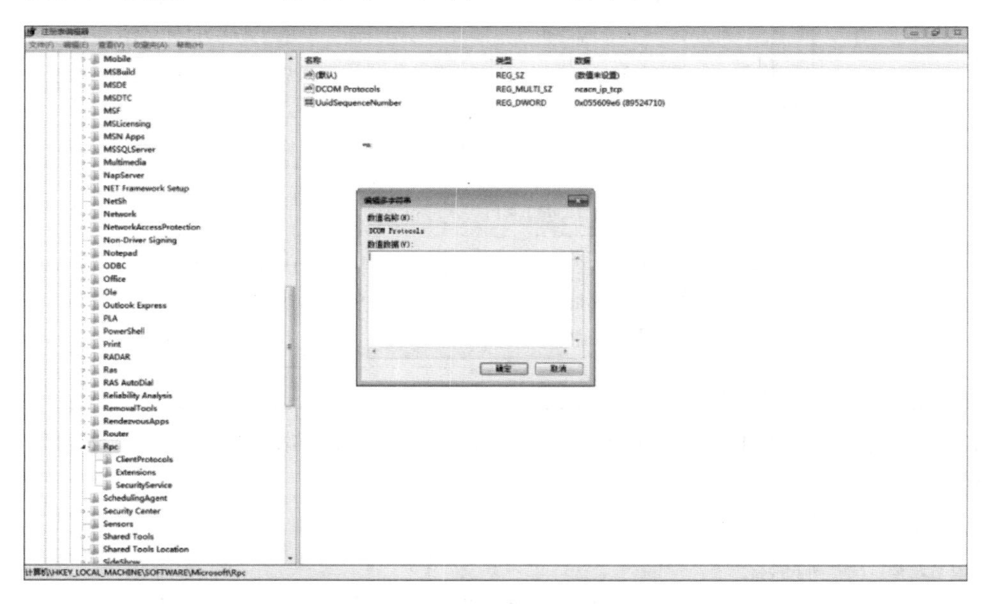

图 2-252　关闭 135 端口-步骤二

第二步：打开左下角开始菜单→运行→输入 regedit，进入注册表，定位到 HKEY_LOCAL_MACHINE \ SOFTWARE \ Microsoft \ Rpc，右键点击 Rpc，新建→项→输入 Internet，然后重启，再输入“cmd”，输入“netstat - an”，就发现 135 端口彻底消失，如图 2 - 253 所示。

（2）关闭 139 端口：

鼠标右击“网络邻居”，选择“属性”，再鼠标右击“本地连接”，选择“属性”。选择“TCP/IP 协议/属性/高级”，进入“高级 TCP/IP 设置”对话框，选择“WINS”标签，勾选“禁用 TCP/IP 上的 NETBIOS”→项，关闭 NETBIOS，如图 2 - 254 所示。

（3）关闭 445 端口：打开左下角开始菜单→运行→输入 regedit，定位到 HKEY_LOCAL_MACHINE \ SYSTEM \ CurrentControlSet \ Services \ NetBT \ Parameters。右键新建一个 DWORD 值，若系统是 32 位，就建对应 32 的 DWORD 值，64 位的就选择新建对应 64 的 SMBDeviceEnabled 为 DWORD 值，然后将值设为 0。同时，在 service. msc 中将 Server 服务关闭并禁用，如图 2 - 255 所示。

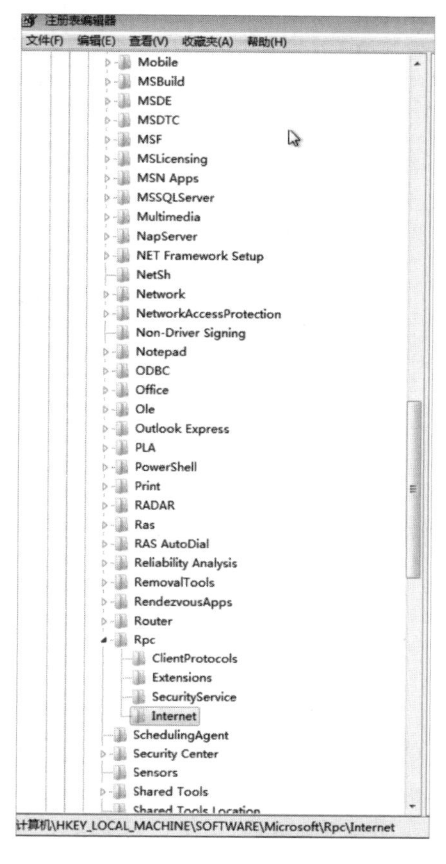

图 2 - 253　关闭 135 端口-步骤三

关闭 Telnet 服务，如图 2 - 256 所示。

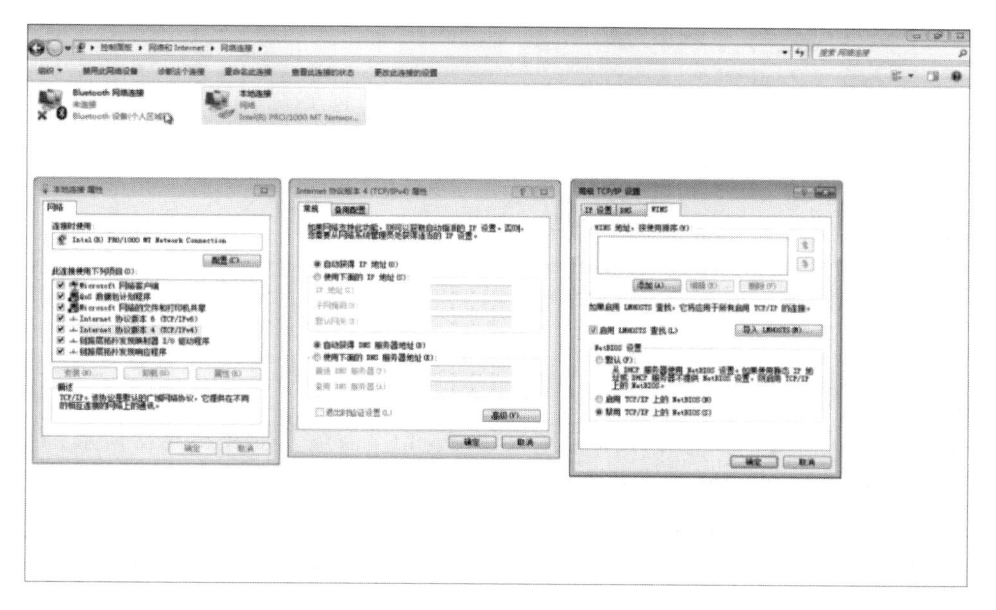

图 2 - 254　关闭 139 端口

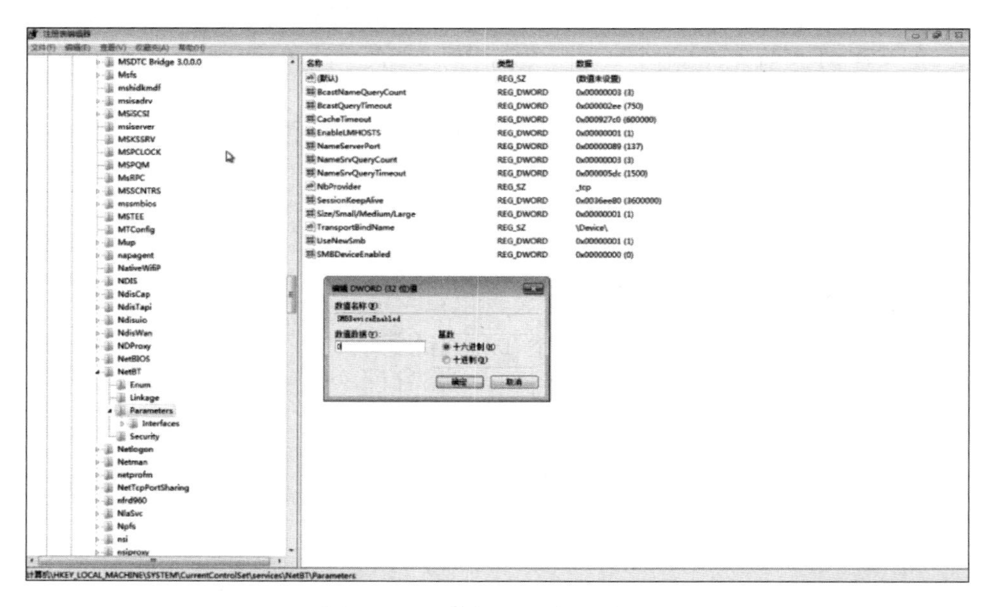

图 2-255　关闭 445 端口-步骤一

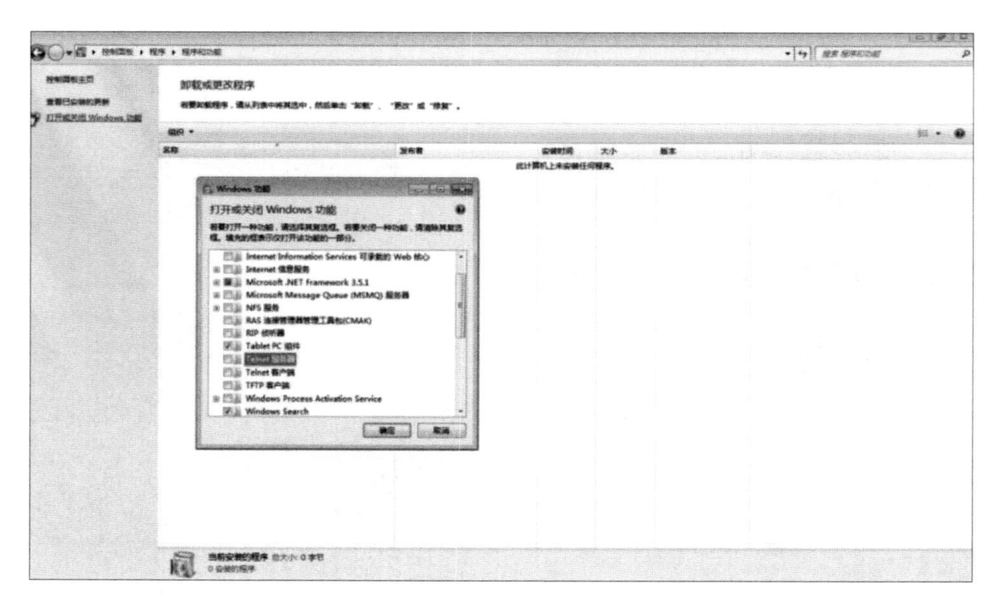

图 2-256　关闭 445 端口-步骤二

23. *启用 SYN 攻击保护*

步骤一：按下 win+R，在输入框中输入“regedit”命令，如图 2-257 所示。

步骤二：查看注册表项，进入 HKEY_LOCAL_MACHINE \ SYSTEM \ CurrentControlSet \ Services \ TcpIP \ Parameters，如图 2-258 所示。

步骤三：新建字符串值，重命名为 SynAttackProtect，双击修改数值数据为 2，如图 2-259 所示。

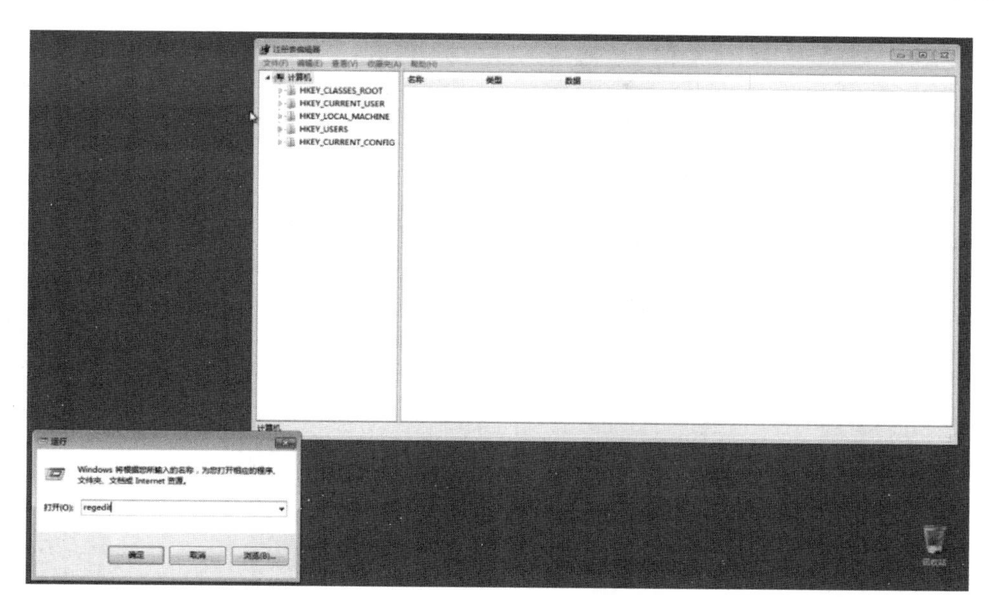

图 2-257　启用 SYN 攻击保护-步骤一

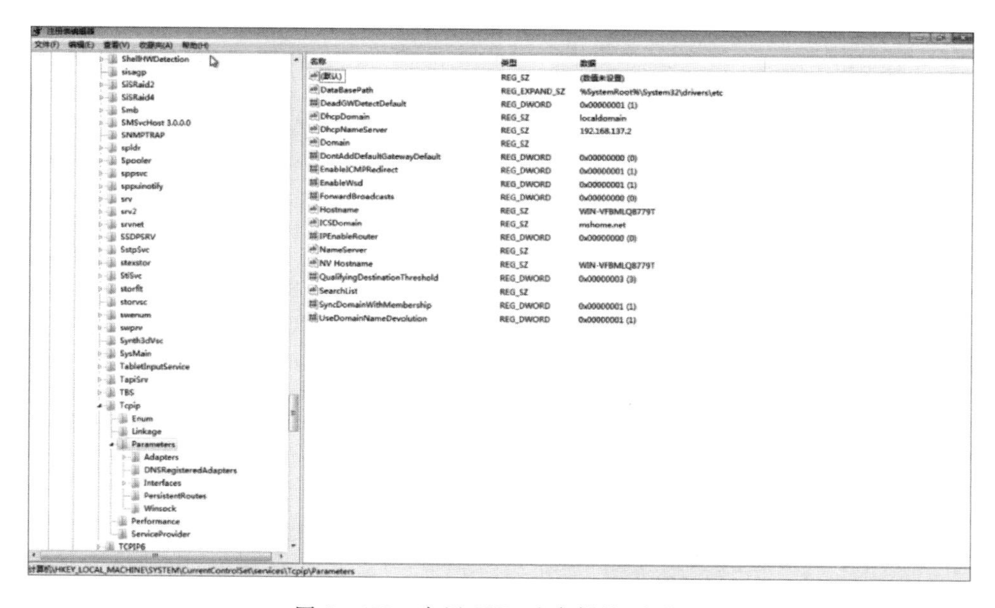

图 2-258　启用 SYN 攻击保护-步骤二

步骤四：新建字符串值，重命名为 TcpMaxportsExhausted，双击修改数值数据为 5。

步骤五：新建字符串值，重命名为 TcpMaxHalfOpen，双击修改数值数据为 500。

步骤六：新建字符串值，重命名为 TcpMaxHalfOpenRetried，双击修改数值数据为 400。

24. 设置最小挂起时间

步骤一：进入“控制面板→管理工具→本地安全策略→本地策略→安全选项”，如图 2-260 所示。

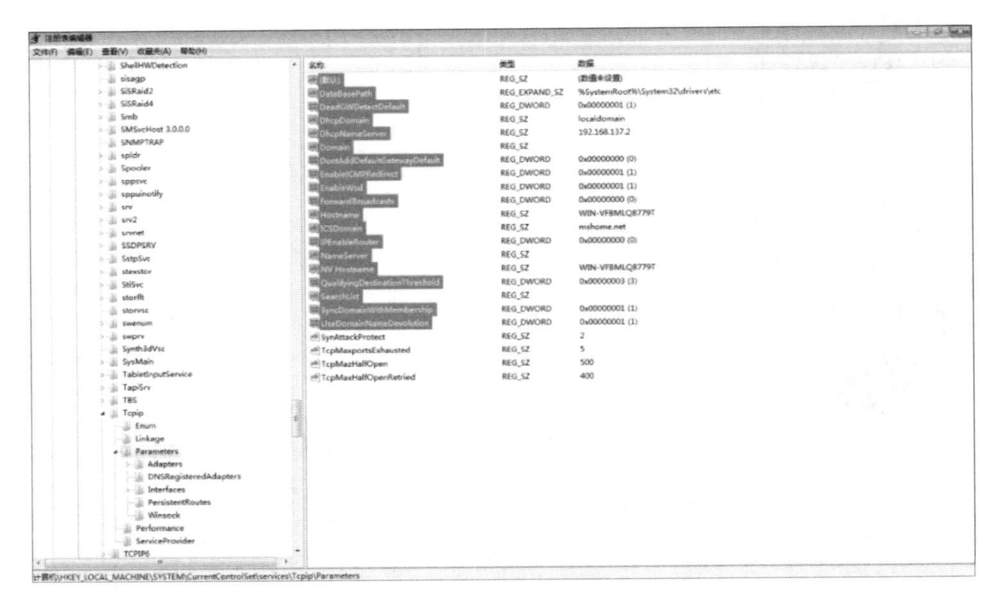

图 2-259　启用 SYN 攻击保护-步骤三

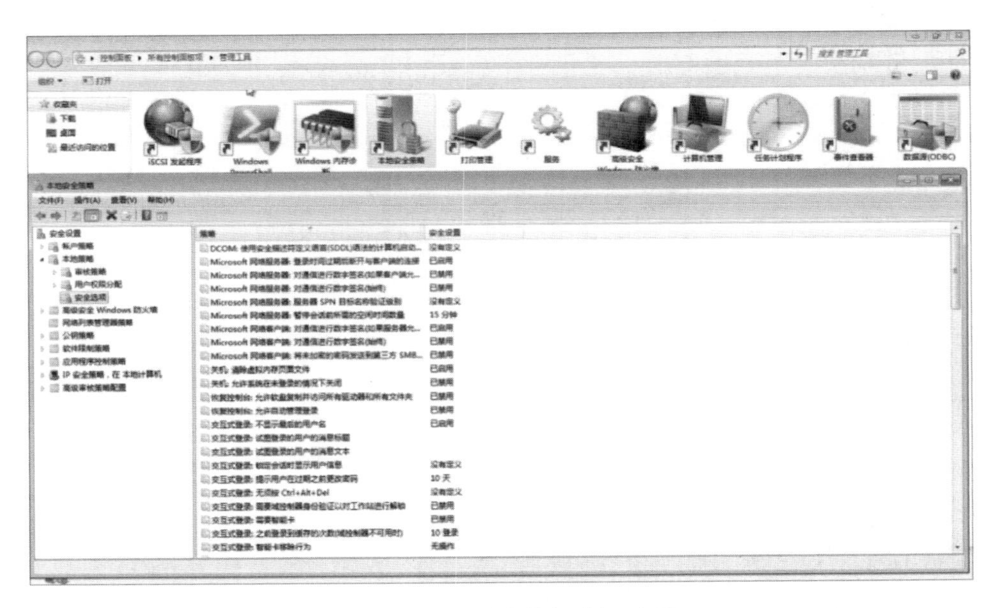

图 2-260　设置最小挂起时间-步骤一

步骤二：双击“Microsoft 网络服务器：登录时间过期后断开与客户端的连接”和“网络安全：在超过登录时间后强制注销”，设置为已启用，如图 2-261 所示。

步骤三：双击“Microsoft 网络服务器：暂停会话前所需的空闲时间量”，设置时间为15min，如图 2-262 所示。

25. *开启防火墙功能*

步骤一：在 Windows 控制面板中开启防火墙功能，如图 2-263 所示。

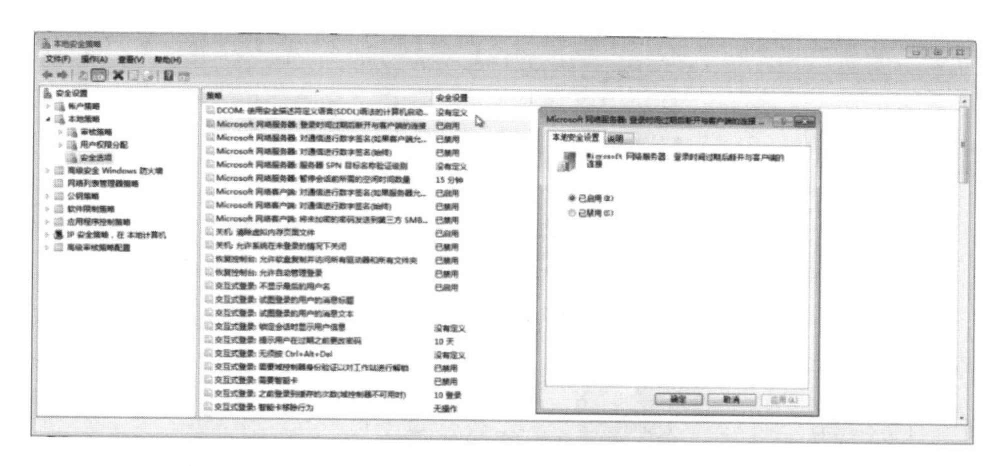

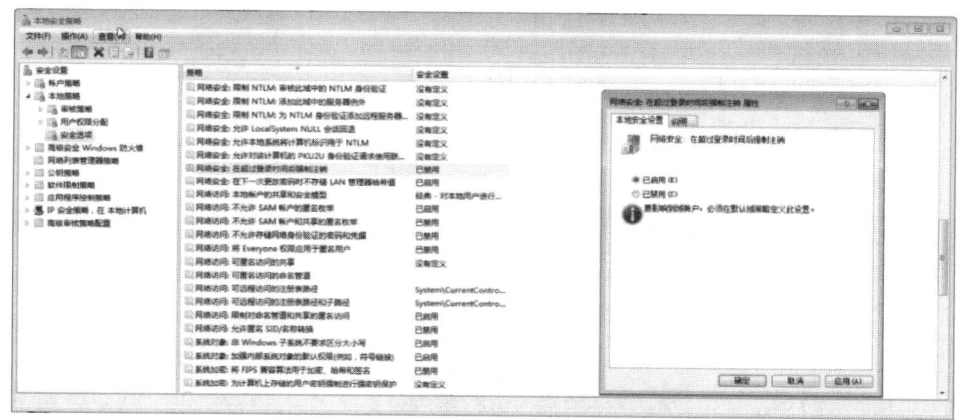

图 2-261　设置最小挂起时间-步骤二

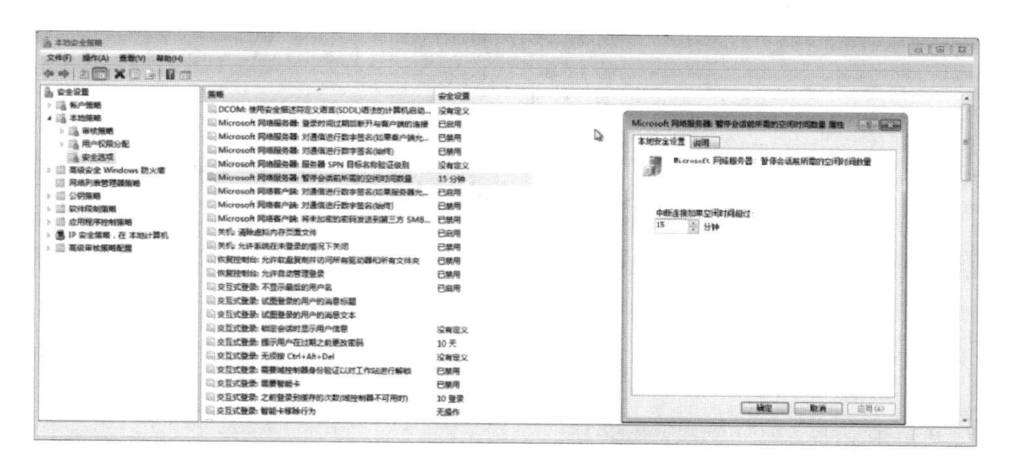

图 2-262　设置最小挂起时间-步骤三

步骤二：安装火绒防病毒软件，并对病毒库进行更新，对系统进行全盘扫描，如图 2-264 所示。

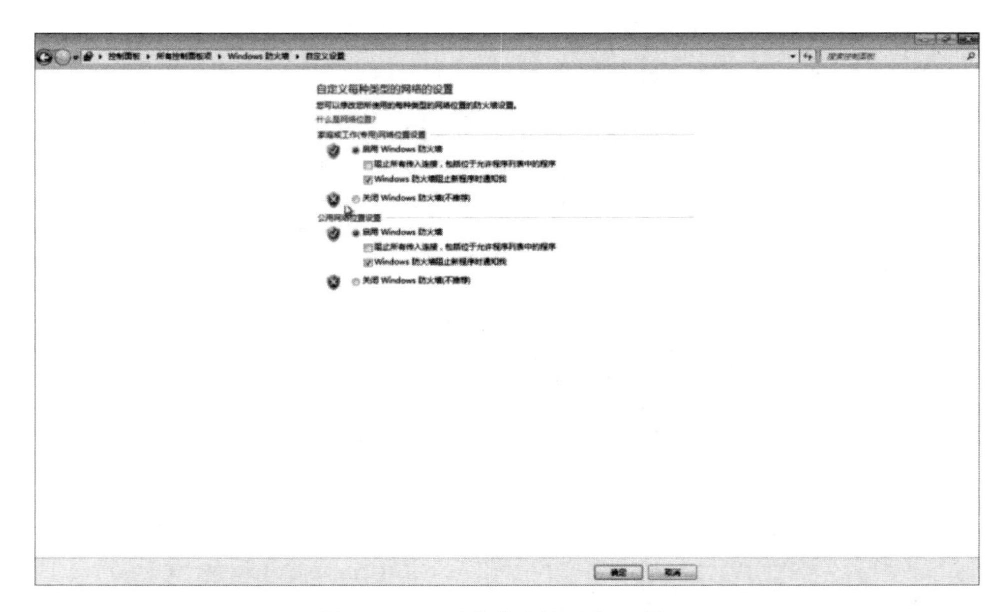

图 2-263 开启防火墙功能-步骤一

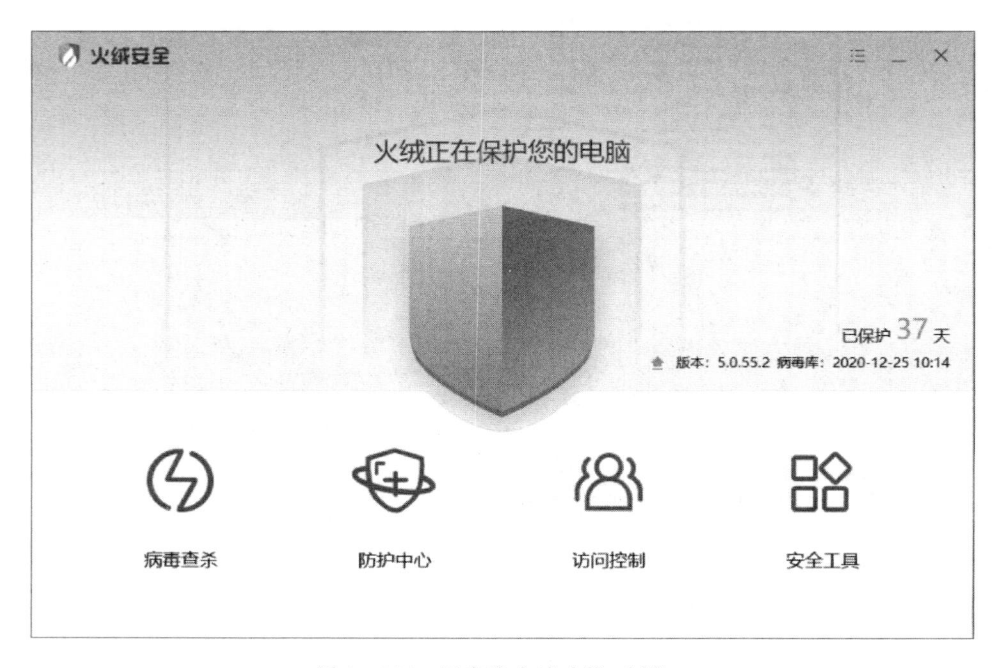

图 2-264 开启防火墙功能-步骤二

26. 禁用大容量存储设备

步骤一：按下 win+R，在输入框中输入“regedit”，打开注册表编辑器，如图 2-265 所示。

步骤二：进入 HKEY_LOCAL_MACHINE \ SYSTEM \ CurrentControlSet \ Services \ USBSTOR，如图 2-266 所示。

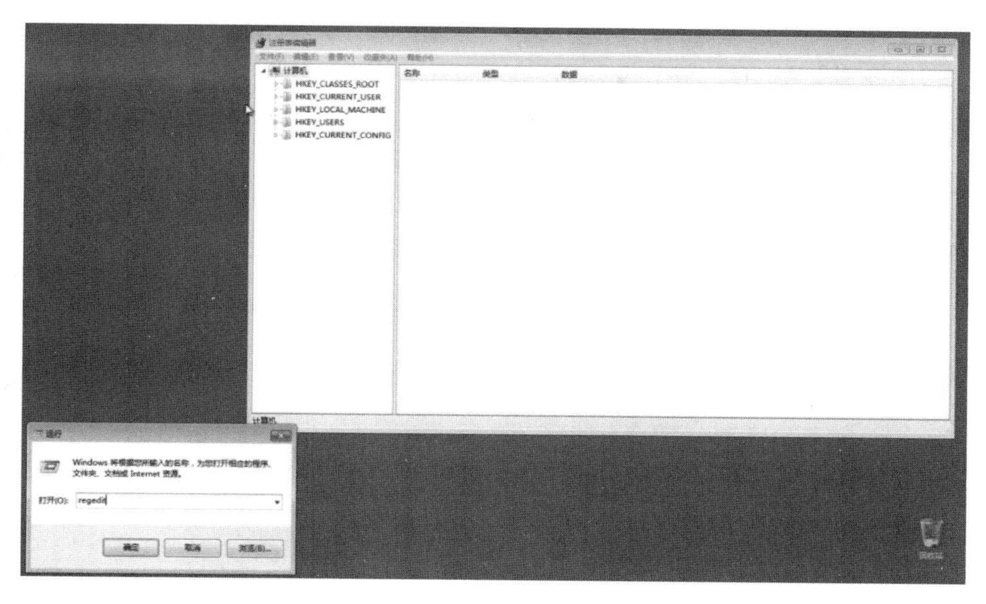

图 2-265　禁用大容量存储设备-步骤一

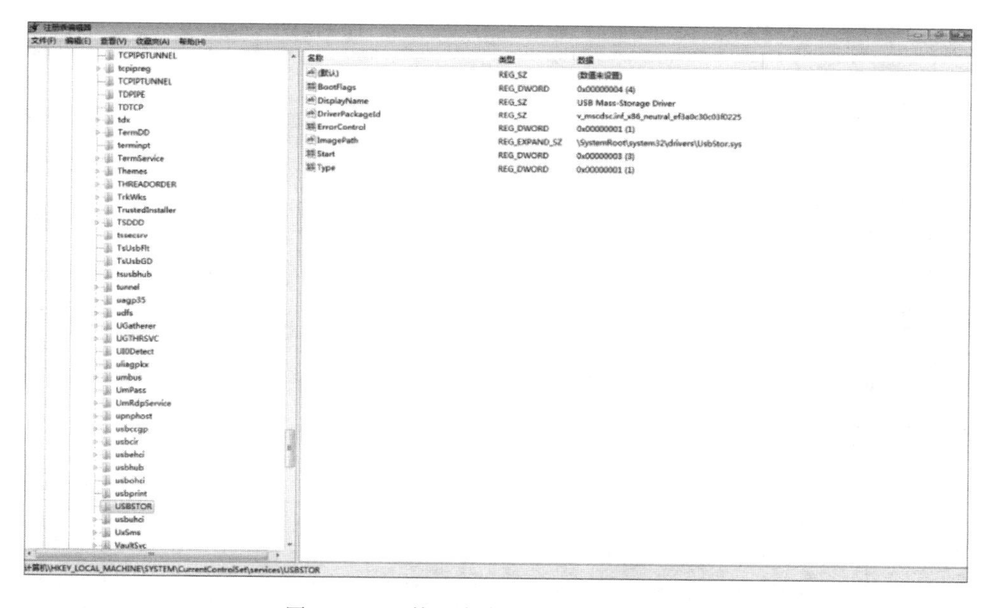

图 2-266　禁用大容量存储设备-步骤二

步骤三：双击右侧注册表中的“Start”项，默认值为 3，修改值为 4，如图 2-267 所示。

27. 关闭自动播放

步骤一：按下 win+R，输入框中输入“gpedit. msc”，进入“本地组策略编辑器”，如图 2-268 所示。

步骤二：进入“计算机配置→管理模板→Windows 组件→自动播放策略”，如图 2-269 所示。

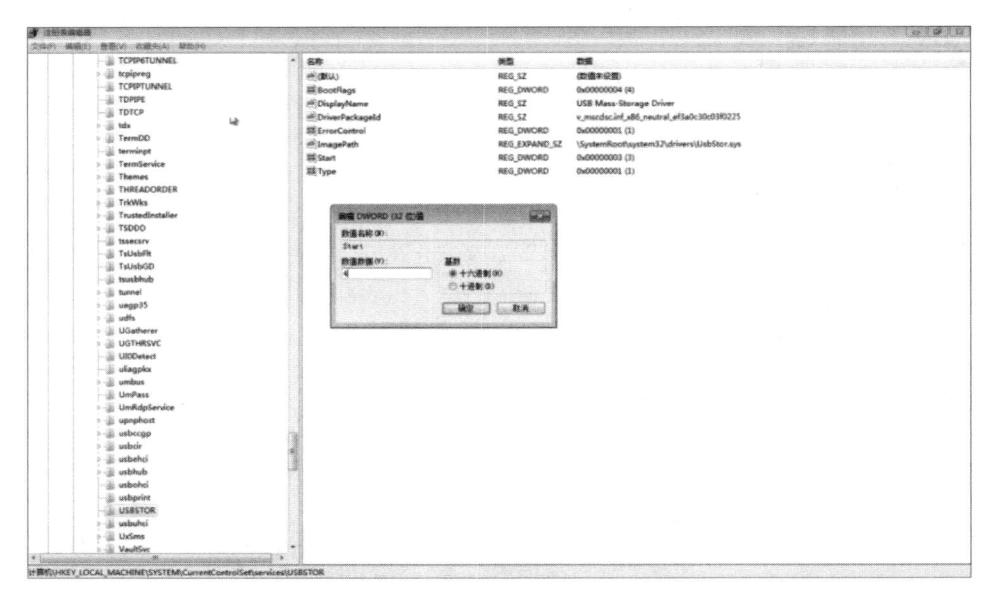

图 2－267　禁用大容量存储设备-步骤三

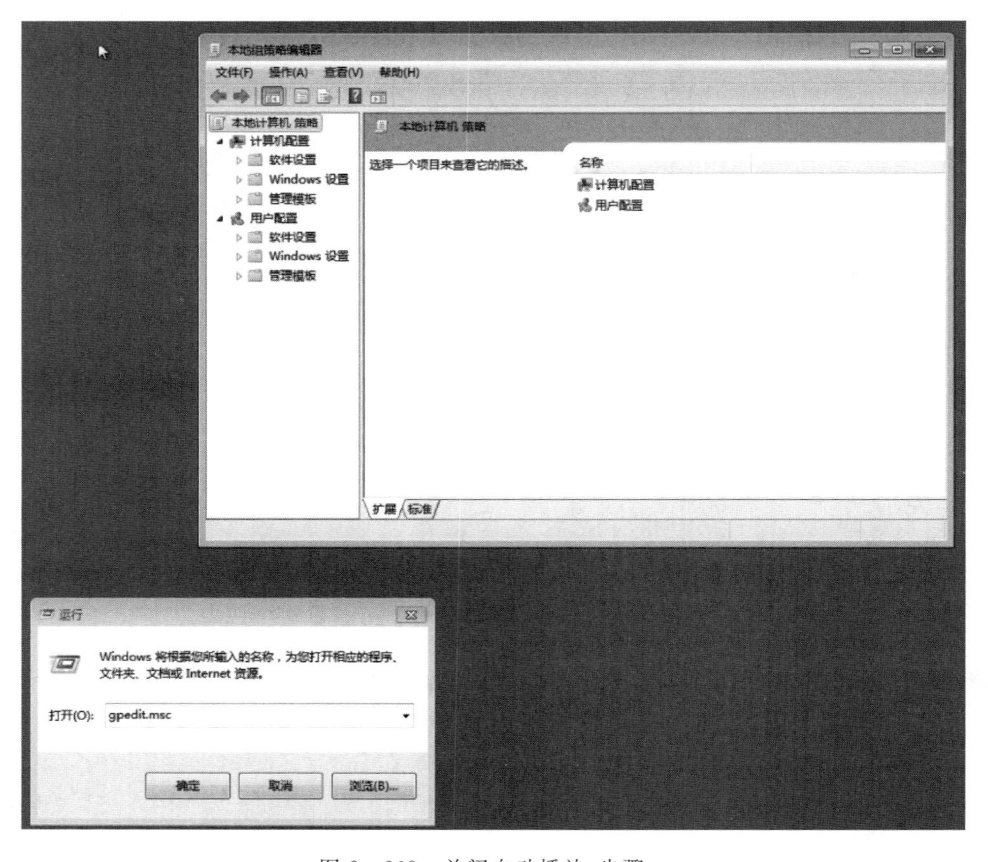

图 2－268　关闭自动播放-步骤一

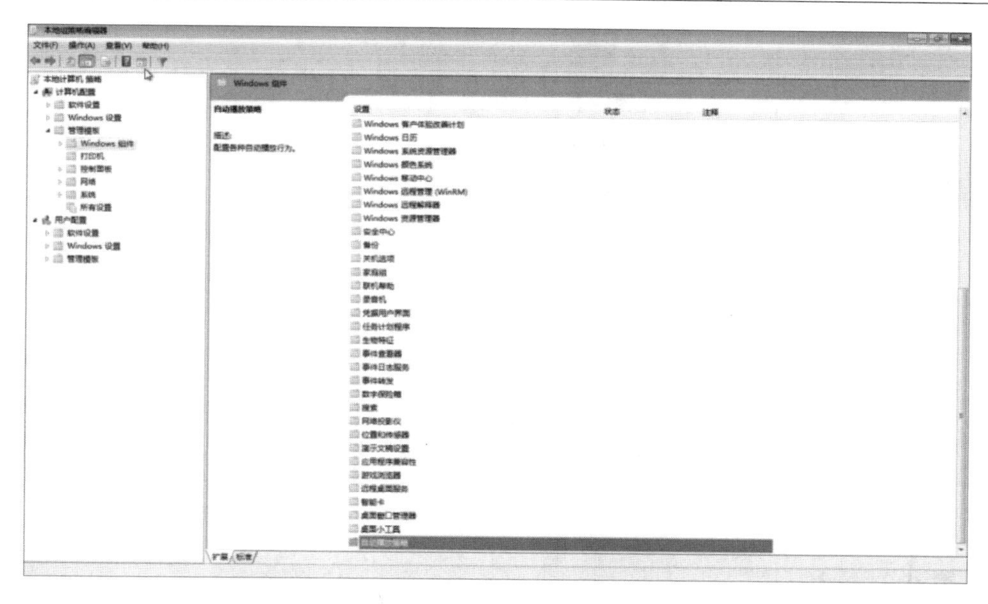

图 2－269 关闭自动播放-步骤二

步骤三：查看右侧小窗口，双击“关闭自动播放”，选择“已启用”，如图 2－270 所示。

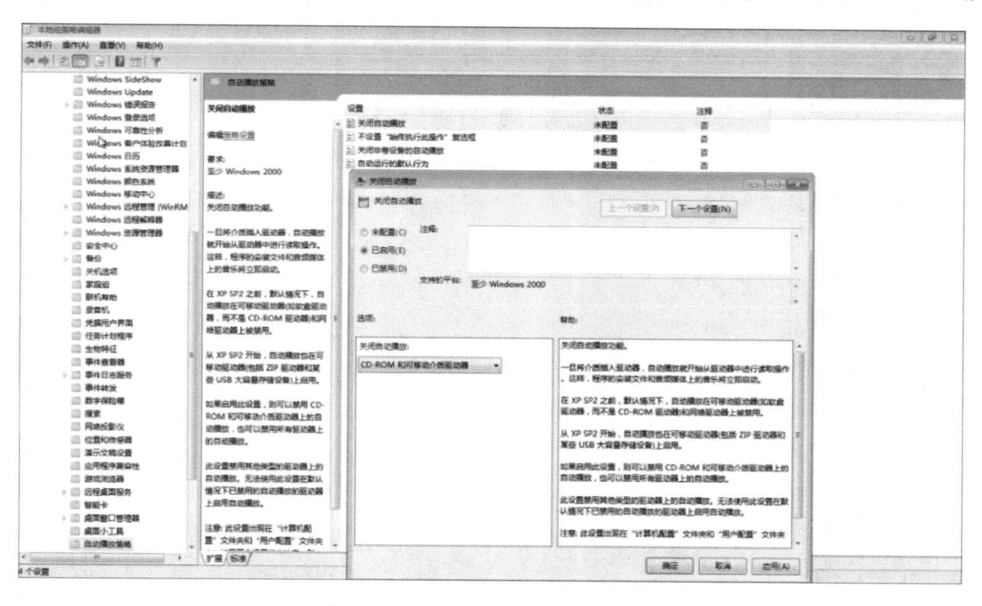

图 2－270 关闭自动播放-步骤三

步骤四：在“选项”中，选择“所有驱动器”，点击“确定”，如图 2－271 所示。

28. 限制远程登录协议

卸载 TeamViewer、PCAnywhere、向日葵等第三方远程登录软件。

29. 限制远程登录时间（Win XP、Win 2003、Win 7、Win 2008）

步骤一：按下 win＋R，在输入框中输入“gpedit. msc”，进入“本地组策略编辑器”，如图 2－272 所示。

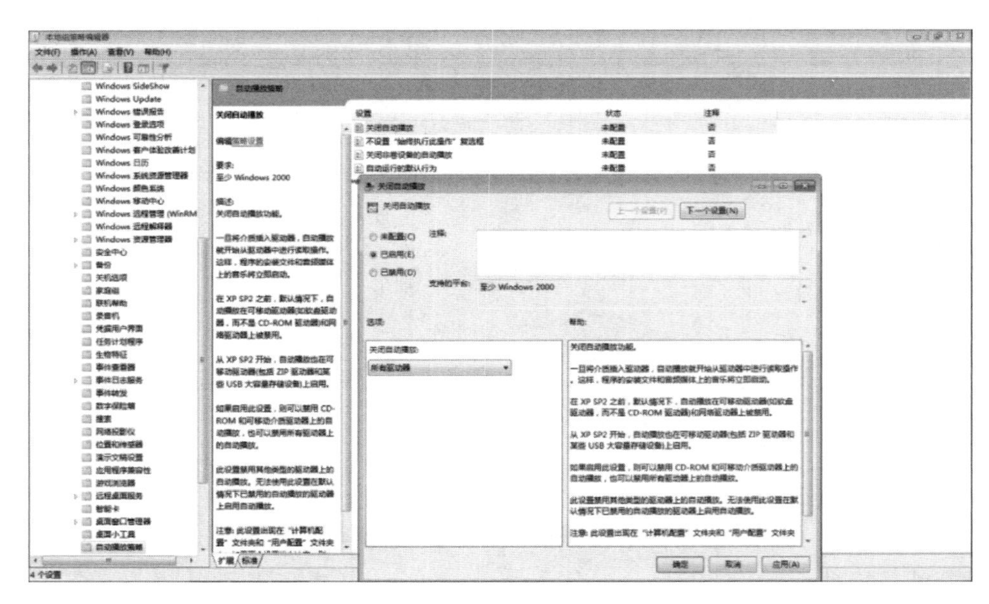

图 2-271 关闭自动播放-步骤四

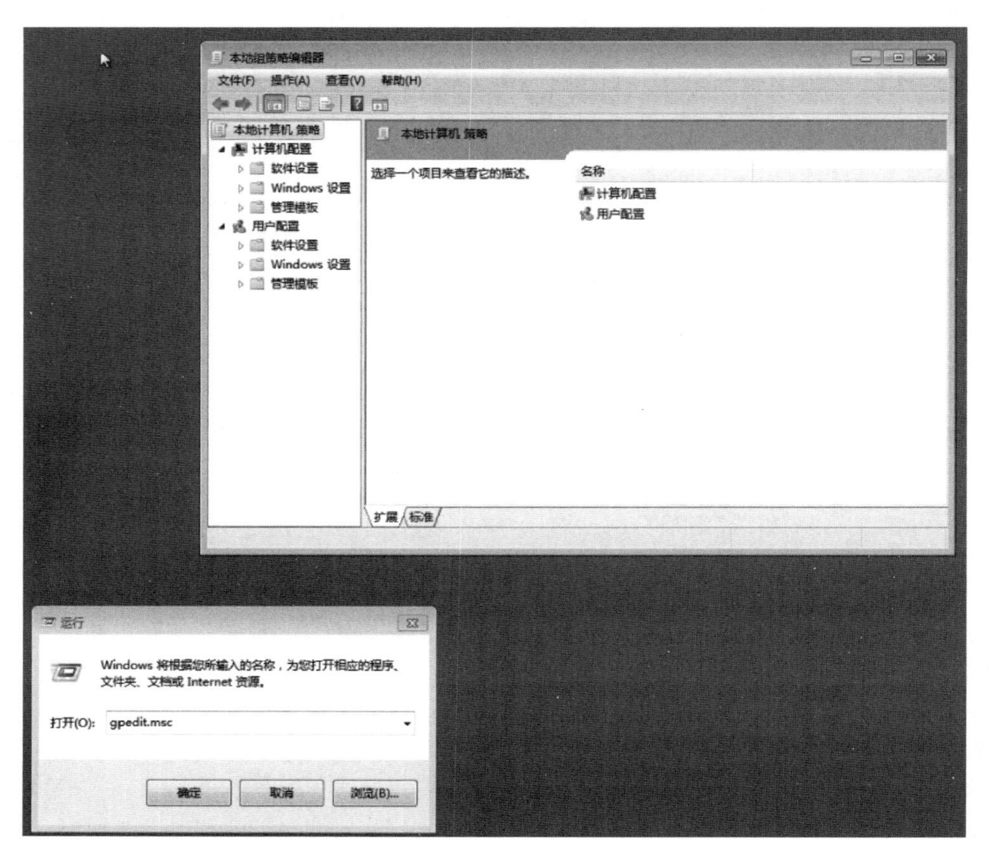

图 2-272 限制远程登录时间-步骤一

步骤二：进入“计算机配置→管理模板→Windows组件→远程桌面服务→远程桌面会话主机→会话时间限制”，双击“达到时间限制终止会话”，选择“已启用”，点击“确定”，如图2-273所示。

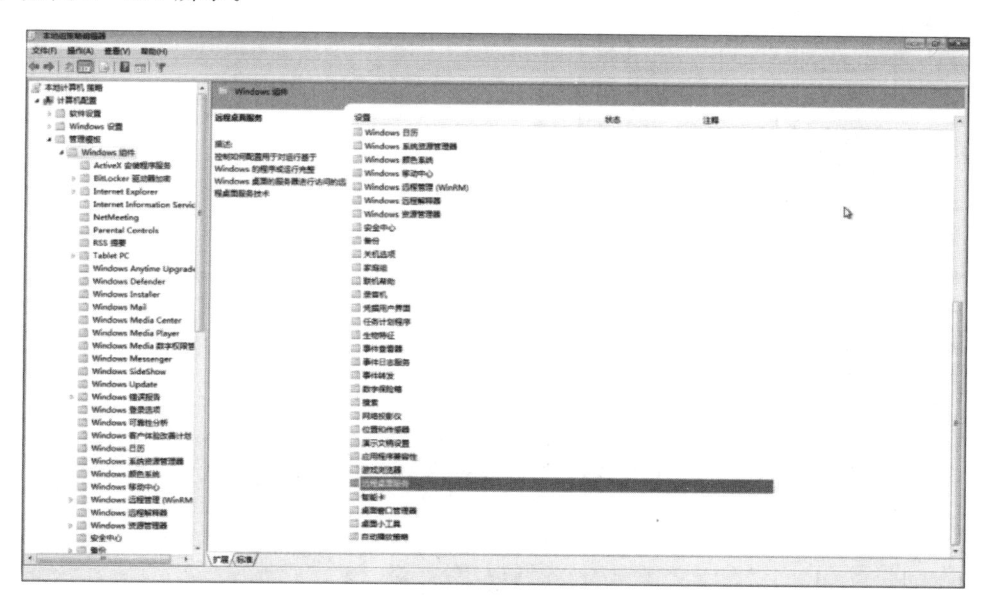

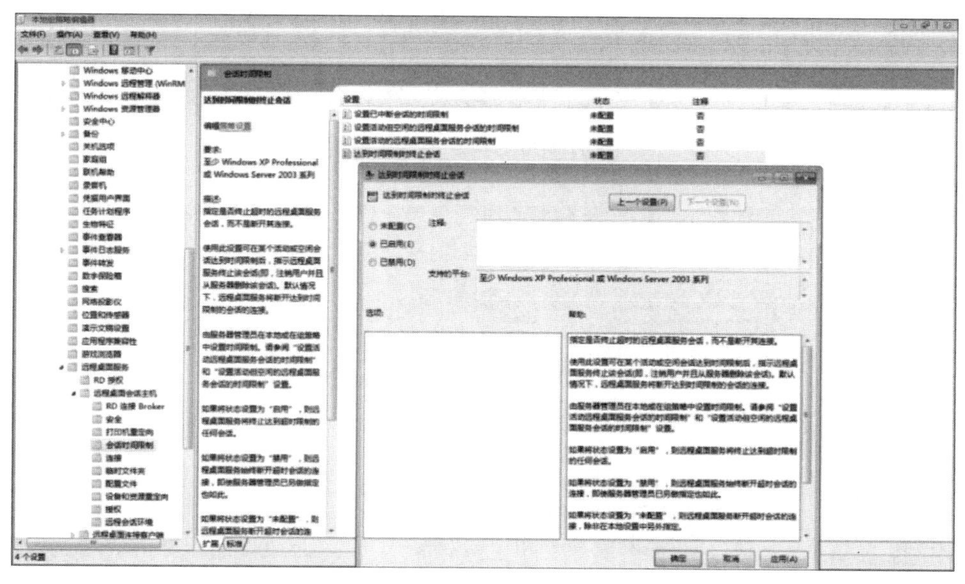

图2-273　限制远程登录时间-步骤二

30. 限制匿名用户远程连接

步骤一：按下win+R，在输入框中输入“gpedit.msc”，进入“本地组策略编辑器”，如图2-274所示。

步骤二：进入“计算机配置”→“Window设置”→“安全设置”→“本地策略”→“安全选项”，如图2-275所示。

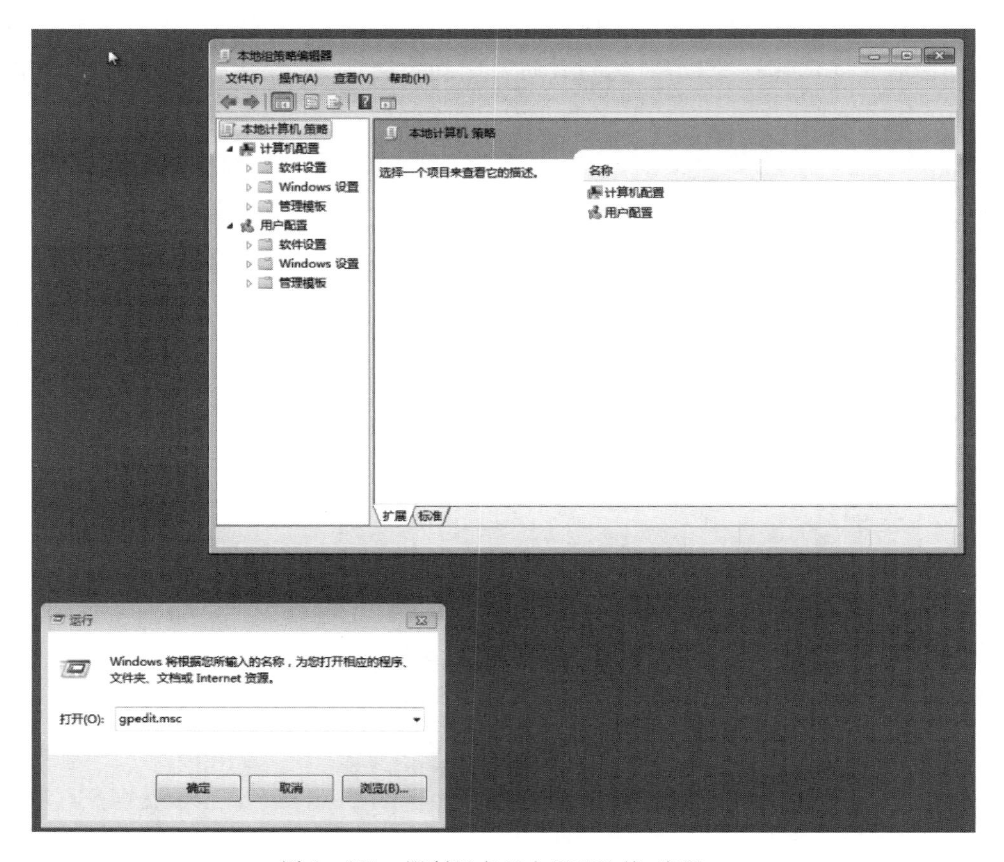

图 2 - 274　限制匿名用户远程连接-步骤一

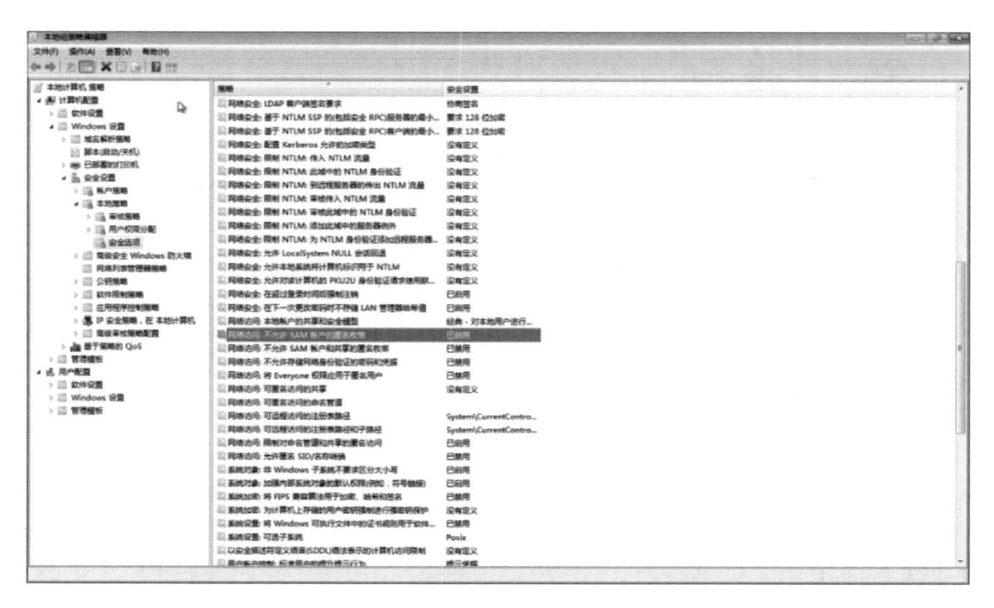

图 2 - 275　限制匿名用户远程连接-步骤二

步骤三：双击“网络访问：不允许 SAM 账号和共享的匿名枚举”，选择“已启用”，点击“确定”，如图 2-276 所示。

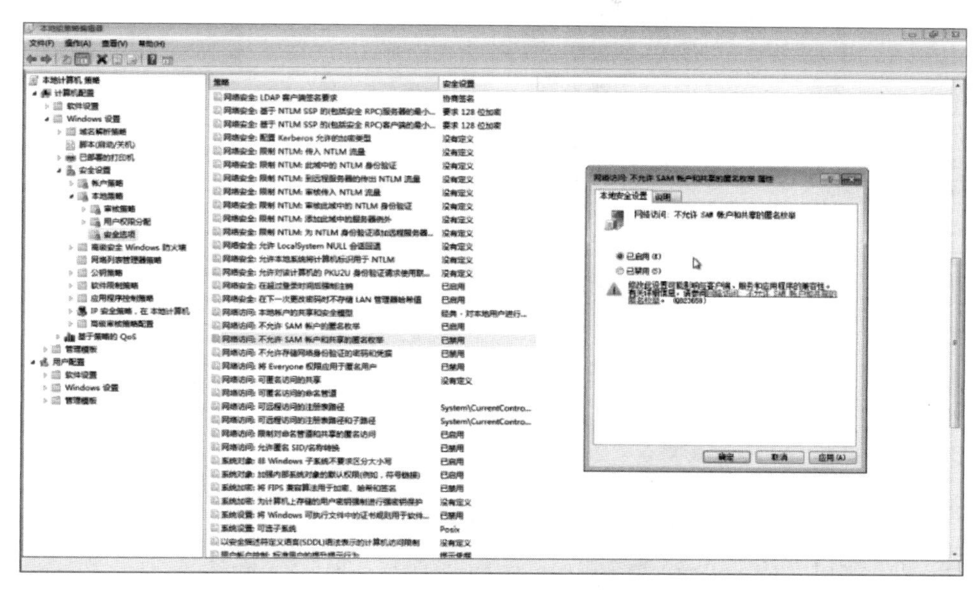

图 2-276 限制匿名用户远程连接-步骤三

步骤四：双击“网络访问：不允许 SAM 账户的匿名枚举”，选择“已启用”，点击“确定”，如图 2-277 所示。

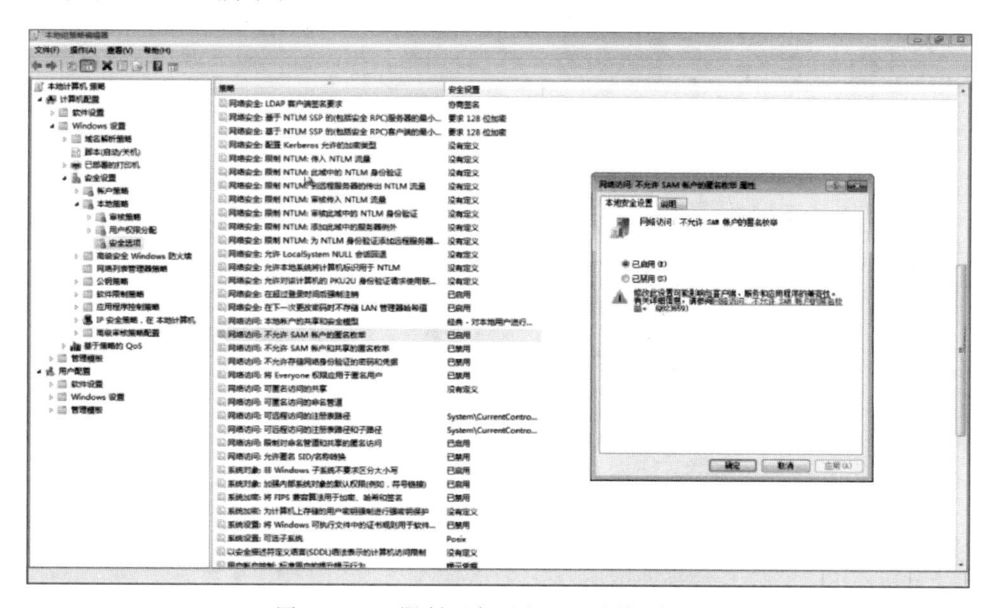

图 2-277 限制匿名用户远程连接-步骤四

31. 主机间登录禁止使用公钥验证

步骤一：进入“控制面板”→“管理工具”→“本地安全策略”→“本地策略”→“安全选项”，如图 2-278 所示。

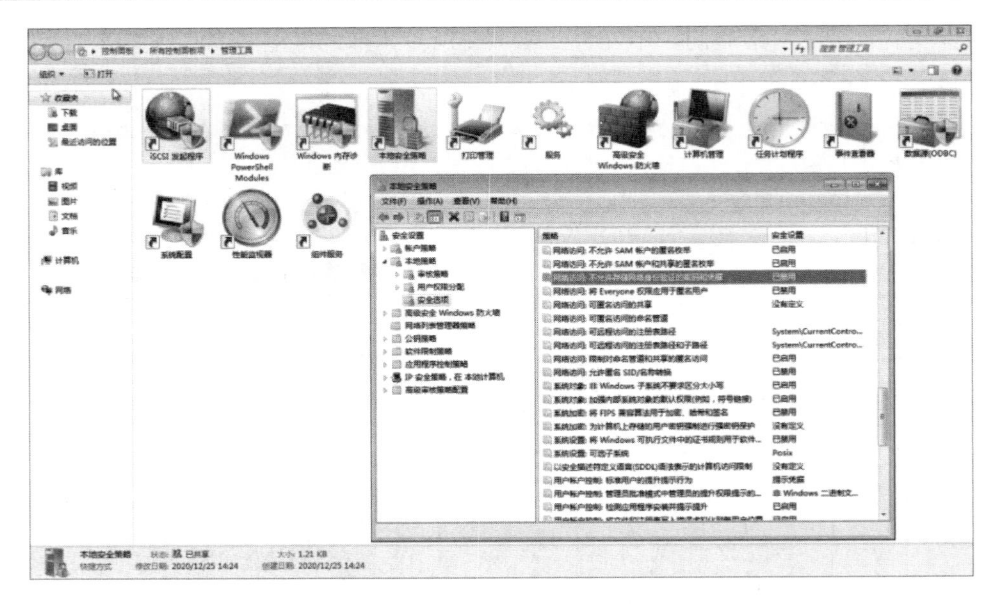

图 2-278 主机间登录禁止使用公钥验证-步骤一

步骤二：双击“网络访问，不允许存储网络身份验证的密码和凭据”，选择“已启用”，点击“确定”，如图 2-279 所示。

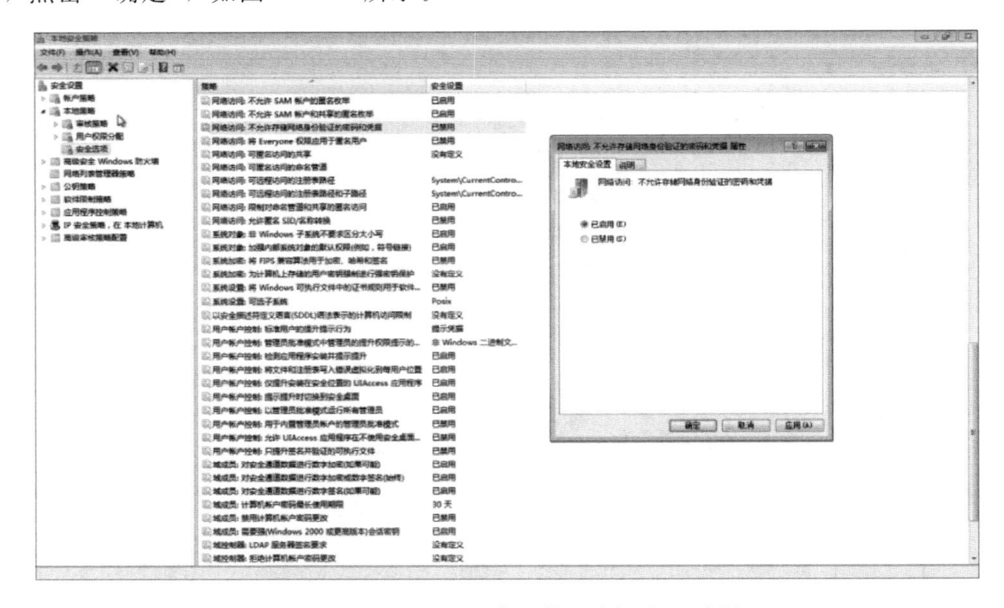

图 2-279 主机间登录禁止使用公钥验证-步骤二

32. 配置日志策略

步骤一：按下 win+R，在输入框中输入“gpedit.msc”，进入“本地组策略编辑器”，如图 2-280 所示。

步骤二：进入“计算机配置”→“Windows 设置”→“安全设置”→“本地策略”→“审核策略”，如图 2-281 所示。

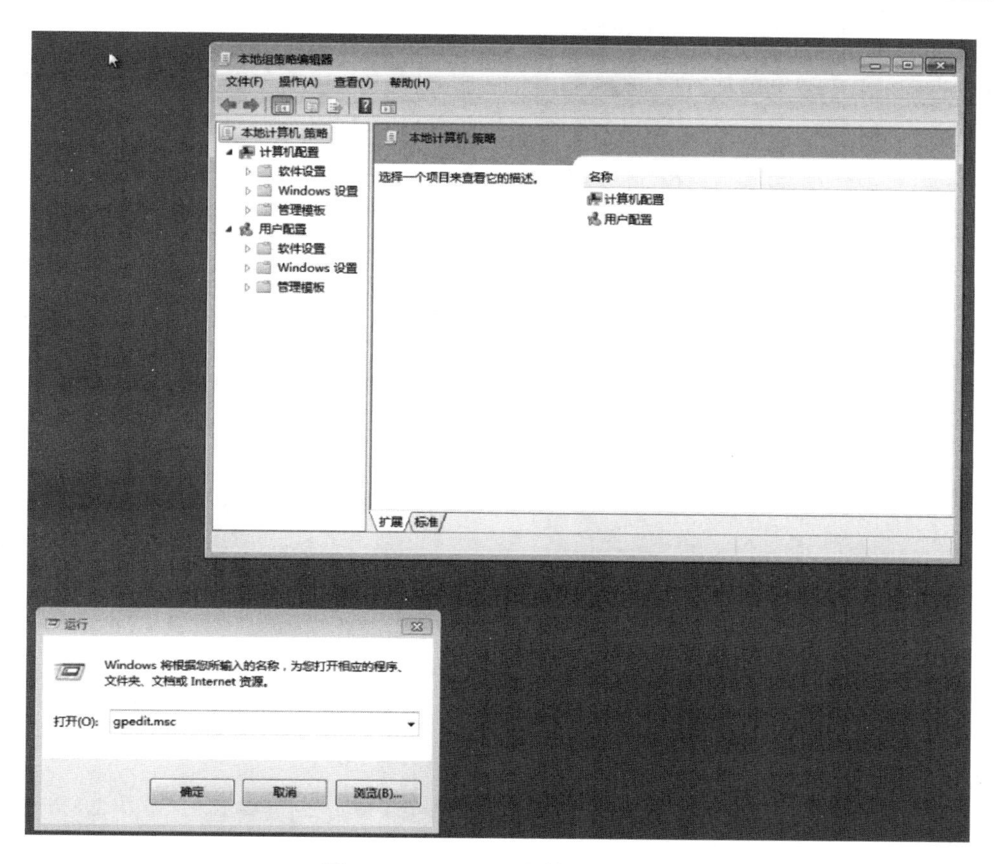

图 2-280　配置日志策略-步骤一

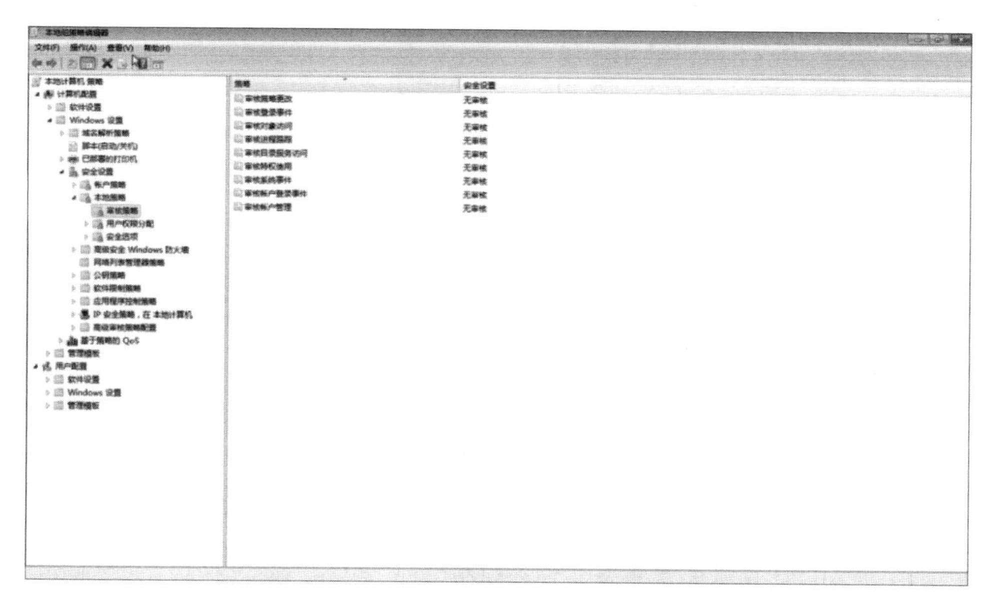

图 2-281　配置日志策略-步骤二

步骤三：对审核策略进行如下设置，如图 2-282 所示。

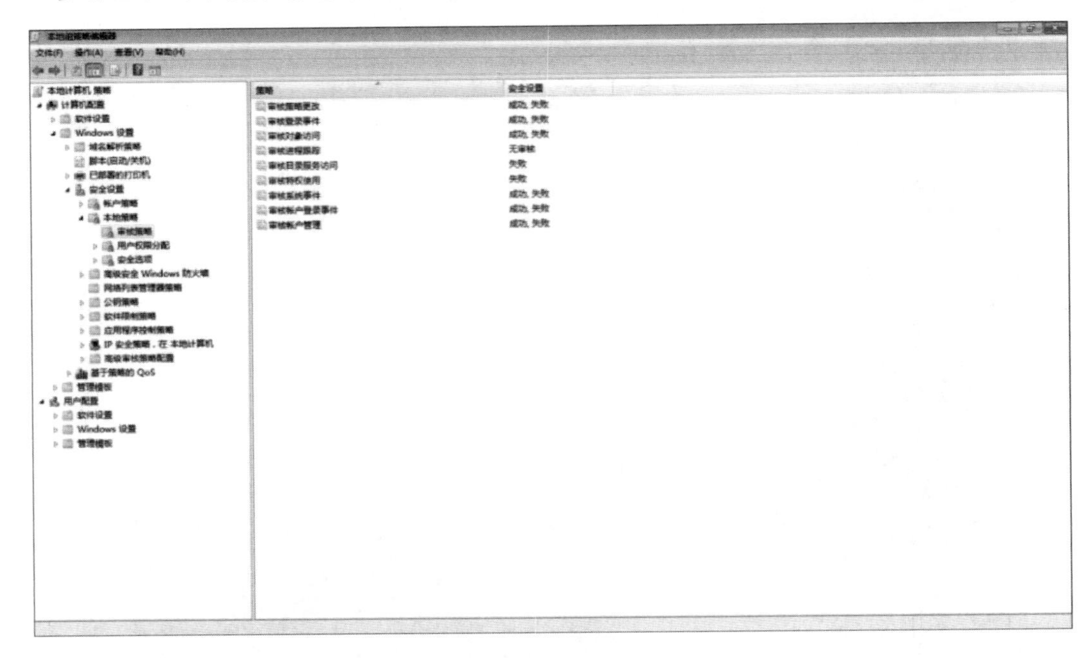

图 2-282 配置日志策略-步骤三

审核账户登录事件：成功，失败。

审核账户管理：成功，失败。

审核目录服务访问：失败。

审核登录事件：成功，失败。

审核对象访问：成功，失败。

审核策略更改：成功，失败。

审核特权使用：失败。

审核过程追踪：无审核。

审核系统事件：成功，失败。

步骤 4：设置完成后，点击确定。

33. 配置日志文件大小

步骤一：在 Win 7 和 Win 2008 中：进入“控制面板”→“管理工具”→“事件查看器”→“Windows 日志”，如图 2-283 所示。

步骤二：依次右击“应用程序”“安全”“系统”“转发事件”和“Setup”，选择“属性→常规”，设置“日志最大大小”为 102400kB，如图 2-284 所示。

步骤三：按下 win+R，在输入框中输入“gpedit. msc”，进入“本地组策略编辑器”，如图 2-285 所示。

步骤四：进入“计算机配置”→“管理模板”→“Windows 组件”→“事件日志服务”→“安全”→“日志文件写满后自动备份”和“保留旧事件”，设置“已启用”，如图 2-286 所示。

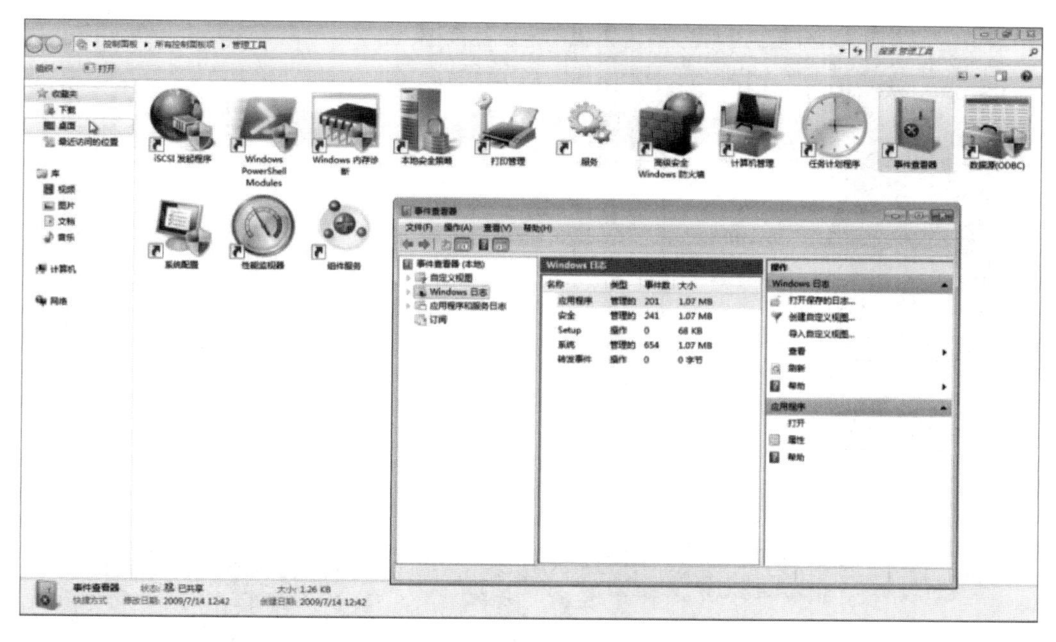

图 2－283　配置日志文件大小-步骤一

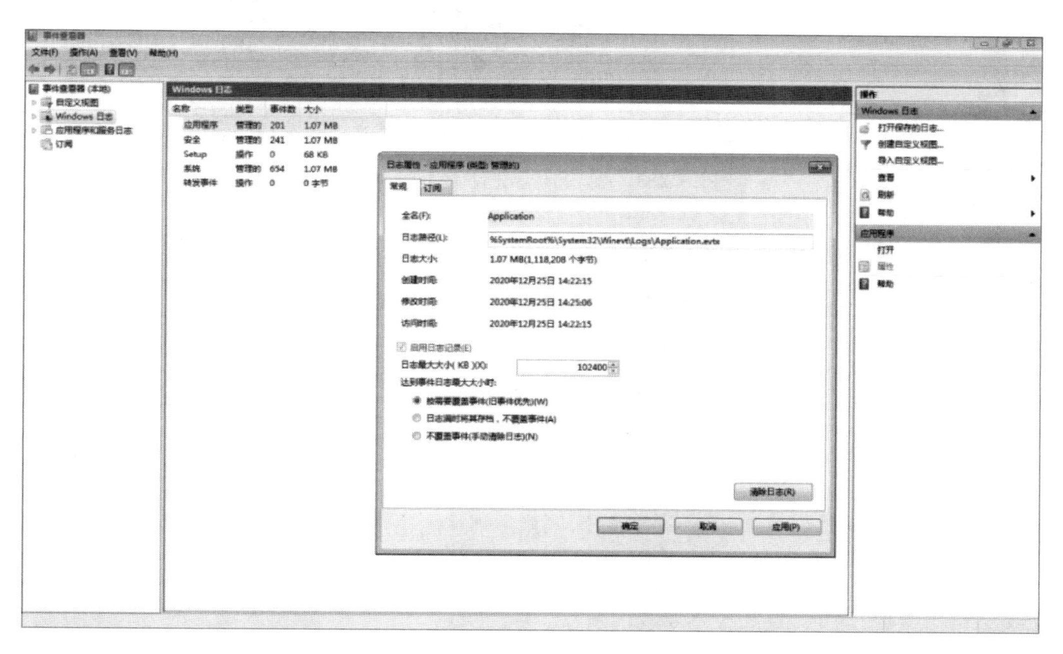

图 2－284　配置日志文件大小-步骤二

34．系统漏洞修补

步骤一：通过专用漏扫检测设备检测系统是否存在严重漏洞。

步骤二：检查操作系统漏洞修补情况及补丁安装更新情况。

步骤三：通过专用漏扫检测设备检测系统漏洞修补情况。

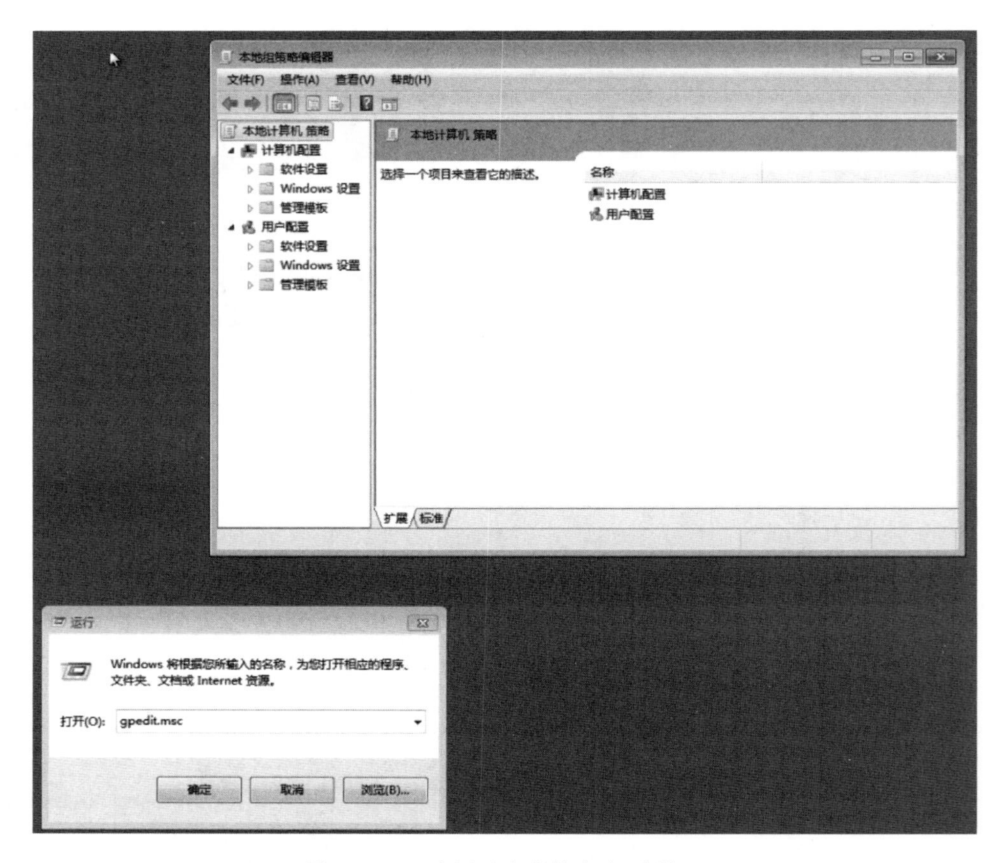

图 2-285 配置日志文件大小-步骤三

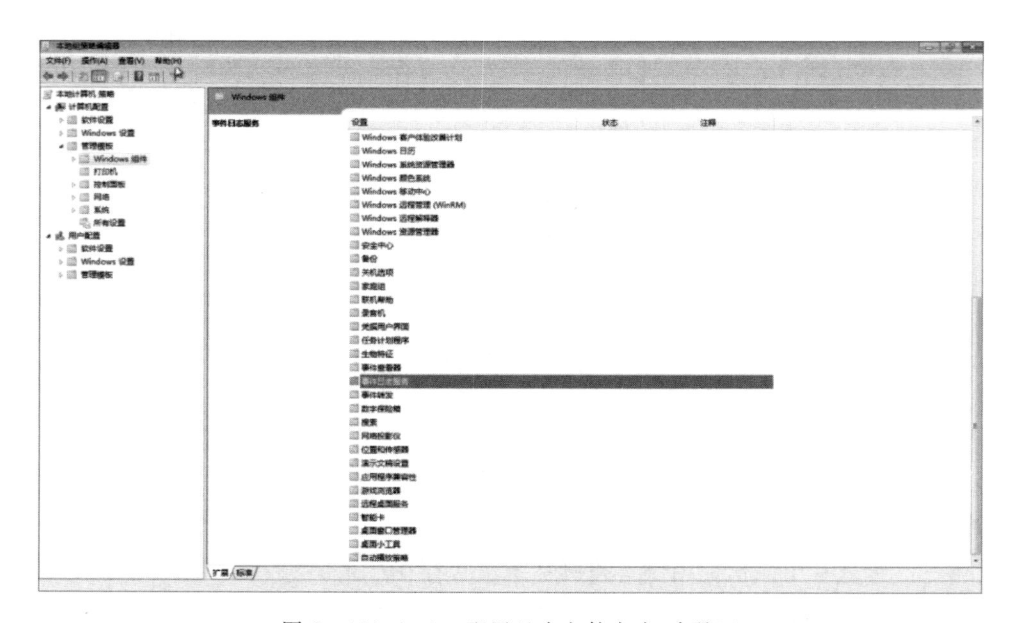

图 2-286（一） 配置日志文件大小-步骤四

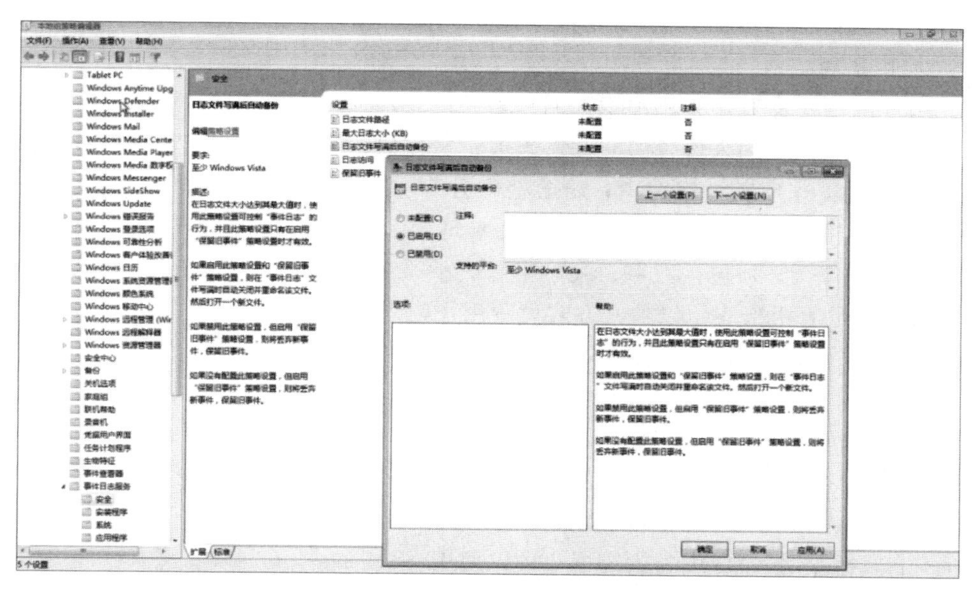

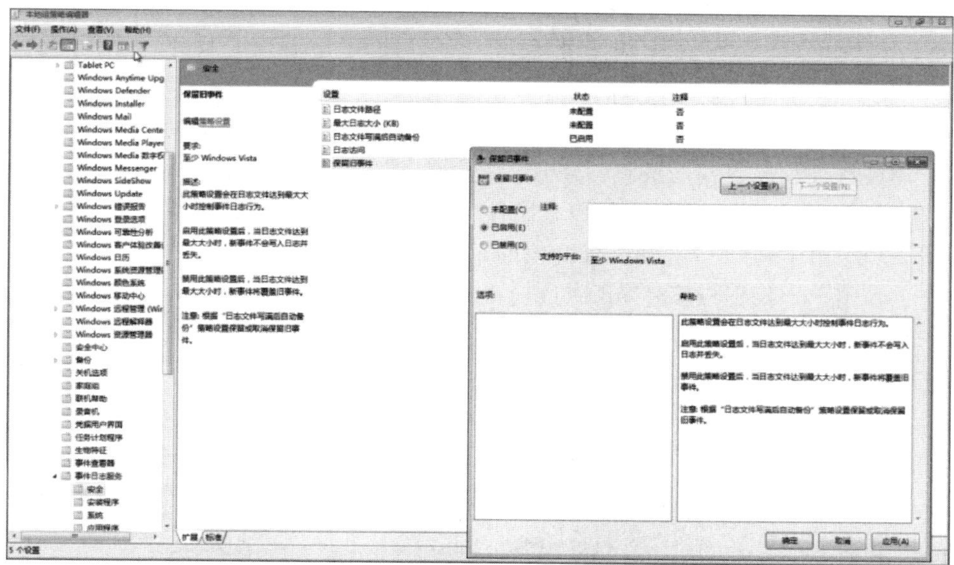

图 2-286（二） 配置日志文件大小-步骤四

2.7.2 网络设备加固

2.7.2.1 杭州华三路由器及交换机加固

1. 配置三级用户权限

(1) 命令：

1) local-user。

2) password [{ hash | simple } password]。

3) service-type [{ ftp | http | https | ssh | telnet | terminal }]。

4）authorization - attribute [{ user - role | user - profile } level]。

（2）使用指导：

1）Local - user 命令用来添加本地用户，并进入本地用户视图。

2）Password 命令用来设置的明文密码或密文密码，区分大小写。在非 FIPS 模式下，明文密码为 1～63 个字符的字符串；哈希密码为 1～110 个字符的字符串；密文密码为1～117 个字符的字符串；在 FIPS 模式下，明文密码为 15～63 个字符的字符串，密码元素的最少组合类型为 4（必须包括数字、大写字母、小写字母以及特殊字符）。

Password hash 用来表示以哈希方式设置用户密码。

Password simple 用来表示以明文方式设置用户密码。

3）service - type 命令包含如下内容。

service - type ftp 命令用来指定用户可以使用 FTP 服务。

service - type http 命令用来指定用户可以使用 HTTP 服务。

service - type https 命令用来指定用户可以使用 HTTPS 服务。

service - type ssh 命令用来指定用户可以使用 SSH 服务。

service - type telnet 命令用来指定用户可以使用 Telnet 服务。

service - type terminal 命令用来指定用户可以使用 terminal 服务（即从 Console 口登录）。

4）authorization - attribute 命令可配置的授权属性都有其明确的使用环境和用途，需针对用户的服务类型配置对应的授权属性。

对于 telnet、terminal 用户，仅授权属性 idle - cut 和 user - role 有效。

对于 http、https 用户，仅授权属性 user - role 有效。

对于 ssh 用户，仅授权属性 idle - cut、user - role 和 work - directory 有效。

对于 ftp 用户，仅授权属性 user - role 和 work - directory 有效。

对于其他类型的本地用户，所有授权属性均无效。

（3）加固步骤：

创建本地用户 SGDnet - admin。

<Sysname> system - view

[Sysname] local - user SGDnet - admin

创建用户密码为 ABCabc - 123。

[Sysname - SGDnet - admin] password simple SGDnet - 123

配置服务为 ssh 和 terminal。

[Sysname - SGDnet - admin] service - type ssh terminal

配置用户等级为 15 级。

[Sysname - SGDnet - admin] authorization - attribute user - role level - 15

创建本地用户 SGDnet - user。

<Sysname> system - view

[Sysname] local - user SGDnet - user

创建用户密码为 ABCabc@123。

[Sysname - SGDnet - user] password simple SGDnet@123

配置服务为 ssh 和 terminal。

[Sysname - SGDnet - user] service - type ssh terminal

配置用户等级为 10 级。

[Sysname - SGDnet - user] authorization - attribute user - role level - 10

创建本地用户 SGDnet - read。

<Sysname> system - view

[Sysname] local - user SGDnet - read

创建用户密码为 ABCabc * 123。

[Sysname - SGDnet - read] password simpleABCabc * 123

配置服务为 ssh 和 terminal。

[Sysname - SGDnet - read] service - type ssh terminal

配置用户等级为 1 级。

[Sysname - SGDnet - read] authorization - attribute user - role level - 1

2. *启动 SSH 服务并生成 RSA 及 DSA 密钥对*

(1) 命令:

1) ssh server enable。

2) ssh user username service - type { all | netconf | scp | sftp | stelnet } authentication - type { password | any | password - PUBLICkey | PUBLICkey }。

3) ssh server authentication - retries。

4) ssh server authentication - timeout。

5) PUBLIC - key local create { dsa | ecdsa | rsa }。

6) ssh server acl acl - number。

(2) 使用指导:

1) ssh server enable 命令用来开启 SSH 服务。

2) 对于 ssh user 命令,如果服务器采用 PUBLICkey 方式认证客户端,则必须通过本配置在设备上创建相应的 SSH 用户,并需要创建同名的本地用户,用于对 SSH 用户进行本地授权,包括授权用户角色、工作目录;如果服务器采用 password 方式认证客户端,则必须将 SSH 用户的账号信息配置在设备(适用于本地认证)或者远程认证服务器(如 RADIUS 服务器,适用于远程认证)上,而并不要求通过本配置创建相应的 SSH 用户。新配置的服务类型、认证方式和用户公钥或 PKI 域,不会影响已经登录的 SSH 用户,仅对新登录的用户生效。

SCP 或 SFTP 用户登录时使用的工作目录与用户使用的认证方式有关。

采用 PUBLICkey 或 password - PUBLICkey 认证方式的用户,使用的工作目录为对应的本地用户视图下通过 authorization - attribute 命令设置的工作目录。

只采用 password 认证方式的用户,使用的工作目录为通过 AAA 授权的工作目录。

SSH 用户登录时拥有的用户角色与用户使用的认证方式有关。

采用 PUBLICkey 或 password - PUBLICkey 认证方式的用户,用户角色为对应的本地用户视图下通过 authorization - attribute 命令设置的用户角色。

采用 password 认证方式的用户，用户角色为通过 AAA 授权的用户角色。

3）通过 ssh server authentication - retries 命令可以限制用户尝试登录的次数，防止非法用户对用户名和密码进行恶意地猜测和破解。

需注意，该配置不会影响已经登录的 SSH 用户，仅对新登录的 SSH 用户生效。

在 any 认证方式下，SSH 客户端通过 PUBLICkey 和 password 两种方式进行（可通过命令 display ssh server session 查看），不能超过 ssh server authentication - retries 命令配置的 SSH 连接认证尝试的最大次数。

对于 password - PUBLICkey 认证方式，设备首先对 SSH 用户进行 PUBLICkey 认证，然后进行 password 认证，这个过程为一次认证尝试，而不是两次认证尝试。

4）对于 ssh server authentication - timeout 命令，如果 SSH 用户在设置的认证超时时间内没有完成认证，SSH 服务器就拒绝该用户的连接。为了防止不法用户建立起 TCP 连接后，不进行接下来的认证，而占用系统资源，妨碍其他合法用户的正常登录，可以适当调小 SSH 用户认证超时时间。

5）PUBLIC - key local create 命令包含如下内容。

dsa：本地密钥对类型为 DSA。在非 FIPS 模式下，生成本地 DSA 密钥对时，只生成一个主机密钥对。DSA 主机密钥模数的最小长度为 512bit，最大长度为 2048bit，缺省长度为 1024bit。密钥模数越长，安全性越好，但是生成密钥的时间越长。生成 DSA 密钥对时会提示用户输入密钥模数的长度，建议密钥模数的长度大于或等于 768bit，以提高安全性。在 FIPS 模式下，生成本地 DSA 密钥对时，只生成一个主机密钥对。DSA 密钥模数的长度为 2048bit。

ecdsa：本地密钥对类型为 ECDSA。生成本地 ECDSA 密钥对时，只生成一个主机密钥对。ECDSA 主机密钥的长度为 192bit。

rsa：本地密钥对类型为 RSA。在非 FIPS 模式下，生成默认名称的本地 RSA 密钥对时，将同时生成两个密钥对——服务器密钥对和主机密钥对，两者都包括一个公钥和一个私钥；生成非默认名称的本地 RSA 密钥对时，只生成一个主机密钥对。RSA 密钥模数的最小长度为 512bit，最大长度为 2048bit，缺省长度为 1024bit。密钥模数越长，安全性越好，但是生成密钥的时间越长。生成 RSA 密钥对时会提示用户输入密钥模数的长度，建议密钥模数的长度大于或等于 768bit，以提高安全性。目前，只有 SSH1.5 中应用了 RSA 服务器密钥对。在 FIPS 模式下，生成默认名称的本地 RSA 密钥对时，将生成 1 个密钥对——主机密钥对，包括一个公钥和一个私钥；RSA 密钥模数的长度为 2048bit。

非默认名称密钥对的密钥类型和名称不能完全相同，否则需要用户确认是否覆盖原有的密钥对。不同类型的密钥，名称可以相同。

执行此命令后，生成的密钥对将保存在设备中，设备重启后密钥不会丢失。

6）使用 ssh server acl 命令前需要先配置 ACL 访问控制列表，在使用 ssh server enable 命令开启 ssh 服务后，未保证远程访问的安全性，需对此功能进行配置。

配置 ACL 限制 Telnet 客户端时，当未引用 ACL 时，允许所有登录用户访问设备。当引用的 ACL 不存在或者引用的 ACL 为空时，禁止所有登录用户访问设备。当引用的

ACL 非空时，则只有 ACL 中 permit 的用户才能访问设备，其他用户不允许访问设备，以免非法用户使用 ssh 访问设备。

如果多次使用该命令配置 ssh 服务与 ACL 关联，最新配置生效。

(3) 加固步骤：

开启 SSH 服务。

[H3C] ssh server enable

ssh 用户 SGDnet-admin 认证方式是密码认证，服务类型是 stelnet。

[H3C] ssh user SGDnet-admin service-type stelnet authentication-type password

ssh 用户 SGDnet-user 认证方式是密码认证，服务类型是 stelnet。

[H3C] ssh user SGDnet-user service-type stelnet authentication-type password

ssh 用户 SGDnet-read 认证方式是密码认证，服务类型是 stelnet。

[H3C] ssh user SGDnet-read service-type stelnet authentication-type password

SSH 用户认证尝试的最大次数为 5 次。

[H3C] ssh server authentication-retries 5

SSH 用户的认证超时时间为 30s。

[H3C] ssh server authentication-timeout 30

生成本地非对称 RSA 密钥对。

[H3C] PUBLIC-key local create rsa

配置 ssh 服务远程访问时调用 acl 访问控制列表号为 3000 的列表规则

[H3C] ssh server acl 3000

3. 全局密码管理

(1) 命令：

1) password-control enable。

2) password-control login-attempt login-times [exceed { lock | lock-time time | unlock }]。

3) password-control login idle-time。

4) password-control aging。

(2) 使用指导：

1) 对于 password-control enable 命令，只有在使用了全局密码管理功能的情况下，其他指定的密码管理功能才能生效。

需要注意的是，使用全局密码管理功能后，设备管理类本地用户密码以及 super 密码的配置将不被显示，即无法通过相应的 display 命令查看到设备管理类本地用户密码以及 super 密码的配置。网络接入类本地用户密码不受密码管理功能控制，其配置显示也不受影响。

首次设置的设备管理类本地用户密码必须至少由四个不同的字符组成。

2) 对于 password-control login-attempt 命令，系统视图下配置具有全局性，对所有用户组有效，用户组视图下的配置对用户组内所有本地用户有效，本地用户视图下的配置只对当前本地用户有效。该配置的生效优先级顺序由高到低依次为本地用户视图、用户组视图、全局视图。即系统优先采用本地用户视图下的配置，若本地用户视图下未配置，则采用用户组视图下的配置，若用户组视图下也未配置，则采用全局视图下的配置。用户登录认证失败后，系统会将其加入密码管理的黑名单，当登录失败次数超过指定值后，系统将会根据此处配置的处理措施对其之后的登录行为进行相应的限制，并且该用户只能在满足相应的条件后才可重新登录。

login-times：用户登录尝试的最大次数，取值范围为 2～10。

exceed：对登录尝试失败次数超过最大值的用户所采取的处理措施。

lock：表示永久禁止该用户登录。

lock-time time：表示禁止该用户一段时间后，再允许该用户重新登录。其中，time 为禁止该用户的时间，取值范围为 1～360，单位为 min。

unlock：表示不禁止该用户，允许其继续登录。

对于被永久禁止登录的用户，只有管理员使用 reset password-control blacklist 命令把该用户从密码管理的黑名单中删除后，该用户才能重新登录。

对于被禁止一段时间内登录的用户，当超时配置的禁止时间或者管理员使用 reset password-control blacklist 命令将其从密码管理的黑名单中删除，该用户才可以重新登录。

对于不禁止登录的用户，只要用户登录成功后，该用户就会从该黑名单中删除。

本命令生效后，会立即影响密码管理黑名单中当前用户的锁定状态以及这些用户后续的登录。

3）对于 password-control login idle-time 命令，如果用户自最后一次成功登录后，在指定的闲置时间内再未成功登录过设备，那么该用户账号将会失效。

idle-time：用户账号的闲置时间，取值范围为 0～365，单位为天。0 表示对用户账号闲置时间无限制。

4）对于 password-control aging 命令，系统视图下配置具有全局性，对所有用户组有效，用户组视图下的配置对用户组内所有本地用户有效，本地用户视图下的配置只对当前本地用户有效。

该配置的生效优先级顺序由高到低依次为本地用户视图、用户组视图、全局视图。即系统优先采用本地用户视图下的配置，若本地用户视图下未配置，则采用用户组视图下的配置；若用户组视图下也未配置，则采用全局视图下的配置。

aging-time：密码的老化时间，取值范围为 1～365，单位为天。

（3）加固步骤：

#启用全局密码管理。

[H3C] password-control enable

#允许用户登录的最多尝试 5 次以及登录尝试失败后锁定 10min。

[H3C] password-control login-attempt 5 exceed lock-time 10

#关闭用户账号的闲置时间。

[H3C] password-control login idle-time 0

#关闭密码的老化时间。

[H3C] undo password - control aging enable

4. console 口、aux 口和 vty 用户登录访问限制

(1) 命令：

1) user - interface {aux | tty | vty | console}。

2) authentication - mode。

3) protocol inbound {all | pad | ssh | telnet}。

4) idle - timeout minutes [seconds]。

5) undo modem。

(2) 使用指导：

1) 对于 user - interface 命令，进入一个用户线视图进行配置后，该配置只对该用户视图有效。进入多个用户线视图进行配置后，该配置对这些用户视图均有效。

2) 对于 authentication - mode 命令，当认证方式设置为 none 时，用户不需要输入用户名和密码，就可以使用该用户线登录设备，存在安全隐患，请谨慎配置。当认证方式设置为 password 时，用户需输入密码就可以使用该用户线登录设备，安全性一般。当认证方式设置为 scheme 时，用户需输入用户名和密码才能使用该用户线登录设备，安全性具有一定保障。一般情况下，要求使用 scheme 方式进行认证登录。

用户线视图下，authentication - mode 与 protocol inbound 相关联。

当这两条命令均配置为缺省值，此时该用户线视图下的这两条命令配置值均取该类用户线类视图下的相应配置；若该类用户线类视图下没有进行相应的配置，则均取缺省值。

当两条命令中的任意一条配置了非缺省值，那么另外一条取缺省值。

当两条命令都配置成非缺省值，则均取用户线下的配置值。

仅具有 network - admin 或者 level - 15 用户角色的用户可以执行该命令。其他角色的用户，即使授权了该命令的操作权限，也不能执行该命令。

在用户线视图/用户线类视图下，该命令的配置结果将在下次登录设备时生效。

3) 对于 protocol inbound 命令，用户线视图下，该命令的配置结果将在下次登录时生效。如果要配置用户线支持 SSH 协议，必须先将该用户的认证方式配置为 scheme，否则 protocol inbound ssh 命令会执行失败。用户线视图下，对 authentication - mode 和 protocol inbound 进行关联绑定。

当这两条命令均配置为缺省值，此时该用户线视图下的这两条命令配置值均取该类用户线类视图下的相应的配置；若该类用户线类视图下没有进行相应的配置，则均取缺省值。

当两条命令中的任意一条配置了非缺省值，那么另外一条取缺省值。当两条命令都配置成非缺省值，则均取用户线下的配置值。

仅具有 network - admin 或者 level - 15 用户角色的用户可以执行该命令。其他角色的用户，即使授权了该命令的操作权限，也不能执行该命令。

4) 对于 idle - timeout 命令，用户登录后，如果在超时时间内设备和用户间没有消息交互，则超时时间到达时设备会自动断开用户连接。当超时时间设置为 0 时，表示设备不会因为超时自动断开用户连接。如果用户线视图下配置 idle - timeout 为缺省值，并且此时

用户线类视图下配置了 idle－timeout，那么用户线视图下的生效配置值为用户线类视图下的配置；如果用户线类视图下未配置，则生效的为缺省值。用户线视图下使用本命令配置的连接超时时间立即生效；用户线类视图下配置的连接超时时间将在下次登录时生效。

5）对于 undo modem 命令，当 console 口和 aux 口为独立接口时，使用此命令关闭 aux 口。

（3）加固步骤：

＃进入 console 口配置模式。

[H3C] User－interface con 0

＃console 口登录模式为用户名和密码验证。

[H3C] authentication－mode scheme

＃设置用户连接的超时时间为 5min 无操作自动退出。

[H3C] idle－timeout 5 0

＃进入 aux 口配置模式。

[H3C] User－interface aux 0

＃aux 口登录模式为用户名和密码验证。

[H3C] authentication－mode scheme

＃设置用户连接的超时时间为 5min 无操作自动退出。

[H3C] idle－timeout 5 0

＃进入远程登录接口配置模式。

[H3C] User－interface vty 0 4

＃远程登录模式为用户名和密码验证。

[H3C] authentication－mode scheme

＃设置用户连接的超时时间为 5min 无操作自动退出。

[H3C] idle－timeout 5 0

＃指定所在用户线支持的协议为 ssh。即用户只能通过 ssh 协议进行远程登录。

[H3C] protocol inbound ssh

＃指定所在用户线远程登录需满足访问控制列表为 3000 中的规则要求。

[H3C] acl 3000 inbound

＃当 console 口和 aux 口为独立接口时，关闭 aux 口功能。

[H3C] undo modem

5. 未使用的端口通过配置进行有效关闭

（1）命令：

1）interface。

2）shutdown。

3）undo shutdown。

（2）使用指导：

1）interface 命令用来进入相应接口或子接口视图。在进入子接口视图之前，如果指定的子接口不存在则先创建子接口，再进入该子接口的视图。

2）当管理以太网接口异常时，可通过 shutdown 命令关闭此接口，然后再通过 undo shutdown 命令重新打开。

3）加固步骤：

#进入接口 GigabitEthernet 0/0。

[H3C] interface GigabitEthernet 0/0

#关闭此接口。

[H3C-GigabitEthernet0/0] shutdown

#打开此接口。

[H3C-GigabitEthernet0/0] undo shutdown

6. 关闭 ftp、telnet、dhcp 等高危服务

（1）命令：

1）undo ftp server enable。

2）undo telnet server enable。

3）undo dhcp enable。

（2）使用指导：

1）ftp 服务默认情况下为关闭状态，建议现场使用 undo ftp server enable 命令再次关闭 ftp 服务，并通过 display ftp-server 命令检查 ftp 服务处于 stop 状态。

2）对于 undo telnet server enable 命令，telnet 服务默认情况下为关闭状态，建议现场使用 undo ftp server enable 命令再次关闭 ftp 服务。

3）对于 undo dhcp enable 命令，dhcp 服务默认情况下为关闭状态，建议现场使用 undo ftp server enable 命令再次关闭 ftp 服务。

（3）加固步骤：

[H3C] undo ftp server enable。

[H3C] undo telnet server enable。

[H3C] undo ssh server enable。

[H3C] undo dhcp enable。

7. Snmp-agent 简单网络管理协议配置

（1）命令：

1）snmp-agent enable。

2）snmp-agent community read/write name。

3）snmp-agent syslocation name。

4）snmp-agent trap address IP-address。

5）snmp-agent sys-info version {v1|v2c|v3}。

（2）使用指导：

1）对于 snmp-agent enable 命令，当需要用远端的 SNMP 管理软件监控设备时，需要开启 SNMP。

2）对于 snmp-agent community read/write 命令，当使用 SNMP V1、V2C 版本的 get 操作时，需要配置读团体字。当执行删除操作后，读团体字的配置将恢复为缺省配置。

3）设备配置 snmp - agent syslocation 命令后，可通过远端 SNMP 管理软件获取该设备的地理位置。

4）对于 snmp - agent trap address 命令，当需要获取设备的通知、告警等信息时，需要通过配置 TRAP 信息上报地址开启此功能。

5）对于 snmp - agent sys - info version 命令，当 SNMP 开启使用某一版本，SNMP 对应的管理软件使用相应的版本时，才可通信，获取和管理设备的信息。

（3）加固步骤：

#开启 snmp 服务。

[H3C] snmp - agent

#表示 snmp 写团体字为 ycgdj。

[H3C] snmp - agent community write SGDnet - write

#表示 snmp 读团体字为 SGDnet - read，并调用 acl 2000。

[H3C] snmp - agent community read SGDnet - read acl 2000

#表示 SNMP 代理服务器版本为 v2c 或者 v3。

[H3C] snmp - agent sys - info version v2c v3

#开启 snmp 代理服务器 trap 服务。

[H3C] snmp - agent trap enable

#配置 SNMP - TRAP，SNMP 代理服务器目标主机 10.100.100.1 团体名 ycgdj 版本 v2c/。

[H3C] snmp - agent target - host trap address udp - domain 10.100.100.1 udp - port 161 params securityname ycgdj v2c

#配置 snmp - agent 的地理位置信息为×××。

[H3C] snmp - agent syslocation ×××。

8. Banner 信息配置

（1）命令：

header

（2）使用指导：

header 命令使用指导如下。

incoming 命令用来设置 Modem 登录用户登录进入用户视图时的欢迎信息。如果要求认证，则欢迎信息在通过认证后输出。

legal 命令用来设置登录终端界面前的授权信息，在输入认证用户名和密码前输出。

login 命令用来设置登录验证时的欢迎信息。

motd 命令用来设置登录终端界面前的欢迎信息。

shell 命令用来设置非 Modem 登录用户登录进入用户视图时的欢迎信息。

（3）加固步骤：

#配置设备登录验证时的欢迎信息。

[H3C] header login ‘welcome to H3C’

#配置设备登录终端界面的欢迎信息。

[H3C] header motd 'welcome to you'

9. 增加 ACL 访问控制及 ACL 高级访问控制

(1) 命令：

1) acl basic/advance。

2) rule basic：rule[rule - id]{deny | permit}[fragment | logging | source{sour - addr sour - wildcard | any} | time - range time - range - name | vpn - instance vpn - instance - name]。

3) rule advance：rule[rule - id]{deny | permit}protocol[{ack ack - value | fin fin - value | psh psh - value | rst rst - value | syn syn - value | urg urg - value} | destination{dest - addr dest - wildcard | any} | destination - port operator port1[port2] | dscp dscp | esTablished | fragment | icmp - type{icmp - type icmp - code | icmp - message} | logging | precedence precedence | reflective | source{sour - addr sour - wildcard | any} | source - port operator port1[port2] | time - range time - range - name | tos tos | vpn - instance vpn - instance - name]

(2) 使用指导：

1) ACL 命令用来创建 IPv4 ACL 并进入相应 IPv4 ACL 视图。undo acl 命令用来删除指定的 IPv4 ACL。

需注意，用户只能在创建 IPv4 ACL 时指定名称，ACL 创建后不允许对名称进行修改或者删除。如果在创建时没有命名，则创建后也不能为其添加名称。

如果 ACL 序号所指定的 IPv4 ACL 不存在，则创建 IPv4 ACL 并进入 IPv4 ACL 视图。若命令中同时指定了名称，则指定的 IPv4 ACL 名称不能与已有 IPv4 ACL 名称重复，但允许与 IPv6 ACL 使用相同的名称。

如果 ACL 序号所指定的 IPv4 ACL 已经存在，则进入该 IPv4 ACL 视图。若命令中同时指定了名称，则该名称必须与序号所确定的 IPv4 ACL 名称保持一致。

Acl basic/advance：指定 ACL 的序号。acl - number 表示 ACL 的序号，取值范围为

2000～2999：基本 IPv4 ACL。

3000～3999：高级 IPv4 ACL。

2) 对于 acl basic rule 命令，rule 命令用来定义一个基本 IPv4 ACL 规则；undo rule 命令用来删除一个基本 IPv4 ACL 规则或者规则的某些属性信息。

需注意，当 ACL 的匹配顺序为 config 时，用户可以修改该 ACL 中的任何一条已经存在的规则，在修改 ACL 中的某条规则时，该规则中没有修改到的部分仍旧保持原来的状态；当 ACL 的匹配顺序为 auto 时，用户不能修改该 ACL 中的任何一条已经存在的规则，否则系统会提示错误信息。

在定义一条 ACL 规则的时候，用户可以不指定规则编号。这时，系统会从 0 开始，按照一定的编号步长，自动为规则分配一个大于现有最大编号的最小编号。假设现有规则的最大编号是 28，编号步长是 5，那么系统分配给新定义的规则的编号将是 30。

新创建或修改后的规则不能和已经存在的规则内容相同，否则会导致创建或修改不成功，系统会提示该规则已经存在。

当 ACL 的匹配顺序为 auto 时，新创建的规则将按照“深度优先”的原则插入到已有

的规则中，但是所有规则对应的编号不会改变。

3）对于 acl advance rule 命令，rule 命令用来定义一个高级 IPv4 ACL 规则；undo rule 命令用来删除一个高级 IPv4 ACL 规则或者规则的某些属性信息。

需注意，当 ACL 的匹配顺序为 config 时，用户可以修改该 ACL 中任何一条已经存在的规则，在修改 ACL 中的某条规则时，该规则中没有修改到的部分仍旧保持原来的状态；当 ACL 的匹配顺序为 auto 时，用户不能修改该 ACL 中的任何一条已经存在的规则，否则系统会提示错误信息。

在定义一条 ACL 规则的时候，用户可以不指定规则编号。这时，系统会从 0 开始，按照一定的编号步长，自动为规则分配一个大于现有最大编号的最小编号。假设现有规则的最大编号是 28，编号步长是 5，那么系统分配给新定义的规则的编号将是 30。

新创建或修改后的规则不能和已经存在的规则内容相同，否则会导致创建或修改不成功，系统会提示该规则已经存在。

当 ACL 的匹配顺序为 auto 时，新创建的规则将按照“深度优先”的原则插入到已有的规则中，但是所有规则对应的编号不会改变。

10. NTP 对时服务配置

（1）命令：

1）ntp enable。

2）ntp unicast - server {server - name | IP - address}。

3）ntp server acl acl - number。

（2）使用指导：

1）ntp enable 命令用来开启 ntp 对时服务。

2）对于 ntp unicast - server {server - name | IP - address} 命令，当设备采用客户端/服务器模式时，需要在客户端上指定服务器的地址；当服务器端的时钟层数大于或等于客户端的时钟层数时，客户端将不会与其同步；可以通过多次执行 ntp - service unicast - server 命令为设备指定多个服务器；服务器需要通过与其他设备同步或配置本地时钟作为参考时钟等方式，使得自己的时钟处于同步状态，否则客户端不会将自己的时间与服务器的时间同步。

3）对于 ntp server acl - number 命令，在配置对本地设备 NTP 服务的访问控制权限时，需要创建并配置与访问权限关联的 ACL。

（3）加固步骤：

＃开启 ntp 对时服务。

ntp enable

＃网络对时服务源接口 loopback0。

ntp source LoopBack0

＃网络对时服务器地址 10.100.100.10/。

ntp unicast - server 10.100.100.10

＃ ntp 对时服务受 acl 编号为 2000 的访问控制列表限制。

ntp server acl 2000

11. 关闭 USB 接口

(1) 命令:

1) usb disable。

2) undo usb disable。

(2) 使用指导:在执行 usb disable 命令前,请先使用 umount 命令卸载所有 USB 文件系统,否则命令执行失败。缺省状态下 USB 口处于开启状态,用户应按照二次安全防护要求关闭 USB 口。

(3) 加固步骤:[H3C] usb disable

12. 设备版本管理

(1) 命令:

display version。

(2) 加固步骤:

[H3C] display version。

2.7.2.2 中兴通讯路由器及交换机加固

1. 配置三级用户权限

(1) 命令:

1) service password - encryption。

2) username *** password *** privilege ** 。

(2) 加固步骤:

#密码进行加密。

ZXR10(config)#service password - encryption

#设置用户名为 SGDnet - admin,密码为 ABCabc - 123,用户等级为 15 级。

ZXR10(config)#username SGDnet - admin password ABCabc - 123 privilege 15

#设置用户名为 SGDnet - user,密码为 ABCabc@123,用户等级为 10 级。

ZXR10(config)#username SGDnet - user password ABCabc@123 privilege 10

#设置用户名为 SGDnet - read,密码为 ABCabc*123,用户等级为 1 级。

ZXR10(config)#username SGDnet - read password ABCabc*123 privilege 1

2. 启动 SSH 服务生成 RSA 及 DSA 密钥对

(1) 命令:

1) ssh server enable。

2) ssh server only。

3) ssh server authentication mode local。

(2) 加固步骤:

ZXR10(config)#ssh server enable。

ZXR10(config)#ssh server only。

ZXR10(config)#ssh server authentication mode local。

3. 配置用户登录失败锁定策略

(1) 命令:

strong - password。

（2）加固步骤：

#定义密码长度为8位的包括大写字母、小写字母、数字和特殊字符的密码。

ZXR10(config)#strong-password length 8 character Capital lowercase number special-character

4. 在console口、aux口和vty下配置登录超时自动退出

（1）命令：

1）logion authentication。

2）idle-timeout。

3）user-authen-restriciton fail-time *** lock-minute *** 。

（2）加固步骤：

#进入console。

ZXR10(config)#line console 0

#本地认证。

ZXR10(config)# logion authentication

#账户登录闲置10min自动退出。

ZXR10(config)#idle-timeout 10

#登录5次失败后，锁定10min。

ZXR10(config)#user-authen-restriction fail-time 5 lock-minute 10

5. 未使用的端口通过配置进行有效关闭

（1）命令：

set port。

（2）加固步骤：

#打开接口10。

ZXR10(config)#set port 10 enable

#关闭接口11。

ZXR10(config)#set port 11 disable

6. 关闭ftp、telnet、ssh、http、https、dhcp等服务

（1）命令：

1）no IP http enable。

2）line telnet server disable。

3）no ftp-server enable。

4）no dns-server。

（2）加固步骤：

#关闭http服务。

ZXR10(config)#noIP http enable

#关闭telnet服务。

ZXR10(config)#line telnet server disable

#关闭ftp服务。

ZXR10(config) # no ftp - server enable

7. Snmp - agent 简单网络管理协议配置

(1) 命令:

1) snmp - server community < community - name> [vviieew<view - name>] [ro|rw]。

2) snmp - server view < view - name> < subtree - id> { included | excluded}。

3) snmp - server contact < mib - syscontact - text>。

4) snmp - server location < mib - syslocation - text>。

5) snmp - server enable trap [< notification - type>]。

6) snmp - server host [mng | vvrrff < vrf - name>] <IP - address> [trap | inform] version { 1 | 2c | 3 { auth | noauth | priv} } < community - name> [udp - porrtt < udp - port>] [< trap - type>]。

7) snmp - server group < groupname> v3 { auth | noauth | priv} [ccontteexxtt < context - name> match - prefix | match - exact] [rreeaad < readview>] [wrriittee < writeview>] [nottiiffyy < notifyview>]。

8) snmp - server user < username> < groupname> v3 [encrypted] [auth { md5 | sha} < auth - password> [prriivv deess5566 < priv - password>]]。

(2) 使用指导:

1) <community - name>:团体串名称,长度为 1~32 个字符。

<view - name>:所配的团体串指定视图名,长度为 1~32 个字符。

2) <subtree - id>:视图名指定 MIB 子树 ID 或 MIB 子树的节点名,长度为 1~79 个字符。

3) <mib - syscontact - text>:能准确描述系统负责人及其联系方式的文本,长度不超过 199 个字符。

4) <readview>:指定读视图,长度为 1~32 个字符。

5) <writeview>:指定写视图,长度为 1~32 个字符。

6) <notifyview>:指定通知视图,长度为 1~32 个字符。

7) <auth - password>:认证口令(或认证密钥),长度为 1~32 个字符。

8) <priv - password>:加密口令,长度为 1~32 个字符。

(3) 加固步骤:

ZXR10(config) # snmp - server view TestView internet included

ZXR10(config) # snmp - server community test1 view TestView ro

ZXR10(config) # snmp - server community test2 view TestView rw

ZXR10(config) # snmp - server enable inform

ZXR10(config) # snmp - server enable trap

ZXR10(config) # snmp - server host 168. 1. 1 inform version 2c test1

ZXR10(config) # snmp - server host 168. 1. 1 trap version 2c test1

ZXR10(config) # snmp - server location this is ZXR10 in china

ZXR10(config) # snmp - server contact this is ZXR10

tel：(025)2872006

ZXR10(config)＃snmp－server group g1 v3 auth write TestView notify TestView

ZXR10(config)＃snmp－server user u1 g1 v3 auth md5 123 priv des56 123

8. Banner 信息配置

(1) 命令：banner incoming c。

(2) 加固步骤：

ZXR10(config)＃banner incoming c

Enter text message. end with the characer ‘c’

9. 增加 ACL 访问控制及 ACL 高级访问控制

(1) 命令：

1) config ingress－acl number。

2) rule。

(2) 加固步骤：

＃创建编号为 104 的 acl 访问控制列表。

ZXR10(config)＃config ingress－acl extend number 104

＃指定源地址访问目的地址的 ICMP 协议。

ZXR10(config)＃rule 1 permit icmp x. x. x. x 0. 0. 0. 0 y. y. y. y 0. 0. 0. 0

＃指定源地址访问目的地址的 TCP 协议的 2404 端口。

ZXR10(config)＃rule 2 permit tcp x. x. x. x 255. 255. 255. 0 y. y. y. y 255. 255. 255. 0 dest－port 2404 2404

＃拒绝其他地址的访问。

ZXR10 (config) ＃rule30 denyIP any any

10. NTP 对时服务配置

(1) 命令：

1) ntp enable。

2) ntp server <IP－address> [version < number>]。

3) ntp source <IP－address>。

(2) 加固步骤：

＃开启 NTP 对时服务功能。

ZXR10(config)＃ntp enable

＃配置时间服务器地址为 192. 168. 2. 1，版本号为 2。

ZXR10(config)＃ntp server 192. 168. 2. 1 version 2

＃配置 NTP 协议发出报文的源地址为 192. 168. 2. 2。

ZXR10(config)＃ntp source 192. 168. 2. 2

11. 设备版本管理

(1) 命令：

show version。

（2）加固步骤：

＃查看设备版本信息。

ZXR10(config)＃show version

2.7.3 数据库加固

2.7.3.1 Oracle 数据库加固

数据库登录方式（①su－oarcle②sqlplus/nolog ③conn/as sysdba）：

（1）select * from dba_profiles。检查以下参数：

1）password_lock_time，锁定时间。

2）password_reuse_ max，可重用次数。

3）password_life_time，最长可用天数。

4）password verify_function，是否设置了密码复杂度验证。

（2）如果采取远程管理，是否采用加密的方式：

1）su－oracle（退出数据库登录，切换至 oracle 账户下）。

2）通过 cat $ORACLE_HOME/network/admin/sqlnet.ora，检查文件是否有设置 sqlnet.encryption＝true 参数。

（3）检查数据库登录用户名，检查是否为每个用户分配不同的用户名：select * from all_users。

（4）验证用户权限是否分离，并检查是否对用户权限进行了限制，仅授予各账户所需的最小权限：

1）select * from dba_role_privs。

2）检查角色相对应的权限。

3）select * from role_sys_privs where role ='xxx'。

（5）检查是否可以通过操作系统认证登录数据库：

1）su－oracle（退出数据库登录，切换至 oracle 账户下）。

2）cat $ORACLE_HOME/network/admin/sqlnet.ora，检查 SQLNET. AUTHENTICATION_SERVICES 值是否为 none（关闭操作系统认证）。

（6）检查已经启用的用户账号，检查是否删除与应用无关账号：

select username，account_status from dba_users where account_status='OPEN'。

（7）ORACLE 数据库：如开启 audit 审计，可以检查审计相关记录：

1）select * from dba_audit_trail。

2）开启 audit 审计，可以检查审计相关记录。

select * from dba_audit_trail（选择性检查）。

（8）对可访问地址及访问方式进行限制。

1）su－oracle（退出数据库登录，切换至 oracle 账户下）。

2）cat $ORACLE _ HOME/network/admin/sqlnet.ora，检查文件是否有设置 tcp.invited_nodes 或 tcp.excluded_nodes 参数对可访问地址及访问方式进行限制。

（9）检查相关资源限制参数，参数后面为 default 表示未限制：

select * from dba_profiles。

session_per_user：每个用户名并行会话数。

CPU_per_session：每个会话可用的CPU时间，单位0.01s。

CPU_per_call：一次SQL调用（解析、执行和获取）允许的CPU时间。

connect_time：会话连接时间（min）。

idle_time：会话空闲时间（min），超出将断开。

2.7.3.2 MySQL数据库加固

数据库登录方式：(mysql -u root -p)

（1）检查用户是否有空密码，如为空密码则不符合要求：select user，password，host from mysql. user。

（2）检查是否存在用户：select user from mysql. user。

（3）检查是否启用登录失败处理功能：MySql数据库如没有该功能，询问是否采用其他方式限制用户失败登录或者检查。

cat/etc/my. cnf文件里面是否设置限制。

max_connect_error=5：连接mysql失败次数。

（4）检查数据库登录用户名，检查是否为每个用户分配不同的用户名：select user，password，host from mysql. user。

（5）检查具体用户的权限，并询问管理员用户权限是否多余：

show grants for root@'localhost';假如内容出现GRANT ALL PRIVILEGES ON *. * TO 'root'@'localhost' IDENTIFIED BY PASSWORD'*81F5E21E35407D884A6CD4A731AEBF-B6AF209E1B' WITH GRANT OPTION ‖ GRANT PROXY ON ''@'' TO 'root'@'localhost' WITH GRANT OPTION（授予用户li数据库person的所有权限，并允许用户li将数据库person的所有权限授予其他用户）或者select * from mysql. user where user='用户名' \ G（检查用户的权限）。

（6）检查MySql数据库中是否打开日志审计：show variables like 'general_log%';

（7）检查host列中的内容是否限制了网络登录：select password，user，host from mysql. user;

（8）数据库是否有设置超时时间（默认是28800），管理员是否有根据实际情况制定超时时间；show variables like 'wait_timeout'。

（9）检查数据库是否有以下限制：

select * from mysql. user where user='用户名' \ G。

max_questions：限制用户每小时运行的查询数量。

max_updates：限制用户每小时的修改数据库数据的数量。

max_connections：限制用户每小时打开新连接的数量。

max_user_connections：限制用户数量连接服务器。

2.7.3.3 SQL Server数据库加固

数据库登录方式（osql -S localhost -U 用户名 -P 密码）。

(1) 检查用户是否有空密码，如为空密码则不符合要求：select name，password from syslogins。

(2) 检查数据库是否设置密码策略：SQL SERVER 2005 及以上版本，在 Management Studio 中检查“安全性”→“登录名”→“属性”→“常规”中是否选择了‘强制实施密码策略’选项。

(3) 检查数据库登录用户名，检查是否为每个用户分配不同的用户名：select name from syslogins。

(4) 检查数据库不同登录用户的权限：在 SQL SERVER 2005 及以上版本中，在 Management Studio 中检查“安全性”→“登录名”中相关用户属性中的权限，是否授予各账户所需的最小权限。

(5) 检查是否可以通过操作系统认证登录数据库：在 SQL SERVER 2005 及以上版本中，打开 Management Studio 检查“服务器属性”→“安全”选项，验证服务器身份是否为 SQL Server 和 Windows 身份验证模式。

(6) 用匿名/默认用户登录数据库，检查是否具有访问权限且检查 sa 账户是否修改默认用户名和密码：SQL SERVER 2005 及以上版本中，检查“安全性”→“登录”。

(7) 检查数据库 guest 和其他多余的账户是否被删除或禁用：打开企业管理器，检查“安全性”→“登录”。

(8) 检查审计是否开启：在 SQL SERVER 2005 以上版本中，检查“SQL SERVER 属性”→“安全性”，审计级别应为“失败和成功的登录”。

2.7.3.4 达梦数据库加固

1. 口令复杂度策略

在安装达梦服务器客户端操作“达梦数据库→客户端→DM 控制台工具”，在界左侧的“控制导航”中单击“DM 控制台→服务器配置→实例配置→DMSERVER”，在界面右侧的“安全相关参数”中检查“PWD_POLICY”的值。如值为 0 则无策略，值为 1 则口令禁止与用户名相同，值为 2 则口令长度不小于 6，值为 4 则至少包含一个大写字母（A～Z），值为 8 则至少包含一个数字（0～9），值为 3 则 1 和 2 均需满足。建议值设置为 15，即为 1、2、4 和 8 均需满足。

2. 登录失败处理措施

操作“达梦数据库→客户端→DM 管理工具”，在界面左侧的“对象导航”中双击需要连接的数据库服务器，输入相应的用户名和密码登录后右键单击“LOCALHOST（SYSDBA)→用户→管理用户→TEST”，单击“修改”，在弹出的界面左侧单击“资源限制”，检查“登录失败次数”和“口令锁定期”的值以及右边“限制”是否勾选。建议登录失败次数设置为 10（次），口令锁定期设置为 30（min）。

3. 超时退出

操作“达梦数据库→客户端→DM 管理工具”，在界面左侧的“对象导航”中双击需要连接的数据库服务器，输入相应的用户名和密码登录后右键单击“LOCALHOST（SYSDBA)→用户→管理用户→TEST”，单击“修改”，在弹出的界面左侧单击“资源限制”，检查“会话空闲期”的值以及右边“限制”是否勾选。建议会话空闲期设置为 10（min）。

4. 日志审计

操作“达梦数据库→客户端→DM控制台工具”，在界面左侧的“控制导航”中单击“DM控制台→服务器配置→实例配置→DMSERVER”，在界面右侧的“安全相关参数”中检查“ENABLE_AUDIT”的值。如值为0则关闭审计，值为1则打开普通审计，值为2则打开普通审计和实时审计。建议值设置为1。

5. 通信加密

操作“达梦数据库→客户端→DM控制台工具”，在界面左侧的“控制导航”中单击“DM控制台→服务器配置→实例配置→DMSERVER”，在界面右侧的“安全相关参数”中检查“ENABLE_ENCRYPT”的值。如值为0则不加密，值为1则SSL加密。建议值设置为1。

6. 角色权限

操作“达梦数据库→客户端→DM管理工具”，在界面左侧的“对象导航”中双击需要连接的数据库服务器，输入相应的用户名和密码登录后右键单击“LOCALHOST(SYSDBA)→用户→管理用户→TEST”，单击“修改”，在弹出的界面左侧单击“角色权限”。

第3章　调度数据网

3.1　交换机配置

3.1.1　工作前准备

交换机配置硬件准备见表3－1。

表3－1　交换机配置硬件准备

序号	名称	数量	图示
1	调试专用笔记本	1台	
2	串口线	1根	
3	网线	1根	
4	数据交换机	1台	

3.1.2　操作流程

3.1.2.1　交换机登录

1. 调试工具设置

通过Console口进行本地登录是登录设备的最基本方式，也是为通过其他方式登录设备进行配置的基础。

将调试笔记本通过Console线连接到交换机Console口，用CRT等软件直接登录进行管理。使用Console口登录设备时，CRT的通信参数配置要和设备Console口的缺省配置

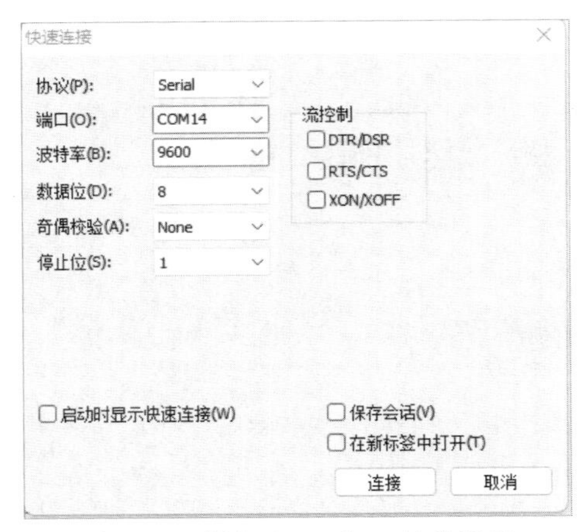

图3-1 设备Console口缺省配置

保持一致（图3-1），才能登录到设备上。

协议：serial

端口：具体端口参考调试专用笔记本的设备管理器COM识别信息。

波特率：一般情况为9600bit/s。

需注意，对中兴等交换机进行调试时，可酌情取消勾选DTS/CTS。

查看调试本COM口编号的方法如图3-2所示。

2. 设备登录

在登录界面，输入用户名或密码后，可以完成设备登录，如图3-3所示。

登录后进入用户视图，在此视图下只可以进行查看命令操作，需要对设备进行配置时，需要进入配置视图，如图3-4所示。

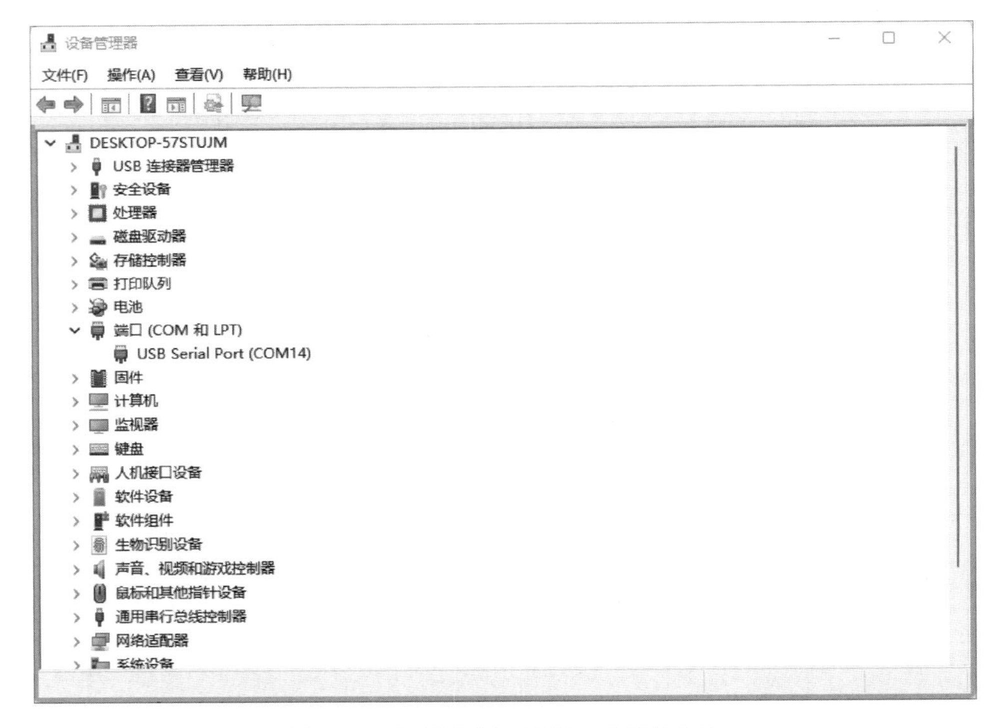

图3-2 查看调试本COM口编号的方法

3.1.2.2 交换机配置要求

交换机在变电站内主要作为集线器使用，数据网交换机的配置侧重安全加固与网络管理。具体要求如下：

（1）交换机需要配合一个上行端口与纵向加密装置互联，配置多个业务端口与远动装置、数据网关机等设备互联，其余端口应全部关闭，并进行物理封堵。例如中兴5950-

```
username:who
password:
<H3C>
```

图 3-3 新华三设备配置方法 1

```
<H3C>system-view
[H3C]
```

图 3-4 新华三设备配置方法 2

E，其中端口 1-2 用于远动设备互联，端口 24 用于纵向加密装置互联。网管确认数据网厂家接入工作结束后，站内业务厂家再联系网管开通交换机端口，如图 3-5 所示。

图 3-5 ZTE 5950-E

（2）交换机应关闭 telnet、http、https、dns、ftp 等服务。

（3）交换机除了上联加密接口外都需配置 MAC 地址绑定，原则上限定端口 MAC 数量为 1，设定 MAC 保护行为关闭此端口。

（4）配置 acl 限制 ssh 登录交换机源地址为交换机网管地址，仅用于方便网管远程登录管理。

3.1.2.3 交换机配置示例

1. 基本配置

（1）设备命名。设备加电后，为了区分设备用途，一般会对设备进行命名，如图 3-6 所示。

```
#设备命名
[H3C]sysname 123
[123]
```

图 3-6 华三设备命名配置方法

（2）设备对时。为确保设备时间正常，需要校正设备内时钟。对时方法一般有两种：一种是通过站内的 NTP 对时装置实现对时；另一种是通过手动修改设备系统时间实现，如图 3-7 所示。

```
#采用系统对时方式
[H3C]clock protocol none
[H3C]exit
#手动修改设备系统时间
<H3C>clock datetime 00:00:00 2024/01/01

#采用 NTP 对时方式
[H3C]clock protocol ntp
#开启 NTP 服务。
[H3C]ntp-service enable
#设置 NTP 对时服务器，必须保证网络可达。
[H3C] ntp-service unicast-server NTP 对时服务器地址
```

图 3-7 华三设备对时配置方法

2. 用户管理

(1) 创建用户。创建管理账户应满足“三权分立”的要求，至少包含管理用户、操作用户、审计用户，同时赋予 ssh 和 terminal 登录权限，如图 3-8 所示。

```
#创建用户
[H3C]local-user ********
#创建密码
[H3C]password simple ********
 #设置管理权限，0～5 审计，5～10 操作，10～15 管理
[H3C]authorization-attribute user-role level-*
 #设置登录方式
[H3C]service-type ssh terminal
```

图 3-8 华三创建用户配置方法

(2) 密码策略管理。根据等级保护要求，用户密码策略应启用，应满足强度要求，密码长度应不少于 8 位，字符类型不少于 2 种，同时应开启登录失败锁定、密码有效天数的控制策略，如图 3-9 所示。

3. 登录管理

(1) 本地登录。默认情况下，本地登录一般利用设备 Console 口登录，该接口下用户应具有最高权限，可以使用所有配置命令，并且不需要任何口令，如图 3-10 所示。

需注意，开启用户认证前，需要先配置相应的用户权限和登录方式，登录方式包含 terminal，顺序不能反。

(2) 远程登录。默认情况下，远程登录只能开启 SSH 的方式登录，如图 3-11 所示。

4. 接口设置

(1) VLAN 配置。交换机上的端口默认都属于 VLAN 1，现场配置时，应根据使用需求新建 VLAN，并对该 VLAN 配置管理地址，以方便后期可以远程登录该设备进行维护，如图 3-12 所示。

(2) 物理接口。一般把与其他网络设备互联的汇聚接口配置为 Trunk 模式，并仅许可

```
#配置用户 5 次登录失败后就永久禁止该用户登录。
[H3C] password-control login-attempt 5 exceed lock-time 10
#配置全局的密码老化时间为 90 天。
[H3C] password-control aging 90
#配置全局的密码的最小长度为 8。
[H3C] password-control length 8
#配置用户密码过期后的 60 天内允许登录 5 次。
[H3C] password-control expired-user-login delay 60 times 5
#配置全局的密码元素的最少组合类型为 4 种，至少要包含每种元素的个数为 4 个。
[H3C] password-control composition type-number 4 type-length 4
```

图 3-9 华三密码策略配置方法

```
#进入 console 接口配置界面
[H3C]line aux 0
#设置认证方式为“用户+密码”
[H3C]authentication-mode scheme
#设置 5 分钟无操作退出
[H3C]idle-time 5 0
```

图 3-10 华三本地配置方法

```
#开启 SSH 服务器
[H3C]ssh server enable
#禁用兼容 SSH1 版本的客户端
[H3C]undo ssh server compatible-ssh1x enable
#开启 ACL 访问控制策略
[H3C]ssh server acl 2001

#进入虚拟接口配置界面
[H3C]line vty 0 4
#设置认证方式为“用户+密码”
[H3C]authentication-mode scheme
#仅开启 ssh 方式
[H3C]protocol inbound ssh
#设置 5 分钟无操作退出
[H3C]idle-time 5 0
```

图 3-11 华三远程登录配置方法

约定的业务 VLAN 报文通过。与其他终端设备互联的业务接口配置为 Access 模式，并统一划入约定的业务 VLAN 下，如图 3-13 所示。

（3）端口安全。端口安全是一种基于 MAC 地址对网络接入进行控制的安全机制，这种机制通过检测端口收到的数据帧中的源 MAC 地址来控制非授权设备或主机对网络的访问，通过检测从端口发出的数据帧中的目的 MAC 地址来控制对非授权设备的访问，如图 3-14 所示。

```
#创建 VLAN
[H3C]vlan 10
#进入 VLAN 接口配置界面
[H3C]interface Vlan-interface10
#配置交换机管理地址
[H3C-vlan10]IP address 交换机管理地址 VPN 私网掩码
```

图 3-12　华三 VLAN 配置方法

```
#配置上行接口的工作模式及类型
[H3C]interface GigabitEthernet1/0/24
#设置接口为二层接口
[H3C-GigabitEthernet1/0/24]port link-mode bridge
#设置接口为 trunk 模式
[H3C-GigabitEthernet1/0/24]port link-type trunk
#拒绝 pvid 1 的报文通过
[H3C-GigabitEthernet1/0/24]undo port trunk permit vlan 1
#允许 pvid 10 的报文通过
[H3C-GigabitEthernet1/0/24]port trunk permit vlan 10

#配置业务接口的工作模式及类型
[H3C]interface GigabitEthernet1/0/24
#设置接口为二层接口
[H3C-GigabitEthernet1/0/24]port link-mode bridge
#设置接口为 access 模式
[H3C-GigabitEthernet1/0/24]port link-type access
#将该接口划入 vlan10
[H3C-GigabitEthernet1/0/24]port access vlan 10
```

图 3-13　华三物理接口配置方法

（4）镜像端口（可根据业务需求自行配置）。设置镜像端口，是将业务端口数据转发到上行端口，便于网络流量分析，如图 3-15 所示。

（5）空闲端口。对于空闲的接口，应进行逻辑关闭，并对其进行物理封堵，既能实现对接口的防尘保护，又能对工作人员起到提示和警示作用。

5. 关闭不必要的服务

（1）清除默认显示的信息，防止关键信息泄露，如图 3-16 所示。

（2）关闭多余网络服务。禁用不必要的公共网络服务；网络服务采取白名单方式管理，只允许开放 SNMP、SSH、NTP 等特定服务，如图 3-17 所示。

6. 访问控制列表 ACL 设置

（1）配置控制列表。在对其他服务或接口开启 ACL 访问控制策略前，应先配置一条策略同，如图 3-18 所示。

（2）ACL 访问控制策略配置完成后，即可应用到对应的接口或服务下，如图 3-19 所示。

```
#开启端口安全功能
[H3C]port-security enable
#设置端口安全MAC的老化时间为30分钟，避免更换设备导致接口锁定
port-security timer autolearn aging 30

[H3C]interface GigabitEthernet1/0/1
#设置接口最大MAC地址数为1
[H3C]port-security max-mac-count 1
#开启入侵检测处理
[H3C]port-security intrusion-mode disableport
#开启IPv4接口绑定功能
[H3C]IP verify source IP-address mac-address
#设置接口与MAC地址绑定
[H3C]IP source binding mac-address Mac-Address

#关闭空闲端口
[Huawei]interface GigabitEthernet1/0/5
[Huawei]shutdown
```

图3-14 华三端口安全配置方法

```
#创建镜像会话
[H3C]mirroring-group 1 local
#指定被镜像端口
[H3C]mirroring-group 1 mirroring-port g1/0/1 to g1/0/3 both
#指定镜像端口
[H3C]mirroring-group 1 monitor-port g1/0/24
```

图3-15 华三端口镜像配置方法

```
#清除Modem登录用户时显示信息。
[H3C]undo header incoming
#清除Modem登录用户时授权信息。
[H3C]undo header legal
#清除Modem登录用户时验证信息。
[H3C]undo header login
#清除登录终端界面前显示信息。
[H3C]undo header motd
#清除非Modem登录用户时显示信息。
[H3C]undo header shell
```

图3-16 华三清除默认显示信息配置方法

（3）简单网络管理协议SNMP设置（可根据实际业务自行配置）。这是互联网中的一种网络管理标准协议，广泛用于实现管理设备对被管理设备的访问和管理。SNMP一般使用V2C或者V3版本，设置上略有区别，图3-20为常用的V2C配置方法。

```
#禁用 http 服务
[H3C]undo IP http enable
#禁用 ftp 服务
[H3C]undo ftp server
#禁用 telnet 服务
[H3C]undo telnet server enable
#禁用 dns 查询服务
[H3C]undo dns server
#禁用 dns 代理服务
[H3C]undo dns proxy enable
#禁用 dhcp 服务
[H3C]undo dhcp enable
```

图 3-17 华三关闭多余网络服务配置方法

```
[H3C]acl number 2001
#配置允许访问的地址网段
[H3C]rule 1 permit 192.168.1.1 0.0.0.255
#配合拒绝访问的地址网段
[H3C]rule 99 deny any
```

图 3-18 华三 ACL 访问控制配置方法 1

```
#在接口的流量入方向调用
[H3C]interface  GigabitEthernet1/0/1
[H3C]packet-filter 2001 inbound

#应用至 ssh 服务
[H3C]ssh server acl 2998
#应用至 snmp 服务
[H3C]snmp-agent community read xxx acl 2001
```

图 3-19 华三 ACL 访问控制配置方法 2

```
[H3C]snmp-agent
#配置只读团体字和访问控制
[H3C]snmp-agent community read xxx acl 2001
#设置 SNMP 协议版本为 V2c 格式
[H3C]snmp-agent sys-info version v2c
#开启 NMS 告警功能
[H3C]snmp-agent trap enable
#指定告警上送接口
[H3C]snmp-agent trap source 接口名
#指定告警上送服务器及团体名
[H3C]snmp-agent target-host trap address udp-domain 告警上送服务器 params
    Securityname 团体名
```

图 3-20 华三网络管理协议 SNMP 配置方法

至此，数据网交换机配置基本完成。交换机常用命令可参考官方网站。以上设置完毕后，联系网管确认配置无误后方可离开现场。

3.2 路由器配置

3.2.1 工作前准备

路由器配置硬件准备见表3-2。

表3-2　路由器配置硬件准备

序号	名称	数量	图示
1	调试专用笔记本	1台	
2	串口线	1根	
3	网线	1根	
4	数据网路由器	1台	

3.2.2 操作流程

3.2.2.1 路由器登录

1. 调试工具设置

通过Console口进行本地登录是登录设备的最基本方式，也是为通过其他方式登录设备进行配置的基础。

将调试笔记本通过Console线连接到路由器Console口，用CRT等软件直接登录进行管理。使用Console口登录设备时，CRT的通信参数配置要和设备Console口的缺省配置保持一致（图3-21），才能登录到设备上。

协议：serial

图3-21　设备Console口缺省配置

端口：具体端口参考调试专用笔记本的设备管理器COM识别信息。

波特率：一般情况为9600。

需注意，对中兴等路由器进行调试时，可酌情取消勾选DTS/CTS。

查看调试本COM口编号的方法如图3-22所示。

2. 设备登录

在登录界面，输入用户名或密码后，可以完成设备登录，如图3-23所示。

登录后进入用户视图，在此视图下只可以进行查看命令操作，需要对设备进行配置时，需要进入配置视图，如图3-24所示。

3.2.2.2　路由器配置要求

下面以H3C MSR3640路由器为例，重点对OSPF、BGP、MPLS、VPN等内容进行详细说明。

图3-22　查看调试本COM口编号的方法

1. 虚接口

(1) LoopBack地址。LoopBack接口是一种虚拟接口。LoopBack接口创建后，除非手工关闭该接口，否则其物理层永远处于up状态。鉴于这个特点，LoopBack接口的应用非常广泛。在电力调度数据网中主要为解决Router id、BGP、MPLS等传递IP网络，如

```
username:who
password:
<H3C>
```

图 3-23 华三设备登录

```
<H3C>system-view
[H3C]
```

图 3-24 华三设备配置视图

图 3-25 所示。

```
#创建编号为 0 的 LoopBack 地址
[H3C]interface LoopBack 0
[H3C]IP address IP地址 子网掩码
```

图 3-25 华三 LoopBack 地址配置方法

（2）MP 接口。MP 是 MultiLink PPP 的缩写，是基于增加带宽的考虑，将多个 PPP 通道捆绑成一条逻辑链路使用而产生的，如图 3-26 所示。

```
#创建编号为 1 的 MP-group 接口
[H3C]interface mp-group 1
[H3C-MP-group1]IP address IP地址 子网掩码
```

图 3-26 华三 MP 接口配置方法

（3）VLAN 接口。虚拟局域网（virtual local area network，VLAN）技术可以把一个物理 LAN 划分成多个逻辑的 LAN，即 VLAN。处于同一 VLAN 的主机能直接互通，而处于不同 VLAN 的主机则不能直接互通。华三 VLAN 接口配置方法如图 3-27 所示。

```
#创建编号为 10 的 Vlan 接口
[H3C]vlan 10
[H3C-vlan10]quit
#Vlan10 配置 IP 地址（可选）
[H3C]interface vlan-interface 10
[H3C-Vlan-interface10]IP address IP 地址 子网掩码
```

图 3-27 华三 VLAN 接口配置方法

2. 互联接口

路由器的接口比较灵活，工作模式可以通过命令行设置。

如果将工作模式设置为二层模式（bridge），则作为一个二层以太网接口使用。

如果将工作模式设置为三层模式（route），则作为一个三层以太网接口使用。

电力调度数据网借助 SDH 等网络将各调度机构、厂站路由器相互连通，以实现各局域网间数据互通，互联接口即互连通的接口，可以配置在路由器的以太网接口或串行接口上。

(1)以太网接口方式:例如在接口 GigabitEthernet1/0/1 下配置 VLAN 为 1001、IP 地址为 10.10.10.1/30 的互联地址,如图 3-28 所示。

```
#配置方法一:三层接口
[H3C]interface GigabitEthernet1/0/1.1001
[H3C-GigabitEthernet1/0/1.1001]port link-mode router
[H3C-GigabitEthernet1/0/1.1001]IP address 10.10.10.1 255.255.255.252
#V7 系统需要对其用 dot1q 进行封装
[H3C-GigabitEthernet1/0/1.1001] vlan-type dot1q vid 1001

#配置方法二:二层接口
[H3C]Vlan 1001
[H3C-vlan1001]quit
[H3C]interface vlan-interface 1001
[H3C-Vlan-interface1001]IP address 10.10.10.1 255.255.255.252
[H3C-Vlan-interface1001]quit
[H3C]interface GigabitEthernet1/0/1
[H3C-GigabitEthernet1/0/1]port link-mode bridge
[H3C-GigabitEthernet1/0/1]port link-type trunk
[H3C-GigabitEthernet1/0/1]port trunk permit vlan 1001
```

图 3-28 华三以太网接口配置方法

(2)串行接口方式:例如在串行接口 Serial 1/0 口配置 IP 地址为 10.10.10.1/30 的互联地址,如图 3-29 所示。

```
#配置方法一:单接口方式
[H3C]interface serial 1/0
[H3C-serial1/0]link-protocol ppp
[H3C-serial1/0]IP address 10.10.10.1 255.255.255.252

#配置方法二:虚接口方式,可以捆绑多个 Serial 口实现带宽和链路冗余
[H3C]interface mp-group 1
[H3C-MP-group1]IP address 10.10.10.1 255.255.255.252
[H3C-MP-group1]quit
[H3C-]interface serial 1/0
[H3C-Serial1/0]link-protocol ppp
[H3C-Serial1/0]ppp mp mp-group1
[H3C-]interface serial 1/1
[H3C-Serial1/1]link-protocol ppp
[H3C-Serial1/1]ppp mp mp-group1
```

图 3-29 华三串行接口配置方法

3. OSPF

开放最短路径优先(open shortest path first,OSPF)是互联网工程任务组(internet engineering task force,IETF)组织开发的一个基于链路状态的内部网关协议。

（1）启用 OSPF。要在路由器上使能 OSPF 功能，必须先创建 OSPF 进程、指定该进程关联的区域以及区域包括的网段，如图 3-30 所示。

```
#配置 Router-id，一般将 LoopBack 地址作为该设备在本自治系统中的唯一标识
[H3C]Router id LoopBack 地址
#启用 OSPF，进程号为 1
[H3C]OSPF 1
```

图 3-30　华三设备启用 OSPF

（2）配置 OSPF 区域。配置 OSPF 区域，配置该区域所包含的网段并在指定网段的接口上启用 OSPF。这里需要配置设备的 OSPF 地址及各互联接口地址，如图 3-31 所示。

```
#配置 OSPF 区域
[H3C-ospf-1] area 区域号
#宣告被使能的网络地址
[H3C-ospf-1-area-0.0.0.3] network LoopBack 地址 0.0.0.0
[H3C-ospf-1-area-0.0.0.3] network 互联地址 1 0.0.0.3
[H3C-ospf-1-area-0.0.0.3] network 互联地址 2 0.0.0.3
```

图 3-31　华三 OSPE 区域配置方法

4. BGP

（1）启用 BGP 如图 3-32 所示。

```
#启用 BGP，并根据数据网反馈单指定本设备的 AS 号
[H3C]bgp BGP AS 号
```

图 3-32　华三设备启用 BGP

（2）配置对等体。对等体的配置分为两种：一种是通过设备地址进行宣告；另一种是配置对等体组，并将本 AS 号下的主机设备地址添加到该组下实现对等体的宣告。一般添加主体地址时，取用此设备的 LoopBack，如图 3-33 所示。

```
#通过对端设备 LoopBack 地址直接创建 IPv4 BGP 对等体，并指定对等体的 AS 号
[H3C-bgp]peer 对端设备 loopBack 地址 as-number 对端设备自治域号 ID
#指定该对等体宣告时的接口，一般采用 LoopBack 接口
[H3C-bgp]peer loopBack 地址 connect-interface LoopBack 接口号

#新增一组以 ibgp-peer 为命名的内部对等体组
[H3C-bgp]group ibgp-peer internal
#指定该对等体组宣告时的接口
[H3C-bgp]peer ibgp-peer connect-interface LoopBack 接口号
#添加一台内部对等体邻居设备到该对等体组中
[H3C-bgp]peer 64.2.40.2 group ibgp-peer
```

图 3-33　华三对等体配置方法

(3) 配置 MP-BGP 邻居，并采用 vpnv4 的方式传递路由，如图 3-34 所示。

```
#通过对端设备 LoopBack 地址直接创建 IPv4 BGP 对等体，并指定对等体的 AS 号
address-family vpnv4
```

图 3-34 华三 MP-BGP 邻居配置方法

5. MPLS

多协议标签交换（multiprotocol label switching，MPLS）是目前应用比较广泛的一种骨干网技术。

(1) 启用 MPLS 如图 3-35 所示。

```
#启用 mpls，并配置本节点的 LSR ID 为本节点 LoopBack 地址
[H3C]mpls lsr-id 64.4.42.180
#启用 mpls 分发能力
[H3C]mpls ldp
```

图 3-35 华三设备启用 MPLS

(2) 在接口上启用 MPLS、MPLS LDP 分发能力如图 3-36 所示。

```
#在与其他对等体设备的互联接口上启用 mpls、mpls ldp
[H3C]interface GigabitEthernet1/0/1.1001
[H3C-GigabitEthernet1/0/1.1001]mpls enable
[H3C-GigabitEthernet1/0/1.1001]mpls ldp enable

[H3C]interface serial 1/0
[H3C-serial1/0]mpls enable
[H3C-serial1/0]mpls ldp enable

[H3C]interface mp-group 1
[H3C-MP-group1]mpls enable
[H3C-MP-group1]mpls ldp enable
```

图 3-36 华三设备启用 MPLS、MPLS LDP 分发能力

6. VPN

组播虚拟专用网络（virtual private network，VPN）用于在 VPN 网络中实现组播传输。在电力调度数据网中 VPN 主要用于私网业务的数据交互，以下介绍基于 MPLS L3VPN 的方式建立的 VPN 网络系统。

(1) 配置前准备。在配置基本 MPLS L3VPN 之前，需完成以下任务：

对 MPLS 骨干网（PE、P）配置 IGP，实现骨干网的 IP 连通性。

对 MPLS 骨干网（PE、P）配置 MPLS 基本能力。

对 MPLS 骨干网（PE、P）配置 MPLS LDP，建立 LDP LSP。

（2）配置VPN实例。VPN实例不仅可以将VPN私网路由与公网路由隔离，还可以隔离不同VPN实例的路由，如图3-37所示。

```
#创建实例名为vpn-rt，RD为111:1，RT的导出规则111:100，导入规则111:101的实例
[H3C]IP vpn-instance vpn-instance-name
[H3C -vpn-instance-vpn1] route-distinguisher 111:1
[H3C -vpn-instance-vpn1] vpn-target 111:100 export-extcommunity
[H3C -vpn-instance-vpn1] vpn-target 111:101 import-extcommunity
```

图3-37 华三VPN配置方法1

VPN实例配置完成后，还需要与连接业务的接口进行关联，如图3-38所示。

```
#在CE互联接口Gigabitethernet 2/1/1.100上绑定实例vpn-rt
[PE1] interface Gigabitethernet 2/1/1.100
[PE1-GigabitEthernet2/1/1] IP binding vpn-instance vpn-rt
```

图3-38 华三VPN配置方法2

（3）配置跨域MPLS。如果承载VPN路由的MPLS骨干网跨越多个AS，就需要配置跨域VPN。电力调度数据网中接入网设备与骨干网设备一般位于不同AS下，以下按照VPN-OptionC的方式介绍配置方法。

在PE设备（厂站设备）如图3-39所示。

```
[H3C]bgp 100
#创建本AS的IBGP对等体组，并指定接口为LoopBack0
[H3C-bgp]group ibgp-peer internal
[H3C-bgp]peer ibgp-peer connect-interface LoopBack接口号
#在IBGP对等体组加入本AS的ASBR
[H3C-bgp-default]peer 1.1.1.1 enable

#配置BGP-VPN实例视图
[H3C-bgp-default] IP vpn-instance vpn-rt
#创建BGP-VPN IPv4单播地址族
[H3C-bgp-IPv4-vpn-rt]address-family IPv4 unicast
#导入本地直连路由
[H3C-bgp-IPv4-vpn-rt]import-route direct

进入BGP VPNv4地址族视图，加入本AS的ASBR
[H3C-bgp-default]address-family vpnv4
[H3C-bgp-vpnv4]peer ibgp-peer enable

#在与本AS的ASBR的互联接口上启用mpls
[H3C]interface serial 1/0
[H3C-serial1/0]mpls enable
[H3C-serial1/0]mpls ldp enable
```

图3-39 华三PE设备跨域MPLS配置方法

在ASBR设备（主站核心设备）如图3-40所示。

```
[H3C]bgp 100
#创建本AS的IBGP对等体组，并指定接口为LoopBack0
[H3C-bgp-default]group ibgp-peer internal
[H3C-bgp-default]peer ibgp-peer connect-interface LoopBack 接口号
#在IBGP对等体组加入本AS的PE
[H3C-bgp-default]peer 1.1.1.2 enable
#加入其他AS的ASBR
[H3C-bgp-default]peer 2.1.1.1 as-number 200
[H3C-bgp-default]peer 2.1.1.1 connect-interface GigabitEthernet 1/1/1

进入BGP VPNv4地址族视图，加入本AS的PE，启用本地路由器与本AS的PE、另一AS
的ASBR交换
IPv4单播路由信息的能力
[H3C-bgp-default]address-family vpnv4
[H3C-bgp-vpnv4]peer ibgp-peer enable
[H3C-bgp-vpnv4]peer 2.1.1.1 enable


#在与本AS的PE、其他AS的ASBR的互联接口上启用mpls
[H3C]interface serial 1/0
[H3C-serial1/0]mpls enable
[H3C-serial1/0]mpls ldp enable

[H3C]interface GigabitEthernet 1/1/1
[H3C-GigabitEthernet1/1/1]mpls enable
[H3C-GigabitEthernet1/1/1]mpls ldp enable
```

图3-40 华三ASBR设备跨域MPLS配置方法

配置完成后，可以用dis IP route命令查看路由表，通过ping等方式，查看验证配置是否正确。

3.3 厂站接入

3.3.1 端口配置

在system-view视图中，有：

interface GigabitEthernet3/1/1.1005（进入具体端口）

description To_电压等级_变电站全拼（首字母大写）+（变电站B，电厂DC，光伏GF，分布式FBS，水电厂SDC，火电厂HDC）.R+（第一套1，第二套2）

例如：description To_330kV_CeShiB.R1（此处描述以330kV测试变举例，具体命名依据各厂站实际名称。）

IP address IP地址 反掩码（配置互联地址，具体的互联地址及子网掩码以地址分配表为准。）

mpls（配置 mpls 协议）

mpls ldp（配置 mpls ldp 协议）

3.3.2 BGP 配置

在 system - view 视图中，有：

bgp×××××（进入 bgp，各主站有自己的 bgp 编号）

peer {lookback} group ibgp - client

IPv4 - family vpnv4（进入 vpnv4）

peer {lookback} enable

peer {lookback} groupibgp - client

3.3.3 OSPF 配置

ospf 1（进入 OSPF）

area 0.0.0. {n}

network {互联地址} area 0.0.0. {n}

3.3.4 配置保存

浏览视图下，使用 save（保存）命令，保存配置后使用 quit 退出登录。

3.3.5 场站联调

主站路由器配置、通信侧链路配置及场站侧路由器配置完登录核心路由器 1 与核心路由器 2，使用 ping 命令测试互联地址是否正常。

建立通信后使用 displayIP peer 命令查看端口配置，检查所配置端口是否正常。

使用 display bgp peer vpnv4 命令查看 bgp 配置，检查所配置 bgp 协议是否正常。

使用 display ospf peer 命令查看 ospf 配置，检查所配置 ospf 是否正常。

在核心路由器使用 ping vpn - instanve vpn - rt IP 地址 命令测试场站网关是否正常。

3.3.6 常见问题

1. 互联地址不通

检查主站侧端口具体配置是否与其他端口配置不同。

与场站核实两边端口号、IP 地址是否一致。

检查主站侧与厂站侧接口下 crc 配置是否一致。

检查通信链路是否正常。

2. bgp 协议无法建立

检查主站侧 bgp 协议配置是否与其他 bgp 协议配置不同。

联系场站，让场站检查场站侧 bgp 协议是否配置正常。

3. ospf 协议无法建立

检查主站侧 ospf 协议配置是否与其他 ospf 协议配置不同。

检查场站侧 ospf 协议是否配置正常。

第4章 运 行 值 班

4.1 日 常 巡 视 管 理

系统硬件环境每值须巡视一次，并做好巡视记录。巡视流程：查看机房监控系统→机房检查空调→机检查电源→机房检查设备状态→记录硬件设备状态→异常处理→消缺报告。

（1）机房检查空调。查看机房空调显示面板（图4-1）是否告警，空调温度是否正常。正常以温度控制在夏季22℃±1℃、冬季23℃±1℃，相对湿度控制在40%～55%。如温度、湿度异常，第一时间电话通知负责人，做好详细记录。

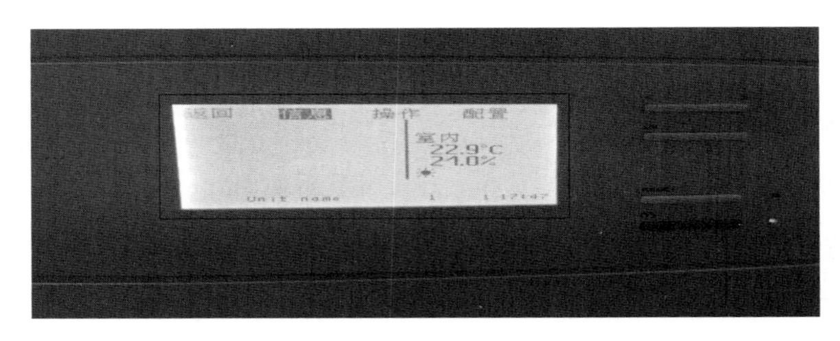

图4-1 机房空调显示面板

（2）机房检查设备状态。调度自动化机房巡视，查看服务器、工作站等设备的显示面板是否有异常，查看服务器、磁盘阵列硬盘告警灯是否正常。正常情况均为绿色，红色为报警灯。机房服务器告警灯如图4-2所示。

图4-2 机房服务器告警灯

（3）记录硬件设备状态。在机房巡视记录表中将巡视的结果和异常情况进行详细记录，第一时间联系相关负责人处理。

4.1.1 系统软件日常监视及流程

系统软件日常监视主要分为系统运行监视和系统应用监视两大类。监视流程为实时监视→异常处理→消缺报告。

1. 磁盘监视

磁盘监视信息表须进行实时监视，当磁盘使用率不小于80%时，须及时通过Ⅰ区工作站终端远程登录查看磁盘使用情况，并进行分析判断属于操作系统日志堆积还是平台日志堆积 。

使用命令及步骤：

(1) 远程登录ssh+机器节点。

(2) 查看磁盘使用率df-h。

(3) 查看当前文件的内存du-ha。

(4) 查找当前目录下使用率较大的文件（大于1个G）find . -type f-size+1024M。

确认后及时通知自动化运维人员进行处理，并做好值班记录，闭环跟踪直至完成消缺。

2. 主机应用监视

主机应用监视表须进行实时监视，当监视表中发生应用主机切换时，通过使用D5000告警查询工具查明应用主机切换原因。切换原因为手动切换时，及时联系各应用运维人员出具手动切换原因说明并做好值班记录。切换原因为系统自动切换时，值班人员需检查原应用主机网络状态、应用状态进行初步判断，及时通知各应用运维人员消缺并出具缺陷分析报告，记录在值班日志。

使用命令及步骤：

(1) 本机终端ping+原应用主机IP地址，查看网络状态。

(2) 远程登录原应用主机终端输入ss，查看应用状态。

3. CPU及内存负荷监视

CPU及内存负荷表须实时监视，当CPU及内存负荷使用率不小于80%时，须及时通过Ⅰ区工作站终端远程登录查看告警机器节点CPU及内存负荷使用情况，及时通知各应用运维人员进行处理，并做好值班记录，闭环跟踪直至完成消缺。

使用命令及步骤：

(1) 远程登录ssh+机器节点。

(2) 键入top查看CPU使用率。

(3) 查看当前文件的内存du-ha。

4. 进程监视

进程监视表须实时监视，当出现告警时，根据数据库进程监视表分析判断告警进程类型。若为常驻关键进程，通过本机终端ss查看进程应用主机，远程登录应用主机，终端查看进程状态为离线还是故障，及时通知各应用运维人员进行处理，并做好值班记录，闭环跟踪直至完成消缺。

使用命令及步骤：

(1) 本地终端键入ss查看进程应用主机。

(2) 远程登录应用主机ssh+机器节点。

(3) ps-ef | grep 进程名查看进程状态。

5．状态估计指标

状态估计指标可以实时监视自动化同业对标指标、状态估计考核指标、母线平衡率指标。当省调考核界面出现地调本地母线不平衡及状态估计的不合格点时，根据不合格点残差值分析问题原因，处理缺陷并做好详细记录。状态估计指标处理方式见表4－1。

表4－1　状态估计指标处理方式

序号	不合格点	电压等级	设备类型	信号类型	异常类型	处理方式	记录内容
1	厂站端	35kV	线路	遥测	有功异常	对端代	发起缺陷并做好详细记录，闭环跟踪直至缺陷消除
2					无功异常	对端代	发起缺陷并做好详细记录，闭环跟踪直至缺陷消除
3				遥信	开关状态异常	遥信封锁	发起缺陷并做好详细记录，闭环跟踪直至缺陷消除
4					刀闸状态异常	遥信封锁	发起缺陷并做好详细记录，闭环跟踪直至缺陷消除
5			主变	遥测	有功异常	遥测封锁	发起缺陷并做好详细记录，闭环跟踪直至缺陷消除
6					无功异常	遥测封锁	发起缺陷并做好详细记录，闭环跟踪直至缺陷消除
7					档位异常	遥测封锁	发起缺陷并做好详细记录，闭环跟踪直至缺陷消除
8				遥信	开关状态异常	遥信封锁	发起缺陷并做好详细记录，闭环跟踪直至缺陷消除
9					刀闸状态异常	遥信封锁	发起缺陷并做好详细记录，闭环跟踪直至缺陷消除
10		110kV	线路	遥测	有功异常	对端代	发起缺陷并做好详细记录，闭环跟踪直至缺陷消除
11					无功异常	遥测封锁/状态估计代	发起缺陷并做好详细记录，闭环跟踪直至缺陷消除
12				遥信	开关状态异常	遥测封锁	发起缺陷并做好详细记录，闭环跟踪直至缺陷消除
13					刀闸状态异常	遥测封锁	发起缺陷并做好详细记录，闭环跟踪直至缺陷消除
14			主变	遥测	有功异常	遥测封锁	发起缺陷并做好详细记录，闭环跟踪直至缺陷消除
15					无功异常	遥测封锁	发起缺陷并做好详细记录，闭环跟踪直至缺陷消除
16					档位异常	遥测封锁	发起缺陷并做好详细记录，闭环跟踪直至缺陷消除
17				遥信	开关状态异常	遥信封锁	发起缺陷并做好详细记录，闭环跟踪直至缺陷消除
18					刀闸状态异常	遥信封锁	发起缺陷并做好详细记录，闭环跟踪直至缺陷消除
19	本地模型参数异常	及时联系自动化运维班指标负责人并做好详细记录，闭环跟踪直至缺陷消除					

6. 本地状态估计运行状态

本地状态估计运行状态须实时监视，监视过程中出现运行状态异常，及时告知运维人员进行处理并做好详细记录。

运行监视内容：

(1) 监视运行曲线是/否实时刷新。

(2) 监视状态估计是/否周期运行。

(3) 监视本地状态估计运行信息是/否“全网收敛”。

7. 曲线监视

曲线监视间隔为30min，每30min刷新监视Ⅰ区、Ⅲ区曲线状态，当Ⅰ区、Ⅲ区曲线出现曲线不刷新异常时，须及时通过Ⅰ区、Ⅲ区工作站终端键入ss查看data_srv应用主机。通过远程登录应用主机，查看mindhs进程状态，登录SCADA服务器查看历史库连接状态，及时通知平台运维人员进行处理，并做好值班记录，闭环跟踪直至完成消缺并整理消缺报告。

使用命令及步骤：

(1) 本地终端键入ss查看data_srv应用主机。

(2) 远程登录应用主机ssh＋机器节点。

(3) ps -ef | grep midhs查看进程状态。

(4) 远程登录SCADA服务器SSH＋机器节点。

(5) 终端键入get_all_db查看历史库连接状态。

8. 远动通道工况监视

主、备调远动通道状态监视表须实时监视，当出现省调直调厂站单通道中断告警时，及时联系厂站消缺。通过查看该厂站通道所连前置机，远程登录ping测厂站远动IP及端口号，配合厂站消缺，做好值班记录。

主、备调远动通道出现省调直调厂站双通道中断，通过查看检修票，确认厂站是否存在检修工作。有检修工作时，对厂站实时数据进行封锁；无检修工作时，及时通知厂站恢复通道工况，并核对实时数据，下发缺陷单督促厂站完成消缺，同时做好值班记录。

使用命令及步骤：

(1) fes_showreal打开前置显示工具查看厂站通道所连前置机。

(2) 远程登录前置机ssh＋机器节点。

(3) ping＋远动IP地址，ping测远动地址。

(4) telnet＋厂站远动IP＋厂站远动端口，telnet远动端口连接状态。

9. 数据不刷新监视

数据不刷新监视表须实时监视，当数据不刷新监视表出现告警时，需要及时查看。根据告警相关遥测ID，进入对应厂站接线图查看数据，判断数据不刷新原因。若为厂站设备停电导致遥测数据正常归零不刷新，无须记录；若为厂站数据质量码异常，导致遥测数据不刷新，则先采取遥测操作暂时使数据恢复正常，再查明厂站数据质量码异常原因。查看方法为：打开前置显示工具判断厂站数据质量码异常原因，双通道上传数据异常，及时联系厂站恢复数据，下发缺陷督促缺陷闭环，并核对数据，做好详细记录；单通道上传数据异常，数据库fes -设备表-通道表进行通道切换操作，下发缺陷督促缺陷闭环，并核对数据，做好详细记录。数据不刷新处理方式见表4-2。

表4-2 数据不刷新处理方式

序号	电压等级	设备类型	信号类型	数据不刷新分类	处理方式	记　　录
1	35kV	线路	遥测	有功异常	对端代	发起缺陷并做好详细记录，闭环跟踪直至缺陷消除
2				无功异常	对端代	发起缺陷并做好详细记录，闭环跟踪直至缺陷消除
3		主变	遥测	有功异常异常	遥测封锁	发起缺陷并做好详细记录，闭环跟踪直至缺陷消除
4				无功异常	遥测封锁	发起缺陷并做好详细记录，闭环跟踪直至缺陷消除
5				档位异常	遥测封锁	发起缺陷并做好详细记录，闭环跟踪直至缺陷消除
6	110kV	线路	遥测	有功异常	对端代	发起缺陷并做好详细记录，闭环跟踪直至缺陷消除
7				无功异常	遥测封锁/状态估计代	发起缺陷并做好详细记录，闭环跟踪直至缺陷消除
8		主变	遥测	有功异常	遥测封锁	发起缺陷并做好详细记录，闭环跟踪直至缺陷消除
9				无功异常	遥测封锁	发起缺陷并做好详细记录，闭环跟踪直至缺陷消除
10				档位异常	遥测封锁	发起缺陷并做好详细记录，闭环跟踪直至缺陷消除

10. 运行事故监视

综合故障分析界面近期事故信息表和告警直传表须实时监视，当事故监测监视表出现“故障跳闸”信息时，须及时打开设备所属厂站接线图，查看实时数据并分析判断“故障跳闸”对实时数据是否产生影响，再与调度或厂站落实“故障跳闸”信息是否正确，若属于正常停电，系统判断为“故障跳闸”须及时通知运维人员消缺，并发起缺陷单，闭环跟踪并整理缺陷分析报告，记录在值班日志。

11. 操作信息表监视

操作信息表须实时监视。当操作信息表中出现用户操作信息时须及时打开操作设备所属厂站接线图，并查看操作是否对实时数据产生影响，如产生影响，则按表4-3的方式进行处理，处理后持续监视15min，若用户仍未解除操作，电话告知操作用户及时解除操作，并做好值班记录。

表4-3 操作不当处理方式

序号	电压等级	设备类型	信号类型	操作不当类型	处理方式	记　　录
1	35kV	线路	遥测	有功异常	对端代	发起缺陷并做好详细记录，闭环跟踪直至缺陷消除
2				无功异常	对端代	发起缺陷并做好详细记录，闭环跟踪直至缺陷消除
3			遥信	开关状态异常	遥信封锁	发起缺陷并做好详细记录，闭环跟踪直至缺陷消除
4				刀闸状态异常	遥信封锁	发起缺陷并做好详细记录，闭环跟踪直至缺陷消除
5		主变	遥测	有功异常异常	遥测封锁	发起缺陷并做好详细记录，闭环跟踪直至缺陷消除
6				无功异常	遥测封锁	发起缺陷并做好详细记录，闭环跟踪直至缺陷消除
7				档位异常	遥测封锁	发起缺陷并做好详细记录，闭环跟踪直至缺陷消除
8			遥信	开关状态异常	遥信封锁	发起缺陷并做好详细记录，闭环跟踪直至缺陷消除
9				刀闸状态异常	遥信封锁	发起缺陷并做好详细记录，闭环跟踪直至缺陷消除
10		母线	遥测	母线电压异常	遥测封锁	发起缺陷并做好详细记录，闭环跟踪直至缺陷消除

续表

序号	电压等级	设备类型	信号类型	操作不当类型	处理方式	记　录
11	110kV	线路	遥测	有功异常	对端代	发起缺陷并做好详细记录，闭环跟踪直至缺陷消除
12				无功异常	遥测封锁/状态估计代	发起缺陷并做好详细记录，闭环跟踪直至缺陷消除
13			遥信	开关状态异常	遥测封锁	发起缺陷并做好详细记录，闭环跟踪直至缺陷消除
14				刀闸状态异常	遥测封锁	发起缺陷并做好详细记录，闭环跟踪直至缺陷消除
15		主变	遥测	有功异常	遥测封锁	发起缺陷并做好详细记录，闭环跟踪直至缺陷消除
16				无功异常	遥测封锁	发起缺陷并做好详细记录，闭环跟踪直至缺陷消除
17				档位异常	遥测封锁	发起缺陷并做好详细记录，闭环跟踪直至缺陷消除
18			遥信	开关状态异常	遥信封锁	发起缺陷并做好详细记录，闭环跟踪直至缺陷消除
19				刀闸状态异常	遥信封锁	发起缺陷并做好详细记录，闭环跟踪直至缺陷消除
20		母线	遥测	母线电压异常	遥测封锁	发起缺陷并做好详细记录，闭环跟踪直至缺陷消除

12. 主备调实时数据比对

首先比对系统首页 SCADA→调度总监表实时数据，当数据不一致时，则打开公式定义查看公式分项数据，分析判断数据不一致原因。若为本地问题，及时处理并做好详细记录；若为厂站上送数据异常，及时通知专责并发起缺陷，闭环跟踪缺陷处理，并做好详细记录。其次使用“系统间量测映射工具”对所有厂站数据比对，若数据不一致，分析数据不一致原因，若为本地问题进行处理并做好详细记录，如厂站上送数据异常则发起缺陷，跟踪闭环缺陷并做好详细记录。处理方式见表 4-4。

表 4-4　主备调数据不一致处理方式

序号	数据不一致原因	处理方式
1	本地实时数据库表文件不同步	通知运维人员联系数据库厂家处理
2	主调数据库未加厂站备调通道	主调侧手动添加厂站备调通道
3	厂站上送备调数据异常	发起缺陷并闭环消缺，做好记录

工具使用方法：

(1) 主调Ⅰ区工作站键入 bin/mea_reflex_cal；打开系统间量测映射工具。

(2) 选择电压等级，设置比对参数，进行数据比对和遥测分析。

4.1.2 网络安全管理平台

4.1.2.1 相应处置

1. 全网指标

全网指标包含告警数、未解决告警数、资产数、离线数、告警解决率、资产在线率、密通率各项指标，巡视各项指标并记录。

实时指标监视在系统首页界面展示，历史指标监视需要登录网安平台“安全分析→平台稳定性→指标统计”界面，点击时间选择开始时间、结束时间的范围，查看平台历史指标。本级平台的指标应以上级平台指标为准，当发现指标异常后，应及时与上级平台核对指标真实情况。

2. 设备监视

设备监视包含主机设备监视表、安全设备监视表、数据库设备监视表、网络设备监视表。设备监视可以监视设备的CPU、内存等运行情况，巡视过程中检查各运行指标是否正常，并记录。

主机设备监视表、数据库设备监视表、安全设备检视表和网络设备监视表通过颜色来区分不同状态的设备。

当数据为蓝色时，表明该设备在线且该项数据正常，没有超过设备管理中添加或编辑设备时预先设置好的各项阈值。

当数据为橙色时，表明该数据异常，已经超过了设备管理中预先设置的阈值。

当数据为红色时，表明该设备已离线，离线设备将会保留其离线那一刻的所有状态，当该数据状态正常时，将会显示为红色，当该数据状态异常时，将显示为橙色。

当该条记录为白色时，表明该设备未投入使用。

当该条记录为黄色时，表明该设备已被挂牌。

3. 告警监视

告警监视模块的功能是监视当天发生的告警信息和全部时间发生的安全事件，使用户能够简单快捷地对这些告警信息和安全事件进行查询、确认和解决。告警监视包含本级告警、本级安全事件。

告警级别分为一般、重要、紧急，告警分类有安全类和运行类两类，告警状态分为未确认、已确认、已解决。告警内容会以级别、告警设备、最近发生时间、次数、IP、内容、日志类型、日志子类型、告警开始时间、告警状态、操作的形式展现出来。

安全事件和安全威胁都是一类告警，其中安全威胁又名安全风险，是在已有的告警基础上根据告警的日志子类型挑选出的更具威胁的告警，而安全事件是在安全威胁中根据告警的日志子类型挑选出来的比安全威胁危害更大的告警。

威胁监视功能包括外部访问监视、操作行为监视、外接设备监视和重点设备的监视四个部分。该部分实时监视了当前活跃的用户、各类型登录访问和各个外接设备访问的情况及其操作信息，也实时监视了某些重点设备的当前状态及其产生的安全事件、告警事件。

4. 平台稳定性

在网安平台安全分析→平台稳定性界面，可查询历史指标。平台稳定性包括资产在线率、密通率、安防设备在线率、平台运行可靠率、数据通信可靠率、监测装置运行可靠率、受控设备总体监控率。

运行状态监视显示了监视平台的整体框架、各功能模块、各类设备信息以及其上程序的运行状态，用户通过该功能可以直观地获取到整个平台的运行情况。运行状态监视页面分为左右两个部分，左侧显示了此时所在监视平台的整体结构框架模型以及各个功能模块的运行状态，右侧显示了功能模块相应程序所分布的各服务器、网关机和监测装置的基本信息、状态及其上各程序的运行情况，其中左侧各模块与右侧各程序均有三个状态：正常、异常和离线，分别用绿色、黄色和红色来表示。

5. 设备离线

设备离线页面可以查看全部时间所有离线事件和设备的统计信息，分为离线事件查询和离线信息查询两部分。

设备离线打开默认为离线事件查询页面，离线事件查询列表，表中记录拥有设备名称、设备IP、操作开始时间、操作结束时间、持续时长和操作类型等属性，其中操作类型分为离线和挂牌。

离线信息列表，表中记录拥有厂站名称、设备名称、离线总时长、应运行总时长、在线率和离线次数等属性。用户点击这些属性可以修改列表排序规则，也可以在列表右上角的方块按钮中设置需要显示的属性类型，通过离线信息列表的在线率和离线次数等属性，可以直观查询到各厂站网络安全监测装置及其他设备的离/在线情况。

巡视过程中，如果发现存在设备离线信息，须及时将设备挂起，并核查设备离线原因，联系运维人员进行处理，同时查看平台指标是否正常，联系上级单位核对实时指标是否正常。

6. 通道监视

通道监视按照电压等级分别从两个维度显示了平台各个厂站区域的纵向加密设备和监测装置的工作状态，包括设备自身的离在线状态、纵向隧道工作状态和监测装置通道工作状态。通过该模块可以清晰地掌握各个厂站的运行情况，巡视并记录通道运行状态。

7. 安全拓扑

安全拓扑界面是系统提供给用户与资产进行交互的主要窗口，该界面显示了用户添加的各装置节点的实时运行状态。用拓扑图描画全网的各类安全设备，不仅能够宏观地监测整个平台运行的详细情况，还可以具体查看每个设备的告警情况及运行情况，这样就能及时发现平台运行中产生的不安全事件。

拓扑图包含纵向管控功能，当设备出现安全告警风险时，可以通过该拓扑图查询指定策略、检查隧道状态、更换证书等，对警情及时确认并且依据安全专责制定的方案处理告警。拓扑中能实时展示资产的运行状态，包括告警情况、资产离在线状态和管控连通是否异常等。当鼠标悬浮到某一资产上方时，用户能够直观获取到资产的运行信息，如设备IP、设备名称CPU使用率、内存使用率和数据流量等。当发生新告警、解决告警和有新资产接入时，在拓扑中能够利用实时的动画来动态展示该新消息。

8. 厂站资产调阅

厂站资产调阅功能可稳定、可靠地调阅厂站Ⅱ型监测装置所属主站的证书信息、接入资产等。

调阅厂站Ⅱ型监测装置所属主站的证书信息，登录网安平台“厂站管理→厂站维护”界面，勾选相应厂站Ⅱ型监测装置，进入“证书管理”界面，查看列表中平台证书的颁发者、有效期等信息是否符合电力调度数字证书系统签发的证书。

调阅厂站Ⅱ型监测装置接入资产，登录网安平台“厂站管理→厂站维护”界面，点击相应厂站资产名称，在资产配置界面，点击“调阅”按钮，查看调阅数据正常显示后是否在5s内；在监控对象界面，可以调阅接入网监装置的主机设备的探针白名单信息，查看厂站已接入的主机设备探针白名单配置是否合理。

9. 设备管理

设备管理模块能够展示平台中所有资产的分布信息、部署信息、运行情况及其每个设备的详细信息，并提供了对这些设备的查询、管理和配置功能。

点击设备管理列表中的某条记录，在该记录最右侧将弹出设备子功能菜单。该菜单中共有五个功能按钮，分别是编辑设备、子节点管理、删除设备、复制设备和挂牌设备。为避免因检修引起的告警上送及运行指标下降，在检修操作前，网安值班员应对检修设备进行挂牌操作，工作结束后摘牌。

挂牌：网络安全管理平台→模型管理→设备管理→在搜索栏搜索检修主站或厂站→点击状态设置→投运状态选择检修→输入挂牌原因→确定。

摘牌：网络安全管理平台→模型管理→设备管理→在搜索栏搜索检修主站或厂站→点击状态设置→投运状态选择在运→输入摘牌原因→确定。

10. 纵向加密策略查询

查询指定策略、检查隧道状态、更换证书等。

隧道中断告警查看：网络安全管理平台首页→安全监视→告警监视→本级告警→搜索关键词隧道。

故障排查与验证：网络安全管理平台首页→安全监视→安全拓扑→选择相应安全大区→输入设备IP→管控→隧道策略→查看隧道状态及策略。

重置隧道处置：网络安全拓扑→输入隧道中断设备IP地址搜索定位该设备→右键点击管控→点击中断隧道→重置隧道。

更换证书处置：网络安全拓扑→输入隧道中断设备IP地址搜索定位该设备→右键点击管控→点击中断隧道→更换证书→选择正确证书导入路径→成功导入证书→重置隧道→观察是否正常（通常需要导入两侧证书，厂站侧证书需要对方提供）。

11. 可信验证监视

主要对平台各安全区接入可信模块功能的主机进行实时监视，包括受保护文件数、策略变更情况、在线率、部署率和告警信息等。查看可信接入情况和可信主机在线状态，实时监视可信验证节点的验证失败、可信策略变更告警。检查告警信息包括告警设备IP、告警内容等信息是否准确且数据无缺失、有误或不完整的情况。

查看可信接入情况：登录网安平台“模型管理→设备管理”界面，查看资产列表“可信计算部署情况”字段，查看部署的可信资产是否都已接入。

查看可信主机在线状态：登录网安平台“安全监视→可信监视”界面，点击总览处。

查看告警信息：登录网安平台“安全监视→可信监视”界面，筛选可信验证失败和可信策略变更的实际部署数，检查可信主机状态是否全部在线。

12. 恶意代码监视

登录网安平台“安全核查→恶意代码检测”界面，能够展示当月恶意代码数、累计防护天数、部署率、在线率、威胁解决率、需升级病毒库客户端、需升级客户端，可以查看恶意代码接入情况，客户端均应在线，客户端特征库应为最新。检查包括告警设备IP、告警内容等信息是否准确且数据无缺失、有误或不完整的情况。

恶意代码检测功能，是对计算机系统上的磁盘文件进行扫描，并对扫描出的木马病毒进行查杀，该项目包括“设备查杀”“定时查杀”“清除威胁”“版本管理”“白名单管理”等功能模块。

4.1.2.2 核查评估

1. 安全核查

（1）功能概述：安全核查功能可以对安全漏洞、弱口令、安全配置进行扫描和核查。

安全核查分为设备核查和任务核查两个功能模块，对应的核查功能包括配置核查、安全风险评估、弱口令扫描和纵向核查，其中配置核查、安全风险评估和弱口令扫描针对主机设备，纵向核查则针对纵向设备。

（2）操作步骤：

1）纵向核查：

a. 进入安全核查→设备核查→纵向核查。

b. 选择可被平台正常管控的目标纵向设备点击核查。

c. 查看核查结果。

2）配置核查：

a. 进入平台→安全核查→任务核查。

b. 点击“新增”。

c. 输入任务名称。

d. 选择任务类型：配置核查。

e. 勾选所有核查项。

f. 选择扫描目标。

g. 提交。

h. 核查新增的任务并检查核查结果。

3）弱口令扫描：

a. 进入平台→安全核查→任务核查。

b. 点击“新增”。

c. 输入任务名称。

d. 选择任务类型：弱口令扫描任务。

e. 选择扫描目标。

f. 提交。

g. 核查新增的任务并检查核查结果。

2. 主机风险评估

（1）功能概述：通过风险评估功能及时发现和修复安全漏洞。

（2）操作步骤：登录网安平台“安全核查→设备核查→主机核查”界面，选取相应主机，在安全风险评估处拥有安全风险数、上次核查时间、查看报告和操作等属性。点击操作一栏的“扫描”，即可对该主机的安全漏洞进行扫描评估，此时操作一栏将显示“扫描中”，扫描过程中点击“停止”可停止扫描。

4.1.2.3 安全审计

1. 用户登录

功能概述：实时记录主机、网络设备、数据库、安防设备的用户登录、退出等安全事件。

操作步骤：登录网安平台“安全审计→行为审计”界面，检查主机用户日志信息；登录网安平台“安全审计→日志审计”界面，检查网络设备、数据库、安防设备用户登录、退出日志信息。

2. 外设接入

功能概述：实时记录主机USB设备接入、光盘载入等安全事件并告警。

操作步骤：登录网安平台“安全审计→日志审计”界面，检查主机外设接入告警信息，例如主机USB插入、服务器光驱加载等。

3. 网络访问

功能概述：实时记录违反主机白名单配置的违规访问的安全事件并告警。

操作步骤：对于安全Ⅰ区、Ⅱ区的操作，登录网安平台“安全监视→告警监视”，筛选主机异常访问告警，检查告警内容包括访问IP、端口等内容是否均正确、完整；对于安全Ⅲ区的操作，登录网安平台“安全审计→日志审计”，筛选服务器不符合安全策略访问日志，检查日志内容包括访问IP、端口等内容是否均正确、完整。

4. 可疑操作

功能概述：实时记录主机关键目录、文件篡改行为的安全事件并告警。

操作步骤：登录网安平台“安全审计→综合审计”界面，查看有该资产的链路信息，双击操作数量和告警数量中的数字，详情界面中告警信息、操作信息中显示对该资产进行可疑操作记录。

5. 设备离线

功能概述：对设备离线情况进行记录，记录信息包含设备名称、离线时间、离线时长等。

操作步骤：进入平台“安全审计→设备离线→离线事件”查询，查看设备离线情况记录。

4.1.2.4 报表分析

1. 查看审计报告

功能概述：使用运维审计报表辅助生成功能每月定期编制审计报告。

操作步骤：登录网安平台“安全分析→数据报表”界面，点击报表类型左侧的“搜索”按钮，筛选运维报表。查看关键行为审计，其主要包括登录行为审计、设备接入审计、权限变更审计、配置变更审计和危险操作指令审计。

2. 查看安全报表

功能概述：选定类型和时间范围内监管平台总体资产、运行、告警情况的统计报表，并进行导出，了解和掌握选定时间段内整个平台的总体情况。

操作步骤：登录网安平台“安全分析→数据报表”界面，点击报表类型左侧的搜索按钮，筛选安全报表。

4.1.3 调度数据网

通过数据网网管系统依次登录各个路由设备，检查设备相关信息。调度数据网巡视命令见表4－5。

表4－5 调度数据网巡视命令

巡视内容	命 令	指标及状态
CPU利用率	displayCPU	平均值不高于40%
Memory使用率	display memory	平均值不高于80%
设备模块运行情况	display device	所有设备状态normal
电源运行情况	display power	设备状态normal
风扇运行情况	display fan	设备状态normal
设备温度情况	display enviorment	不高于75℃

4.2 告 警 案 例

1. 案例一：异常访问类-外部危险端口访问类的重要告警（远动机未关闭NetBIOS服务）

（1）告警信息。某电站的设备1（169.254.0.2）与设备2（169.254.0.255）之间存在NetBIOS（138）端口访问，被纵向拦截。

（2）告警分析。169.254.0.2为变电站远动机站内地址（Windows操作系统），169.254.0.255为数据网网关地址。UDP的138目的端口主要作用是提供NetBIOS环境（Windows操作系统专有）下的计算机名浏览功能。该变电站远动机系统自动启动NetBIOS服务，远动机通信模块作为客户端访问站内装置的服务端，当出现服务端不可访问时（如通信中断），则远动机通过数据网网口向外尝试发起通信连接，产生（169.254.0.2）访问（169.254.0.255）的138端口的报文，被纵向加密认证装置拦截后产生告警。

（3）解决方案

1）停用远动机上的NetBIOS服务，如图4－3所示。设定各业务使用的明细路由，删除所有默认路由。检查远动机站内通信情况，对站内通信中断设备进行消缺。

2）关闭Windows操作系统的NetBIOS服务可能被漏洞利用的端口。

2. 案例二：异常访问类-关于0.0.0.0访问255.255.255.255的非法访问告警

（1）告警信息见表4－6。

表4－6 告警信息表

告警级别	告警设备	告警源地址	告警目的地址
重要	某1变实时纵密	0.0.0.0	255.255.255.255
重要	某2变实时纵密	0.0.0.0	255.255.255.255

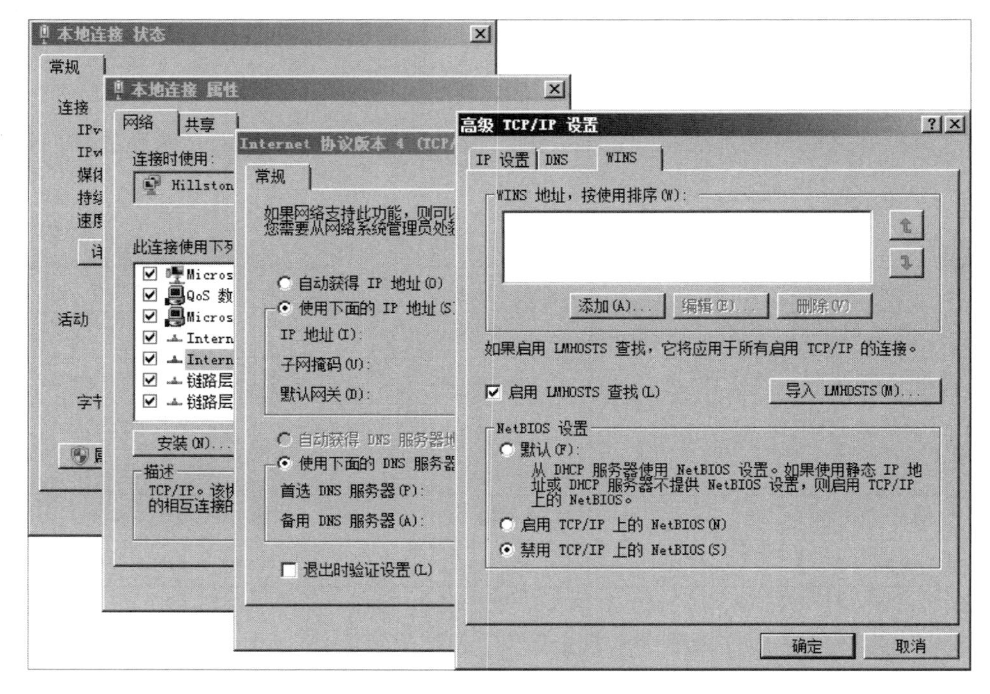

图 4-3 停用 NetBIOS 服务

此类告警由某 1 变、某 2 变的纵向加密装置报出，源地址为 0.0.0.0，目的地址为 255.255.255.255；某 1 变纵向加密为南瑞设备，某 2 变纵向加密为科东 PSTunnel-2000 型设备。

（2）原因分析。在现场检查路由器和交换机配置后，发现场站侧实时交换机存在 IP address dhcp-alloc 配置，该配置在设备没有配置 IP 地址的情况下，接口会尝试通过动态主机配置协议（Dynamic Host Configuration Protocol，DHCP）协议动态获取 IP 地址，依据 DHCP 协议的实现原理，该协议会通过发送 255.255.255.255 的广播报文寻找 DHCP 服务器，由于接口不存在 IP 地址，因此会出现源地址为 0.0.0.0 访问目的地址为 255.255.255.255 的情况。

路由器的 Ethernet3/0/0 和 Ethernet3/0/1 接口分别连接实时纵向加密和非实时纵向加密装置，接口存在 IP address dhcp-alloc 这条配置，因此实时和非实时纵向加密装置都会产生 0.0.0.0 访问 255.255.255.255 的非法访问告警。

交换机中添加过 Vlan，同样属于三层接口，默认情况下，交换机会为每个 Vlan 默认生成 Vlan-interface 接口，该接口属于三层接口，在没有配置地址的情况下也会默认存在 IP address dhcp-alloc 这条配置，造成产生 0.0.0.0 访问 255.255.255.255。

（3）解决措施。关闭交换机 Vlan-interface 1 以及其他 Vlan-interface 下的 IP address dhcp-alloc 配置，删除 Vlan-interface 1 接口，trunk 口下面禁止 Vlan1 通过，只允许相关业务 Vlan 通过，关闭设备的 DHCP 服务。

根据具体业务设置 ACL 访问控制列表，通过调度数据网三层接入交换机的出接口设置 ACL 屏蔽非法访问信息。

3. 案例三：设备异常-隧道建立错误的重要告警（纵向装置报“证书不存在”告警）

（1）告警信息。某变电站实时纵向加密认证装置发出告警：隧道建立错误，本地隧道169.254.1.1与远端隧道169.254.2.1的证书不存在。

（2）原因分析。隧道本端地址169.254.1.1为该变电站实时纵向加密认证装置的地址，远端隧道169.254.2.1为地调主站侧实时纵向加密认证装置的地址。远端配置了本端证书及隧道，并发起隧道协商报文，本端纵向加密认证装置收到了远端纵向加密认证装置的隧道协商报文，但由于本端没有导入对端装置的证书，导致本端纵向装置发出“证书不存在”告警。

（3）解决方案。检查证书配置，确保已经导入正确的对端装置证书。

4. 案例四：外设接入-外部调试设备接入网络的重要告警（外部设备接入导致违规外联）

（1）告警信息。某风电场站非实时纵向加密认证装置发出紧急告警：不符合安全策略的访问，169.254.1.1 访问 169.254.1.190 至 169.254.54.154 等 58 个地址的 443、80 端口。

（2）原因分析。169.254.1.1为厂商自带笔记本接入风电场网络的IP地址，目的地址均为互联网地址，目的端口80、443均为网页浏览端口，其中80端口用于HTTP服务，443端口用于HTTPS服务。经查，告警发生时，该风电场厂家调试人员正使用自带笔记本接入非实时交换机进行调试，且在调试期间通过无线网络连接互联网进行资料查询，并访问了169.254.1.190至169.254.54.154等58个外网地址，期间访问互联网的部分数据包串入调度数据网，被非实时纵向加密认证装置拦截产生告警。

（3）解决方案。断开笔记本与调度数据网的网络连接。加强对电厂电力监控系统安全防护的技术监督工作，要求电厂加强现场作业的风险管控，落实安全防护的主体责任，采取有效措施防范违规外联。

5. 案例五：外设接入-光驱加载弹出光盘（主机挂载光驱导致告警）

（1）告警信息。某变电站网络安全监测装置发出告警：某主机存在光驱，名称为DVD - A—＊＊＊＊。

（2）原因分析。该主机为变电站运维工作站。工作人员检查主机设备配置信息，发现主机启用了光驱，名称为：DVD - A—＊＊＊＊，该信息被部署在主机上的Agent程序采集并送至变电站网络安全监测装置产生告警。

（3）解决方案。Windows：“设备管理”中禁用相应的驱动。

Linux路径：/usr/lib/modules/uname - r/kernel/drivers/scsi/，更改sr_mod.ko模块名称。

主机设备接入变电站网络安全监测装置前，应排查确保主机不存在不必要光驱等外接设备。

6. 案例六：外设接入- USB存储设备接入拔出（移动存储设备违规接入产生告警）

（1）告警信息。某主站网络安全监测装置发出告警：mzgs7 - 1［169.254.1.117］移动存储设备插入，设备名称：USB Flash drive controller，厂商名称：SanDisk Microelectronics Co.。

（2）原因分析。mzgs7 - 1［169.254.1.117］为该地调主站延伸至某县公司的远程工作站。因前期工作站出现了故障，维护人员重新安装该系统并部署 Agent 程序接入网络安全管理平台。但重装系统后维护人员未对该主机进行加固，禁用 USB 移动存储设备，关闭闲置 USB 端口。工作站运行过程中，运行人员误将 U 盘插入了该工作站 USB 端口，被工作站部署的 Agent 程序监测到，并上传到网络安全监测装置产生告警。

（3）解决方法及措施：

1）对该主机进行加固，关闭 USB 存储服务功能。

2）在主机硬件 USB 端口进行物理封堵，严禁接入 USB 存储介质，在确需使用时才打开，在使用时应通知值班人员将主机置检修状态，避免产生告警。

7. 案例七：设备异常-对时异常重要告警（远动机未关闭 SNTP 服务导致异常访问）

（1）告警信息。某变电站实时纵向加密认证装置发出重要告警：不符合安全策略的访问，169.254.1.1 访问广播或组播地址 169.254.1.255 的 123 端口。

（2）原因分析。169.254.1.1 为变电站远动机地址，169.254.1.255 为本网段广播地址，UDP 的 123 目的端口为协议端口（simple network time protocol，SNTP）。SNTP 是简单网络时间协议，主要用来同步网络中计算机系统的时间。SNTP 服务端在广播模式下会周期性地发送消息给指定广播地址或多播地址，SNTP 客户端通过监听这些地址来获得时间信息。远动机开启了 SNTP 服务端程序，其向广播地址 169.254.1.255 发送的对时报文被纵向加密认证装置拦截产生告警。变电站站内装置实际和时间同步装置进行对时，并无须与远动机对时。

（3）解决方案：

1）修改远动机配置参数，关闭 SNTP 服务端程序。

2）若站内没有时间同步装置，确需用远动机做对时服务，保留远动机 SNTP 服务端程序，限制远动机的对时广播报文仅通过远动机站内网卡发送，确保不发送到调度数据网络中。

8. 案例八：设备异常-设备离线（主机 Agent 程序异常导致离线告警）

（1）告警信息。某变电站网络安全监测装置发出告警：后台某主机离线。

（2）原因分析。现场检查该主机的监控系统业务程序运行正常，网络连接正常，与监测装置之间的 ping 测试正常，但监测装置收不到主机发送的任何监测报文。该厂站主机操作系统为 Linux，安装 Agent 程序，参看 Agent 程序状态无异常。在尝试将 Agent 程序重启后，主机恢复在线状态。

（3）解决方案：

1）对主机 Agent 程序进行重启，该主机的状态恢复为在线。

2）升级 Agent 程序版本，消除运行缺陷。

3）增加 Agent 程序的守护进程或升级到稳定版本，防止主机被判为离线失去管控。

9. 案例九：外设接入-笔记本电脑接入的重要告警（外部设备违规接入导致异常访问）

（1）告警信息。某换流站实时纵向加密认证装置发出紧急告警：不符合安全策略的访问，169.254.1.1 访问 169.254.199.81 至 169.254.255.250 间的 170 个地址，目的端口不固定。

（2）原因分析。169.254.1.10 为该换流站频率协控系统子站 IP 地址，目标地址为非业务 IP 地址，目的端口不固定。经核查，告警发生期间，该换流站正在开展业务系统的调试工作。某厂家工程人员擅自将自用笔记本电脑改为频率协控系统子站 IP 地址，接入实时交换机进行通道测试。该调试电脑中安装有某应用软件，在接入数据网交换机进行调试过程中，调试笔记本的某软件开启了自动更新功能，尝试自动访问 169.254.199.81 至 169.254.255.250 的 170 个外网地址进行更新升级，其发出的更新报文被纵向加密认证装置拦截产生告警。

（3）解决方案。断开调试笔记本与调度数据网的网络连接。加强现场运维安全风险管控，完善现场标准化作业指导书及现场工作细则，强化厂家调试人员现场作业的安全教育，配备专用调试电脑并规范其使用，严禁外部厂家携带个人电脑随意接入生产控制大区。

10. 案例十：感染恶意代码-感染病毒的重要告警（某电厂烟气子站服务器感染勒索病毒）

（1）告警信息。某电厂非实时纵向加密装置发出告警：不符合安全策略的访问，169.254.1.41 访问未知随机地址 169.254.2.133 等的 445 端口。

（2）原因分析。169.254.1.41 为该发电厂烟气子站服务器，445 端口为 Windows 文件和打印机共享端口，容易被黑客利用感染病毒，部署在安全Ⅱ区。

烟气子站服务器通过连接数据网的Ⅱ区交换机，采用 IEC104 通信规约，上送数据至省调 D5000 平台。再将烟气子站服务器进行离线，拔出烟气子站服务器连接数据网交换机的网线后，组织系统厂商对烟气子站服务器进行离线检查处理。将该主机切换为安全模式，发现主机对外非法访问消失，判断有恶意程序或病毒在非安全模式下开机自启动。

（3）解决方案。对服务器进行病毒库更新，并进行病毒查杀，消除了 mssecsvc.exe 进程病毒。

经断定，该程序为勒索病毒文件，全盘清理，告警未再现。

（4）防范措施：

1）加强对厂站外来工作人员管控，严禁未经许可接入笔记本计算机、移动存储设备，如有需要必须使用专用的调试笔记本和安全 U 盘。

2）定期对厂站内各类主机操作系统进行防病毒程序特征库升级、病毒查杀和漏洞扫描。

11. 案例十一：高危操作-检修工作不规范致监控主机关键目录文件变更告警

（1）告警信息。某变电站网络安全监测装置发出告警：监控主机 SCADA 1：关键目录中文件变更，详情见/users/ems/bin/pcs9700。

（2）原因分析。该变电站开展检修工作，对监控主机 SCADA 1 程序进行升级，但未向对应调度主站的网络安全值班人员报备检修工作，未将网络监测装置转为检修状态。在厂家进行监控主机 SCADA1 程序升级时，关键目录/users/ems/bin/pcs9700 文件发生变更，被 Agent 程序监测到，将告警信息上送至网络安全监测装置产生告警。

（3）解决方案。在网络安全管理平台中将检修的设备挂检修牌，抑制其产生的告警。

（4）防范措施。对现场检修人员进行网络安全教育，提升其网络安全意识。加强对自动化和网络安全运行管理规程的宣贯，在主机设备检修工作前必须向相应调度机构办理检修工作票并严格执行工作票所列的安全措施。

12. 案例十二：高危操作-高危命令（主机使用危险操作命令 reboot 导致告警）

（1）告警信息。某主站网络安全监测装置发出告警：源主机 169.254.1.130 的 root 用户于 2019-03-02 14：13：15 执行的 reboot 操作违反规则约束。

（2）原因分析。169.254.1.130 为主站安控业务运维工作站地址。因该工作站部署新应用程序后，运维人员执行 reboot 命令重启工作站。reboot 命令在网络安全管理平台运维操作规范中认定为危险操作，导致主机 Agent 程序采集到该操作信息，并上传至网络安全监测装置发出告警。

（3）解决方案。检修设备或者新部署应用时，平台应对操作对象进行挂检修牌处理。

（4）防范措施。补充完善各业务系统运行管理规定、作业指导书、操作流程等。运维人员在运维过程中执行如 reboot、rm、mv、init 等危险命令、危险操作时，应通知网络安全运维人员在网络安全管理平台设备列表中将相应工作站、服务器、网络设备等置为检修状态。

13. 案例十三：高危操作-用户权限变更（主机 Agent 关键目录设置不当导致告警）

（1）告警信息。某变电站网络安全监测装置发出告警：主机 SCADA1：关键目录中文件权限变更，在 169.254.1.181 上执行删除操作，详情见/users/ems/＊＊＊/log/。

（2）原因分析。169.254.1.181 为该变电站后台监控机 SCADA1 内网地址。/users/ems/＊＊＊为后台程序所在文件夹目录。后台程序在运行中，随时会在/users/ems/＊＊＊/log/目录下删除和创建临时文件。

Agent 程序在安装调试时将整个 ems 文件夹目录设置为关键目录，程序运行时写或删除临时文件就会导致文件权限变更的告警。

（3）解决方法及措施。合理规范 Agent 的关键目录、危险命令，高危端口，白名单策略的配置严格按照调规的网安要求进行配置。

14. 案例十四：异常登录-主机口令修改导致程序远程自动登录失败告警

（1）告警信息。某地调主站网络安全监测装置发出告警：源主机 169.254.100.41 试图通过 SSH 协议访问目的主机 169.254.1.38。

（2）原因分析。169.254.100.41 为该地调某应用服务器，169.254.1.38 为该地调 DSA 服务器。主机 169.254.100.41 上的应用服务程序配置了对 DSA 服务器的自动登录访问，以获取所需应用数据。因 DSA 服务器开展定期修改用户口令的工作，但未能及时修改应用服务器上相应配置，导致 SSH 登录 DSA 服务器失败，该登录失败信息被 Agent 程序采集，上送至网络安全监测装置发出重要告警。

（3）解决方法。修改应用服务器上的配置，使用修改后的 DSA 服务器 D5000 用户口令。主机修改相关配置时，应提前做好关联应用检查，及时通知相关的应用维护人员，同步修改相应配置，避免出现用户名密码等配置修改导致访问失败告警。

15. 案例十五：异常登录-非法尝试登录监测装置

（1）告警信息。Ⅰ区网监 64.254.1.36 本地管理界面口令爆破被锁定。

（2）原因分析。站内工作人员今日登录Ⅰ区网监装置查看是否有告警信息，因账号、密码多次输入错误导致告警上送，已停止操作。

（3）安全措施。在检修期间挂检修牌处理，避免不必要的告警产生。